城市供水系统
应急净水技术指导手册
（试行）

住房和城乡建设部城市建设司组织编写

主编　张　悦　张晓健

陈　超　王　欢　张素霞

中国建筑工业出版社

图书在版编目(CIP)数据

城市供水系统应急净水技术指导手册(试行)/住房和城乡建设部城市建设司组织编写.—北京:中国建筑工业出版社,2009

ISBN 978-7-112-11554-9

Ⅰ.城… Ⅱ.住… Ⅲ.城市供水-净水-应急系统-技术手册 Ⅳ.TU991.2-62

中国版本图书馆CIP数据核字(2009)第204520号

责任编辑:田启铭
责任设计:郑秋菊
责任校对:陈 波 赵 颖

城市供水系统应急净水技术指导手册
(试行)
住房和城乡建设部城市建设司组织编写
主编 张 悦 张晓健
陈 超 王 欢 张素霞

*

中国建筑工业出版社出版、发行(北京西郊百万庄)
各地新华书店、建筑书店经销
北京红光制版公司制版
廊坊市海涛印刷有限公司印刷

*

开本:787×1092毫米 1/16 印张:25 字数:604千字
2009年12月第一版 2014年9月第三次印刷
定价:**69.00**元
ISBN 978-7-112-11554-9
(18705)

参加单位和主要研究人员：

住房和城乡建设部城建司：张　悦　王　欢

清华大学：张晓健　陈　超　李　勇　王生辉　张驰前　林朋飞

北京市自来水集团有限责任公司：张素霞　樊康平　顾军农　林爱武　张春雷

上海市供水调度监测中心：陈国光　张立尖

广州市自来水公司：董玉莲　林朝晖　陈　诚

深圳市水务（集团）有限公司：卢益新　林细萍　刘　波

无锡市自来水总公司：周圣东　胡宗长　王海涌

济南市供排水监测中心：贾瑞宝　孙韶华

中国城镇供水排水协会：刘志琪

哈尔滨市供排水集团有限责任公司：王　强　纪　峰

成都市自来水有限责任公司：李　伟　陈宇敏　齐　宇

天津市自来水集团有限公司：何文杰　韩宏大　吴　维

东莞市东江水务有限公司：盛德洋　戴吉胜

建设部城市供水水质监测中心：宋兰合

合作单位：

北京市水务局　上海市水务局　广东省建设厅　江苏省建设厅　山东省建设厅　广州市市政园林管理局　深圳市水务局　无锡市市政公用局

序

饮用水安全直接关系到广大人民群众的健康，党中央、国务院高度重视饮用水安全问题，多次做出重要指示，要求把保障人民群众的饮水安全作为全面落实科学发展观的重要任务抓实抓好。

近年来，水源污染事故频发，严重影响城市安全供水。目前我国正处在高速城市化发展过程中，尽管水污染治理取得了重要进展，但在相当长的时期，仍然存在突发性水污染事故的威胁和影响。城市水处理是水源污染时保护饮用水安全的最后屏障，城市供水行业必须增强应急处理能力，这也是当前最迫切、最重要的任务之一。为有效应对突发性水源污染事故，确保城市安全供水，变临时被动处置为提前主动准备。在总结2005年松花江水污染事件和广东北江镉污染事件中城市供水应急处置工作经验的基础上，2006年4月原建设部组织清华大学、中国城镇供水排水协会、中国城市规划设计研究院和全国多家供水企业开展了“城市供水系统应急技术研究”。经过几年的研究、试验和应急实践，编制了《城市供水系统应急净水技术指导手册》。

《城市供水系统应急净水技术指导手册》结合我国国情和城市供水行业的特点，针对水源水和饮用水相关水质标准中提出的水质项目和限值，以保障安全供水为总体目标，按照安全、便捷的原则，提出了涉及饮用水相关标准中的一百余种有毒有害污染物的应急处理技术、相应技术参数和可以应对的污染物超标倍数，并提供了应急处理试验的标准化的试验方法。

《城市供水系统应急净水技术指导手册》首次提出针对各类污染物的应急处理技术体系，包括：应对可吸附有机物的活性炭吸附技术、应对金属非金属的化学沉淀技术、应对还原性污染物的化学氧化技术、应对微生物污染的强化消毒技术、应对藻类暴发的应急综合处理技术，是在水处理技术领域城市供水应急处理技术方面的重要创新。同时，《城市供水系统应急净水技术指导手册》还汇总了相关技术在近年发生的松花江水污染事件、广东北江镉污染事件、无锡市饮用水危机、秦皇岛自来水嗅味事件、贵州都柳江砷污染事件等重大污染事件的应用案例。相信《城市供水系统应急净水技术指导手册》的出版发行，将对今后各地完善应急预案、开展应急设施建设、水厂设施改造和供水行业提高应对突发性水源污染能力，保障供水安全起到重要的技术指导作用。

住房和城乡建设部副部长：

2009年10月16日

前　言

城市供水是城市的生命线。近年来，我国供水水源突发性污染事故频发，对城市供水安全造成严重威胁。按照国务院关于加强应急体系建设的总体部署，为健全城市供水应急技术体系，科学地指导各地的应急供水工作，住房和城乡建设部组织清华大学、全国多家供水企业、水质监测单位，开展了饮用水应急净水技术研究。这些研究成果汇总形成了《城市供水系统应急净水技术指导手册（试行）》（以下简称《技术指导手册》）。

《技术指导手册》在国内外首次建立了由五类应急净水技术组成的城市供水应急处理技术体系。包括：应对可吸附有机污染物的活性炭吸附技术、应对金属和非金属污染物的化学沉淀技术、应对还原性污染物的化学氧化技术、应对微生物污染的强化消毒技术、应对藻类暴发的综合应急处理技术。该技术体系基本上涵盖了可能威胁饮用水安全的各种污染物种类。

根据目前国内涉及饮用水水质的相关标准，除不需应急处理的综合性指标、非有毒有害物质项目之外，《技术指导手册》对153种有毒有害污染物进行了应急处理技术方面的分析，对其中的112种污染物提供了应急处理技术的验证性试验结果。其余41种属于水环境质量标准和国标附录中的项目，因供水行业通常不进行检测而没有开展试验。在112种试验项目中，获得了101种的应急处理技术及其工艺参数，确定了适宜的应急处理技术、工艺参数和最大应对超标倍数。

《技术指导手册》中的相关研究成果在城市供水系统应对无锡市饮用水危机、秦皇岛饮用水嗅味事件、贵州都柳江砷污染事件等突发性水源污染事故中得到了应用，并取得了较好的效果。《技术指导手册》的主要技术内容和要求，已经由住房和城乡建设部的文件（建城［2009］141号）印发各地。

《技术指导手册》中提出的应急净水技术是目前研究单位的研究成果，供各地在应对突发性水源污染时参考。各地参考本手册应对突发性水源污染事故时，要因地制宜，选择适用的应急净水技术措施，并进行现场试验，在取得良好试验效果并确保供水安全的前提下予以应用。

《技术指导手册》附录6-9中列出的生产厂家，仅用作与相关厂家通讯联络时参考，不作为推荐产品目录

目　录

1 概　述

1.1　水中污染物分类及饮用水相关标准

水中污染物的项目繁多，类型复杂。按照污染物的性质，水中的污染物指标可以粗略分为感官性状指标、无机污染物、有机污染物、微生物、放射性污染物等五大类。其中影响感官性状指标的污染物来源较为复杂，有时往往难以确定种类。无机污染物又可细分为金属、非金属以及无机综合指标；有机污染物可以细分为有机综合指标、芳香族化合物、农药、氯代烃、消毒副产物、人工合成污染物等。微生物一般指细菌、放线菌、蓝细菌（蓝藻）、病毒、真菌等，广义的微生物还包括微型藻类和微型水生动物。放射性污染物一般来自核材料、放射性同位素的泄漏，以及特殊的地质条件，属于一个比较特殊的类别。

为了保护人民饮水安全，我国颁布了多项与饮用水相关的水质标准。其中涉及出厂水水质的标准包括：国家标准《生活饮用水卫生标准》GB 5749—2006、建设部颁布的行业标准《城市供水水质标准》CJ/T 206—2005，此前颁布的国家标准《生活饮用水卫生标准》GB 5749—1985 和卫生部颁布的《生活饮用水卫生规范》（2001）已经废止；涉及水源水质的标准包括：国家标准《地表水环境质量标准》GB 3838—2002、国家标准《地下水质量标准》GB/T 14848—93。

国家标准《生活饮用水卫生标准》GB 5749—2006 是国家关于饮用水安全的强制性标准，于 2006 年 12 月 29 日发布，2007 年 7 月 1 日正式实行。与原有的 GB 5749—1985 相比，水质指标由 35 项增加至 106 项，增加了 71 项，修订了 8 项。其中微生物指标由 2 项增至 6 项，并修订了 1 项；饮用水消毒剂由 1 项增至 4 项；毒理指标中无机化合物由 10 项增至 21 项，并修订了 4 项；毒理指标中有机化合物由 5 项增至 53 项，并修订了 1 项；感官性状和一般化学指标由 15 项增至 20 项，并修订了 1 项，放射性指标修订了 1 项。该水质标准将水质指标分为水质常规指标（共 38 项）、消毒剂常规指标（共 4 项）和水质非常规指标（共 64 项），其中水质常规指标和消毒剂常规指标于 2007 年 7 月 1 日正式实施，水质非常规指标由各省根据情况确定实施期限，全部指标最迟于 2012 年 7 月 1 日实施。此外，该水质标准还包括一个资料性附录“生活饮用水水质参考指标及限值”，该附录涉及污染物 28 种，包括硝基苯、2-甲基异莰醇、土嗅素等，其限值也对饮用水水质安全有指导意义。

国家标准《地表水环境质量标准》GB 3838—2002 是国家关于水环境质量的强制性标准，于 2002 年 4 月 28 日发布，2002 年 6 月 1 日正式实行。该标准项目共有 109 项，其中地表水环境质量标准基本项目 24 项，集中式生活饮用水地表水水源地补充项目 5 项、集中式生活饮用水地表水源地特定项目 80 项。该标准基本项目依据地表水水域环境功能和保护目标，按功能高低依次划分为五类，其中II、III类水体可以用作集中式生活饮用水地表水源地一级、二级保护区。

国家标准《地下水质量标准》GB /T 14848—1993规定了地下水的质量，于1993年12月30日发布，1994年10月1日正式实行。该标准项目共有39项，同样按功能高低依次将地下水分为五类，其中好于III类的地下水体适用于集中式生活饮用水水源，IV类地下水在经过适当处理后可作生活饮用水水源。

建设部行业标准CJ/T 206—2005是原建设部于2005年颁布的行业标准，其水质指标和限值与后来颁布的国家标准《生活饮用水卫生标准》GB 5749—2006十分接近。

《生活饮用水卫生规范》(2001) 是卫生部于2001年颁布的水质规范，作为原《生活饮用水卫生标准》GB 5749—85实行16年之后第一部与国际水质标准接轨的水质标准，对于我国的饮用水水质标准更新起到了重要作用。该规范包括34项常规检验项目，62项非常规检验项目。该规范首次增加了新的有机物综合指标——耗氧量，对浊度的要求由原先的3NTU改为1NTU，并对镉、铅、四氯化碳作了较严格的规定。

这些饮用水水质标准和供水水源水质标准中规定的水质项目累计有170多项，其中大多数是有毒有害和对人体健康有威胁的物质。这些污染物是饮用水处理过程中必须控制的对象。

各种污染物的基本信息、物化特性、环境影响、监测方法等基本特性可以参照相关文献资料，如世界卫生组织颁布的《饮用水水质准则》(第三版)、登陆中国环保网“突发性污染事故中危险品档案库”——www. ep. net. cn/msds获得。

1.2 我国供水系统应急净水存在的主要问题

目前城市净水工艺普遍不具备应对水源突发性污染的处理能力。现有的水厂常规处理工艺不能应对超过水源水质标准的原水，深度处理工艺也仅能应对部分超标有机污染物，现有水厂处理设施在设计中对水源突发性污染造成的超标污染物一般未留有充足的处理能力余量。

缺乏全面系统的应对突发性水源污染的城市供水应急净化处理技术。饮用水标准涉及的污染物指标有100余种，应急技术体系与正常条件下长期采用的水处理技术相比，有其独特的技术特点。目前还缺乏针对各种污染物、与水厂现有工艺与设备相结合、快速反应、便于实施、经济安全的供水应急处理技术和工艺参数。

1.3 《技术指导手册》的主要内容

《技术指导手册》的主要内容是城市供水系统应对水源受到不同类型突发性污染时的应急净水技术，根据污染物特性、应急处理技术要求，将应急处理体系分为以下五类关键技术，并分章节论述。

(1) 应对可吸附污染物的活性炭吸附技术，通过采用具有巨大比表面积的粉末活性炭、颗粒活性炭等吸附剂，将水中的污染物转移到吸附剂表面从水中去除，可用于处理大部分有机污染物。

（2）应对金属和非金属污染物的化学沉淀技术，通过投加药剂（包括酸碱调整 pH 值、硫化物等），在适合的条件下使污染物形成化学沉淀，并借助混凝剂形成的矾花加速沉淀，可用于处理大部分金属和部分非金属等无机污染物。

（3）应对还原性污染物的化学氧化技术，通过投加氯、高锰酸盐、臭氧等氧化剂，将水中的还原性污染物氧化去除，可用于硫化物、氰化物和部分有机污染物。

（4）应对微生物污染的强化消毒技术，通过增加前置预消毒延长消毒接触时间，加大主消毒的消毒剂量，强化对颗粒物、有机物、氨氮的处理效果，提高出厂水和管网剩余消毒剂等措施，在发生微生物污染和传染病暴发的情况下确保城市供水安全。

（5）应对藻类暴发引起水质恶化的综合应急处理技术，通过针对不同的藻类代谢产物和腐败产物采取相应的应急处理技术，并强化除藻处理措施，保障以湖泊、水库为水源的水厂在高藻期的供水安全。

放射性污染物的处理需要由辐射防护和处理的专业人员进行。受到污染的水体一般不能继续使用，可采用化学沉淀等方法将污染物富集分离，水体可采用大量供水稀释的方法降低污染风险。在本文中不作专门讨论。

各种污染物的水质标准和推荐的应急处理技术汇总在附录 1 中。表中共列出了 179 种污染物指标（包括藻类、硫醇硫醚等 6 种非标准污染物），其中有 153 种属于有毒有害物质，需应急处理；另外 26 种属于非应急项目，包括感官和综合指标、混凝剂残余指标、消毒剂指标和放射性指标。

153 种应急处理项目中除硼、硝酸盐、总氮、氨氮之外均提出了应急处理技术。112 种应急处理项目进行了研究测试，未研究测试的 41 种多属于地表水环境质量标准，供水行业很少开展，测试方法尚未建立。在测试的项目中，有 101 种污染物可以被有效应急处理，并给出了相关工艺参数；有 11 种污染物的应急处理效果很差，有待进一步研究其他可行的技术，同时也需要严加防范。

2 应对可吸附污染物的应急吸附技术

活性炭是水处理中常用的吸附剂，根据活性炭的形态和使用方法，活性炭又分为粉末活性炭（Powdered Activated Carbon，英文简称 PAC，中文简称粉末炭）和颗粒活性炭（Granular Activated Carbon，英文简称 GAC，中文简称颗粒炭），在应急处理中可采用粉末炭投加法和炭砂滤池改造法两种技术。

对于粉末活性炭投加法，主要的技术参数是投加量和吸附时间，可以通过开展吸附容量试验和吸附速率试验来确定（试验方案可参考附录 2）。同时还必须考虑水源水中其他污染物的竞争吸附、投加设备的操作偏差等因素，在确定实际投加量时要留有充足的安全余量。

对于颗粒活性炭改造炭砂滤池法，主要的技术参数是确定炭层对污染物的最大承受负荷和穿透时间。最大承受负荷可采用炭柱试验，根据不同进水浓度和滤速下的吸附带高度来确定。炭层穿透时间试验所需时间较长，在应急时期的短时期内无法完成，可根据静态吸附容量试验估算，并在事故中进行跟踪测定。

粉末活性炭吸附技术实施方便，对正常生产基本没有影响；而采用颗粒活性炭进行炭砂滤池改造工作量大、时间长、需停水改造，因此在应急实施中通常采用粉末活性炭吸附技术。

2.1 活性炭对污染物的吸附特性

2.1.1 基本特性

活性炭是通过把制炭原材料在几百摄氏度下炭化之后，再进行活化而制成的。炭化是在惰性气体氛围中进行，原材料经过热分解释放出挥发性组分而形成炭化产物，此时炭化产物的比表面积很小，每克炭只有几十平方米。如要制得具有发达孔隙及高比面积的活性炭，需要进一步将炭化产物活化。活化过程中，活性炭微晶间的强烈交联形成的发达微孔结构会被扩大形成许多大小不同的孔隙，这时巨大的表面积和复杂的孔隙结构也逐渐形成。

活化工艺是活性炭生产的关键工艺，主要分为化学品活化法和气体活化法。在化学品活化法中，利用氯化锌活化可以得到较多大孔，磷酸活化可使活性炭具有更细的微孔，氢氧化钾活化可获得非常高的多孔性，比表面积可达 3000m^2/g。在目前的活性炭生产上，气体活化法应用较广泛，以水蒸气、二氧化碳或水蒸气和二氧化碳的混合气为活化剂，在 800～1000℃高温下活化，便可制得细孔发达的活性炭，比表面积一般为 800～1300m^2/g。

活性炭的物理结构与石墨相似，是由排列成六角形的碳原子构成的片状体层层叠积而成，但活性炭不像石墨那样有规则。活性炭的主要特点在于其发达的孔隙结构。按照国际纯应用化学联合会（IUPAC）规定，根据孔隙直径的大小可以将活性炭的孔隙分为微孔（小于4nm）、中孔（4～100nm）、以及大孔（大于100nm）。

在活性炭孔隙结构中，微孔、中孔和大孔的比例不同，尤其是微孔的含量不同，使炭吸附能力不同。一般活性炭微孔容积约为0.15～0.90mL/g，其表面积占活性炭总表面积的95%以上，因此活性炭与其他吸附剂相比，具有微孔特别发达的特征。中孔的容积为0.02～0.10mL/g，表面积不超过单位重量吸附剂总面积的5%。液相吸附时，如果吸附质分子直径较大，如着色成分的分子直径多在3nm以上，这时微孔几乎不起作用，中孔多则是很有利的，有些吸附质通过中孔作为通道扩散到微孔中去，因此吸附质的扩散速度受中孔多少的影响。大孔表面积只有0.5～2m^2/g，占比表面积的比例不足1%，它主要为吸附质提供扩散通道。

活性炭是一种多孔隙、非极性的吸附剂，具有巨大的表面积（800～1300m^2/g），其吸附作用主要来源于物理表面吸附作用，如范德华力等。活性炭对于非极性和弱极性、水溶性差的有机物有较好的吸附能力，例如芳香族、脂肪族有机物等；但是对于醇类、糖类等较强极性、水溶性较好的有机物，吸附性能较差，基本上无法有效去除。

表2-1给出了常见有机污染物被活性炭吸附难易程度的一般特性。

此外，活性炭在高温制备过程中，炭的表面形成了多种官能团，这些官能团对水中的部分无机离子有化学吸附作用，其作用机理是通过络合螯合作用，它的选择性较高，属单层吸附，并且脱附较为困难，但是由于活性炭上的官能团数量有限，因此活性炭对于金属离子的吸附作用难以实际使用。

活性炭吸附是从大体积系统中去除含量极微的目标物的重要技术，在水处理行业中有着十分广泛的应用。

不同种类有机物在活性炭上的吸附特性 **表2-1**

容易吸附的有机物	难以吸附的有机物
1. 芳香溶剂类 苯、甲苯、硝基苯等	1. 醇类
2. 氯化芳香烃 多氯联苯、氯苯、氯萘等	2. 低分子酮、酸、醛
3. 酚和氯酚类	3. 糖类（含淀粉）
4. 多环芳烃类 二氢苊、苯并芘	4. 高分子有机物或胶体有机物
5. 农药及除草剂类 DDT、艾氏剂、氯丹、六六六、七氯等	5. 低分子脂肪类
6. 氯化烃 四氯化碳、氯烷基醚、六氯丁二烯等	
7. 高分子烃类 染料、石油类、胺类、腐殖质	

2.1.2 影响吸附的主要因素

（1）吸附质的物理化学性状

吸附质的极性越弱，则被活性炭吸附的性能越强。例如：苯的被吸附性强，苯酚的被吸附性比苯差。被吸附性还与吸附质的官能团有关，即这些化合物与活性炭的亲合力大小有关。

（2）吸附质的分子大小

由于活性炭的主要吸附表面积集中在孔径小于4nm的微孔区，根据吸附质分子大小与活性炭吸附孔的匹配关系，可以推断被活性炭吸附有效去除的物质的分子量$M<1000$。实测饮用水处理发现活性炭主要去除$M<1000$的物质，其最大去除的分子量为区间500～1000（饮用水水源中分子量<500部分主要为极性物质，不易被活性炭吸附）。

（3）平衡浓度

活性炭吸附的机理主要是物理吸附，物理吸附是可逆吸附，存在吸附的动平衡，一般情况下，气相或液相中平衡浓度越高，固相上吸附容量也越高。对于单层吸附（如化学键合），当表面吸附位全部被占据时，为最大吸附容量。如果是多层吸附，随着液相吸附质浓度的增高，吸附容量还可以继续增加。

（4）温度影响

吸附过程中体系的总能量将下降，属放热过程。因此温度升高，吸附容量下降。温度的影响对气相吸附影响较大，因此气相吸附确定活性炭的吸附性能需在等温条件下测定。对液相吸附，温度的影响较小，通常在室温下测定，吸附过程中水温变化的幅度很小，对吸附性能的影响可以忽略。

在水处理领域，评价活性炭对某种污染物的去除性能需要考虑吸附速率和吸附容量两方面，前者需要得到吸附去除速率曲线，后者则需要得到吸附等温线方程。

2.1.3 吸附速率

典型的吸附速率曲线类似负指数曲线，初期吸附去除速率很大，随着吸附接近饱和，吸附速率逐渐下降，最终趋于零。为了便于表述，粉末炭吸附污染物的速率曲线可分为快速吸附、基本饱和、吸附平衡三个阶段。

以粉末炭对硝基苯的吸附为例（图2-1），快速吸附阶段大约需要30min，可以达到约70%的吸附容量；2h可以达到基本饱和，达到最大吸附容量的95%以上。再继续延长吸附时间，吸附容量的增加很少。

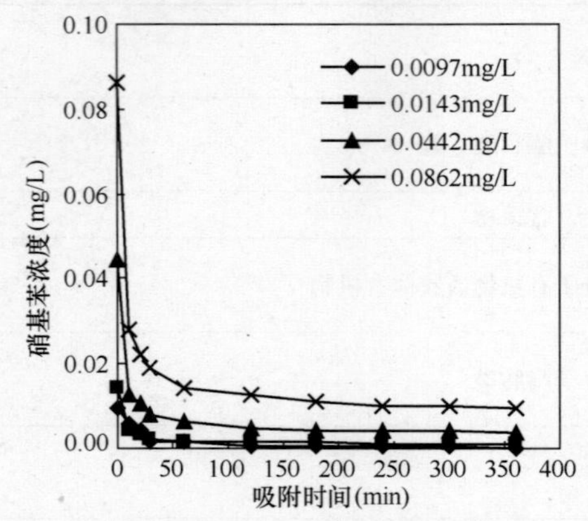

图2-1 粉末活性炭对硝基苯的吸附效果（去离子水，粉末炭剂量为5mg/L）

2.1.4 吸附容量

在一定温度条件下，活性炭的吸附容量，即达到吸附饱和时，单位质量活性炭上的吸附污染物的质量，与吸附饱和时污染物的浓度存在一定的关系，如图2-2所示。

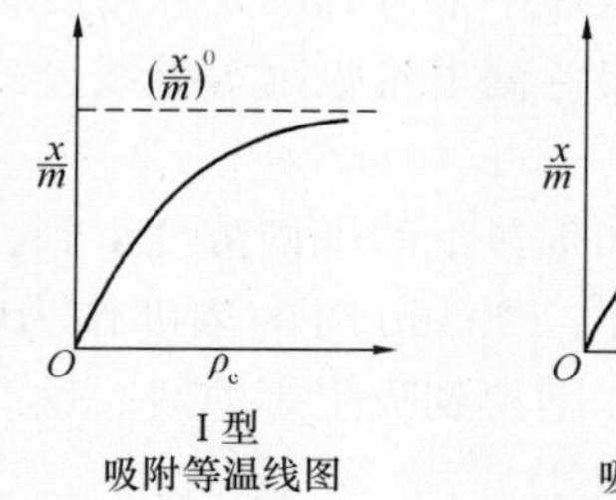

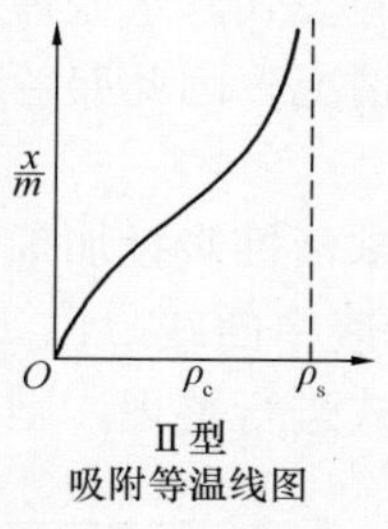

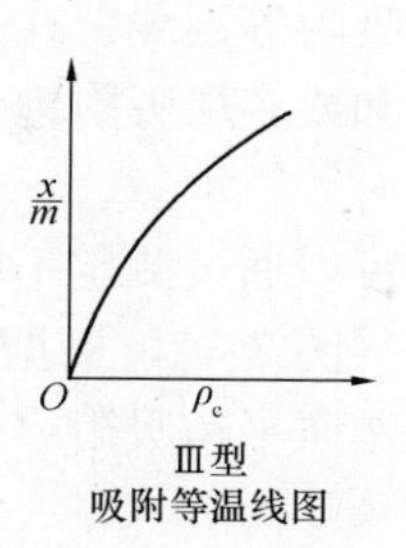

图 2-2 典型吸附等温线模式图

根据吸附等温线的不同形式，可以分别用下面三种吸附等温线的数学公式表达。

(1) 朗格谬尔（Langmiur）吸附等温式

朗格谬尔吸附等温线的形式如图 2-2 中Ⅰ型所示。其数学表达式是

$$x/m=\frac{b(x/m)^0C_e}{1+bC_e} \tag{2-1}$$

式中 x/m——吸附容量；

$(x/m)^0$——最大吸附容量；

C_e——平衡浓度；

b——常数。

朗格谬尔吸附等温线式的吸附特性是：该公式是单层吸附理论公式，存在最大吸附容量（单层吸附位全部被吸附质占据）。

(2) BET（Branauer，Emmett and Teller）等温式

BET 吸附等温线的形式如图 2-2 中Ⅱ型所示。其数学表达式是

$$x/m=\frac{BC_e(x/m)^0}{(C_s-C_e)[1+(B-1)C_e/C_s]} \tag{2-2}$$

式中 x/m——吸附容量；

$(x/m)^0$——最大吸附容量；

C_s——饱和浓度；

C_e——平衡浓度；

B——常数。

BET 吸附等温线式的吸附特性是：该公式是多层吸附理论公式，曲线中间有拐点，当平衡浓度趋近饱和浓度时，x/m 趋近无穷大，此时已到达饱和浓度，吸附质发生结晶或析出，吸附术语已失去原含义。此类型吸附在水处理这种稀溶液情况下不会遇到。

(3) 弗兰德里希（Freundlich）等温式

弗兰德里希吸附等温线的形式如图 2-2 中Ⅲ型所示。其数学表达式是

$$q_e=\frac{x}{m}=KC_e^{1/n} \tag{2-3}$$

式中 q_e——吸附容量；

C_e——平衡浓度；

K，$1/n$——常数。

弗兰德里希吸附等温线公式是经验公式。水处理中常遇到的是低浓度下的吸附，很少出现单层吸附饱和或多层吸附饱和的情况，因此弗兰德里希吸附等温线公式在水处理中应用最广泛。

吸附等温线可以通过测定不同粉末活性炭投加剂量下的平衡浓度得到。以粉末活性炭去除硝基苯为例（图 2-3），根据吸附速率曲线，以 120min 时的浓度作为吸附平衡浓度，将各组实验数据按照平衡吸附容量公式进行整理，则得到吸附等温线。

$$q_0 = \frac{V(C_0 - C_e)}{W} \tag{2-4}$$

式中 V——水的体积；

W——投加活性炭的质量；

C_0——初始浓度；

C_e——吸附后浓度。

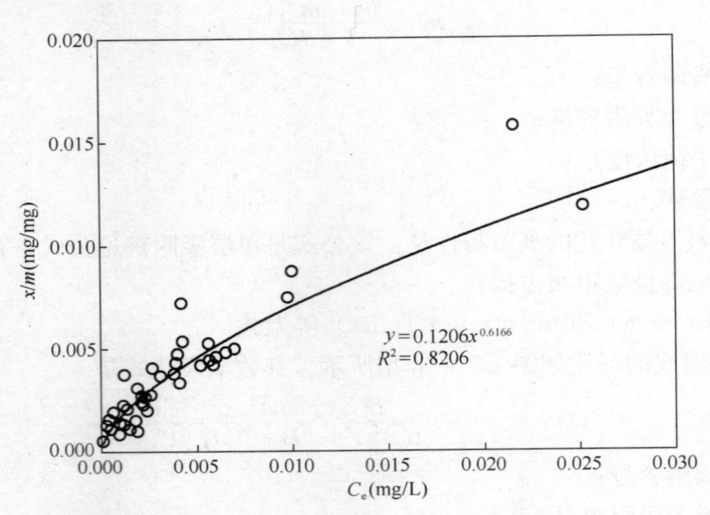

图 2-3　粉末活性炭对硝基苯的吸附等温线

可以看出，试验数据有良好的相关性（R^2＝0.8206），该煤质粉末炭（太原新华化工厂产品）对硝基苯的吸附等温式可表达为：

$$q = 0.1206C_e^{0.6166}$$

式中 q——吸附平衡时单位质量的活性炭所吸附的硝基苯质量，mg/mg；

C_e——吸附平衡时试验水样中硝基苯浓度，mg/L。

需要特别注意的是，由于弗兰德里希等温式是经验公式，任何一种污染物的吸附等温线的常数都和平衡浓度相关，具有一定的使用范围。就饮用水应急处理而言，由于对数据的准确性要求很高，因此要求拟合该吸附等温线的数据必须包括平衡浓度在饮用水水质标准限值以下的数据，否则吸附等温线的拟合误差足以对应急处理的效果和剂量造成研究错判。

表 2-2 中列出了国外文献中部分常见有机物的弗兰德里希吸附等温线常数值，但这些试验数据大多是在平衡浓度远高于饮用水水质标准的条件下得到的，因此根据这些吸附等温线得到的粉末活性炭处理剂量并不能保证最终平衡浓度达到饮用水水质标准。

国外资料部分常见有机物的弗兰德里希等温线常数值 表 2-2

化合物	K	$1/n$	化合物	K	$1/n$
七氯	1.22	0.95	四氯乙烯	0.051	0.51
艾氏剂	0.651	0.92	三氯乙烯	0.028	0.62
PCB-1232	0.63	0.73	甲苯	0.026	0.44
狄氏剂	0.606	0.51	苯酚	0.021	0.54
DDT（滴滴涕）	0.322	0.50	溴仿	0.020	0.52
氯丹	0.245	0.38	四氯化碳	0.011	0.83
PCB-1221	0.242	0.7	1，1，2，2-四氯乙烷	0.011	0.37
二氢苊	0.19	0.36	二氯一溴甲烷	0.0079	0.61
2，4-二氯酚	0.157	0.15	1，2-二氯丙烷	0.0059	0.60
1，2，4-三氯苯	0.157	0.31	1，1，2-三氯乙烷	0.0058	0.60
2，4-二硝基甲苯	0.146	0.31	1，2-二氯乙烷	0.0036	0.83
1，2-二氯苯	0.129	0.43	1，2-反二氯乙烯	0.0031	0.51
1，4-二氯苯	0.121	0.47	氯仿	0.0026	0.73
苯乙烯	0.12	0.47	1，1，1-三氯乙烷	0.0025	0.34
1，3-二氯苯	0.118	0.45	1，1-二氯乙烷	0.0018	0.53
氯苯	0.091	0.99	氯乙烷	0.00059	0.95
对二甲苯	0.085	0.19	*N*-二甲基亚硝胺	0.000068	6.6
乙苯	0.053	0.79			

注：1. 表中 C_e 和 q_e 的单位分别为 mg/L 和 mg/mg 炭；

2. 资料数据仅供参考。应用时必须用实际炭样和水样进行试验，以获得特定的吸附性能。

以农药 DDT（滴滴涕）为例，经验证性试验得到的吸附等温线参数为 $K=0.0398$，$1/n=0.4244$（见附录 1）；而表 2-2 中的数据为 $K=0.322$，$1/n=0.50$，参数相差很大。若需将超标 4 倍（0.025mg/L）的 DDT 处理达到标准的 20%（0.001mg/L），根据表 2-2 中的数据得到的粉末炭投加量为 2.4mg/L；而根据此次试验得到的吸附等温线，则需要投加 11.3mg/L 的粉末炭。

《技术指导手册》根据我国饮用水相关标准中的污染物限值，通过水处理模拟试验获得了粉末炭对这些污染物的吸附性能数据，拟合得到了这些污染物的弗兰德里希吸附等温线常数值，列在附录 1 中。

2.1.5 水源水质对吸附性能的影响

水源水质对吸附性能有较大的影响，水中其他有机物的存在会与目标污染物形成竞争吸附，导致目标污染物在活性炭上的吸附容量和吸附速率下降。

以粉末活性炭对硝基苯的去除为例，图 2-4 是在松花江水源水和去离子水两种原水条件下，不同初始浓度的硝基苯被粉末活性炭的吸附过程曲线。图 2-5 是在两种原水条件下的吸附等温线比较。

由图 2-4 可以看出，在配水硝基苯浓度相近，粉末活性炭投加量一致的情况下，原水中硝基苯去除率明显低于在去离子水中的去除率，也就是说，原水中有机物对粉末活性炭吸附硝基苯的效能有明显影响。

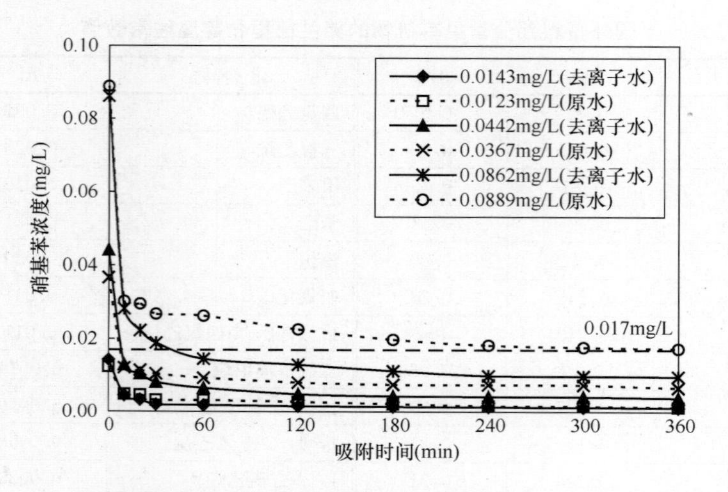

图 2-4　原水和去离子水配水中硝基苯去除效果和速率比较（粉末活性炭＝5mg/L）

这种影响包括两个方面：一是原水中有机物的存在降低了硝基苯的去除速率，延长了硝基苯达到吸附平衡的时间。二是原水中有机物的存在还降低了对硝基苯的吸附容量。在平衡浓度为 0.002mg/L 时，去离子水和原水条件下的吸附容量分别为 0.0055mg/mg 和 0.0022mg/mg；在平衡浓度为 0.008mg/L 时，两者的吸附容量分别为 0.0126mg/mg 和 0.0065mg/mg。在达到相同平衡浓度条件下，原水条件下粉末炭对硝基苯的吸附容量仅相当于去离子水条件下的 40%～52%，如图 2-5 所示。

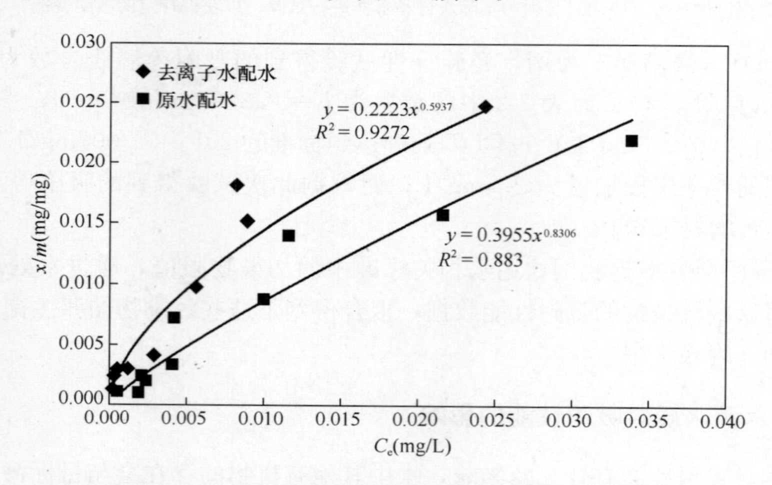

图 2-5　原水和去离子水配水中吸附等温线比较

产生这一现象的原因是因为，在原水中的有机物（以耗氧量计，mg/L 量级）与硝基苯（μg/L 量级）之间有着竞争吸附作用。在吸附作用开始的初期，活性炭内有充足的吸附位点来吸附硝基苯，有机物对硝基苯的竞争作用不明显，但随着吸附过程的延长，有机物占据相当的吸附位点后，竞争吸附的作用就开始明显，原水条件下粉末炭对硝基苯的吸附能力开始明显低于去离子水。由于有机物浓度相对硝基苯浓度而言高得多，因而会占据相当的活性炭吸附位点，从而使得活性炭对硝基苯吸附容量下降。

2.1.6 温度对粉末活性炭吸附性能的影响

温度对从两个方面影响活性炭对污染物质的吸附：一方面，吸附是放热反应，吸附容量随着温度的升高会有所下降，但液相吸附时吸附热较小，所以影响也较小；另一方面，温度会影响污染物质在水中的溶解度，因此对吸附作用也会有所影响，影响的程度与污染物质在吸附操作温度范围内的溶解度变化有关。

不同温度下粉末活性炭对硝基苯的吸附过程曲线如图 2-6 所示。比较不同温度不同时间的去除率可以看出，温度对粉末炭吸附硝基苯的速率影响并不明显。

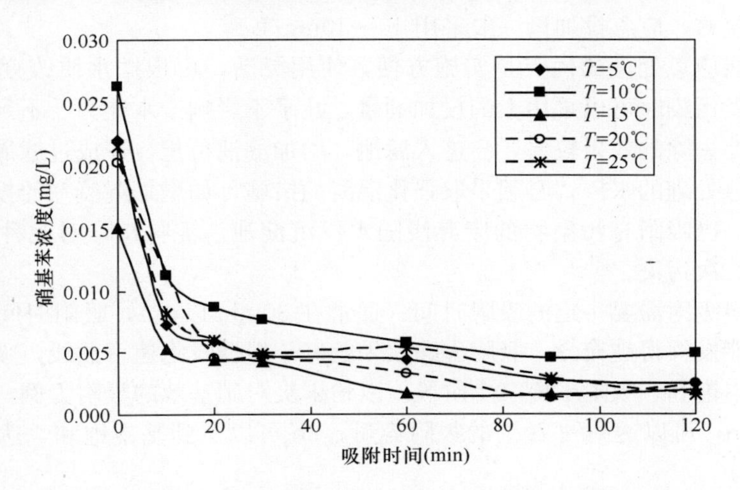

图 2-6 不同温度下粉末活性炭对硝基苯吸附过程的影响（去离子水配水试验）

不同温度下粉末活性炭对硝基苯的吸附等温线如图 2-7 所示。25℃的等温吸附线略高于 5℃的等温吸附线，但无明显差异。

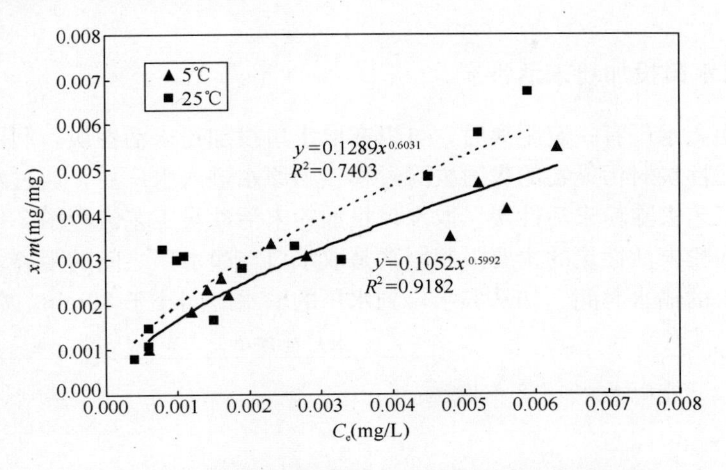

图 2-7 常温和低温吸附容量比较（去离子水配水试验）

上述结果表明，在水处理过程中，温度一般在 0～30℃范围内变化，温度变化的差异较小，因此温度对吸附性能的影响十分有限，一般情况下可以忽略。

2.2 粉末活性炭应急吸附工艺

2.2.1 粉末活性炭吸附工艺的主要特点

粉末活性炭的颗粒很细，直径多在几十微米，可以像药剂一样直接投入水中使用，吸附污染物后再从水中借助混凝－沉淀工艺分离，含污染物的粉末炭可随水厂污泥一起处理处置。受粉末炭投加设备、炭末对过滤工艺影响等条件的限制，粉末活性炭的最大投加能力为 80mg/L 左右，应急投加量一般采用 10～40mg/L。

粉末活性炭应急处理的优点是实施方便，使用灵活，可根据水质改变活性炭的投加量，在应对突发污染时可以采用大的投加剂量，几乎不影响产水能力。不足之处是部分细炭末被混凝沉淀去除的效果较差，会进入滤池，增加滤池负担，造成过滤周期缩短。对于采用粉末炭应急处理的水厂，必须采取强化混凝的措施，如增加混凝剂的投加量和采用助凝剂等。此外，已吸附有污染物的废弃炭随水厂沉淀池污泥排出，对此种污泥应妥善处置，防止发生二次污染。

粉末活性炭吸附需要一定的吸附时间（通常在 30min 以上），吸附时间越长，粉末活性炭的吸附性能发挥得越充分，吸附去除效果越好。根据吸附速率曲线，吸附过程可分为快速吸附、基本饱和、吸附平衡三个阶段。以粉末炭对硝基苯的吸附为例，快速吸附阶段大约需要 30min，可以达到约 70％的吸附容量；2h 可以达到基本饱和，达到最大吸附容量的 95％以上。

因此，较好的粉末活性炭投加方案是在水源地取水口处投加，充分利用从取水口到净水厂的管道输送时间进行吸附，尽可能延长吸附时间。对于取水口距净水厂距离很近的情况，也可以在净水厂内与混凝剂共同投加。但是水厂的混凝反应时间一般不到 30min，由于吸附时间短，粉末活性炭的吸附能力发挥不足，在这种情况下需要适当加大粉末活性炭的投加量。

2.2.2 取水口投加粉末活性炭

当取水口距离水厂有一定距离时，可以在取水口投加粉末活性炭，利用原水在管道的输送时间完成活性炭对污染物的吸附去除过程。当原水进入水厂后，通过水厂的混凝、沉淀、过滤常规工艺去除粉末活性炭。取水口投加粉末活性炭工艺流程图 2-8 所示：

取水口投加粉末活性炭的主要限制因素是取水口与净水厂之间的距离，这个距离最好满足 1～2h 以上的输水时间。如从取水口到水厂的输水时间小于 30min，需要增加粉末活

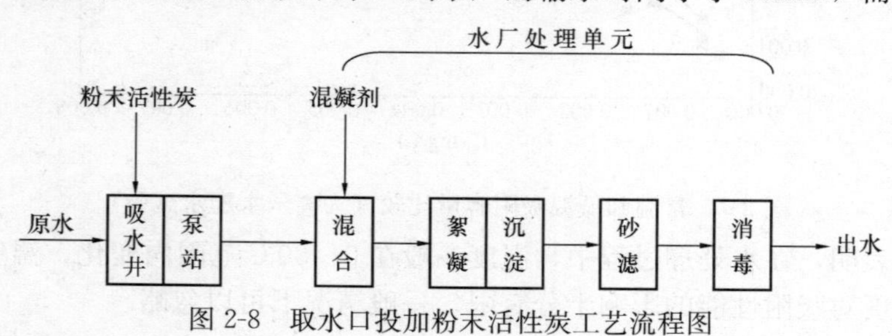

图 2-8 取水口投加粉末活性炭工艺流程图

性炭的投加量。

2.2.3 水厂内投加粉末活性炭

水厂内投加粉末活性炭可以在混合设备中进行，与混凝剂同时投加，利用混合絮凝时间与污染物接触，达到吸附去除污染物的效果。吸附了污染物的粉末活性炭可以在沉淀、过滤单元去除。水厂内投加粉末活性炭工艺流程如图 2-9 所示：

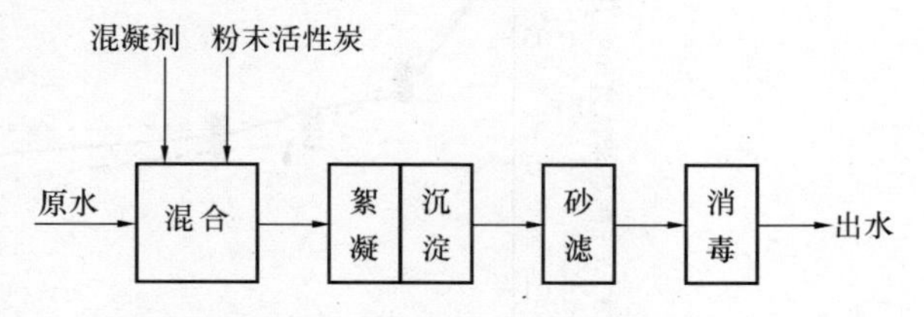

图 2-9 水厂内投加粉末活性炭工艺流程图

水厂内投加粉末活性炭可以作为不能在取水口投加粉末活性炭的一种替代措施。以去除硝基苯为例，试验研究表明同时投加的混凝剂并不会对活性炭的吸附性能产生明显影响，如图 2-10、图 2-11 所示。

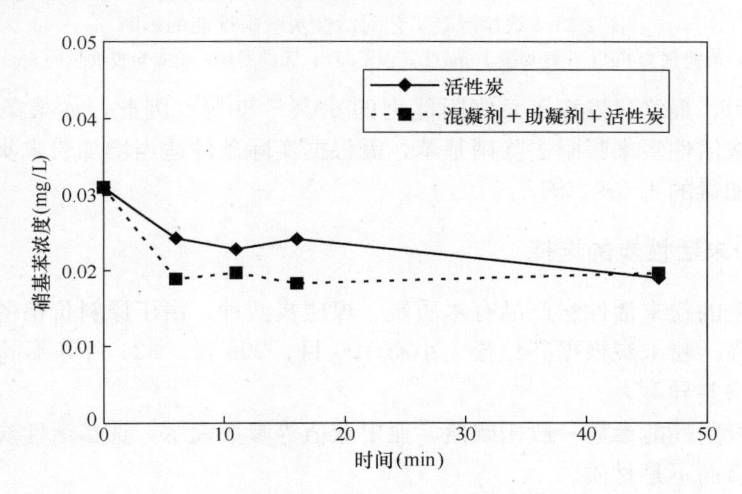

图 2-10 铝盐混凝工艺对活性炭吸附性能的影响

（注：混凝剂为复合铝铁，投加量 4mg/L，以铝计；助凝剂为改性活化硅酸，投加量 6mg/L；粉末炭投加量 5mg/L）

从图中可以看出，在混凝工艺开始到搅拌结束的 16min 内，投加混凝剂（和助凝剂）的同时投加粉末活性炭，活性炭对硝基苯的吸附性能与在同样的搅拌状态下而不投加混凝剂（和助凝剂）的吸附性能相比，变化不大。这说明混凝剂所形成的矾花对传质影响不明显，对活性炭吸附硝基苯的能力影响不大。这个阶段正好处于粉末炭吸附硝基苯的“快速吸附作用期”。

在混凝工艺之后 30min 的沉淀过程阶段，在投加混凝剂（和助凝剂）的情况下粉末炭对硝基苯的去除能力略小于未投加混凝剂（和助凝剂）的情况。这是由于在沉淀过程中矾花包裹了粉末炭并沉降在反应容器底部，影响了硝基苯向活性炭表面的传质。

综上可知，混凝剂形成的矾花对粉末炭吸附硝基苯的传质没有明显影响，但由于受到混凝工艺的限制，总的吸附时间一般在半小时之内，虽然这个时间处于粉末炭吸附硝基苯的“主要吸附作用期”，但由于之后矾花将其包裹沉降与水流主体分离，难以继续发挥吸

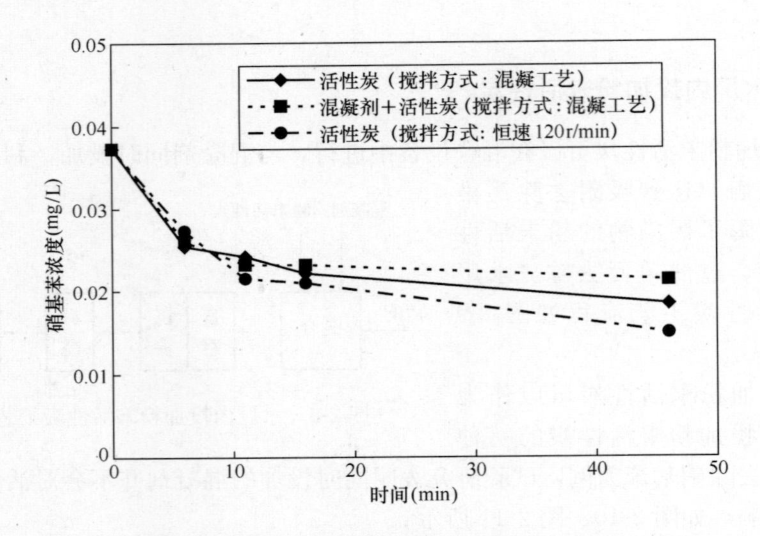

图 2-11　铁盐混凝工艺对活性炭吸附性能的影响

（注：混凝剂为 $FeCl_3$，投加量 10mg/L，以 Fe 计；无助凝剂；粉末炭投加量为 5mg/L）

附硝基苯的能力，最终只发挥了总吸附能力的 60%～80%。因此，如果条件限制只能在水厂内投加粉末活性炭来吸附去除硝基苯，需根据实际条件适当增加粉末炭投加量，一般可为取水口投加量的 1.5～2 倍。

2.2.4　粉末活性炭的选择

目前市场上的粉末活性炭产品有木质炭、煤质炭两种，由于原料价格的差异，一般木质炭的价格较高。粉末炭根据其粒径大小有 100 目、200 目、325 目等不同规格，不同粒径的粉末炭价格差异不大。

粉末炭的吸附性能参数一般用碘值、亚甲蓝值等参数表示，选择活性炭应首先考察其碘值、亚甲蓝值而不是材质。

例如，对两种不同材质、不同碘值的粉末炭进行了硝基苯的吸附性能测试。吸附试验结果表明，具有较高碘值、亚甲蓝值的煤质粉末炭对硝基苯的吸附效果优于木质粉末炭（如图 2-12 所示），说明粉末炭的吸附参数而不是材质是决定吸附性能的主要参数，与一般认为木质活性炭的吸附性能优于煤质活性炭的观点不同。

粉末活性炭的粒径对吸附性能影响不大。

试验比较了不同粒径的粉末活性炭吸附硝基苯性能之间的差异，将粉末活性炭进行了筛分，形成了四种不同粒径的粉末活性炭，分别是大于 200 目、介于 200 目和 325 目之间、小于 325 目以及未筛分炭。试验结果如图 2-13、图 2-14 所示。

从上述试验结果中可以看出除粒径大于 200 目的粉末活性炭对硝基苯的吸附速率、吸附容量明显降低外，其余三种粒径的粉末炭对硝基苯的吸附性能没有显著差异。进一步的分析表明，大于 200 目的粉末活性炭吸附性能差的原因是其中含有更多杂质。证明活性炭的吸附性能和粒径关系不大，因此选炭时可以考虑实际水力条件和混凝沉淀工艺对不同粒径粉末活性炭的分离去除效果来选用适当粒径的粉末活性炭。

目前还没有水处理用粉末活性炭的统一技术规程。在选用粉末活性炭时可以参照

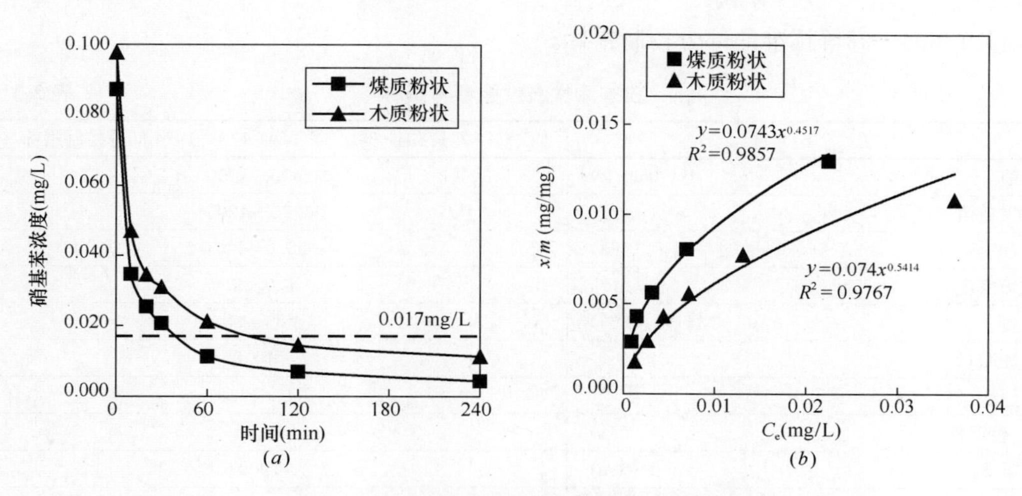

图 2-12 不同材质活性炭对硝基苯的吸附性能

(a) 吸附速率；(b) 吸附容量

（注：煤质炭碘值 1020mg/g，亚甲蓝值 200mg/g；木质炭碘值 900mg/g，亚甲蓝值 105mg/g；投炭量均为 10mg/L 去离子水配水）

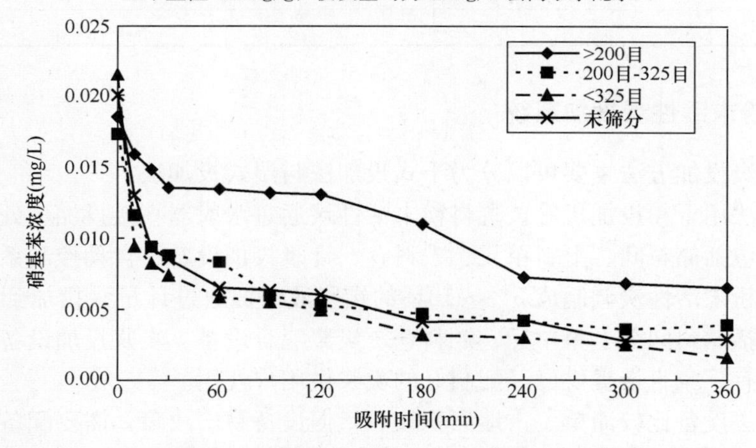

图 2-13 不同粒径粉末活性炭对硝基苯的吸附速率（去离子水配水）

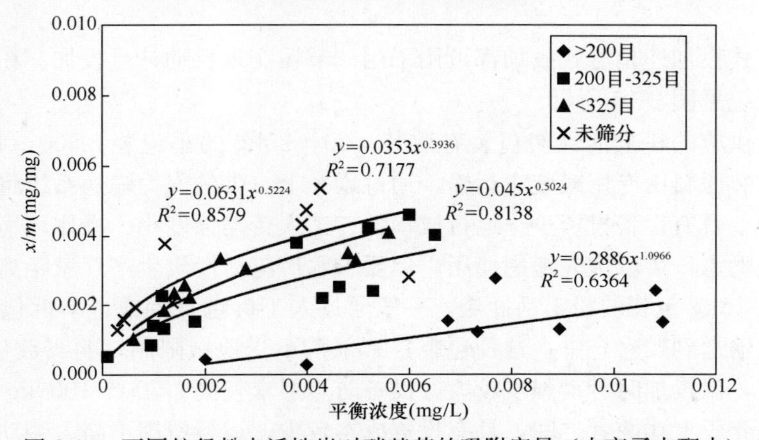

图 2-14 不同粒径粉末活性炭对硝基苯的吸附容量（去离子水配水）

GB /T 13804—92等标准的部分控制指标。

粉末活性炭性能参考指标　　表 2-3

项　　目	GB/T 13804—92、JWWAK113—1974 部分控制指标
碘值　(mg/L)	≥800～1000
亚甲蓝值　(mg/g)	≥90～120
强度　(%)	≥85.0～90.0
充填密度　(g/cm³)	≥0.32
粒度　(200 目通过率%)	≥80～90
干燥减量　(%)	≤10.0
pH 值	7.0～11.0
灼烧残渣　(%)	≤5
电导率　(S/cm)	<900
锌 Zn　(mg/L)	<50
氯化物　(%)	<0.5
铅 Pb　(mg/L)	<10
镉 Cd　(mg/L)	<1
砷 As　(mg/L)	<2

2.2.5　粉末活性炭投加系统

粉末活性炭投加方法主要可以分为干式投加法与湿式投加法。

干式投加法用干粉投加机等装置将粉末活性炭通过水射器直接投加到处理水中，主要设备单元一般包括储料间、上料单元、贮料仓、计量投加设备、自动控制系统五部分。湿式投加法先将粉末活性炭调制成 5%～10%的炭浆液，再通过计量泵投加到水中，主要设备单元一般包括储料间、上料单元、贮料仓、炭浆混合设备、炭浆投加设备、自动控制系统六部分。也有厂家直接提供已经配制好的炭浆供用户使用。

干式投加法设备比较简单，占地面积较少，但设备易出故障，需要配备专门的维护人员。湿式投加法计量精确，混合均匀，但需要设专门的炭浆池，占地面积较大，设备也较复杂。

无论是干式投加还是湿式投加都可用采用调节器实现自动计量投加。粉末活性炭的计量投加设备系统见图 2-15 所示。

国内市场供应的粉末活性炭包装有散装、20～25kg 的小包装、500～1000kg 的大包装等几种。散装原料由专用罐装车运输，通过罐车上自带的气力输送系统将粉末活性炭输送到贮料仓中，具有设备投资少、运行成本低、工人劳动强度小、操作环境无粉尘外泄等优点，对于大型水厂可以优先考虑使用，但要求水厂与活性炭生产厂家距离较近，方便运输。对于 20～25kg 包装的粉末活性炭，一般通过人工拆包装置或自动拆包装置经机械上料，将活性炭输送到贮料仓中，这种包装具有采购不受地域限制，购买数量灵活等特点，适用范围较广，但投加时劳动强度较大，设备防尘要求较高。500～1000kg 包装的粉末活性炭应用特点介于上述两者之间，具有投资成本较少、运行费用不高、劳动强度小，粉尘外泄少、活性炭购买不受地域限制等特点，一般通过专用大型拆包机进料，适用于大中型

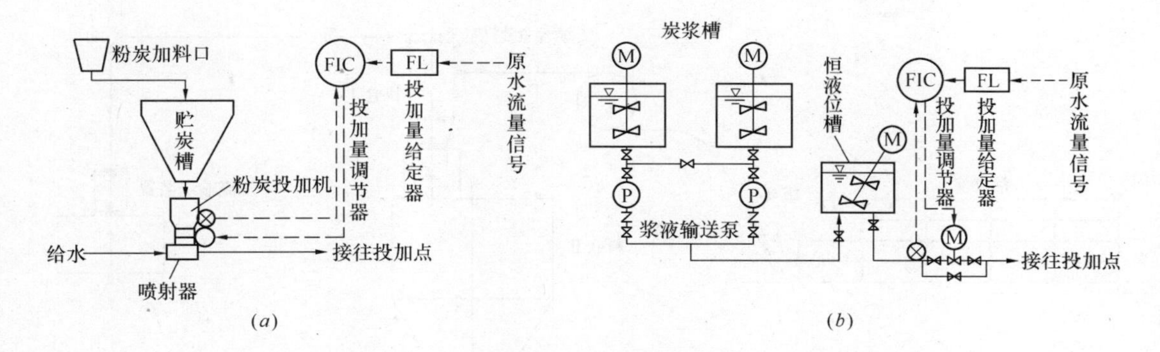

图 2-15 粉末活性炭投加系统示意图
(a) 干式；(b) 湿式

水厂。个别厂家有湿式粉末活性炭（一定含水率的粉末活性炭）出售，投加时无粉尘问题，但储存期较短，并有防冻要求。

活性炭的拆包方式一般有：人工拆包和自动拆包两种。人工拆包由于劳动强度大，工作环境差，通常只适用于短时、应急性投加，对于新建水厂和水厂改造不建议使用；自动拆包通常可与上料系统、贮料仓密封连接，实现自动控制和防尘防泄漏要求，工作环境好，劳动强度小。针对20～25kg和500～1000kg不同的包装可分为小包装自动拆包机和大包装自动拆包机两种，均有商品化生产。

不管干投还是湿投，或者是采用各种包装的粉末活性炭，一般在投加前都要先将粉末活性炭输送到贮料仓中。贮料仓大小的设计可以根据不同包装活性炭的特点和投加用量的时间来确定。贮料仓需要配备料位计，当炭仓内料位低于一定程度时能够报警提醒工人开启加料系统或者根据料位情况通过自动控制系统进行自动进料。由于粉末活性炭粒度小、密度小，易形成空穴和漏斗从而不利于下料，因此，贮炭仓还需要配备振打系统，以破坏空穴和漏斗，从而保证活性炭粉末在料仓内均衡移动。

不同的投加方式结合，可以组成不同的粉末活性炭投加装置系统，设计单位可以考虑根据需要选择合适的投加方案进行设计。总体来说，一套优秀的粉末活性炭投加系统要求各个环节衔接流畅，整体密封性好，自动化程度高，能够控制粉尘外泄，整个装置故障率低。

下面介绍几种粉末活性炭投加系统的组合工艺。

(1) 小包装真空上料干式投加系统（图 2-16）

该系统包括真空上料机、贮料仓、干粉投加机、水射器、自动控制系统等部分。

上料时将真空吸头插入粉末活性炭包，人工开启真空上料机上料，粉末活性炭料暂时储存在料仓Ⅰ中。料仓Ⅱ安装料位监视器，当料位低于设定值时，通过自动控制系统开启料仓Ⅰ下端仓口粉末活性炭自流进料仓Ⅱ。料仓Ⅱ连接干粉投加机，干粉投加机通过自控系统接收到取水量的瞬时流量信号并根据设定投加比例投加粉末活性炭到水射器中，水射器瞬时将粉末活性炭完全投加到取水管道中。

该系统设备简单，占地面积小，集成度高，整体密封性好；不足之处是干粉投加机需要专人维护。此外，本系统中的干粉投加机加上水射器即可作为一个临时性的粉末活性炭投加设备，可供未建设粉末活性炭投加系统的水厂在应急应对突发污染事故时临时使用。

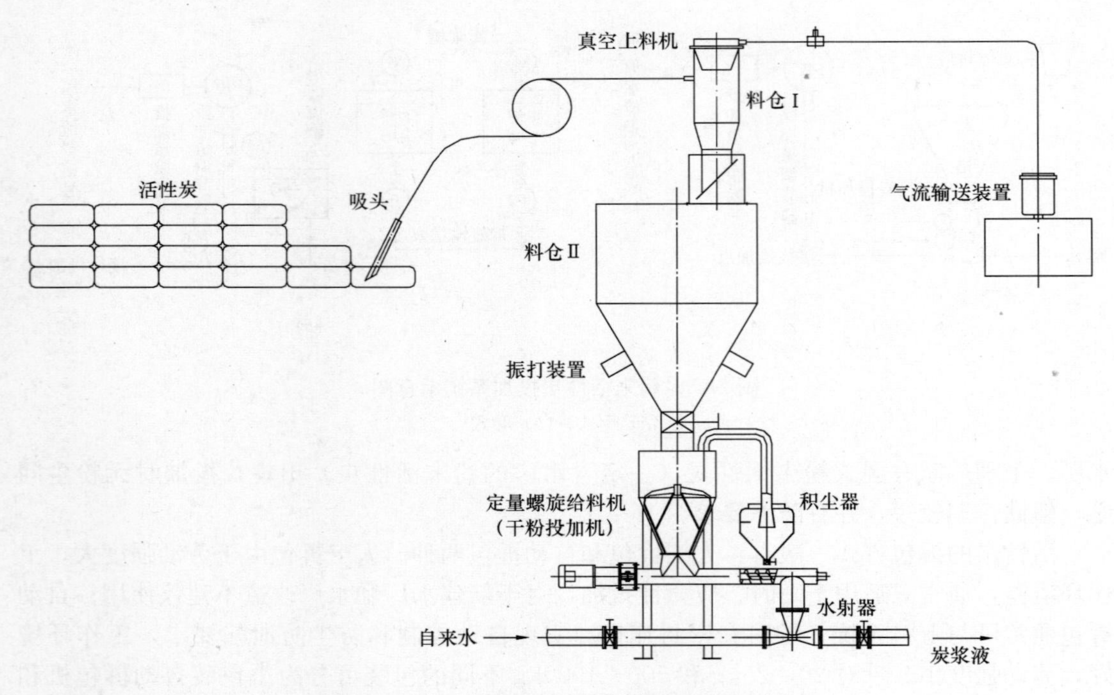

图 2-16　小包装真空上料干式投加系统示意图

(2) 小包装自动拆包湿式投加系统（图 2-17）

该系统包括自动拆包机、粉炭螺旋输送机、炭浆制备设备、压力投加设备等部分。

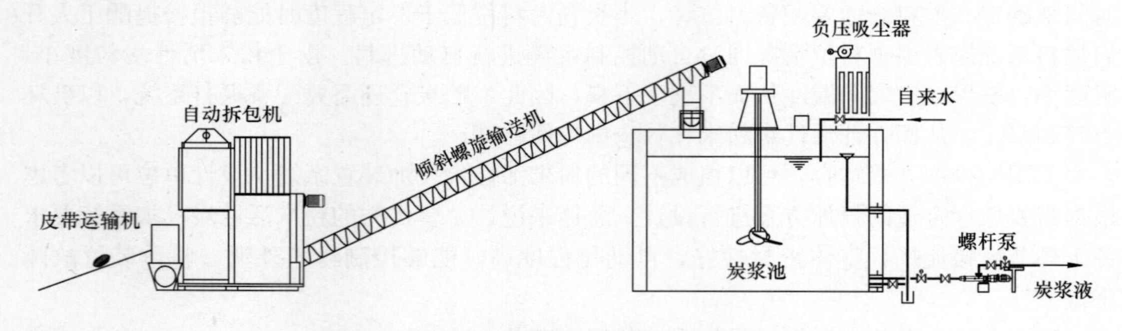

图 2-17　小包装自动拆包湿式投加系统示意图

用机械起吊装置或人工的方法将粉末活性炭包置于皮带输送机上，皮带输送机将炭包送入自动拆包机，自动拆包机将粉末活性炭与包装袋分离后，倾斜螺旋输送机将粉末活性炭输送至炭浆池，配成5%～10%炭浆液，最后通过螺杆泵将炭浆液投加至取水管道。该系统炭浆池一般应设两座，交替配置炭浆液，炭浆投加量根据原水水质及流量按比例投加，投加量的变化可通过手动调节螺杆泵的无级调速装置实现。

该系统投加精确，运行稳定，能够通过配管实现多处同时投加，不足之处是占地面积大，投资较大。

(3) 散装炭压力上料湿式投加系统（图 2-18）

该系统包括专用压力上料管道、贮料仓、粉料输配单元、炭浆制备单元、定量投加设

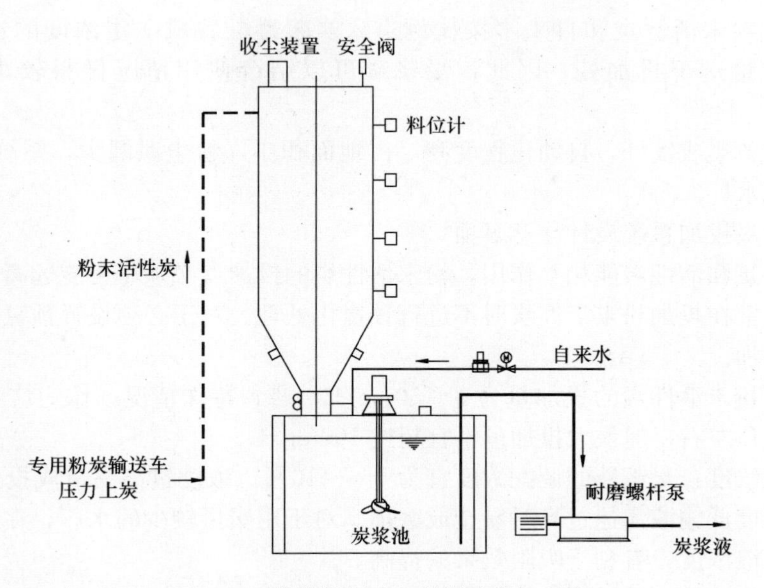

图 2-18 散装炭压力上料湿式投加系统

备等部分。

上料时专用粉末活性炭运输车与上炭管道相连接，开启运输车上压力上炭设备，将粉末活性炭压入料仓。料仓与炭浆池直接相连接，通过螺杆泵将粉末活性炭定量投加到炭浆池配成5%～10%炭浆液。炭浆液通过耐磨螺杆泵等可调的计量投加设备投加到取水口管道。与小包装自动拆包湿式投加系统类似，该系统炭浆池一般也应设两座，交替配置炭浆液，炭浆投加量根据原水水质及流量按比例投加，投加量的变化可通过手动调节螺杆泵的无级调速装置实现。

该系统上料方式设备简单，投资少，劳动强度小，工作环境好，特别适用于用炭量比较大的水厂，但需要水厂和活性炭生产厂家距离较近，运输方便。

(4) 大包装自动拆包湿式投加(图 2-19)

该系统包括大袋破包装置、贮料仓、定量给料装置、炭浆配置罐、螺杆投加泵等装置。

用机械起吊的方式将大包装(500～1000kg)的粉末活性炭包送至大袋破包装置，自动拆包后粉末活性炭进入贮料仓，经定量给料装置送入炭浆罐，配置成5%～10%的炭浆液，炭浆液经螺杆泵送至取水管道。该系统为不间断运行装

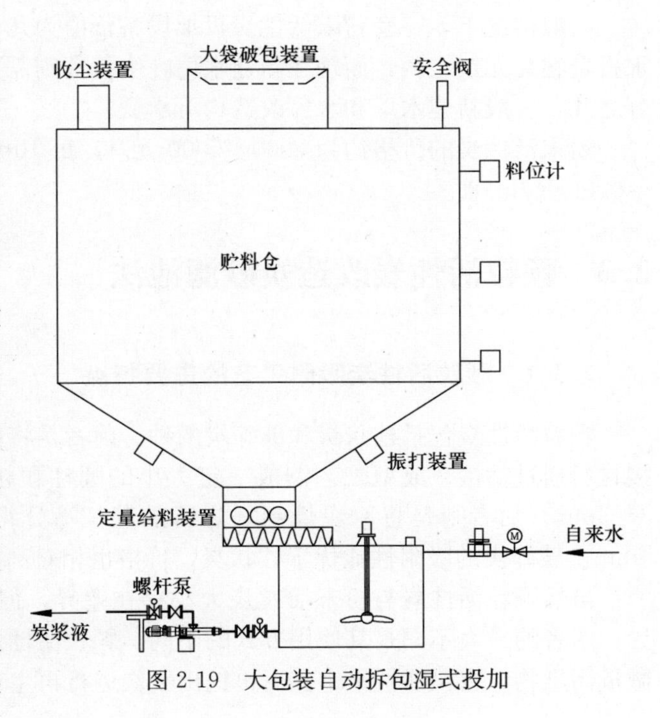

图 2-19 大包装自动拆包湿式投加

置，运行期间粉末活性炭和自来水按比例进入炭浆罐配置成一定浓度的炭浆液，炭浆液经螺杆泵定量送至投加处，因此，炭浆罐可以结合使用情况做得较小，节省占地面积。

该系统设备集成度好，自动化程度高，占地面积小，粉尘泄漏少，系统较稳定可靠，适用于大中型水厂。

粉末活性炭投加系统设计注意事项

（1）由于氯和活性炭能相互作用，粉末活性炭的投加点必须尽可能远离氯和二氧化氯的投加点。通常在投加粉末活性炭时不进行预氯化处理。对于必须设置预氯化的水厂，加氯量要适当增加。

（2）通常粉末活性炭的投加量为 5～50mg/L。遇到特殊情况，作为应急处理时，可增加到 80mg/L 左右，但最大投加量不宜超过 100mg/L。

（3）调配浓度：炭浆液的调配浓度宜为 5%～10%。浓度过高易造成投加系统与输液管道堵塞，浓度低输液流速过高时易造成磨损。对于用炭量较少的水厂，在占地许可的情况下降低炭浆液浓度，有利于吸附效果的提高。

（4）为使炭液快速扩散，可以在投加前加强制扩散装置，采用压力水稀释强制扩散。有运行实践表明，强制扩散能够提高活性炭吸附净水效果。

（5）粉末活性炭仓库设计应注意：粉末活性炭是一种能导电的可燃物质，贮藏仓库应采用耐火材料砌筑，并设防火消防措施。粉末活性炭在搬运中会飞扬于空气中，因此，位于贮藏室内的电器设备须加防护罩，并采取防爆设施。粉末活性炭易粘附在人的皮肤和衣物上，故须设置淋浴室。

2.2.6 粉末活性炭应急处理的技术经济分析

一般情况下，一套粉末活性炭投加设备价值为几十万到百万元，加上基建等费用，吨水投资在几元钱之内，而现在新建水厂吨水投资则需要 800～1000 元，建设成本仅增加千分之几，一般新建水厂和水厂改造均可承受。

粉末活性炭的价格约为 5000～6000 元/t，每 10mg/L 投加量应的药剂成本约为 0.05～0.06 元/m^3 水。

2.3 颗粒活性炭改造炭砂滤池法

2.3.1 颗粒活性炭吸附工艺的主要特点

颗粒活性炭包括柱状炭和破碎炭两种。前者是将制备好的粉末活性炭通过煤焦油等粘接材料通过粘接、成型工艺制成一定大小的圆柱颗粒，直径一般为 1.5～2mm，长度为 3～5mm。后者则是将原炭烧制好进行破碎、筛分得到的不规则颗粒，粒径一般为2～4mm。破碎炭的吸附性能优于柱状炭，价格也相对高一些。

虽然颗粒活性炭与粉末活性炭大小存在差异，但其单位质量吸附容量并没有太大差异。两者的最大不同是其使用方式的不同。颗粒活性炭的优点是可长期稳定地吸附水中的微量污染物，直至活性炭饱和后再挖出废炭进行再生。

颗粒炭吸附的不足之处是吸附时间有限。一般活性炭滤池中的颗粒活性炭填充高度为2m，按照 8m/h 滤速计算，活性炭吸附时间为 15min，而炭砂滤池中活性炭层高度一般只有 0.5m 左右，活性炭吸附时间则只有 3～4min，对于较高浓度造成的突发污染，污染物可能会穿透炭砂滤池。即使在发生突发污染事件时，如果将产水量降低一半，活性炭的吸附时间可以延长至 30min，仅相当于在混凝工艺中同时投加粉末活性炭的吸附时间。

2.3.2　颗粒活性炭滤池的应急处理能力

评估颗粒活性炭滤池的应急处理能力不仅需要考虑能够应对的最高污染物浓度，同时也要考虑在持续污染时能够使用的最大寿命，这与活性炭滤池对该污染物的吸附带高度、活性炭吸附性能下降速度有关。

按照活性炭吸附工艺的理论，在炭床中炭层分为饱和层、吸附带、未工作带三部分。以降流式炭滤池为例，随着吸附运行时间的增加，进水首先与上部的炭接触，在吸附带中吸附质被吸附，使上部的饱和层不断加厚，吸附带逐步下移。

吸附带的高度与污染物的吸附特性、活性炭吸附性能、污染物浓度和滤速有关。污染物越难吸附、活性炭吸附性能越低、污染物浓度越高、滤速越快，吸附带高度越长。因此，对于已建成的颗粒活性炭滤池或者炭砂滤池，在通常的工作滤速下，其能够应对的最

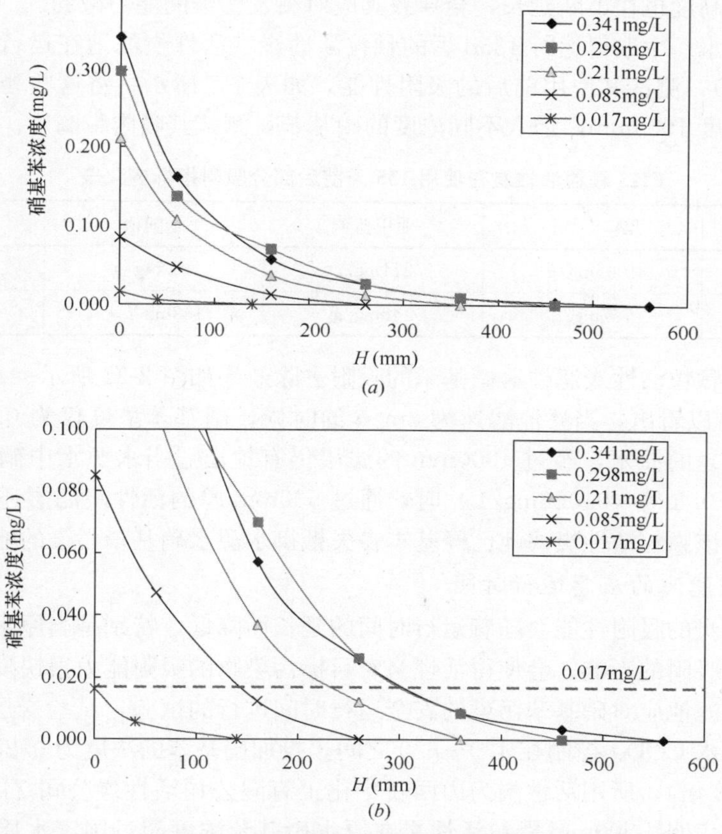

图 2-20　新颗粒活性炭滤柱对不同浓度硝基苯原水吸附效果

(a) 全部数据；(b) 局部放大

大污染物浓度也就是工作带高度等于炭层深度的浓度。

新颗粒活性炭滤池

以硝基苯为例。采用新填充的炭层厚度为800mm炭滤柱进行硝基苯吸附试验，试验数据如图2-20所示。当滤池滤速为8m/h的时候，硝基苯浓度为0.0164mg/L（接近我国水质标准0.017mg/L）的原水，经过140mm厚活性炭层吸附硝基苯即检不出（检测限0.0002mg/L）；当原水硝基苯浓度为0.341mg/L时，经过厚约320mm活性炭层吸附可以达到水源水标准的要求，经过560mm厚活性炭层吸附硝基苯浓度即检不出。

根据上述数据得到8m/h滤速下不同硝基苯浓度值对应的吸附工作带高度，如表2-4所示。

不同原水硝基苯浓度下GAC滤层工作带高度（8m/h滤速） **表2-4**

硝基苯浓度（mg/L）	0.017	0.085	0.211	0.298	0.341
工作带高度（mm）	140	260	360	460	560

可以看出，当新活性炭滤层高度为500mm时，在考虑较低的安全余量的情况下，在使用初期最高可以抵御硝基苯浓度为水源水标准的18倍（0.298mg/L）的污染。

旧颗粒活性炭滤池

对于已经使用中的颗粒活性炭滤池，随着运行时间的延长，活性炭的吸附性能不断下降，其吸附带的高度也在不断延长，会导致其应对突发污染的能力减弱。

例如，从某水厂中取得运行135d后的颗粒活性炭（活性炭滤池在运行期间未通过含有硝基苯的原水），测试其使用前后的吸附性能，如表2-5所示。将这些颗粒炭装入试验炭滤柱，填充高度1000mm，加入不同浓度的硝基苯，测试其吸附带高度。

FJ15颗粒活性炭在使用135天前后部分吸附指标变化表 **表2-5**

	碘　　值	亚甲蓝值	苯酚值	水　　分
使用前	1008mg/g	211mg/g	169mg/g	5.02%
使用后	757mg/g	143mg/g	132mg/g *	38.5%

试验得出该颗粒活性炭滤柱对硝基苯的吸附去除效果如图2-21所示。

从图2-21可以看出，当滤池滤速为8m/h的时候，硝基苯浓度仅为0.017mg/L（我国水质标准限值）的原水，经过1000mm的滤层仍有检出。当水源水中硝基苯浓度超过国家水源水标准0.5倍（0.025mg/L）时，通过500mm厚的活性炭滤层还不能达到水质标准以下。说明该颗粒活性炭滤池已经基本丧失抵御水源水硝基苯污染的能力。

颗粒活性炭滤池的应急运行时间

滤池中活性炭的吸附性能会随着运行时间的延长而降低，特别是当原水中有机物浓度较高，由于竞争吸附的影响，会使得活性炭对目标污染物的吸附能力很快降低。

针对活性炭滤池应对硝基苯污染的安全运行时间进行的试验：试验炭层高度500mm，试验期间模拟原水COD_{Mn}控制在4.0～6.0之间，投加硝基苯的浓度为0.235mg/L（超过我国水质标准12倍），所用活性炭为山西新华化工有限公司活性炭公司ZJ15煤质颗粒活性炭。试验结果表明，500mm颗粒活性炭在原水硝基苯浓度超过国家水质标准12倍时，最多可安全应对3.5d（见图2-22）。

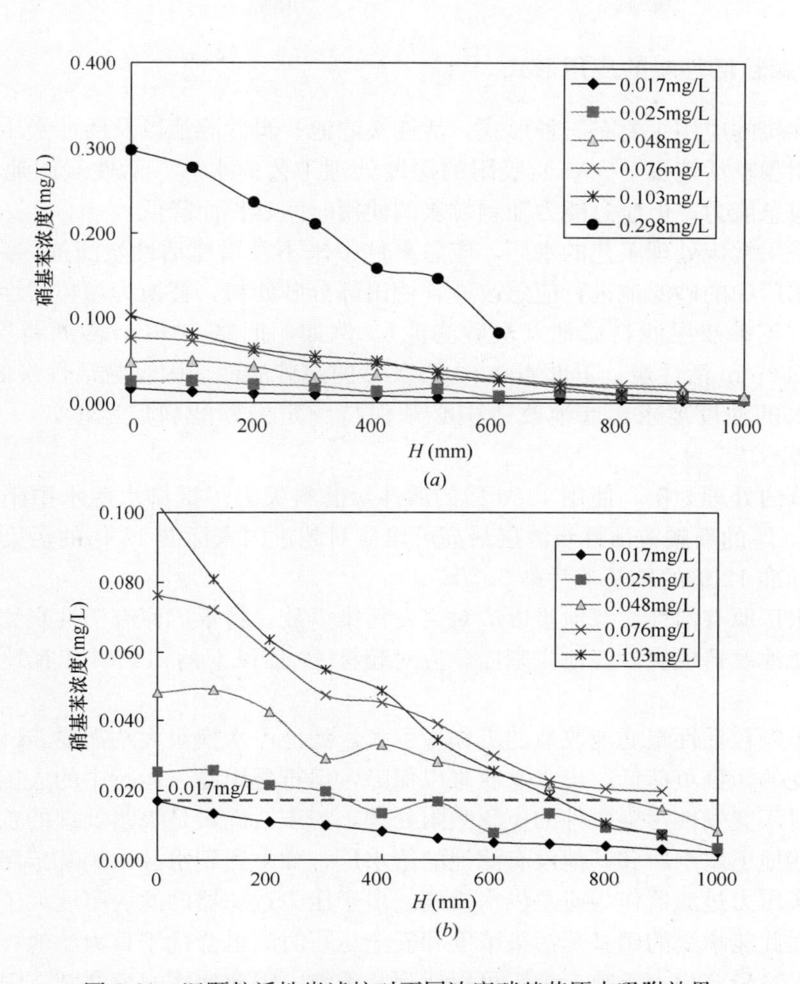

图 2-21 旧颗粒活性炭滤柱对不同浓度硝基苯原水吸附效果

(*a*) 全部数据；(*b*) 局部放大

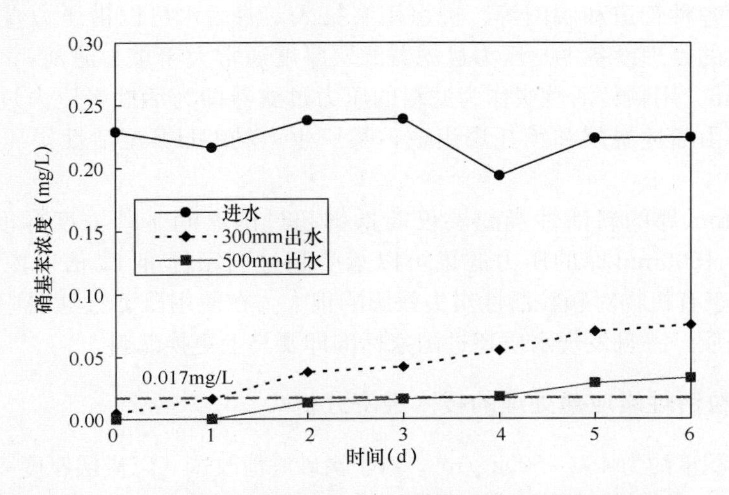

图 2-22 新颗粒活性炭应对超标 12 倍污染的运行时间试验

2.3.3 颗粒活性炭的应用形式

颗粒活性炭的应用主要有三种形式：活性炭滤池、炭砂滤池以及活性炭压力过滤器。

对于采用颗粒活性炭（GAC）吸附的深度处理工艺的水厂，活性炭滤池对事故污染物有一定的应急能力，但应急能力随颗粒炭的使用时间延长而降低。

对于只采用常规处理工艺的水厂，应急事件中来不及增建活性炭滤池。在此条件下，可以对现有水厂中的砂滤池进行应急改造，挖出部分砂滤料，替换为颗粒活性炭，改造为颗粒活性炭石英砂双层滤料滤池（炭砂滤池）。例如，把原700mm砂滤料层的砂滤池，改造为上部500mm活性炭、下部400mm石英砂的炭砂滤池。因颗粒活性炭的颗粒较大，为了保证出水的浊度要求，滤池改造中必须保持一定的砂滤料层厚度，一般以不小于400mm石英砂为宜。

以硝基苯的处理为例，使用135d后的活性炭滤料失去了抵御水源水中硝基苯污染的能力；500mm厚的新颗粒活性炭滤层最高可以应对超过国家标准15倍的污染，但仅能应对超过国家标准12倍的硝基苯污染3.5d。

因此，水厂原有活性炭滤池难以应对突发污染事故，将水厂原有活性炭滤池更换新炭或将原有砂滤池改造成炭砂滤池，来应急应对超标10倍以上的污染时其有效工作时间十分有限。

同时由于颗粒活性炭滤池改造的工作量巨大，滤池停水换炭大约需要3d以上的时间，而且可以承受的污染负荷低，出水水质难以保障，运行费用高，运行中的人工调控手段有限。因此，对于突发性污染事件的应急吸附处理，粉末活性炭是吸附处理的首选技术。

对于一些地下水水厂和其他没有滤池的给水厂，如果遇到水源水硝基苯污染事故，可以使用活性炭压力过滤器作为应急供水措施。由于压力过滤器的滤层厚度大于水厂常用的重力滤池，因此能承受的硝基苯污染浓度和安全运行时间也会优于重力滤池，但一般压力过滤器日出水量最多为上千吨，个别可以达到几千吨，因此使用规模非常有限。

压力过滤器是用钢制压力容器为外壳的过滤设备。容器内装有滤料及进水和配水系统。容器外设置各种管道和阀门等。进水用泵打入，滤后水可以借压力直接送到用水装置、水塔或后续的处理设备中。压力过滤器滤层厚度通常大于重力滤池，一般为1～2m，某些可以达到3m。用颗粒活性炭作为滤料的压力过滤器即为活性炭压力过滤器。活性炭压力过滤器主要由活性炭层和承托层组成，某厂生产的GHT型活性炭压力过滤器如图2-23所示。

考虑到500mm厚的新活性炭滤层仅能抵御超过国家硝基苯浓度标准12倍的污染3.5d，因此估计1500mm厚的压力滤罐可以承受超过国家标准12倍以内的硝基苯污染10d以上。但由于有机物对颗粒活性炭失效影响很大，在使用压力过滤器应对污染时也应及时关注出水水质，一旦发现水质超过国家标准即要马上更换滤料。

2.3.4 颗粒活性炭应急处理的技术经济分析

颗粒炭的堆积重约为450～500kg/m^3，对于炭砂滤池改造（以炭层厚度500mm计），所需炭量约为0.25t/m^{2}滤池，颗粒活性炭的价格一般在5000～7000元/t，如果按6000元计算，购炭成本约为1500元/m^{2}滤池。对于处理能力10万m^3/d的水厂，滤池面积一般在

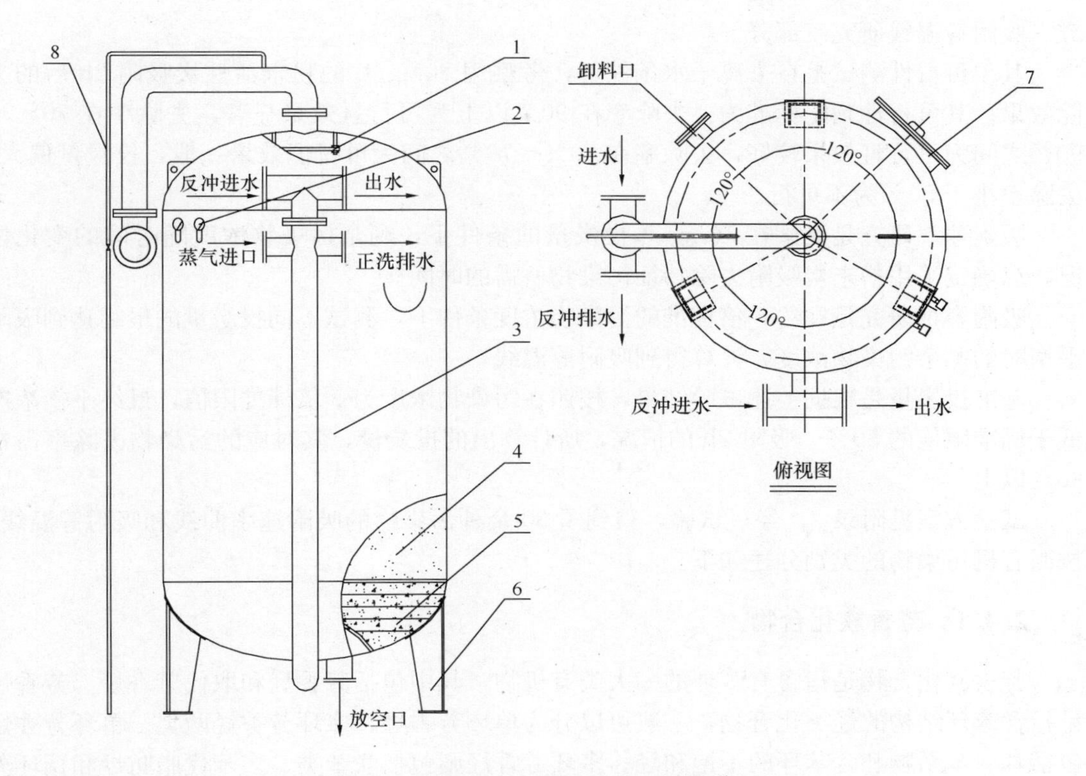

图 2-23 GHT 型活性炭压力过滤器简图

1—进水挡板；2—滤前、滤后压力表；3—罐体；4—活性炭滤料；5—承托层；6—支撑脚；7—人孔；8—放气管

520～550m^2。如果按滤池面积 520m^2 计，更换 500mm 厚的新炭，需要新炭 135t 左右，则更换新的颗粒活性炭仅材料费需要 81 万元。如果改造后的滤池用来抵御超过水源水标准 12 倍的硝基苯污染，按前文所述研究结果可以抵御 3.5d，则处理成本为 2.31 元/m^3。

此外，由于进行炭砂滤池改造需要停水进行，在动用大批人员的情况下也需要三天，由此造成的人工成本、停水损失十分巨大。

可见，由于改造困难，实施和维护的成本高，抵御污染物的能力有限，因此在发生水源水突发污染事故时并不推荐使用颗粒活性炭滤池。对于已有的颗粒活性炭滤池，由于对污染物的吸附能力会随运行时间而下降，因此在确定应急措施时必须事先评估其应急处理能力，建议与粉末活性炭应急处理系统联用以提高安全性。

2.4 粉末活性炭对具体污染物的吸附去除工艺参数

如 2.1.4 节所述，活性炭对污染物的吸附等温线是与平衡浓度有关的，因此，必须在饮用水标准限值尺度上进行活性炭的吸附试验，这样得到的吸附等温线才能指导生产，确保吸附平衡浓度小于限值。

为了得到有效的应急处理工艺参数，对部分芳香族、农药、氯代烃、消毒副产物和人工合成有机物进行实验室研究。每一种污染物的研究包括可行性测试、吸附去除速率研究、吸附等温线研究三部分。

其中可行性测试是在去离子水条件下，考察用20mg/L的粉末活性炭吸附2h后的去除效果。其可行性判定标准为：去除率在90%以上为可行且效果显著，去除率在70%～90%之间为可行且效果较好，去除率在50%～70%之间为可行但效果一般，投炭量偏大，去除率小于50%为不可行。

吸附速率研究是测试在10mg/L投炭量的条件下，剩余污染物浓度随时间的变化情况，以确定采用粉末炭吸附去除特征污染物所需的时间。

吸附容量研究是在约5倍标准的污染物浓度条件下，测试不同投炭量的最终达到吸附平衡时的剩余污染物浓度，计算得到吸附等温线。

基准投炭量是根据上述试验结果，按照在污染物浓度为5倍标准限值，最终平衡浓度低于标准限值的50%，吸附2h的情况，所计算出的投炭量，其对应的污染物去除率需在90%以上。

试验方案见附录2，经过试验，得到了30余种污染物的吸附速率曲线和吸附等温线。按照有机污染物的类别分述如下。

2.4.1 芳香族化合物

芳香族化合物是指含有苯环的一大类有机物，其中包括芳香烃和取代芳香烃。芳香烃是指含苯环结构的烃类化合物，一般可以分为单环芳香烃、多环芳香烃两类。单环芳香烃包括苯、苯系物和含苯环的不饱和烃；多环芳香烃则包括联苯类、多苯代脂肪烃和稠环芳香烃。取代芳香烃则可以看作是芳香烃分子中的氢原子被其他元素、官能团取代的产物，如卤代芳香烃、苯胺类物质等。

芳香族化合物属于较易被活性炭吸附去除的一类物质，这是由于芳香族化合物一般是弱极性或无极性物质，容易被同样为弱极性的活性炭从水相中吸附分离出来。但是对于极性较强的苯胺，吸附去除的效果要明显低于其他芳香族化合物。

主要的芳香族污染物的粉末活性炭吸附可行性测试结果如表2-6所示。

芳香族污染物的粉末活性炭吸附去除可行性测试　　表2-6

污染物名称	初始浓度（mg/L）	吸附后浓度（mg/L）	去除率（%）	技术可行性评价
苯乙烯	0.101	0.0018	98.2	可行且活性炭吸附效果显著
一氯苯	1.59	0.152	90.5	
1,2-二氯苯	4.78	0.3610	92.4	
1,4-二氯苯	1.60	0.102	93.6	
1,2,4-三氯苯	0.105	0.0009	99.1	
五氯酚	0.01	0.0005	95	
苯	0.0600	0.0071	88.2	可行且活性炭吸附效果较好
甲　苯	3.782	0.715	81.1	
间二甲苯	2.55	0.365	85.7	
乙　苯	1.43	0.221	84.5	
三氯酚	0.705	0.20	71.6	

续表

污染物名称	初始浓度（mg/L）	吸附后浓度（mg/L）	去除率（%）	技术可行性评价
苯　酚	0.0589	0.0275	53.3	可行但投量偏大
苯　胺	0.55	0.37	32.7	不可行

由粉末活性炭对芳香族化合物的吸附速率曲线可以看出，有效的吸附去除时间一般为30～60min，可以达到最终吸附量的70%～95%。如果只能在水厂内投加粉末炭，则吸附时间往往只有10～30min，其吸附效果会有明显下降，在实际使用时必须增加投量。

在去离子水条件下得到的粉末活性炭对芳香族化合物的吸附等温线如图2-24、图2-25所示。在原水条件下得到的最终工艺参数如表2-7所示。

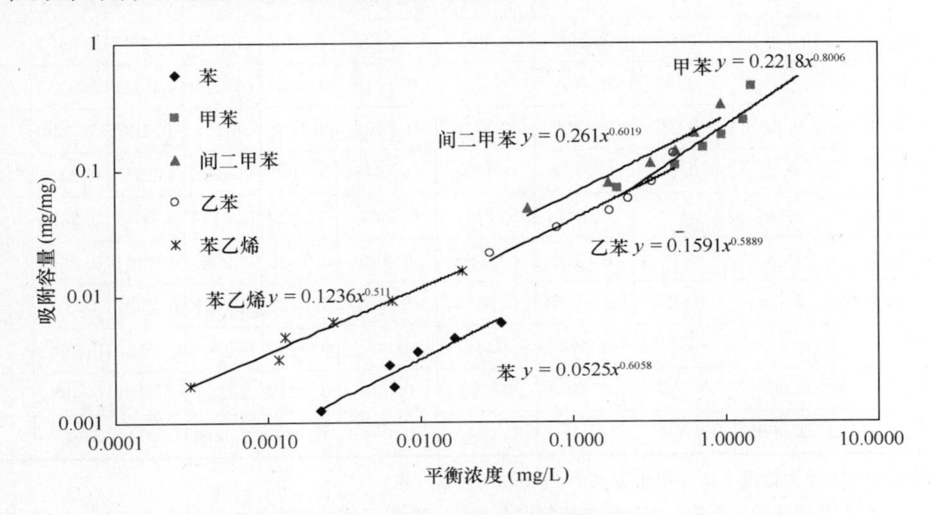

图2-24　部分苯系物的吸附等温线

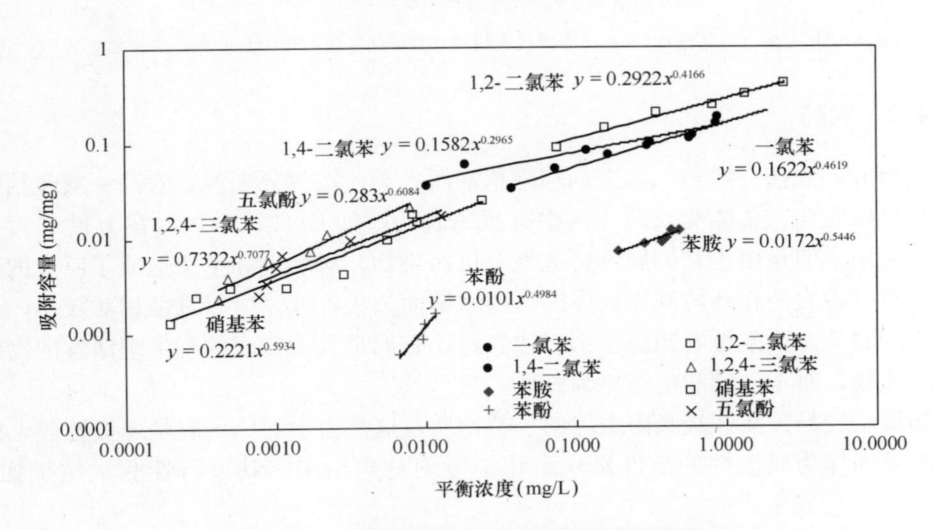

图2-25　部分取代芳香化合物的吸附等温线

由于各种芳香族化合物的水质标准不同，试验浓度有所差别，因此图中的位置并不能作为不同芳香族化合物的活性炭吸附去除性能比较的依据。其吸附去除性能的差异可以根据吸附等温线计算相同污染物浓度条件下单位活性炭的吸附量来进行比较，但是应当注意吸附等温线的使用浓度范围，不能无限外推。

芳香族化合物的粉末活性炭吸附去除工艺参数　表 2-7

物质名称	水质标准		试验浓度(mg/L)	吸附速率		去离子水吸附等温线		水源水吸附等温线		基准投炭量*
	GB 5749—2006(mg/L)	地表水环境质量标准(mg/L)		30min剩余浓度(mg/L)	120min剩余浓度(mg/L)	k	$1/n$	k	$1/n$	120min吸附投炭量(mg/L)
苯	0.01	0.01	0.0556	0.0303	0.0205	0.05254	0.6058	0.0245	0.5217	30
甲　苯	0.7	0.7	3.7815	1.807	1.652	0.2218	0.8066	0.2083	0.763	35
间二甲苯**	0.5	0.5	2.785	0.995	0.87	0.261	0.6019	0.2465	0.8495	30
乙　苯	0.3	0.3	1.6459	0.8336	0.7016	0.1591	0.5889	0.1331	0.5179	30
苯乙烯	0.02	0.02	0.1299	0.0214	0.0107	0.1236	0.511	0.166	0.624	10
一氯苯	0.3	0.3	1.5737	0.4092	0.3341	0.1622	0.4619	0.1213	0.5115	30
1，2-二氯苯	1	1	4.683	1.7118	0.9996	0.2922	0.4166	0.2041	0.5425	35
1，4-二氯苯	0.3	0.3	1.5576	0.4095	0.189	0.1582	0.2965	0.1401	0.2623	18
1，2，4-三氯苯**	0.02	0.02	0.1138	0.0089	0.0022	0.7322	0.7077	0.2822	0.579	6
苯　胺		0.1	0.588	0.42	0.42	0.0172	0.5446	0.0352	0.9942	250
苯　酚***	0.002	0.005	0.314	0.259	0.146	0.0219	0.296	0.0101	0.4984	30
五氯酚	0.009	0.009	0.1	0.0049	0.004	0.283	0.608	0.0114	0.2079	15

*　按污染物浓度为标准5倍，出水浓度小于标准的50%计算。

**　对于存在异构体的污染物，水质标准往往以总量计，考虑到各种异构体的吸附性质相似，选择其中一种进行测试。

***　苯酚是“挥发酚（以苯酚计）”指标中的代表物质，其吸附特性可作为其他挥发酚的参考。

2.4.2　农药

按用途分，农药一般包括杀虫剂和除草剂两大类。按成分来说，农药一般包括有机氯农药、有机磷农药、菊酯类农药。其中有机氯农药，如DDT、六六六在上世纪六七十年代被大量使用，但是由于它们属于持久性有机污染物，对环境和生态造成了巨大的影响而被禁用。有机磷农药在环境和作物体内可以水解而失去毒性，所以毒性相对较小，是目前大量使用的农药。菊酯类农药属于第三代农药，它们是人工合成的有生理活性的物质或是它们的类似物，对于环境和生态更为友好。

农药属于较易被活性炭吸附去除的一类物质，这是由于农药一般是弱极性或无极性物质，容易被同样为弱极性的活性炭从水相中吸附分离出来。其可行性测试结果如表2-8所示。

与芳香族化合物相似，粉末活性炭对农药的有效吸附去除时间一般为30～60min，可以达到最终吸附量的70%～95%。如果只能在水厂内投加粉末炭，则吸附时间往往只有10～30min，其吸附效果会有明显下降，在实际使用时必须增加投量。

农药的粉末活性炭吸附去除可行性测试 **表 2-8**

污染物名称	初始浓度（mg/L）	吸附后浓度（mg/L）	去除率（%）	技术可行性评价
百菌清	0.05	0.001	98	可行且活性炭吸附效果显著
滴滴涕	0.0057	0.00017	97.0	
敌敌畏	0.01	0.00068	93.2	
马拉硫磷	1.25	0.049	96.1	
对硫磷	0.028	0.0001	99.6	
甲基对硫磷	0.186	0.0015	99.2	
林丹	0.010	0.0008	92	
2，4-D	0.15	0.004	97.3	
阿特拉津	0.15	0.00053	99.6	
乐　果	0.45	0.057	87.3	可行且活性炭吸附效果较好
内吸磷	0.15	0.0039	74	
敌百虫	0.25	0.051	79.6	
灭草松	1.5	0.59	60.7	可行但投量偏大
溴氰菊酯	难溶于水，较易降解，可通过混凝沉淀有效去除			

在去离子水条件下得到的粉末活性炭对农药的吸附等温线如图 2-26 所示。

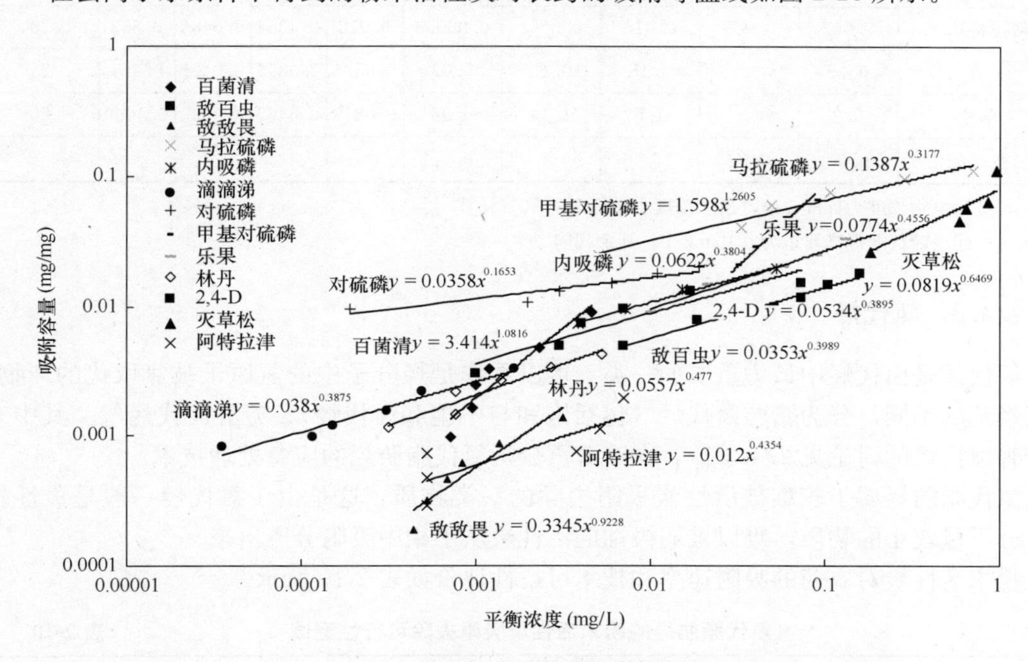

图 2-26　部分农药的吸附等温线

由于各种农药的水质标准不同，试验浓度有所差别，因此图中的位置并不能作为不同农药的活性炭吸附去除性能比较的依据。其吸附去除性能的差异可以根据吸附等温线计算相同污染物浓度条件下单位活性炭的吸附量来进行比较，但是应当注意吸附等温线的使用浓度范围，不能无限外推。

在原水条件下得到的最终工艺参数如表 2-9 所示。

农药的粉末活性炭吸附去除工艺参数　　表 2-9

物质名称	水质标准		试验浓度（mg/L）	吸附速率（投炭量 10mg/L）		去离子水吸附等温线		水源水吸附等温线		基准投炭量*
	GB 5749—2006（mg/L）	地表水环境质量标准（mg/L）		30min 剩余浓度（mg/L）	120min 剩余浓度（mg/L）	k	$1/n$	k	$1/n$	120min 吸附投炭量（mg/L）
林　丹	0.002	0.002	0.0101	0.00255	0.000778	0.0577	0.477	0.0195	0.3717	8
滴滴涕	0.001	0.001	0.005193	0.000368	0.000186	0.038	0.3873	0.0418	0.5043	2
乐果	0.08**	0.08	0.413	0.19	0.14	0.0774	0.4556	0.0651	0.4267	25
甲基对硫磷	0.02	0.002	0.11	0.0132	0.0015	1.598	1.2605	2.1187	1.4032	2
对硫磷	0.003	0.003	0.0744	0.0001	0.0001	0.0358	0.1653	2.4191	1.1103	2
马拉硫磷	0.25	0.05	1.25	0.797	0.674	0.1388	0.3189	0.0595	0.1882	30
内吸磷		0.03	0.15	0.089	0.066	0.0622	0.3804	0.0173	0.294	30
敌敌畏	0.001	0.05	0.01	0.0065	0.005	0.3345	0.9228	0.0037	0.3877	25
敌百虫		0.05	0.25	0.153	0.113	0.0353	0.3989	0.0361	0.5929	60
百菌清	0.01	0.01	0.05	0.011	0.005	3.414	1.0816	0.09	0.5983	15
阿拉特津	0.002	0.003	0.015	0.0072	0.00053	0.012	0.4354	0.0488	0.653	20
2,4-D	0.03		0.15	0.12	0.07	0.0534	0.3895	0.0421	0.451	25
灭草松	0.3		1.5	1.14	0.96	0.0819	0.6469	0.065	0.4039	50
溴氰菊酯	0.02	0.02								

*　按污染物浓度为标准 5 倍，出水浓度小于标准的 50%计算

**　建设部行业标准要求为 0.02mg/L，其余相同

2.4.3　氯代烃

氯代烃是卤代烃中最为重要的一类，可以看作是烃分子中的氢原子被氯取代的产物。根据烃基的不同，分为脂肪卤代烃（包括饱和与不饱和卤代烃）、芳香卤代烃等。其中有关芳香卤代烃的讨论见 2.4.1 节，本节着重分析氯代脂肪烃的应急处理技术。

氯代脂肪烃属于较难被活性炭吸附去除的一类物质，这是由于氯代烃一般是极性较强、分子量较小的物质，难以被弱极性的活性炭从水相中吸附分离出来。

粉末活性炭对农药的吸附速率和技术可行性评价如表 2-10 所示。

氯代脂肪烃的粉末活性炭吸附去除可行性测试　　表 2-10

污染物名称	初始浓度（ppm）	未加炭空白浓度（ppm）	吸附后浓度（ppm）	吸附去除率	技术可行性评价
1,1-二氯乙烯	0.15	0.138	0.055	63%	可行但效果一般，投炭量偏大
1,2-二氯乙烯	0.25	0.177	0.117	53%	

续表

污染物名称	初始浓度（ppm）	未加炭空白浓度（ppm）	吸附后浓度（ppm）	吸附去除率	技术可行性评价
1,1,1-三氯乙烷	1.0	0.561	0.338	66%	可行但效果一般，投炭量偏大
三氯乙烯	0.35	0.35	0.149	57%	
四氯乙烯	0.2	0.175	0.09	55%	
四氯化碳	0.01	0.01	0.004	60%	
氯乙烯	0.025	0.016	0.015	40%	不可行
二氯甲烷	0.1	0.088	0.085	15%	
1，2-二氯乙烷	0.15	0.128	0.111	26%	

在去离子水条件下得到的粉末活性炭对氯代烃的吸附等温线如图 2-27 所示。

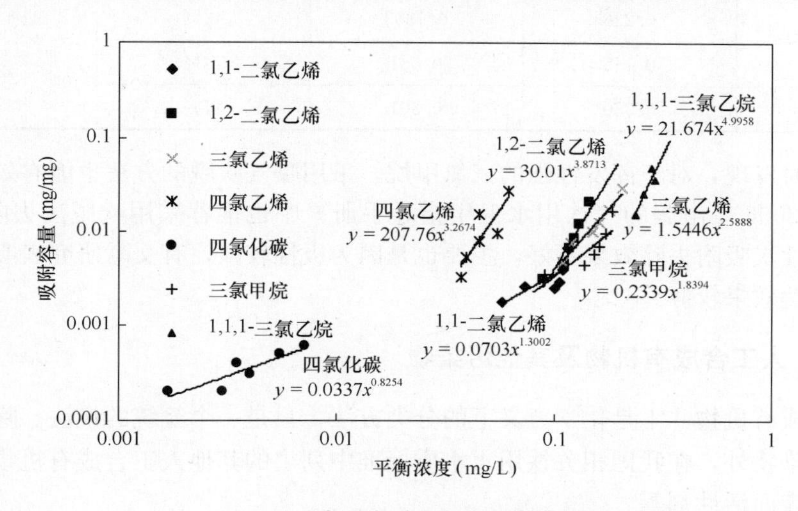

图 2-27 部分氯代烃的吸附等温线

由于各种氯代烃的水质标准不同，试验浓度有所差别，因此图中的位置并不能作为不同氯代烃的活性炭吸附去除性能比较的依据。其吸附去除性能的差异可以根据吸附等温线计算相同污染物浓度条件下单位活性炭的吸附量来进行比较，但是应当注意吸附等温线的使用浓度范围，不能无限外推。

除活性炭吸附技术外，由于氯代烃挥发性好，可以通过曝气吹脱的方法从水中去除。世界卫生组织在 2006 年出版的《饮用水卫生指导手册》中也推荐采用吹脱法去除氯代烃。关于曝气吹脱技术的研究尚待深入。

2.4.4 消毒副产物

目前已经确定的消毒副产物有 250 多种。由于氯作为消毒剂广泛使用，通常所指的消毒副产物一是氯消毒生成的氯代消毒副产物，如三卤甲烷、卤乙酸等；此外，二氧化氯消毒会生成亚氯酸盐；臭氧消毒会生成溴酸盐。这些消毒副产物通常具有致癌性等毒害作用。

消毒副产物的毒理学效应包括可能具有致癌性、致突变性、致畸性、肝毒性、肾毒性、神经毒性及其他毒副作用，也可能对生殖或发育造成不利影响。实验室研究已证实，三卤甲烷、卤乙酸、卤代乙腈、卤代醛、卤代酮以及无机的亚氯酸盐和溴酸盐均具有致癌或潜在致癌性。

在国家标准允许的水源水质和水处理常用的消毒剂量条件下（投氯量小于4mg/L），消毒副产物的生成量不会超过国家标准。但是，由于三卤甲烷、卤乙酸也是常用的化工产品及原料，所以也存在污染水源水的风险，因此，本课题也把三氯甲烷和二氯乙酸、三氯乙酸纳入研究范围（试验数据见附录）。

试验结果表明，粉末活性炭吸附对三氯甲烷、二氯乙酸和三氯乙酸的吸附去除效果不佳，如表2-11所示。

主要消毒副产物的粉末活性炭吸附去除可行性测试 **表2-11**

污染物种类	初始浓度（mg/L）	吸附后浓度（mg/L）	去除率（%）	技术评价
三氯甲烷	0.236	0.1363	42%	不可行
二氯乙酸	0.145	0.081	44%	
三氯乙酸	0.350	0.301	14%	

研究同时发现，对于挥发性强的三氯甲烷，采用曝气吹脱的方法也能有效去除。世界卫生组织在2006年出版的《饮用水卫生指导手册》中也推荐采用吹脱法去除三氯甲烷。卤乙酸的活性炭吸附去除效果不好，主要也是因为极性较强，有文献研究表明生物处理对卤乙酸的降解效果较好。

2.4.5 人工合成有机物及其他污染物

人工合成有机物并不是化学意义上的分类方法，只是一个笼统的说法。除上述可以归类讨论的污染物外，在我国相关饮用水水质标准中列出的其他人工合成有机物包括邻苯二甲酸酯类、表面活性剂等。

人工合成有机物的粉末活性炭吸附去除可行性测试 **表2-12**

污染物种类	初始浓度（mg/L）	吸附后浓度（mg/L）	去除率（%）	技术评价
邻苯二甲酸二丁酯	0.705	0.0044	99.4	可行且活性炭吸附效果显著
邻苯二甲酸二（2-乙基己基）酯	0.0178	0.0015	91.6	
阴离子合成洗涤剂	1.8	0.03	98.3	
石油类	0.44	0.20	54.5	可行但投量偏大

试验结果表明，活性炭吸附技术对上述四种人工合成有机物具有非常好的去除效果。

由于各种污染物的水质标准不同，试验浓度有所差别，因此图2-28中的位置并不能作为不同氯代烃的活性炭吸附去除性能比较的依据。其吸附去除性能的差异可以根据吸附等温线计算相同污染物浓度条件下单位活性炭的吸附量来进行比较，但是应当注意吸附等温线的使用浓度范围，不能无限外推。

部分消毒副产物和人工合成有机物的粉末活性炭吸附去除工艺参数见表2-13。

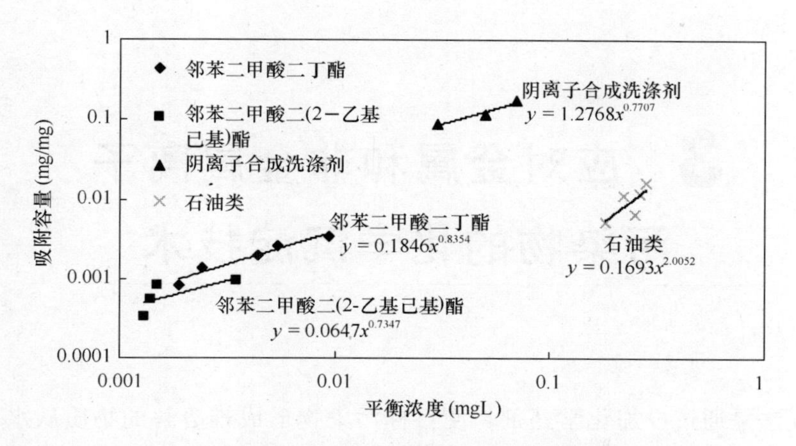

图 2-28 部分人工合成有机物的吸附等温线

部分消毒副产物和人工合成有机物的粉末活性炭吸附去除工艺参数　　表 2-13

物质名称	水质标准		试验浓度(mg/L)	吸附速率(投炭量 10mg/L)		去离子水吸附等温线		水源水吸附等温线		基准投炭量*
	GB 5749—2006(mg/L)	地表水环境质量标准(mg/L)		30min 剩余浓度(mg/L)	120min 剩余浓度(mg/L)	k	$1/n$	k	$1/n$	120min 吸附投炭量(mg/L)
三氯甲烷	0.06	0.06	0.269	0.204	0.103	0.0188	1.1211	0.0038	0.4706	370
二氯乙酸	0.05		0.0618	0.0461	0.0524	0.0334	0.3519	0.2724	1.5254	230
三氯乙酸	0.1		0.175	0.170	0.139	0.0266	0.3189	0.0042	0.5262	520
阴离子合成洗涤剂	0.3	0.2	1.7	0.03	0.03	1.2768	0.7707	0.0947	0.2523	25
邻苯二甲酸二(2—乙基已基）酯	0.008	0.008	0.0238	0.0162	0.003	0.0647	0.7347	0.0403	0.7981	75
邻苯二甲酸二丁酯	0.003	0.003	0.0211	0.0068	0.0039	0.1846	0.8354	0.1507	0.9951	60

* 按污染物浓度为标准 5 倍，出水浓度小于标准的 50%计算。

3 应对金属和非金属离子污染物的化学沉淀技术

化学沉淀法是通过投加化学药剂，使目标污染物形成难溶解的物质从水中分离的方法。根据污染物的化学性质，许多金属离子和砷、硒等非金属离子污染物都可以形成难溶解的氢氧化物、碳酸盐、硫化物、磷酸盐等沉淀。但是由于饮用水处理化学沉淀法所采用的沉淀剂必须无害，处理后水中不增加新的有害成分，因此所能采用的化学沉淀法主要为氢氧化物沉淀法和碳酸盐沉淀法。

硫化物沉淀法在不超过硫化物的饮用水标准限值（0.02mg/L）的条件下即可以将多种金属污染物去除到标准以下，但是由于硫化物属于饮用水需要去除的污染物，国内外尚没有在饮用水处理中允许使用的规定和先例，因此对于硫化物沉淀法的使用需十分谨慎，《技术指导手册》仅将其作为一种储备技术予以研究。

一定剂量的磷酸盐也可以将多种金属污染物去除到标准要求以内，但是由于我国尚没有在饮用水处理中允许使用的规定和先例，因此对于磷酸盐沉淀法的使用也需谨慎，《技术指导手册》仅将其作为一种储备技术予以研究。

3.1 主要金属和非金属污染物的化学沉淀特性

在化学沉淀法所能去除的污染物中，大多数金属离子污染物（如镉、铅、镍、铜、铍等）需要在弱碱性或碱性条件下进行混凝沉淀过滤处理；部分污染物（如砷、铬（Ⅵ）、硒等）是在中性或弱酸性条件下进行。如 pH 值调整幅度较大，应在去除污染物之后再进行 pH 值回调，使处理后出水的 pH 值符合饮用水的要求（pH＝6.5～8.5）。pH 值回调应设在过滤之后。

在采用不同碱性药剂调 pH 值时，所发生的化学沉淀的原理略有不同。采用氢氧化钠调 pH 值时，将可以发生氢氧化物沉淀反应和少量的碳酸盐沉淀反应。因为天然地表水中的碱度一般在 10^{-3}～10^{-2}mol/L，主要为重碳酸根。在用氢氧化钠调 pH 为碱性后，水中的部分重碳酸根转化为碳酸根，也可以与特定污染离子发生碳酸盐沉淀反应。用石灰（CaO，$Ca(OH)_2$）调 pH 值时，因水中的碳酸根主要与石灰带入的钙离子形成碳酸钙沉淀，从而削弱了与水中其他金属离子形成碳酸盐沉淀的作用，有效的沉淀反应为氢氧化物沉淀反应。采用碳酸钠调 pH 值时，可以同时发生碳酸盐沉淀反应和氢氧化物沉淀反应。

对于具体的处理情况，能否发生沉淀反应和发生何种沉淀反应，可采用溶度积原理进行初步的理论计算判断。

表 3-1 中给出了部分化合物的溶度积常数数据，需要说明的是，溶度积常数是在理想条件下得出的，并且不同资料的溶度积常数略有不同，在实际应用中还应该开展验证性试验（见附件 3）。

金属和非金属离子污染物的化学沉淀特性 **表 3-1**

项目	元素符号	原子量	生活饮用水卫生标准(mg/L)	沉淀物形式	K_{sp}	污染物沉淀达标所需药剂浓度	pH 条件**	应急处理方法
镉	Cd	112.4	0.005	$CdCO_3$	5.2×10^{-12}	$[CO_3^{2-}]=11.7mg/L$		碱性混凝沉淀
				$Cd(OH)_2$	2.5×10^{-14}	$[OH^-]=0.97\times10^{-3}M$	pH>11	
				CdS	8.0×10^{-27}	$[S^{2-}]=9.6\times10^{-15}mg/L$		硫化物混沉法
				$Cd_3(PO_4)_2$	2.5×10^{-33}	$[PO_4^{3-}]=1.1mg/L$		磷酸盐混沉法
铅	Pb	207.2	0.01	$PbCO_3$	7.4×10^{-14}	$[CO_3^{2-}]=0.09mg/L$		碱性混凝沉淀
				$Pb(OH)_2$	1.2×10^{-15}	$[OH^-]=1.58\times10^{-4}M$	pH>10.2	
				PbS	8.0×10^{-28}	$[S^{2-}]=5.3\times10^{-16}mg/L$		硫化物混沉法
镍	Ni	58.70	0.02	$Ni(OH)_2$	2.0×10^{-15}	$[OH^-]=7.7\times10^{-5}M$	pH>9.8	碱性混凝沉淀
				$NiCO_3$	6.6×10^{-9}	$[CO_3^{2-}]=1164mg/L$		
				NiS	3.2×10^{-19}	$[S^{2-}]=3.1\times10^{-8}mg/L$		硫化物混沉法
				$Ni_3(PO_4)_2$	5×10^{-31}	$[PO_4^{3-}]=0.3mg/L$		磷酸盐混沉法
铜	Cu	63.55	1.0	$Cu(OH)_2$	2.2×10^{-20}	$[OH^-]=5.74\times10^{-8}M$	pH>6.6	碱性混凝
				$CuCO_3$	1.4×10^{-10}	$[CO_3^{2-}]=53.5mg/L$		
				CuS	6.3×10^{-36}	$[S^{2-}]=1.3\times10^{-26}mg/L$		硫化物混沉法
锌	Zn	65.38	1.0	$Zn(OH)_2$	1.2×10^{-17}	$[OH^-]=8.8\times10^{-7}M$	pH>7.9	碱性混凝沉淀
				$ZnCO_3$	1.4×10^{-11}	$[CO_3^{2-}]=0.055mg/L$		
				ZnS	2.5×10^{-22}	$[S^{2-}]=5.2\times10^{-13}mg/L$		硫化物混沉法
				$Zn_3(PO_4)_2$	9.0×10^{-33}	$[PO_4^{3-}]=1\times10^{-4}mg/L$		磷酸盐混沉法
银	Ag	107.9	0.05	AgCl	1.8×10^{-10}	$[Cl^-]=13.8mg/L$		氯化物混沉法
				AgOH	2.0×10^{-8}	$[OH^-]=4.3\times10^{-2}M$	pH>12.6	碱性混凝沉淀
				Ag_2CO_3	8.1×10^{-12}	$[CO_3^{2-}]=2267g/L$		×
				Ag_2S	6.3×10^{-50}	$[S^{2-}]=9.5\times10^{-30}mg/L$		硫化物混沉法
				Ag_3PO_4	1.4×10^{-16}	$[PO_4^{3-}]=1.3\times10^5g/L$		×
钴	Co	58.93	0.05*	$Co(OH)_2$	1.6×10^{-15}	$[OH^-]=9.7\times10^{-6}M$	pH>9	碱性混凝
				$CoCO_3$	1.4×10^{-13}	$[CO_3^{2-}]=5\times10^{-5}mg/L$		
				$Co_3(PO_4)_2$	2.0×10^{-35}	$[PO_4^{3-}]=6\times10^{-6}mg/L$		磷酸盐混沉法
铍	Be	9.012	0.002	$Be(OH)_2$	1.6×10^{-22}	$[OH^-]=2.6\times10^{-8}M$	pH>6.4	碱性混凝
汞	Hg	200.6	0.001	HgS	1.6×10^{-52}	$[S^{2-}]=1.3\times10^{-39}mg/L$		硫化物混沉法
				HgO			pH>9.5	碱性混凝

续表

项目	元素符号	原子量	生活饮用水卫生标准(mg/L)	沉淀物形式	K_{sp}	污染物沉淀达标所需药剂浓度	pH 条件**	应急处理方法
钛	Ti	47.88	0.1*	$Ti(OH)_3$	1.0×10^{-40}	$[OH^-]=3.6\times10^{-12}M$	pH>2.6	中性混凝
铊	Tl	204.4	0.0001	$Tl(OH)_3$	6.3×10^{-46}	$[OH^-]=1.1\times10^{-12}M$	pH>2.1	待验证
锑	Sb	121.75	0.005	$Sb(OH)_2$	4.0×10^{-42}	$[OH^-]=1.1\times10^{-12}M$	pH>0	待验证
				Sb_2S_3	2.0×10^{-93}	$[S^{2-}]=3.4\times10^{-19}mg/L$		硫化物混沉法
铬(VI)	Cr	52.00	0.05	$Cr(OH)_3$	6.3×10^{-31}	$[OH^-]=8.9\times10^{-9}M$	pH>5.9	$FeSO_4$ 还原混凝
钡	Ba	137.3	0.7	$BaCO_3$	5.1×10^{-9}	$[CO_3^{2-}]=60mg/L$		碱性混凝沉淀
				$BaSO_4$	1.1×10^{-10}	$[SO_4^{2-}]=2.1mg/L$		硫酸盐混沉法
				$Ba_3(PO_4)_2$	3.4×10^{-23}	$[PO_4^{3-}]=48mg/L$		×
砷	As	74.92	0.01	$FeAsO_4$	1.0×10^{-20}		中性	氧化、铁盐混凝
硒	Se	78.96	0.01	$Fe_2(SeO_3)_3$	2.0×10^{-31}		中性	铁盐混凝

注：溶度积常数参考天津大学无机化学教研室编《无机化学》第二版（高等教育出版社，1992.5）。

* 城市供水水质标准中未列出，采用地表水环境质量标准（Ⅱ类）中的限值。

** 根据溶度积常数计算得到的理论 pH 值，未考虑碳酸盐系统的影响。

3.2 碱性化学沉淀法应急处理技术

碱性化学沉淀法需要与混凝沉淀过滤工艺结合运行，最常采用的方法是通过预先调整pH值，降低所要去除污染物的溶解度，形成沉淀析出物；再投加铁盐或铝盐混凝剂，形成矾花进行共沉淀，使化学沉淀法产生的沉淀物有效沉淀分离，在去除水中胶体颗粒、悬浮颗粒的同时，去除这些金属和非金属离子污染物。由于与混凝剂共同使用，混凝形成的矾花絮体对这些离子污染物可以有一定的电荷吸附、表面吸附等去除作用，对污染物的去除效果要优于单纯的化学沉淀法。

碱性化学沉淀法可以去除大部分金属和非金属离子污染物。但是在当前的水处理技术条件下，仍存在一些物质难以去除，包括钼、铊、硼等，因此对于含这些污染物的污染源要特别加强监控，防止污染水源。

碱性化学沉淀法应急处理技术的主要技术要点是调节适宜的pH值、选择合适的混凝剂。由于调节pH值的做法在我国的水厂中并不常用，水厂也缺少相关设备和操作经验，因此需要提前做好准备。

3.2.1 调节pH值

调整pH值的碱性药剂可以采用氢氧化钠（烧碱）、石灰或碳酸钠（纯碱）。调整pH的酸性药剂可以采用硫酸或盐酸。由于是饮用水处理，必须采用饮用水处理级或食品级的酸碱药剂。碱性药剂中，氢氧化钠可采用液体药剂，便于投加和精确控制，劳动强度小，价格适中，因此推荐在应急处理中采用。石灰虽然最便宜，但沉渣多，投加劳动强度大，不便自动控制。纯碱的价格较高，除特殊情况外，一般不采用。与盐酸相比，硫酸的有效浓度高，价格便宜，腐蚀性低，为首选的酸性药剂。

对于要求控制 pH 值的化学沉淀混凝处理，该工艺的理论控制点是指混凝反应之后的 pH 值，而不是在投加混凝剂之前的 pH 值。这是由于混凝剂的水解作用会使水的 pH 值降低，特别是一些酸度较大的液体混凝剂。投加混凝剂后水的 pH 值一般要下降 0.2～0.5，实际的降低数值与水的化学组成和所用混凝剂种类及其投加量有关。

由于大部分化学沉淀法处理对 pH 值要求严格，需要精确控制，并且应急处理时水质变化大，时间紧迫，短期内无法积累运行操作经验，因此必须设置 pH 值在线监测仪和自动加药设备（加碱泵、加酸泵等）。

在实际工程中，建议先调 pH 值，后加混凝剂。由于最终反应控制点是在反应池出水处，而加碱点则在进水处，在线 pH 值计的安装必须考虑两者之间由于混凝反应造成的 pH 值变化。

在线 pH 值计的安装位置可以设在加混凝剂之前或混合池的出口处，便于及时反馈调整加碱量；但应注意需留出混凝反应使 pH 值降低的余量，确保最终反应控制点处的 pH 值满足污染物沉淀的要求。在线 pH 值计也可以设在反应池出水处，以精确控制所要求的 pH 值，但因加碱点与反应池出水之间存在较长的停留时间，反馈时间长，调整加碱量的难度加大。

3.2.2 混凝剂选择

对于需要调节 pH 值进行混凝沉淀的应急处理，还必须注意所用混凝剂的 pH 值适用范围。铁盐混凝剂适用范围为 pH＝5～11，硫酸铝适用范围为 pH＝5.5～8，聚合铝适用范围为 pH＝5～9。特别要注意的是铝盐混凝剂在 pH 值过高（pH≥9.5）条件下使用会产生溶于水的偏铝酸根，可能会产生滤后水铝超标问题（饮用水标准铝的限值为 0.2mg/L）。

部分金属污染物的化学沉淀法需要先进行预处理改变污染物的价态。如三价砷，需要先氧化成五价砷才能使用铁盐法进行化学沉淀；如六价铬，需要首先使用亚铁还原成三价铬，再进行沉淀。

3.2.3 工程实施中应注意的其他问题

在应急处理中，由于水中多种离子共存，并且与混凝处理共同进行，所发生的化学反应极为复杂，可能包括分步沉淀、共沉淀、表面吸附等多种反应。因此，基本化学理论主要用于对方案可行性和基本反应条件的初步判断，对于实际应急处理，必须先进行现场的试验验证，以确定实际去除效果与具体反应条件。

在工程实施中，考虑到水处理设备（沉淀池、滤池）对颗粒物的分离效率，对于计算与试验所得到的控制条件，应留有一定的安全余地。同时还要适当加大混凝剂的药量，必要时使用助凝剂，以提高混凝效果。

3.2.4 碱性沉淀法对具体污染物的工艺参数

原理

多数金属元素会生成氢氧化物、碳酸盐沉淀，因此当水源水 pH 值达到弱碱性时（一般为 pH>8.5)，由于水中 OH^- 离子浓度增加，同时重碳酸盐根化为碳酸根，就会生成溶解度低的氢氧化物或碳酸盐从水中沉淀分离。

验证性试验结果

适合采用碱性沉淀法的金属元素及其工艺参数如表 3-2 所示。

碱性沉淀法处理金属污染物的工艺参数 表 3-2

项目	水质标准(mg/L)	试验浓度	沉淀形式	理论 pH 值	铁盐混凝沉淀法		铝盐混凝沉淀法	
					pH 值	Fe 剂量(mg/L)	pH 值	Al 剂量(mg/L)
镉	0.005	0.042	$CdCO_3$、$Cd(OH)_2$	>9	>8.5	>5	8.5～9.5	>20
汞	0.001	0.0052	HgO	>9	>9.5	>5	不适用	
镍	0.02	0.12	$Ni(OH)_2$、$NiCO_3$	>9.8	>9.5	>5	不适用	
铍	0.002	0.0106	$Be(OH)_2$	>6.4	>8.0	>5	7.0～9.5	>10
铅	0.01	0.252	$PbCO_3$、$Pb(OH)_2$	>10.2	>7.5	>10	9.0～9.5	>20
铜	1.0	5.23	$Cu(OH)_2$、$CuCO_3$	>6.6	>7.5	>5	8.0～9.5	>10
锌	1.0	5.0	$Zn(OH)_2$、$ZnCO_3$	>7.9	>8.5	>5	8.0～9.5	>5
银	0.05	0.26	AgOH、Ag_2CO_3、AgCl	>12.6	>7.0	>10	>7.0	>10

从表中可以看出，根据 K_{sp} 值计算得到的污染物沉淀的 pH 值和实际工艺中可行的 pH 值并不完全一致。对于镉、铅、银三种金属离子，其实际工艺中可行的 pH 值低于理论值，这是因为理论计算只考虑了氢氧化物沉淀，而实际水中含有的重碳酸根在一定的 pH 值条件下转化成碳酸根，并和污染物结合生成碳酸盐沉淀。而铍离子的浓度在 pH 值大于 6.4 时确实有大幅度下降，但若达到国标仍需要进一步提高 pH 值。

此外，由于铝盐混凝剂在 pH 值高于 9.5 时会产生偏铝酸根，造成出水铝超标，所以不适用于需要高 pH 值的汞、镍等污染物的处理。

3.3 其他化学沉淀法

除了碱性化学沉淀法之外，根据各种金属、非金属的沉淀物形式，可以发展应对多种污染物的硫化物沉淀法、磷酸盐沉淀法，以及针对铬（六价）、砷、硒、钡等单一污染物的化学沉淀法。

3.3.1 硫化物沉淀法

硫化物沉淀法需要与混凝沉淀过滤工艺结合运行，最常采用的方法是通过预先投加一定剂量的硫化物（如硫化钠、硫化钾等），与目标污染物形成硫化物沉淀，再投加铝盐混凝剂，形成矾花进行共沉淀，以使化学沉淀法产生的沉淀物快速沉淀分离。

根据已知的各种金属硫化物的溶度积常数（参见表 3-1），硫化物沉淀法可以去除银、镉、铜、汞、铅、锌等金属，试验结果如表 3-3 所示。

硫化物沉淀法处理金属污染物的工艺参数 **表 3-3**

污染物	水质标准(mg/L)	试验浓度(mg/L)	硫化物投加量(mg/L)	混凝剂投量(以Al计，mg/L)	残余污染物浓度(mg/L)	残余硫化物浓度(mg/L)
镉	0.005	0.016	0.02	20	<0.0002	<0.02
铅	0.01	0.054	0.50	20	0.01	<0.02
汞	0.001	0.004	0.02	20	0.0005	<0.02
铜	1	1.35	2	20	0.23	<0.02
锌	1	4.13	2	20	0.12	<0.02
银	0.05	0.25	0.02	20	0.02	<0.02

硫化物沉淀法应急处理技术的要点是选择适合硫化物投加量、选择合适的混凝剂。硫化物投加量一方面要满足与金属污染物生成沉淀的剂量，这可以通过溶度积常数计算得到，并通过预试验进行验证；另一方面，由于硫化物本身是饮用水标准中予以限制的污染物，如果投加量过高还必须加入氧化剂予以去除。混凝剂选择方面为了避免对投加的硫化物产生氧化或沉淀反应，应选用铝盐混凝剂而不用铁盐混凝剂（包括II价铁和III价铁）。

硫化物可以在水厂内和铝盐混凝剂一起投加，经过混凝一沉淀后大部分硫化物和污染物结合成为不溶物而得以去除，在进入滤池前加入一定剂量的氧化剂，将残余的硫化物氧化去除，避免二次污染。

需要强调的是，投加硫化物沉淀去除金属污染物的做法在国内外饮用水处理中并没有先例，使用必须十分谨慎，《技术指导手册》仅将其作为一种储备技术进行分析，为后续研究提供参考。

3.3.2 磷酸盐沉淀法

磷酸盐沉淀法需要与混凝沉淀过滤工艺结合运行，最常采用的方法是通过预先投加一定剂量的正磷酸盐（如磷酸钠、磷酸氢二钠等），与目标污染物形成磷酸盐沉淀，再投加铁盐或铝盐混凝剂，形成矾花进行共沉淀，以使化学沉淀法产生的沉淀物快速沉淀分离。

根据已知的各种金属磷酸盐的溶度积常数（参见表 3-1），磷酸盐沉淀法可以去除镉、镍、钴、锌等金属。

磷酸盐沉淀法应急处理技术的要点是选择适合磷酸盐投加量和适当的混凝剂。磷酸盐投加量要满足与金属污染物生成沉淀的剂量，这可以通过溶度积常数计算得到，并通过预试验进行验证。混凝剂应选用铝盐混凝剂而不用铁盐混凝剂，以避免生成不溶的磷酸铁沉淀而影响对目标污染物的去除。

需要强调的是，虽然磷酸盐在国外经常作为管道缓蚀剂在饮用水处理中使用，但是用于沉淀去除金属污染物的做法在国内外饮用水处理中并没有先例，使用时应当谨慎，《技术指导手册》仅将其作为一种储备技术进行分析，为后续研究提供参考。

3.3.3 六价铬的化学沉淀处理技术

1. 原理

通过投加还原剂将六价铬还原为三价铬。由于三价铬的氢氧化物溶解度很低，溶度积

常数 $k_{sp}=5\times10^{-31}$，可形成 $Cr(OH)_3$ 沉淀物从水中分离出来。

硫酸亚铁可以用作除六价铬药剂。硫酸亚铁在除铬处理中先起还原作用，把六价铬还原成三价铬，生成氢氧化铬沉淀。多余的硫酸亚铁被溶解氧或加入的氧化剂氧化成三价铁。因此，硫酸亚铁投入含六价铬的水中，与 Cr^{6+} 产生氧化还原作用，生成的 Cr^{3+} 和 Fe^{3+} 都能生成难溶的氢氧化物沉淀，再通过沉淀过滤从水中分离出来。其化学反应式如式（3-1）～式（3-3）所示：

$$CrO_4^{2-}+3Fe^{2+}+8H^+\longrightarrow Cr^{3+}+3Fe^{3+}+4H_2O \quad (3\text{-}1)$$

$$Cr^{3+}+3OH^-\longrightarrow Cr(OH)_3\downarrow \quad (3\text{-}2)$$

$$Fe^{3+}+3OH^-\longrightarrow Fe(OH)_3\downarrow \quad (3\text{-}3)$$

$$Fe^{2+}+1/2Cl_2\longrightarrow Fe^{3+}+Cl^-\downarrow \quad (3\text{-}4)$$

2. 验证试验结果

投加硫酸亚铁去除六价铬的效果如表 3-4 所示，在常规的混凝剂投加量（5～10mg/L）条件下即可以有效去除六价铬。此外，为了防止铁超标，必须在氧化反应之后投加游离氯将二价铁氧化为三价铁共沉淀。根据方程式推导和试验验证，投氯量应不小于铁盐投加量的 50%（见表 3-5）。

硫酸亚铁去除六价铬的效果 **表 3-4**

亚铁投加量（mg/L）	0	5	10	15
加氯量（mg/L）	—	0.8	0.8	0.8
污染物浓度（mg/L）	0.27	0.004	0.004	0.006

加氯量对去除残余铁的效果 **表 3-5**

亚铁投加量（mg/L）	5	5	10	10
加氯量（mg/L）	0.8	2.8	2.8	3.8
残余铁浓度（mg/L）	1	0.18	0.67	0.32

3.3.4 砷的化学沉淀处理技术

1. 原理

砷的价态有－3、0、＋3 和＋5 价。在自然界中，砷主要以硫化物矿、金属砷酸盐和砷化物的形式存在，包括砷、三氧化二砷（砒霜）、三硫化二砷、五氧化二砷、砷酸盐、亚砷酸盐等。硫酸工业等工业废水中排放的砷主要为三价砷。在水环境中，砷主要以三价和五价两种价态存在。在含氧的地表水中砷的主要存在形式是五价砷，在 pH 值呈中性（pH＝6.5～8.5）的水体中多以砷酸氢根 $HAsO_4^{2-}$ 和 $H_2AsO_4^-$ 的形式存在，砷酸的电离常数为：$K_{a_1}=5.62\times10^{-3}$，$K_{a_2}=1.7\times10^{-7}$，$K_{a_3}=2.95\times10^{-12}$。而在缺氧的地下水和深水湖的沉积物中砷的主要存在形式是三价砷，在 pH 值呈中性的水中多以亚砷酸 H_3AsO_3 的形式存在，亚砷酸的电离常数为：$K_{a_1}=5.8\times10^{-10}$，$K_{a_2}=3\times10^{-14}$。

处理含砷地表水的水处理工艺主要采用预氯化和铁盐混凝法的强化常规处理工艺。研究表明，铁盐混凝剂对五价砷的去除效果很好，可以满足饮用水砷含量小于 0.01mg/L 的去除要求。

铁盐混凝法的除砷机理包括：（1）含氢氧化铁的矾花絮体可以通过络合作用吸附砷酸根；（2）铁盐混凝剂中的铁离子能与砷酸根形成难溶的砷酸铁沉淀物（$FeAsO_4$，溶度积常数 $K_{sp}=5.7\times10^{-21}$）。

三价砷的亚砷酸难于直接混凝沉淀去除，必须先投加氧化剂将三价砷氧化成五价砷，然后再用铁盐混凝法沉淀去除。三价砷很容易被氧化为五价砷，在碱中性条件下亚砷酸氧化为砷酸的标准电极电位为－0.71V。用来氧化三价砷的氧化剂可以采用氯、二氧化氯、高锰酸钾等。在有氧化剂的条件下，三价砷被氧化成五价砷的速度很快，一般在1min之内就可以完成反应。

对于地表水的突发性砷污染事件，由于时间紧迫，一般缺少水源水中砷的存在形态的分析结果，为了确保除砷效果，应采用预氯化，把可能存在的三价砷先氧化成五价砷，然后再进行铁盐混凝处理。预氯化还可以起到一定的助凝作用。

铝盐的混凝除砷效果明显不如铁盐，因此在应对含砷地表水时一般不采用铝盐混凝剂。

含砷水处理的其他方法还有：石灰沉淀法（生成砷酸钙，$Ca_3(AsO_4)_2$，溶度积常数 $K_{sp}=6.8\times10^{-19}$，主要用于污染源附近的砷截留与河道局部处理）、离子交换法（采用强碱性阴离子交换树脂）、吸附法（采用负载有水合氧化铁的活性炭或阴离子树脂）、活性氧化铝过滤法（需调整pH值到5，定期用酸再生）、铁矿石过滤法（定期用酸再生）、高铁酸盐法（集氧化和铁盐混凝法为一体，用高铁酸盐先氧化，再混凝）、膜分离法（反渗透膜或纳滤膜）、电吸附法等，但这些方法存在改造工作量大、处理效果有限、经济性差、技术成熟度不高等问题，一般在给水处理中难以应用。

2. 应急除砷工艺要点

（1）应了解砷污染物的价态，如果不清楚砷的具体价态，可按是三价砷考虑，首先要在混凝剂投加之前采用游离氯等氧化剂将三价砷氧化为五价砷的砷酸根，该氧化反应可在数分钟内完成。

（2）采用三氯化铁或聚合硫酸铁等铁盐混凝剂，利用含氢氧化铁的矾花絮体吸附砷酸根，或形成砷酸铁沉淀物，从而去除砷。注意，铝盐混凝剂的效果较差，一般不采用。

（3）控制pH值在中性条件。

推荐的应急除砷的工艺参数为：

预氯化加氯量约2mg/L，以控制沉后水余氯大于0.5mg/L为准；铁盐混凝剂投加量10mg/L（以Fe计），中性pH值。为了强化除砷效果，该混凝剂投加量高于正常的混凝处理，并应注意加强过滤处理，尽可能降低出水浊度，提高对砷的截留效果。

3.3.5　硒的化学沉淀处理技术

1. 原理

硒在水中存在的形式是硒酸根离子和亚硒酸根离子：SeO_4^{2-} 和 SeO_3^{2-}，后者的毒性更强且存在更普遍。亚硒酸根离子可以同 Fe^{3+} 形成难溶化合物 $Fe_2(SeO_3)_3$，化学方程式为

$$3SeO_3^{2-}+2Fe^{3+}\longrightarrow Fe_2(SeO_3)_3\downarrow \tag{3-5}$$

其溶度积 $K_{sp}=(2.0\pm1.7)\times10^{-31}$，可以用铁盐混凝剂进行处理。

2．验证试验结果

对硒的验证试验结果如图 3-1 所示。当三氯化铁投加量大于 30mg/L 时，可以将硒去除到标准限值以下（0.01mg/L）。

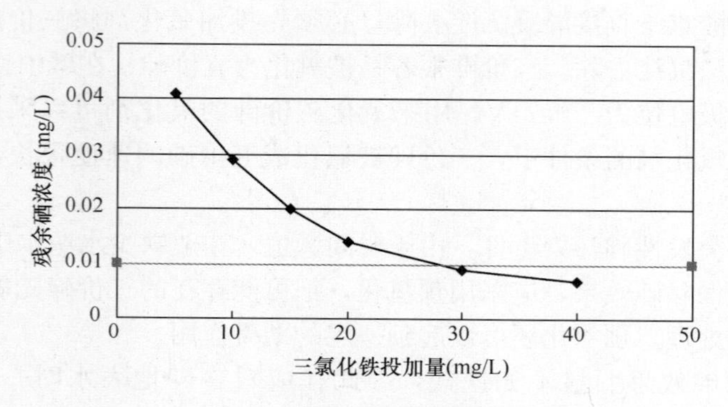

图 3-1　三氯化铁对硒的去除效果

3.3.6　钡的化学沉淀处理技术

1．原理

钡离子和硫酸根离子可以生成硫酸钡沉淀，其化学方程式如式（3-6）所示：

$$Ba^{2+}+SO_4^{2-} = BaSO_4\downarrow \quad (3\text{-}6)$$

硫酸钡的溶度积为 $K_{sp}=1\times10^{-10}$。水源水中都含有一定量的硫酸根离子，可以形成硫酸钡沉淀，一般情况下钡不会超标。如少量超标时，可投加硫酸盐去除。

2．验证试验结果

对钡的验证试验结果如图 3-2 所示。当硫酸铝投加量大于 20mg/L 时，可以将硒去除到标准限值以下（0.7mg/L）。

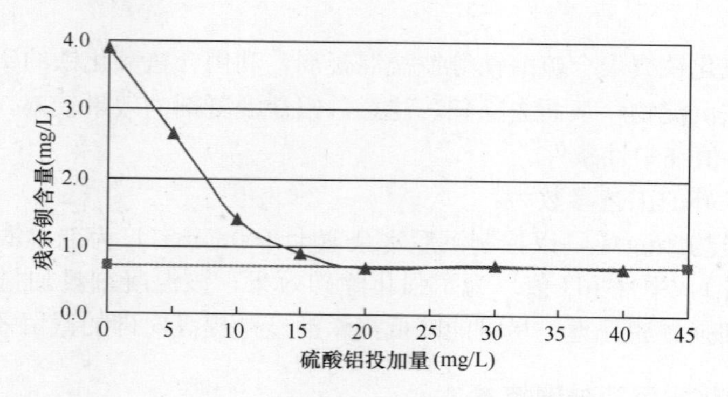

图 3-2　硫酸铝对钡的去除效果

4 应对还原性污染物的化学氧化技术

4.1 化学氧化技术概述

当水体受到还原性物质污染时，如氰化物、硫化物、亚硝酸盐、有机物等，可以通过向水体中投加氧化剂的方法加以氧化去除。

氧化技术的优点是采用药剂处理，投加位置和剂量相对灵活。其主要缺点是通常采用的氧化剂的种类和剂量可能不足以将污染物彻底氧化分解，特别是处理有机物时可能会生成次生污染物。因此，在饮用水应急处理中，化学氧化法主要用于无机污染物。对于有机污染物，首选的应急处理方法是活性炭吸附法。

目前用于饮用水应急处理的氧化剂主要为氯（液氯或次氯酸钠）、高锰酸钾、过氧化氢等。设有臭氧发生器的水厂还可以考虑采用臭氧氧化法。有二氧化氯发生器的水厂也可以考虑采用二氧化氯氧化法。其他氧化方法，包括高级氧化技术，如臭氧/紫外联用、臭氧/过氧化氢联用、芬顿（Fenton）试剂等，由于尚处于理论研究阶段，在应急处理中一般难以采用。

使用氧化剂进行饮用水应急处理时，除了考虑对污染物的去除效果，还需考虑到氧化剂的残留毒性、氧化产物和副产物的毒性、药剂的储存与投加设备等问题。

4.2 氰化物

氰化物属于还原性较强的物质，可以用氯、臭氧等强氧化剂来氧化处理。

4.2.1 游离氯氧化法

游离氯（液氯、次氯酸钠）具有较高的氧化性，可以快速氧化脱氰。游离氯与氰化物的化学反应方程式如式（4-1）～式（4-4）所示。

$$CN^- + Cl_2 + H_2O \longrightarrow 2Cl^- + CNO^- + 2H^+ \tag{4-1}$$

$$CNO^- + 3H_2O \longrightarrow NH_4^+ + CO_2 + 2OH^- \tag{4-2}$$

$$Cl_2 + NH_4^+ + 2OH^- \longrightarrow Cl^- + NH_2Cl + 2H_2O \tag{4-3}$$

总的反应式为：

$$CN^- + 2Cl_2 + 2H_2O \longrightarrow 3Cl^- + NH_2Cl + CO_2 + 2H^+ \tag{4-4}$$

由于氯和氰离子的反应十分有效而且迅速，可以根据上述化学方程式计算得到氧化去除一定浓度的氰离子所需的投氯量。一般 1mg/L 的氰离子需要 5.5mg/L 的投氯量，或者

1mg/L 投氯量可以氧化 0.18mg/L 的氰离子。该反应可以在通常 pH 值下进行，不需要调整 pH 值。氯氧化去除氰离子的反应进行得非常迅速，一般 5min 内足以完成反应。

验证性试验结果如表 4-1、表 4-2 和图 4-1～图 4-3 所示。

投氯量对氰离子去除的影响（氧化时间 20min）　　表 4-1

投氯量（mg/L）	0	0.8	1.6	2.4	3.2	4.0
氰离子浓度（mg/L）	0.179	<0.002	<0.002	<0.002	<0.002	<0.002
氰离子浓度（mg/L）	0.056	<0.002	<0.002	<0.002	<0.002	<0.002

氯氧化去除氰离子的反应速率（加氯量 3mg/L）　　表 4-2

接触时间（min）	0	0.5	5	10	20	60
氰离子浓度（mg/L）	0.056	0.043	<0.002	<0.002	<0.002	<0.002

由表 4-1 可知，0.8mg/L 的加氯量足以氧化去除 0.179mg/L 的氰离子。重复性试验结果（图 4-1），也表明氧化 1mg/L 氰化物需要 5～6mg/L 的游离氯。这与根据化学方程式计算得到的结果比较一致。

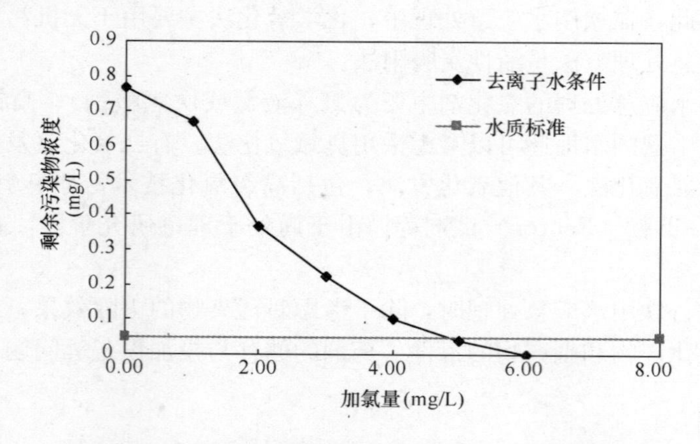

图 4-1　不同游离氯投加量对氰化物的氧化效果

（去离子水条件，pH=8.15，氧化时间 30min）

在实际原水中的游离氯氧化氰化物的曲线和去离子水条件下基本重合，表明水中的有机物对氰化物的氧化基本没有影响，说明氰化物的还原性强于有机物，其氧化反应优先进行。

pH 值对氧化效果有很大的影响。在 pH 值为中性时氧化效果好，当 pH 值接近 10 时，其氧化去除效果明显恶化。这主要是因为游离氯（试验中使用的次氯酸钠）在高 pH 值时主要以次氯酸盐的形式存在，其氧化性比中性条件下存在的次氯酸分子要差，导致氧化反应进行不彻底。

4.2.2　臭氧氧化法

臭氧与氰的反应方程式如式（4-5）至式（4-7）所示：

$$CN^- + O_3 \longrightarrow CNO^- + O_2 \qquad (4-5)$$

$$CN^- + SO_3^{2-} + 2O_3 \longrightarrow CNO^- + SO_4^{2-} + 2O_2 \tag{4-6}$$

$$CNO^- + 2H^+ + H_2O \longrightarrow CO_2 + NH_4^+ \tag{4-7}$$

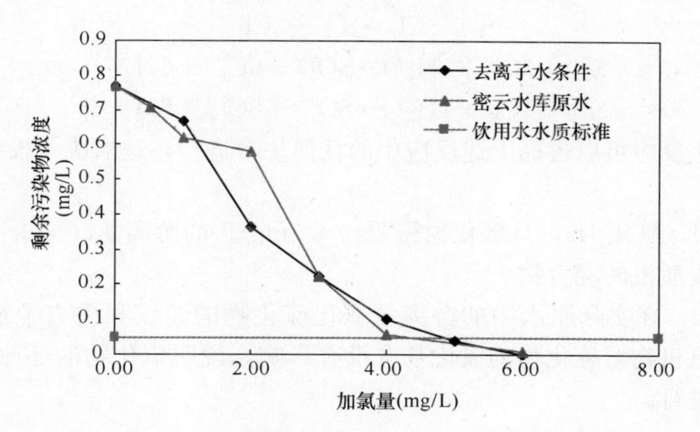

图 4-2 不同游离氯投加量对氰化物的氧化效果

（密云水库原水，COD_{Mn}=2.2mg/L，NH_3-N=0.02mg/L，pH=8.06）

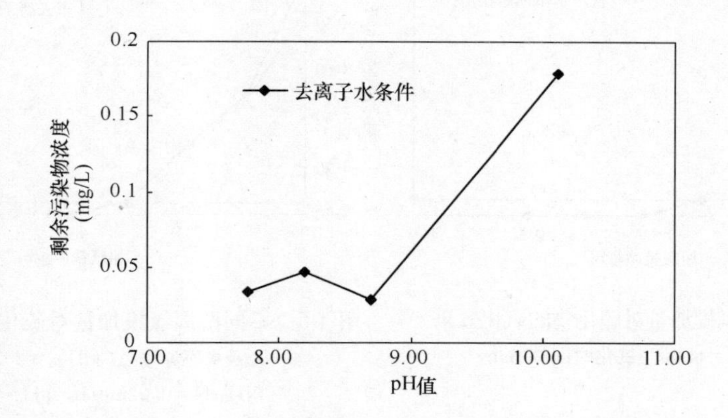

图 4-3 pH 值对游离氯氧化氰化物效果的影响

（去离子水条件，投氯量 2.0mg/L，氧化时间 30min）

臭氧对氰化物的氧化效果受投加量、反应时间和 pH 值的影响。臭氧的反应包括臭氧分子反应和自由基反应两部分。通过提高 pH 值、添加过氧化氢等方法可以强化自由基反应，从而使得总体氧化效果提高。

4.3 硫化物

硫化物属于还原性较强的物质，可被氯、臭氧、高锰酸钾等氧化剂氧化形成硫沉淀或硫酸根。

4.3.1 游离氯氧化法

游离氯（包括液氯和次氯酸钠）可以将硫化物氧化达到脱硫目的。该种技术的关键影响因素依次是次氯酸钠投加量和反应时间。次氯酸钠投加量和反应时间对于脱硫效果的影响趋势与次氯酸钠脱氰是一致的。

反应可以在通常 pH 值下进行，不需要调整 pH 值。

$$S^{2-}+Cl_2 \rightarrow S\downarrow+2Cl^- \tag{4-8}$$

$$S^{2-}+3Cl_2+3H_2O \rightarrow SO_3^{2-}+6Cl^-+6H^+ \tag{4-9}$$

$$S^{2-}+4Cl_2+4H_2O \rightarrow SO_4^{2-}+8Cl^-+8H^+ \tag{4-10}$$

硫化物的氧化反应可以遵循上述反应中的任何一个进行，这取决于投氯量和硫化物的比值。

由图 4-4 可知，氧化 1mg/L 硫化物需要约 4.5mg/L 的游离氯。这说明最终氧化产物可能是硫沉淀和硫酸根的混合物。

由图 4-5 可知，在实际原水中的游离氯氧化硫化物的曲线和去离子水条件下基本重合，表明水中的有机物对硫化物的氧化基本没有影响，说明硫化物的还原性强于有机物，其氧化反应优先进行。

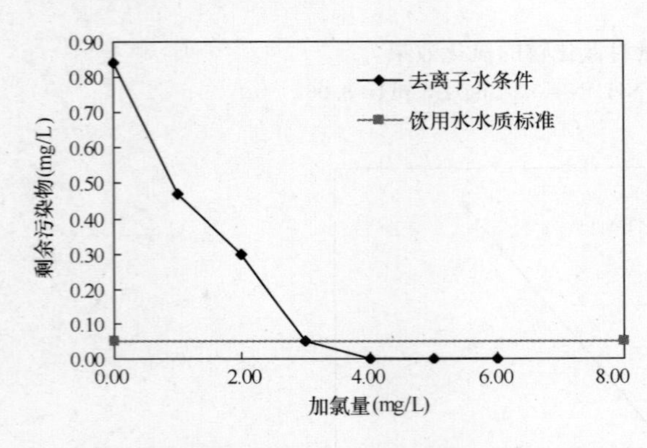

图 4-4　不同游离氯投加量对硫化物的氧化效果
（去离子水，pH=8.06，氧化时间 30min）

图 4-5　不同游离氯投加量对硫化物的氧化效果
（密云水库原水，COD_{Mn}=2.2mg/L，NH_3-N=0.02mg/L，pH=8.06）

4.3.2　臭氧氧化法

臭氧与硫化物的反应方程式如下：

$$S^{2-}+O_3+H_2O \rightarrow S\downarrow+O_2\uparrow+2OH^- \tag{4-11}$$

$$S^{2-}+3O_3 \rightarrow SO_3^{2-}+3O_2\uparrow \tag{4-12}$$

$$S^{2-}+4O_3 \rightarrow SO_4^{2-}+4O_2\uparrow \tag{4-13}$$

臭氧对硫化物的氧化效果受投加量、反应时间和 pH 值的影响。臭氧的反应包括臭氧分子反应和自由基反应两部分。通过提高 pH 值、添加过氧化氢等方法可以强化自由基反应，从而使得总体氧化效果提高。

4.4　硫醇硫醚类污染物

硫醇硫醚类物质包括甲硫醇、甲硫醚、二甲基二硫醚、二甲基三硫醚、乙硫醇、硫化氢等含硫挥发性物质。这些物质普遍具有恶臭气味，常产生于污水、粪便、藻类等含硫物质的厌氧发酵过程，在藻类暴发、污水排放、雨季洪水排污等特殊情况下，释放的硫醇硫醚会污染取水口，给饮用水感官指标造成巨大影响。

由于硫醇硫醚类物质的还原性较强，因此投加氧化剂可以有效去除这些污染物。可使用的氧化剂包括氯、高锰酸钾、二氧化氯、臭氧等。由于硫醇硫醚类污染物的出现往往伴随氨氮的升高，加氯会迅速反应生成氧化能力较弱的氯胺，从而影响了对硫醇硫醚类污染物的氧化效果，因此，在氨氮较高的情况下，优先选择高锰酸钾、二氧化氯等氧化剂。

4.4.1　甲硫醇

氯、高锰酸钾、二氧化氯等水处理常用氧化剂对甲硫醇的去除效果很好，在水厂常规投加量条件下（等摩尔电子 0.009mmol/L），均在 5min 内结束反应（见图 4-6）。而粉末活性炭对甲硫醇几乎没有去除效果（见图 4-7）。

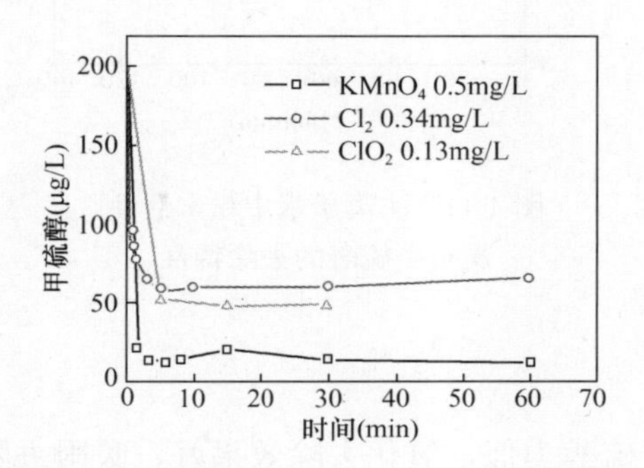

图 4-6　去离子水中常用氧化剂等 mol 电子条件下对甲硫醇去除特性

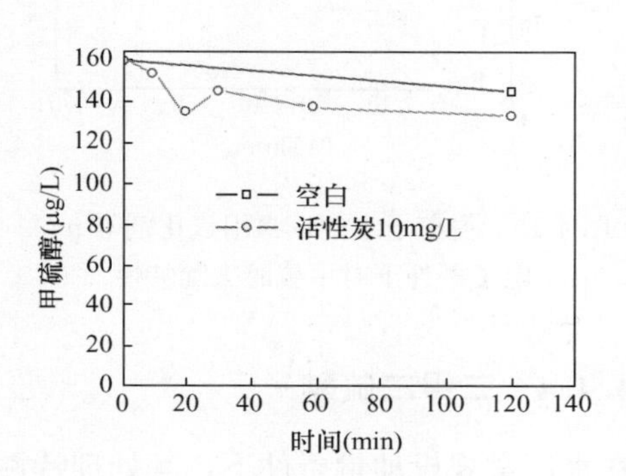

图 4-7　去离子水中粉末活性炭对甲硫醇的去除特性

4.4.2　乙硫醇

水厂常规投加量条件下，4 种常用氧化剂（O_3、$KMnO_4$、Cl_2、ClO_2）中，乙硫醇浓度降低到嗅阈值（约 5μg/L）以下，二氧化氯和臭氧氧化所需要的接触时间最短，而常用的氯和高锰酸钾充分氧化去除乙硫醇所需要的接触时间大于 1h。而粉末活性炭对乙硫醇的去除效果也十分有限。参见图 4-8 和图 4-9。

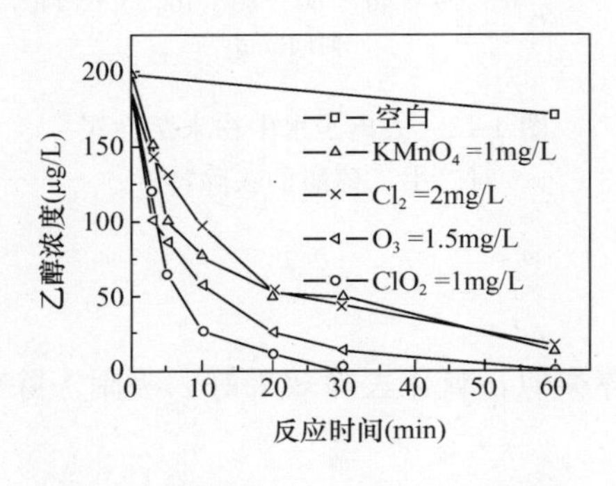

图 4-8　去离子水条件下不同氧化剂氧化去除乙硫醇过程

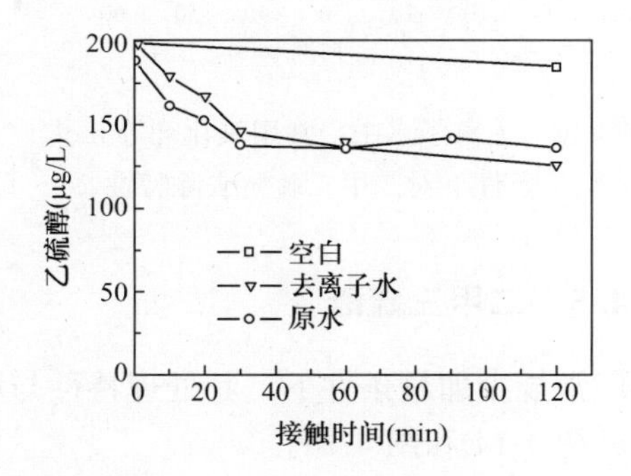

图 4-9　10mg/L 粉末活性炭对乙硫醇的吸附去除效果

4.4.3 甲硫醚

在水厂常规投加量条件下（等摩尔电子 0.009mmol/L），常用氧化剂反应速率较甲硫醇有所降低，也均在 10min 内结束反应。而粉末活性炭对甲硫醚的去除效果不好。见图 4-10 和图 4-11。

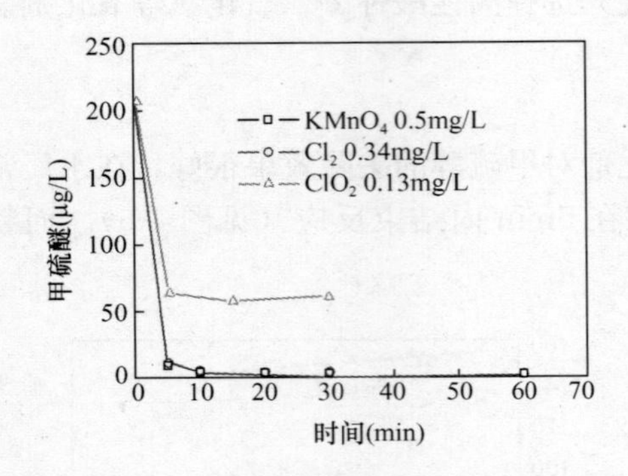

图 4-10 去离子水中，常用氧化剂等 mol 电子条件下对甲硫醚去除特性

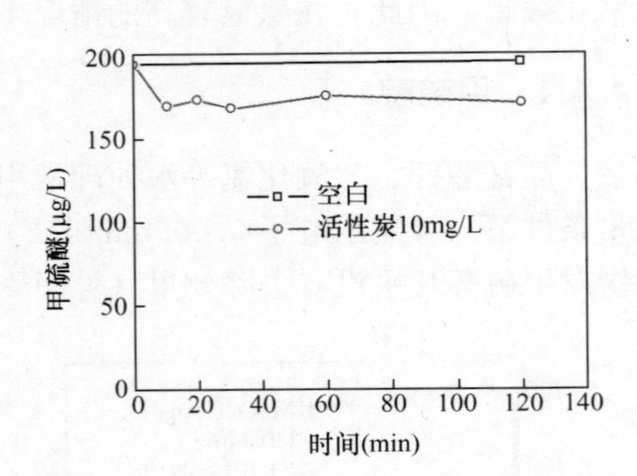

图 4-11 去离子水中粉末活性炭对甲硫醚的去除特性

4.4.4 二甲二硫醚

在水厂常规投加量条件下，其处理特性与甲硫醇类似，氧化去除效果好，吸附去除效果较差。见图 4-12 和图 4-13。

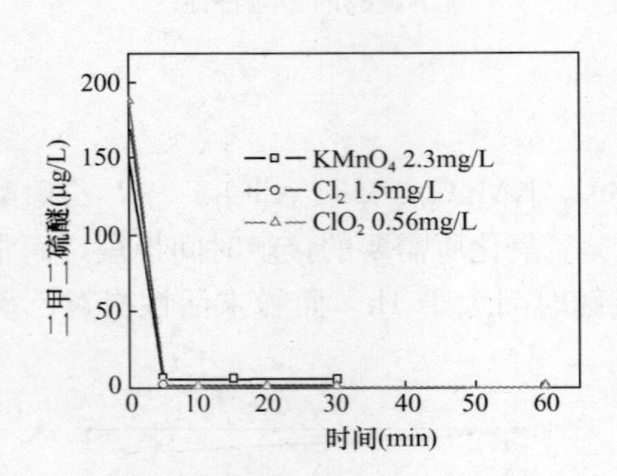

图 4-12 去离子水中，常用氧化剂等 mol 电子条件下对二甲二硫醚去除特性

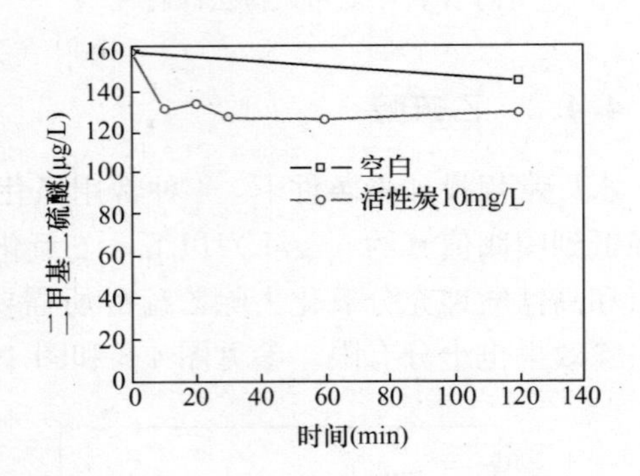

图 4-13 去离子水中粉末活性炭对二甲二硫醚的去除特性

4.4.5 二甲三硫醚

水厂常规投加量条件下，其处理特性与甲硫醇类似，氧化去除效果好，吸附去除效果较差。见图 4-14 和图 4-15。

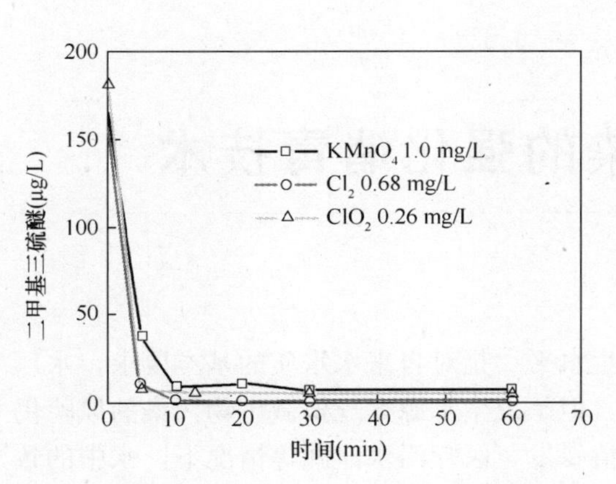

图 4-14 去离子水中，常用氧化剂等 mol 电子条件下对二甲三硫醚去除特性

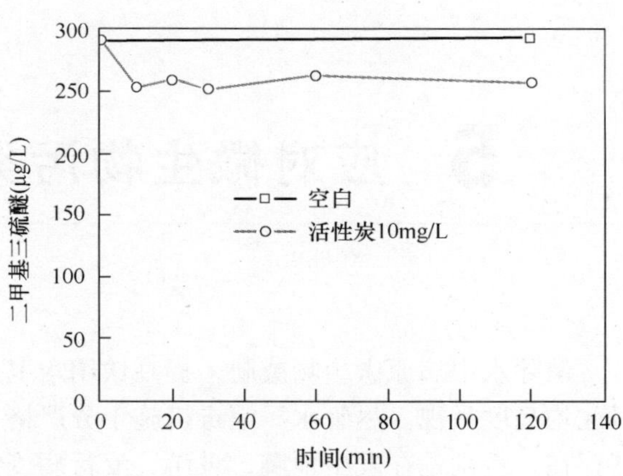

图 4-15 去离子水中粉末活性炭对二甲三硫醚的去除特性

4.5 有机物

对于水源水中含有较高的耗氧量、致嗅致味物质等，可以采用加强预氧化的方法去除。

对于含有较高浓度的突发有机污染物，饮用水应急处理首选方案建议先考虑吸附法。只有在吸附法不适用，或者污染物超标不很严重的条件下，才考虑采用化学氧化法。

高锰酸钾对有机污染物有一定的效果，一般投加量在 1～2mg/L 以下，过高投加（如超过 3mg/L）可能会产生锰过量问题，需要精确控制。此外，高锰酸钾的氧化能力较弱，不能氧化化学性能较为稳定的有机物，例如硝基苯等。

氯对有机物有一定的氧化功能，但过高投量易与水中的有机物产生大量有害的氯化消毒副产物。此外，饮用水的余氯浓度的最高限值是 4mg/L。因此，对于突发有机污染问题，需视水质情况慎重选用氯氧化法。

臭氧的氧化能力强，但需要现场制备，臭氧的制备和接触反应设备较复杂，在应急处理中往往来不及建设，因此只适用于已经设有臭氧设备的净水厂。同时，当水源水中有较高浓度溴离子时，投加臭氧可能会产生溴酸盐超标问题，需视水质情况慎重选用。

5 应对微生物污染的强化消毒技术

消除水中病原微生物威胁，提高饮用水卫生水平，是对自来水水质的基本要求，水厂对此均高度重视。尽管水厂消毒措施十分严格，但是发生水源大规模微生物污染的风险仍然存在，特别是在发生地震、洪涝、流行病疫情暴发、医疗污水泄漏等情况下，水中的致病微生物浓度会大大增加，同时有机物、氨氮浓度也会升高，对消毒灭活工艺造成严重影响。

本章主要研究发生水源大规模微生物污染事件的应急供水技术。应对此类微生物污染问题主要依靠强化消毒技术，即通过增加前置预消毒和加强水厂的主消毒处理，通过增加消毒剂的投加剂量和保持较长的消毒接触时间，确保城市供水的水质安全。

应急强化消毒所用消毒剂的首选药剂为氯。为增加消毒接触时间，建议增大预氯化或前加氯的加氯量。氯胺消毒的消毒效果较弱，应急处理中不建议采用。二氧化氯、臭氧、紫外消毒需现场安装设备，除非水厂已有运行，否则在应急事件中难以采用。

5.1 水中常见病原微生物

水中常见病原微生物包括细菌、病毒、原生动物三大类。一般而言，消毒工艺对细菌的灭活效果较好，病毒次之，原生动物最差。

以下对主要病原微生物的生理和消毒灭活特性进行简单介绍。

5.1.1 病原菌

目前饮用水系统中可能会出现的致病菌包括军团菌、分枝杆菌、空肠弯曲杆菌、致病性大肠杆菌、志贺氏菌属、霍乱弧菌、小肠结肠炎耶尔森菌、气单胞菌属。

军团菌能在0～63℃、pH值5.0～8.5、含氧量0.2～15mg/L的水中存活，其最适宜的生长温度是35～37℃。军团菌属现有50个种，3个亚种，其中约20种可引起人的军团菌病。由于军团菌普遍存在于自然水体之中，所以军团菌可以随源水进入自来水。进入自来水的军团菌不仅可以长期存活，而且可以繁殖。军团菌对氯的抵抗性强，同等剂量的游离氯对军团菌的灭活效果比对大肠杆菌约低2个数量级。军团菌在世界卫生组织《饮用水水质指南》（第三版）中被列入12种水源性病原细菌之一，并明确其具有“高度”（最高级）的卫生学意义。军团菌还被列入美国的法律强制实施的基本标准——《国家饮用水基本规范》，规定其最大污染水平的控制目标为零。我国也有专家呼吁在饮用水标准中增加军团菌指标。

分枝杆菌包括结核分枝杆菌和非结核分枝杆菌，其中人类致病性分枝杆菌属有50多种。有5种临床综合病症可归结为由分枝杆菌引起，包括：肺部疾病，淋巴结炎，皮肤、软组织、骨骼感染，免疫功能损伤者导致有关的血流感染，以及艾滋病患者播散性疾病。由于结核杆菌细胞壁除了一般革兰氏阳性菌和阴性菌的细胞膜和肽聚糖层以外，还富含疏水分枝菌酸、长链分枝羟基脂肪酸、特殊脂类和糖脂，对恶劣环境和氯等消毒剂的抵抗力较其他细菌强。

空肠弯曲杆菌由污染的牛奶、饮用水、未煮熟的家畜、家禽肉传播细菌性肠炎。在未经处理的地表水、受污染的地下水中均有检出，在山区的山涧溪流中也有检出。1978～1985年间，我国曾报道11例传染病的暴发是由空肠弯曲杆菌引起的，其中7例发生在市政供水地区，对公众健康影响较大。该病菌对氯消毒耐受力较强，需要严格监控。

致病性大肠杆菌指某些可引起腹泻的大肠杆菌。虽然致病性大肠杆菌最经常引起食源性疾病，但是也有水致传染病的报道，主要出现在供水系统和娱乐水体中，某些大肠杆菌菌株的感染剂量较低，对公众影响较大。2001年日本暴发严重的病原性大肠杆菌O157感染事件，造成数千人感染并有多人死亡。致病性大肠杆菌在供水系统中可以存活较长时间，氯消毒可以有效灭活该病原菌。

志贺氏菌属可引起人体急性肠胃炎。该病原菌侵入人体肠粘膜，产生痢疾症状：异常疼痛、发烧和腹泻。该菌的感染剂量较低，多数情况为人与人接触感染，流行病的暴发多与被粪便污染的食品有关，少数情况与饮水的污染有关。儿童对此菌敏感，在美国近三十年来发病率呈上升趋势，我国也有较多感染病例报道。志贺氏菌属在水中存活时间较长，与污染程度、温度和pH值有关，在河水中可达4d。氯消毒可以有效灭活该病原菌。

沙门菌属的细菌有2000个以上的血清型，但只是少数对人致病。例如引起肠热症的伤寒、副伤寒沙门菌，是肠道传染病的重要病原菌之一。某些沙门菌对动物致病，属人畜共患病原体。有鼠伤寒沙门菌、肠炎沙门菌、鸭沙门菌、猪霍乱沙门菌等，可传染给人，引起食物中毒或败血症等。氯消毒可以有效灭活该病原菌。

链球菌是化脓性球菌中一类常见的革兰阳性球菌。该病原菌广泛分布于自然界、水、奶类及其制品、尘埃、人及动物粪便和健康人鼻咽腔。链球菌可引起人类多种疾病、包括各种化脓性炎症、猩红热、丹毒、新生儿败血症、脑膜炎、细菌性心内膜炎和链球菌超敏反应性疾病、Kawasaki（川崎）病等。我国新国标和城市供水水质标准中将粪型链球菌群列入非常规检验项目，规定每100mL不得检出。

其他病原菌还包括能引起严重传染病的霍乱弧菌、能引起肠胃炎的小肠结肠炎耶尔森菌、引起腹泻的气单胞菌属。

5.1.2　病毒

环境中对人体健康存在威胁的常见病毒是肠道病毒。肠道病毒主要通过人与人的粪—口途径传播。在人和动物的粪便、生活污水中均可检出病毒。常见的人肠道病毒包括脊髓灰质炎病毒、柯萨奇病毒、埃可病毒、肝炎病毒、腺病毒、轮状病毒、诺沃克病毒等，共计100多种。

肠道病毒的浓度在污水处理、稀释、自然灭活和饮用水处理中会被减少甚至灭活，但是当污水严重污染供水系统时，将导致水致病毒传染病的暴发。各种病毒对消毒剂的抵抗力不尽相同，但是病毒对消毒剂的抵抗力普遍强于细菌，水处理消毒工艺必须注意对病毒的灭活效果。

病毒性肝炎是由一组嗜肝病毒所引起的，它是以肝损害为主的疾病。目前已发现的肝炎病毒有 6 或 7 型：甲型肝炎病毒（HAV）、乙型肝炎病毒（HBV）、丙型肝炎病毒（HCV）、丁型肝炎病毒（HDV）、戊型肝炎病毒（HEV）、庚型肝炎病毒（HGV）、输血传播肝炎病毒（TTV）。经肠道传播，即粪一口途径传播的病毒性肝炎主要有甲型病毒性肝炎和戊型病毒性肝炎。

脊髓灰质炎病毒可引起脊髓灰质炎，又称小儿麻痹症，可危害中枢神经系统。病毒侵犯脊髓前角运动神经细胞，导致弛缓性肢体麻痹，多见于儿童，但多数儿童感染后为隐性感染，只有约 1/1000 的感染者病毒可侵犯中枢神经系统。

柯萨奇病毒的形态结构、细胞培养特性、感染和免疫过程与脊髓灰质炎病毒相似。病毒型别多、分布广，人类感染机会较多，主要经粪一口途径及呼吸道传播。

人类肠道细胞病变孤肠病毒简称为埃可病毒（ECHO virus），生物性状与脊髓灰质炎病毒相似，但对猴和乳鼠无致病性。ECHO 病毒对人的致病性类似柯萨奇病毒，较重要的有无菌性脑膜炎、类脊髓灰质炎等中枢神经系统疾病。

目前美国要求水处理工艺对肠道病毒有超过 99.99%的去除率或灭活率，其中消毒工艺应保证 99%以上的灭活率。

5.1.3 病原性原生动物

主要是隐孢子虫、贾第鞭毛虫和溶组织阿米巴虫，会引起胃肠疾病（如呕吐、腹泻和腹部绞痛）。

隐孢子虫（Cryptosporidium）广泛存在于牛、羊等动物中，亦为人体重要寄生孢子虫，该虫会引起免疫缺陷人群发生严重的病情甚至死亡，但对免疫功能正常的人也是一种重要的腹泻病原体。美国要求水处理工艺对隐孢子虫的去除率或灭活率达到 99%以上，对贾第鞭毛虫的去除率或灭活率达到 99.9%。我国建设部新的行业标准将两种病原原生动物列入非常规项目，限值是每 10L 水不得检出。

自由生活阿米巴虫是一类单细胞生活的原生生物，广泛分布于自然环境中，以细菌和腐生生物为食。其中部分种类阿米巴能引起人和哺乳动物的疾病，主要为棘阿米巴性角膜炎、肉芽肿性阿米巴脑炎、原发性的阿米巴脑膜脑炎，皮肤感染等。更重要的是，越来越多细菌被发现能与阿米巴共生，在其体内生存和繁殖，并受到其保护，对消毒剂的抗性大大加强，因此被称为微生物界的“特洛伊木马”。至今已经发现阿米巴虫的共生菌有嗜肺军团菌、肺炎衣原体、副衣原体等多种病原体，大大增加了饮用水的卫生风险。

5.2 强化消毒法应急处理技术

5.2.1 主要病原微生物的消毒灭活 Ct 值

细菌和病毒可以通过常规消毒工艺灭活。常用消毒剂对微生物消毒灭活的 Ct 值如表 5-1 所示。需要指出的是，表中所列数据均为对纯培养的微生物在实验室进行消毒灭活试验得到的数据，可用于进行不同消毒剂的性能和微生物耐消毒剂能力的比较。而实际水源水中除了微生物之外，还同时含有对消毒起干扰作用的颗粒物、有机物、氨氮，并不能直接使用这些Ct值来计算得到水厂消毒剂投加量。水厂实际消毒效果必须以出水的微生物培养测试为准，但是由于微生物测试往往要滞后1d以上。水厂运行中可以用剩余消毒剂的浓度进行简易指示和运行控制。

主要病原微生物的消毒灭活Ct值 **表5-1**

分类	指标或病原微生物名称	99%灭活所需Ct值（min·mg/L，5℃）			
		游离氯	氯胺	二氧化氯	臭氧
微生物综合指标	细菌总数 大肠杆菌 异养菌总数	0.034～0.05	95～180	0.4～0.75	0.02
细菌	军团杆菌属 志贺菌属 沙门菌属 霍乱弧菌	6（20℃）			
病毒	肝炎病毒	10（20℃）			
	脊髓灰质炎病毒Ⅰ	1.1～2.5	768～3740	0.2～6.7	0.1～0.2
	柯萨奇病毒和埃可病毒	35			
原虫及孢子	蓝氏贾第鞭毛虫（包囊）	69（10℃）	1230（10℃）	15（10℃）	0.85（10℃）
	隐孢子虫（包囊）	3700～上万	7万	829	40

5.2.2 水源水质的影响

当出现超过水质标准或正常情况时，可以采取加大消毒剂投加量和延长消毒接触时间的方法来达到所要求的灭活效果。但是在发生突发病原微生物污染时，例如在发生地震、洪涝、发生流行病疫情、医疗污水泄漏等情况下，水中有机物、氨氮浓度也会升高，对消毒灭活工艺造成严重影响。

因此，在发生突发性病原微生物污染时，首先需要测试水中的微生物浓度和主要水质参数，包括氨氮、有机物浓度（耗氧量或TOC）、浊度等；然后根据这些水质参数确定消毒剂的投加量、过滤出水浊度的工艺要求。

1. 氨氮

氨氮的影响是能够和氯消毒剂快速反应生成消毒能力较差的氯胺，因此为了确保消毒灭活效果，需要使用折点加氯工艺，用高投氯量把氨氮完全氧化去除。折点氯化的反应如式（5-1）至式（5-4）所示：

$$Cl_2 + NH_4^+ \xleftrightarrow{k_1} NH_2Cl + 2H^+ + Cl^- \quad k_1 = 2.9 \times 10^6 L/(mol \cdot s) \tag{5-1}$$

$$Cl_2 + NH_2Cl \xleftrightarrow{k_2} NHCl_2 + H^+ + Cl^- \quad k_2 = 2.3 \times 10^2 L/(mol \cdot s) \tag{5-2}$$

$$Cl_2 + NHCl_2 \xleftrightarrow{k_3} NCl_3 + H^+ + Cl^- \quad k_3 = 3.4 L/(mol \cdot s) \tag{5-3}$$

$$6Cl_2 + 2NH_3 \longleftrightarrow N_2 + 6H^+ + 12Cl^- \tag{5-4}$$

根据上述反应方程式，可以计算得到理论上发生折点反应使氨氮完全转化为氮气所需的投氯量，按重量比计算的话为 Cl_2：NH_3-N＝7.6。而在实际给水和污水消毒过程中，由于还存在其他还原性污染物对氯的消耗，产生折点的氯氮比往往在 8～12 以上。

我国生活饮用水卫生标准中规定氨氮浓度不得超过 0.5mg/L。但是水源受到污水、垃圾、粪便、藻类等污染时氨氮浓度往往在 1mg/L 以上，由于水厂的最大加氯量通常为 4～5mg/L，水处理行业目前尚缺乏有效快速的去除氨氮的技术，因此这种情况下给自来水厂保持消毒效果提出了十分严峻的挑战，一旦发生类似污染事故则必须降低产水量以提高消毒剂浓度或者采取其他应对措施，确保居民用水安全和身体健康。

2. 有机物

有机物对消毒效果的影响也主要是由于对消毒剂的消耗，使得最终用于消毒的剂量不足。不同种类的有机物和氯消毒剂的反应速度不同，氨基酸、含芳香结构的腐殖质等物质与消毒剂的反应会在 30min 内完成，这会对微生物的灭活产生明显影响。

水厂的常规处理工艺对于溶解性有机物的处理效果有限，一般只有 30％左右，此时可以在投加消毒剂之前投加粉末活性炭吸附去除这些有机物。不过由于粉末活性炭可以与氯反应，因此适宜的工艺方式是在取水口处投加粉末活性炭，经吸附、混凝、沉淀去除粉末炭后再在过滤前投加大剂量消毒剂。为了保障消毒效果，需要充分吸附去除有机物，再强化混凝－沉淀去除粉末活性炭，使沉淀出水中有机物和颗粒物浓度大大降低，然后在滤前加大消毒剂剂量，一方面消毒灭活水中的微生物，另一方面阻止微生物在滤池中生长，避免二次污染。

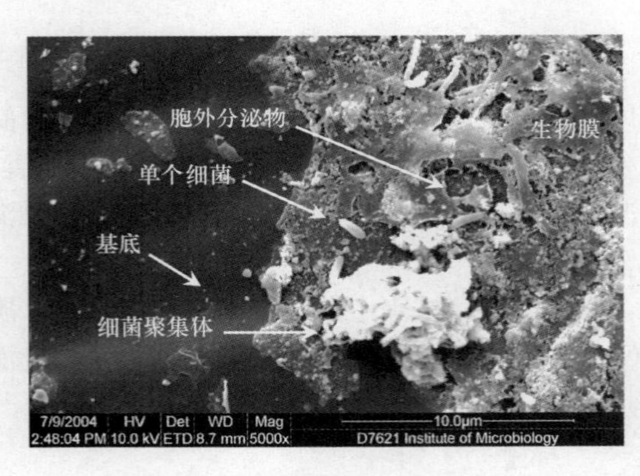

图 5-1　复杂生物相体系的扫描电镜分析

目前我国生活饮用水卫生标准中规定水中耗氧量（高锰酸盐指数）的浓度不超过 3mg/L，对于水源突发性生物污染同时含有较高有机物的情况，可增加预处理，以减轻对消毒的干扰。

3. 颗粒物（浊度）

颗粒物对消毒的影响在于可以给水中微生物提供保护。微生物在水中往往不是独立存在，而是附着在颗粒物表面，并分泌胞外多聚物进行保护，如图 5-1 所示。在复杂生物相条件下，由于存在边界层效应和胞外分泌物对消毒剂的消耗，粘附在颗粒物上的微生物对消毒剂具有很强的抵抗性。

5.3　病原原生动物控制技术

病原性原生动物（有时也称为原虫）及孢子对于消毒剂的抵抗能力比细菌和病毒强得多，水处理中采用的消毒剂剂量和消毒接触时间难以满足充分灭活，因此水处理工艺通过强化混凝－沉淀－过滤的常规工艺来加以去除。在发生此类生物大规模污染的时候，可以通过加大混凝剂投量，改善混凝条件和提高消毒剂浓度的方法予以去除。

去除水中原虫，不能仅靠单一处理单元，而应该依靠多重处理工艺组成的多道屏障。美国《地表水处理法》中认为管理运行良好的传统工艺对贾第虫有2.5个lg去除效率，另有0.5个lg去除率需要由消毒工艺来达到。美国1998年颁布的《临时加强地表水处理法》中认为传统工艺对隐孢子虫的去除率为2个lg。因此对贾第虫和隐孢子虫的去除主要通过水处理常规工艺，特别是过滤来实现。

5.3.1　常规工艺

过滤工艺仍是最实用的去除隐孢子虫、贾第虫的技术，直接过滤工艺对两种虫的去除率为2个lg。溶气气浮工艺对贾第虫和隐孢子虫都有较好的去除效果，小试和中试都证明，溶气气浮工艺对两虫的去除率达2～3个lg。

另外要达到好的去除效果，工艺的运行管理十分重要。提高混凝剂用量，改善混凝反应条件，可以提高对两种虫的灭活效果。过滤工艺是去除两种虫的关键，若未能达到最佳操作条件，过滤对原虫的去除率可由99%下降至96%（滤速12m/h）。

5.3.2　消毒工艺

常规消毒剂在常规剂量下对贾第虫灭活能力很差，而对隐孢子虫几乎无能为力。从文献调研的结果来看，臭氧和紫外线消毒是杀死隐孢子虫和贾第虫较好的方法，所以若以灭活原虫为目的，水厂应该采用这两种方法进行消毒。但由于臭氧和紫外在水中无剩余，为了保持管网中的消毒效果，还应配以氯消毒。

采用臭氧灭活贾第虫，达到3个lg的去除率时，所需Ct值为1.43mg·min/L，因此建议采用浓度为0.5mg/L的臭氧，灭活3min以上即可满足要求。采用臭氧灭活隐孢子虫，达到2个lg的去除率时，所需Ct值为5～10mg·min/L，因此如采用0.5mg/L的臭氧进行消毒，需接触20min以上才能灭活隐孢子虫卵囊。

5.4　其他水生生物控制措施

除了上述微生物外，水中的藻类、真菌、水生动物也会对饮用水的嗅味、肉眼可见物等感官指标产生不良影响。更为严重的是，有些水生藻类，如微囊藻属，还会分泌毒性很强的藻毒素。这些水生生物污染也可以通过强化混凝和加大消毒剂剂量相结合的方法进行处理。

5.4.1　水蚤

2004年11月初，吉林省舒兰市唯一的饮用水水源地沙河水库发生剑水蚤爆发的现象，造成自来水厂无法处理，用户水龙头出现剑水蚤。

该市马上采取了暂停供水的措施，经专家研究后采取了滤池进水管纱网过滤和过滤前加氯的办法进行临时处理。通过这些措施，九成的剑水蚤都可以被过滤掉，水质状况符合国家生活饮用水标准。但水厂的日处理能力却大大下降，整个舒兰市区只能采取分区供水，供水压力非常大。

剑水蚤爆发的原因是该市沙河水库兼有养鱼的功能。承包期结束，对鱼进行大量捕捞，造成水体中鱼的数量突然减少，食物链断裂，导致剑水蚤过剩。而水厂的生产工艺没有消灭这种微生物的能力，进而导致居民饮用水中也出现剑水蚤。

5.4.2 水生真菌

2006年1月19日，黑龙江省牡丹江市第四水厂水源地发现絮状污染物，造成公众对水质产生担心。这些絮状物发生在海浪河斗银河段至牡丹江市西水源段（海浪河入牡丹江处），全长约20km。下午4时开始，牡丹江市自来水公司取水口被不明水生生物絮体堵住。经查证，不明水生物为一种水生真菌，其名称为水栉霉。

水栉霉是一种低等水生真菌，属藻状菌纲，水栉霉目，水栉霉科。它常常生活在污水中，在下水道出口附近也可以发现，是水体受到一定程度单、双糖或蛋白质污染的指示生物。其特征为：黄粘絮状物，在水中为乳白色、絮状，一般沉在水中，或附着在水中其他物体上，或附着在河床上。水栉霉属腐生菌，生长周期40～50d，适宜条件下，菌丝长度由5mm可长到60mm。每年十月底开始繁殖，第二年一月中旬出现漂浮。幼龄菌丝为乳白色，老龄菌丝为黄褐色。它生长到一定长度后，在菌丝中部产生气泡，开始漂浮，随水冲下。有关水栉霉的生物毒性正在测试中。

这次水栉霉出现的主要原因是由于黑龙江省海林市排放的工业废水、生活污水所致，黑龙江省海林雪原酒业公司违法排污是此次牡丹江水栉霉污染事件的主要原因之一。海林雪原酒业公司在未依法办理环评手续的情况下，擅自扩建酒精生产项目，没有配套治污设施。酒精生产过程中高浓度污水直接排入牡丹江。海林市环保局曾于2005年12月提请海林市政府关闭该企业，但市政府一直未下达停产决定，导致海林雪原酒业公司长期违法排污。三家污染企业，海林雪原酒业、海林啤酒厂、海林食品公司屠宰车间排放不达标的企业已被停产整顿。

水源地发现水生生物后，水厂在取水口加设拦截网截留生物絮体，并加大了混凝剂和消毒氯气的投放量。海林市组织人力对严重污染河段进行破冰人工清捞。牡丹江市政府将对牡丹江上游水域进行集中整治，从长远角度确保牡丹江市民饮用水安全。

6 应对藻类暴发引起水质恶化的综合应急处理技术

6.1 藻类和藻毒素处理技术概述

由于市政污水和工业废水的排放，大量的氮、磷等营养物质和有机污染物排入河流、湖泊或水库等饮用水源，导致水体富营养化。在富营养化水源水中，浮游植物群落以甲藻和硅藻为主转变成以绿藻和蓝藻为主，在适宜的条件下形成爆发性繁殖，发生“水华”。研究表明，世界各地 25%～70%的蓝藻水华可产生毒素，在有毒性的 7 个属的蓝藻中，主要产毒的是微囊藻（*Microcystis Kütz*）、鱼腥藻（*Anabaena Bory*）、和束丝藻（*Aphanizomenon Morr.*）属中的某些藻种，其中微囊藻毒素是一类分布最广泛且与人类关系最为密切的七肽单环肝毒素，是强烈的肝脏肿瘤促进剂。微囊藻毒素通常大部分存在于藻细胞内，当细胞破裂或衰老时毒素释放进入水中，国内外已有大量文献报道证实湖泊水库及饮用水中发现微囊藻毒素。

地表水源水中藻污染的周期性爆发对水厂安全稳定运行已经造成严重影响，有毒蓝藻及藻毒素的存在降低了饮用水质，威胁着城镇居民身体健康。

消除藻类污染对城市供水水质的影响，关键要做好两方面的工作，一是限制水体的营养盐含量，维持水体良好生态，控制水体富营养化，防止藻类大量滋生，二是在城市净水系统采取高效的除藻技术，尽量减少藻类污染对出厂水水质的影响。国内外有关除藻技术研究方面的文献报道众多，除藻工艺和设备也发展到成熟的阶段。

需要特别强调的是，由于很多藻类会产生藻毒素、异嗅物质，如微囊藻会产生毒性很强的微囊藻毒素（已列入国家标准，标准限值 10μg/L），鱼腥藻、硅藻、放线菌等会产生土嗅素、2-甲基异莰醇等致嗅物质（已列入新国标附录，标准限值 10ng/L）。藻类正常生长活动会分泌这些代谢产物，而在藻体破裂时更是会大量释放。所以除藻工艺的选择必须兼顾藻体、藻毒素、异嗅物质的综合控制，采取投加氧化剂（高锰酸钾、液氯、二氧化氯等）除藻时，要加强对藻毒素的检测，采取有效措施，切实防止因投加氧化剂导致藻体内藻毒素释放超出饮用水标准的情况发生。

给水处理厂常见单元工艺对胞内、胞外藻毒素的去除情况见表 6-1。

依据表 6-1，高效安全的藻、藻毒素和致嗅物质控制净化技术应该包括以下几个方面：

（1）最大限度地发挥常规处理工艺的水质净化能力。化学处理剂、投加量、水力停留时间及 pH 值等工艺参数要进行科学优化。

水处理工艺对藻毒素的去除特性　　表 6-1

处理工艺	理想去除率（%）				评价
	胞内藻毒素	胞外藻毒素	胞内致嗅物质	胞外致嗅物质	
混凝-沉淀-过滤	＞90	＜10	较高	几乎没有	只有藻毒素、嗅味物质在胞内，且藻细胞不被破坏时方可使用
慢砂过滤	～99	可能很高	可能很高	几乎没有	胞内毒素、嗅味物质因藻被高效截留而得到有效去出，而砂层中的微生物膜会降解胞外藻毒素。对胞外嗅味物质一般无效
气　浮	＞90	＜20	很高	较高	只有藻毒素、致嗅物质在胞内，且藻细胞不被破坏时方可使用
粉末活性炭（PAC）	可以忽略	＞90	可以忽略	＞90	粉末活性炭投加量大于20mg/L时有效，溶解性有机碳（DOC）竞争将降低粉末活性炭的吸附容量
颗粒活性炭（GAC）	＞60	＞80	很高	很高	空床接触时间要合适，DOC竞争会降低吸附量
生物活性炭（BAC）	＞60	＞90	很高	很高	生物活性将强化去除氯、延长炭床使用周期
预臭氧	对强化混凝非常有效	难以评价	会引起胞内致嗅物质释放	有一定氧化效果	低投加量有助于混凝，需要检测释放的藻毒素和后续处理工艺
预氯化	对强化混凝有效	引起藻毒素释放	会引起胞内致嗅物质释放	很难氧化降解，会引起胞外致嗅物质释放	如果后续工艺能够去除释放藻毒素，可以用于强化藻细胞的混凝去除
二氧化氯预氧化	对强化混凝非常有效	＞70	会引起胞内致嗅物质释放	很难氧化降解，会引起胞外致嗅物质释放	可用于强化藻细胞的去除，低投加量可减少胞内毒素的释放，利于胞外藻毒素的去除
高锰酸钾预氧化	对强化混凝非常有效	＞80	会引起胞内致嗅物质释放	很难氧化降解，会引起胞外致嗅物质释放	可用于强化藻细胞的去除，对胞外和胞内的去除有效
臭氧-活性炭	～100	～100	会引起胞内致嗅物质释放	很高	如果DOC含量适宜，可高效快速去除胞外和胞内藻毒素

（2）氧化剂的投加量选择要十分慎重，要防止藻细胞的破裂、藻毒素和致嗅物质的大量释放，以及消毒副产物的形成。为此强化混凝时可以选择低投加量的预氧化剂，而在后续处理中，由于大量藻类被去除，再选用高投加量的氧化剂用以去除溶解性藻毒素就比较安全了。如果致嗅物质浓度较高，为减少藻体细胞破裂的风险，则不应使用氧化剂，而是用大剂量投加粉末炭和混凝剂来处理。

（3）颗粒活性炭吸附可高效去除藻毒素。较长的空床接触时间（EBCT）或臭氧-活性炭联用时藻毒素的去除效果更为显著，生物活性炭和粉末活性炭也有很好的藻毒素去除能力。

（4）预氧化处理可以强化常规工艺。优先推荐臭氧和二氧化氯。液氯预氧化要慎重采用。

（5）土地处理（地渗）、慢砂过滤、活性炭滤池、微滤、气浮等物理除藻办法应推荐使用。一是可以“无破坏性”除藻，二是土层、砂层或炭层中的微生物可以有效去除溶解性藻毒素。

（6）饮用水源的水质预警及给水处理厂的快速应变将确保饮用水安全。为此，加大水质监测频率和制定水厂应急处理预案是十分必要的。

（7）选择组合工艺。在强化常规工艺基础之上，根据场地、资金及水源水质状况等各种因素选择土地处理、气浮、微滤、臭氧氧化等预处理方式，或选择臭氧-活性炭、生物活性炭过滤等深度处理方式是高效安全的水质净化工艺组合。

本章内容集成了关于藻类处理的实验室试验、中试试验和现场示范工程数据，供应对藻类暴发时参考。

6.2　二氧化氯氧化技术

二氧化氯作为一种新型水处理药剂在国内外得到越来越广泛的应用。二氧化氯具有氧化性强，灭菌和杀藻效果好，氯代消毒副产物生成量低、设备相对简单的优点，适合中小型水厂使用。其不足是二氧化氯需现场制备，会生成致癌物质——亚氯酸盐，而且成本相对氯消毒较高。

在杀藻处理中，预氯化会生成较高浓度的三卤甲烷、卤乙酸等氯代消毒副产物而受到限制，臭氧虽然高效但需大型设备，运行成本也较高，使其应用受限。相比而言，二氧化氯技术就比较适合于应急处理。

但是需要对二氧化氯除藻时的藻毒素、致嗅物质和亚氯酸盐浓度进行监控。

6.2.1　除藻效能

1. 投加量的影响

从中科院武汉水生所购得纯藻种（蓝藻、绿藻和硅藻），按照《中国淡水藻类》提供的培养基配方进行培养，经镜检达到一定藻密度（10^8 个/mL）后，进行二氧化氯除藻试验。

试验用二氧化氯由华特2000纯二氧化氯发生器（山东华特事业总公司生产）产生的二氧化氯气体以纯水吸收制成，其浓度用碘量法测定。向盛有100mL水样的锥形瓶中分别投加不同浓度系列二氧化氯，充分反应30min，然后加入硫代硫酸钠饱和溶液终止反应。试验用氯为分析纯次氯酸钠。

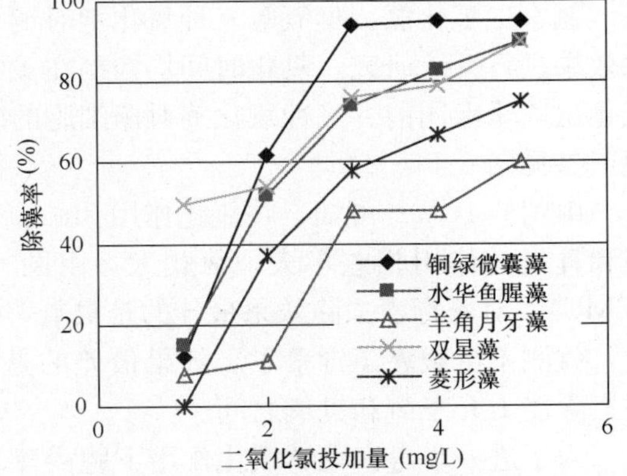

图6-1　投加量与藻类去除率的关系

藻类去除率与二氧化氯投加量之间的关系见图6-1，由该图可以看出：

（1）对受试藻种而言，蓝藻对二氧化氯

最为敏感，3mg/L 时便达到接近 100%的去除率；其次是绿藻，最不敏感的是硅藻，二氧化氯高达 5mg/L 时，才能达到 60%的去除率。

（2）随着二氧化氯投加量的增加，蓝藻、绿藻和硅藻等常见藻类的去除率随之增加，但投加量为 5mg/L 时的最大去除率分别约为：100%、80%和 60%。

2. 作用时间的影响

图 6-2 描述了二氧化氯作用时间与藻类去除率之间的关系，由图可知，作用时间对二氧化氯去除藻类的影响不大，即只要混合均匀，二氧化氯的作用是相当迅速的。受试藻种为蓝藻门的水华鱼腥藻，藻密度为 3.3×10^8 个/L，水温 25.4℃，pH＝9.57，二氧化氯投加量为 5mg/L。

3. pH 值的影响

ClO_2 投加量为 4mg/L，接触时间为 10min 时，不同 pH 值对藻类的去除率参见图 6-3。由图可知，ClO_2 灭藻效果随 pH 值升高而缓慢下降，但差距并不显著。试验条件同图 6-2。

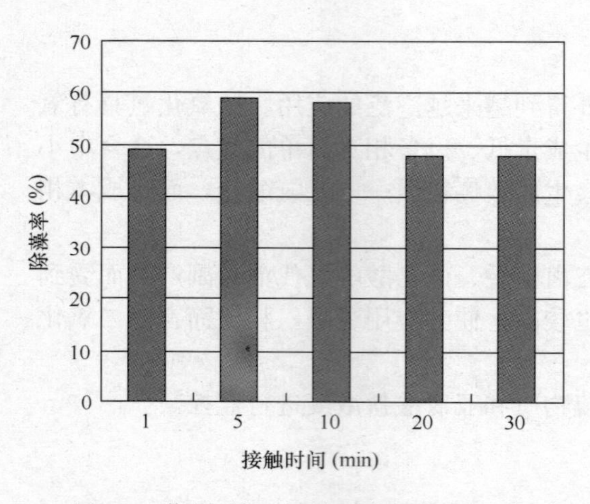

图 6-2　作用时间对二氧化氯除藻的影响

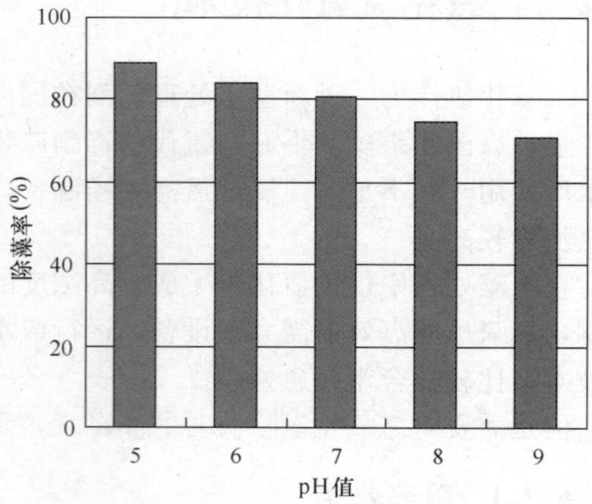

图 6-3　pH 值对二氧化氯去除藻类的影响

6.2.2　藻毒素去除效能

氯、二氧化氯、臭氧等三种氧化剂对铜绿微囊藻胞内毒素释放情况和微囊藻毒素的去除效果进行系统研究，氧化时间均控制在 120min，并采用饱和硫代硫酸钠溶液终止反应。氧化试验步骤同前。三种氧化剂对藻细胞的破坏情况可以从胞内毒素的变化曲线上得以体现，参见图 6-4。

由图 6-4（*a*）可知，在氧化作用 2h 之后，二氧化氯致使胞内藻毒素释放速度最快，氯和臭氧的作用相差不大，氯稍大。由图 6-4（*b*）可知，化学氧化作用于胞外藻毒素（EMC），对藻毒素去除效果最佳的是臭氧，0.5mg/L 时即可获得显著去除，至 2mg/L 之后，就测不出微囊藻毒素了。效果最差的是氯，5mg/L 时仅能去除一半左右，二氧化氯的去除能力介于氯和臭氧之间。

为了进一步考察化学氧化作用下胞内藻毒素（IMC）的释放情况，特设计如下实验：取混合均匀的微囊藻悬浊液 100mL 十份，一份作为空白，第一组三份分别投加不同浓度

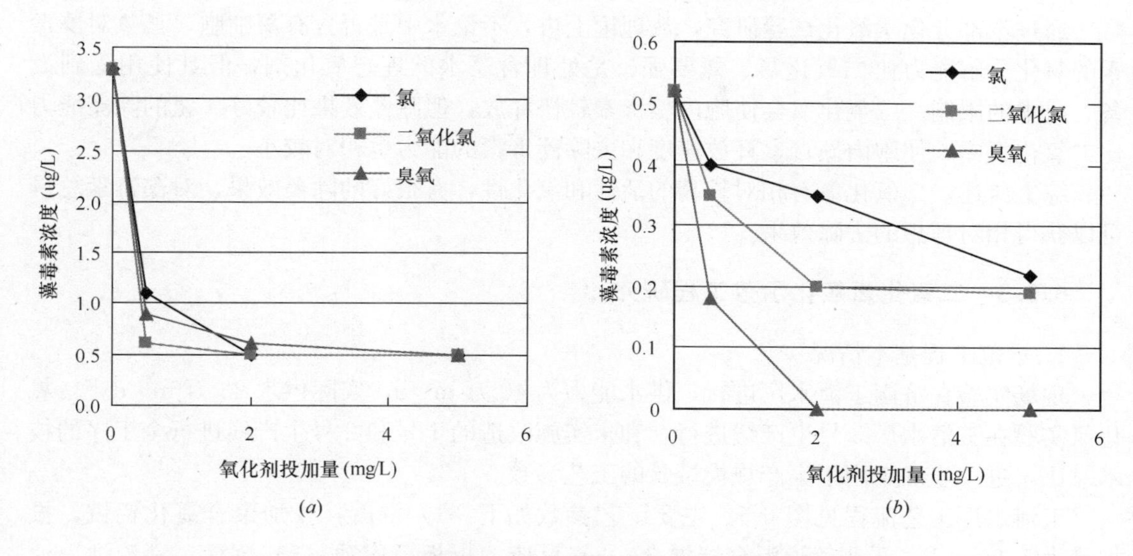

图 6-4　三种氧化剂作用下藻毒素的变化情况（反应时间为 2h）

(*a*) 胞内藻毒素；(*b*) 胞外藻毒素

的次氯酸钠（0.5、2.0 和 5.0mg/L），第二组三份分别投加不同浓度的二氧化氯（0.5、2.0 和 5.0mg/L），第三组三份分别投加不同浓度的臭氧（0.54、2.3 和 5.2mg/L），将未加任何氧化剂的铜绿微囊藻水样的胞内藻毒素定为基准，氧化反应 2h 之后分别测试不同反应条件下的胞内残留藻毒素含量，和基准值进行比较，获得藻体残骸的胞内藻毒素残存率。研究结果示于表 6-2 中。

三种不同氧化剂在不同氧化条件下藻体残骸的胞内藻毒素残存率　　表 6-2

氧化剂	IMC 残存率%（氧化剂投加量，单位 mg/L）		
氯	39（0.5）	16（2.0）	18（5.0）
二氧化氯	20（0.5）	15（2.0）	16（5.0）
臭　氧	29（0.54）	18（2.3）	17（5.2）

由表 6-2 试验数据，并结合电镜观察结果分析如下：

（1）化学氧化将导致藻体破裂，释放胞内藻毒素，在本试验条件下，释放率在 61%～85%之间，即在氧化剂作用下，胞内将有 2/3 以上的藻毒素释放到水中。

（2）氧化剂投加量低（0.5mg/L）时，由于二氧化氯对细胞壁有较好的吸附和穿透性能，可氧化细胞内含巯基的酶，破坏细胞通道蛋白，使藻毒素更多地释放出来。相比较而言，尽管臭氧氧化能力强，但吸附和穿透性能稍差，因此藻体残骸藻毒素残存率较高，至于氯，无论氧化能力还是向胞内的渗透能力都不及上述两种氧化剂，因此胞内毒素残留率就更高。

（3）氧化剂投加量高（2mg/L）时，藻体均遭到更大程度的破坏，胞内物质大量流出，致使胞内藻毒素也释放了出来，因此表现在表 6-2 中的残存率数据相差并不大。

（4）无论氧化剂的投加浓度如何，总会有藻体碎片或细胞残骸存在，因此会有大于 15%的藻毒素残存于胞内。

通过本部分化学氧化试验研究，从理论上讲，不论水中是否含有藻细胞，臭氧对藻毒素的氧化分解能力比二氧化氯、氯要强，是处理含藻水的理想氧化剂，但其使用受到设备、成本的限制。二氧化氯会使胞内藻毒素较快释放，但除藻效果比较好。氯的除藻能力比二氧化氯差，使胞内藻毒素释放速度和去除藻毒素的能力也相对较小。

综上所述，二氧化氯有相对较高的活性和氧化性，有很好的除藻效果，对藻毒素总量可以获得相对理想的去除效果。

6.2.3 二氧化氯氧化示范工程研究

1. 示范工程基本情况

现场实验在济南玉清水厂进行，供水能力为40万 m^3/d，实际供水23万 m^3/d。二氧化氯实验在玉清水厂3号生产线进行，和未实施改造的1号和2号生产线进行全工序的技术对比，进一步确定用于生产规模试验的工艺参数。

玉清水厂工艺流程见图6-5。主要工艺参数如下：1）混凝：投加聚合氯化铝铁，投加量为5.9mg/L，采用管道混合器混合；2）反应：折板反应池；3）沉淀：平流池，池长120m，停留时间为2h；4）过滤：V形滤池，滤速8m/h，气水反冲，气冲强度 $55m^3/(h\cdot m^2)$，水冲强度为 $11m^3/(h\cdot m^2)$；5）消毒：氯消毒，投加量3.0mg/L。

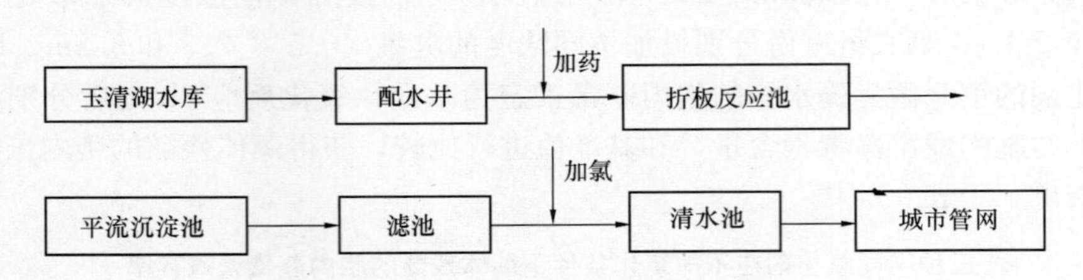

图6-5 玉清水厂现行工艺流程简图

对比实验在玉清水厂3号生产线中进行，该生产线的生产能力为 $50000m^3/d$，同时1号、2号生产线满负荷并列运行。

在相同加药条件下，配水井中间隔开，投加二氧化氯，使投加二氧化氯的水进入3号线，未投加二氧化氯的水进入1号和2号线，两组不同工艺进行比较。

水厂选用聚合氯化铁铝作为混凝剂，投加量为5.9mg/L，3号实验生产线二氧化氯的投加量分别为0.5、1.0、1.5和3.0mg/L，1号和2号对照生产线采用原水厂工艺，稳定运行一天后取样分析。实验时玉清水厂原水水质状况见表6-3。

玉清水厂原水水质数据 **表6-3**

水质指标	浊度(NTU)	色度(PCU)	COD_{Mn} (mg/L)	UV_{254} (cm^{-1})	叶绿素a (μg/L)	胞外藻毒素(EMC，μg/L)
含量	6.2	61	5.6	0.066	10.5	0.32

2. 预氧化投加量的选择

改变二氧化氯预氧化投加量，研究滤后水的藻量（相对于原水）的变化，研究结果示于图6-6。由图可以看出，投加量太少，除藻效果不好，只有75%，投加量大于1mg/L之后，除藻率接近100%，继续加大投加量会导致藻毒素大量释放。因此从除藻效果、控制藻毒素和节约成本三个方面出发，将二氧化氯预氧化投加量选择为1mg/L。

3. 二氧化氯预氧化工艺特性

3号生产线（二氧化氯投量为1mg/L）和1号、2号生产线进行技术对比，分析预氧化工艺混凝、沉淀、过滤等三个工序对重点指标的去除规律，并和常规工艺进行对比，如表6-4所示。

（1）常规指标的去除

研究表明，二氧化氯预氧化工艺能够强化常规工艺的混凝效果，不仅使反应后的色度、浊度去除率提高，并最终使滤后色度和浊度去除率分别提高29和7个百分点，但并不能提高高锰酸盐指数的去除能力。

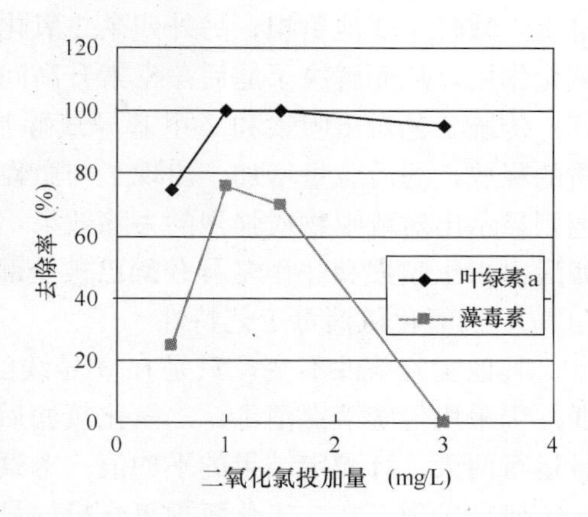

图6-6 二氧化氯投加量对叶绿素a、藻毒素去除率的影响

两种处理工艺对水质的影响比较（单位：μg/L） 表6-4

项目	工艺	原水含量	反应后		沉淀后		过滤后	
			含量	去除率（%）	含量	去除率（%）	含量	去除率（%）
叶绿素a	常规工艺	9.8	3.4	65	10.1	−3	4.4	55
	ClO_2工艺		0.3	97	1.0	90	未检出	约100
微囊藻毒素	常规工艺	0.46	0.26	43	0.25	46	0.28	39
	ClO_2工艺		0.15	67	0.12	74	0.11	76
2-甲基异莰醇	常规工艺	4.16	4.21	−1	4.54	−9	5.06	−22
	ClO_2工艺		2.39	43	未检出	约100	未检出	约100
土臭素	常规工艺	4.71	5.5	−17	4.59	3	6.43	−37
	ClO_2工艺		0.79	83	未检出	约100	未检出	约100

（2）藻类及其胞内污染物的去除

由表6-4可以看出：

投加1mg/L二氧化氯之后，各个工序对叶绿素a和胞外微囊藻毒素（EMC）去除能力都有显著提高，滤后藻类和微囊藻毒素均分别提高45和37个百分点。

无论是藻类，还是藻毒素，混凝工艺对去除率的贡献最大，这一规律在对常规工艺和二氧化氯预氧化工艺中均有体现，而且后者体现得更加明显。

常规工艺中，沉淀池出水叶绿素a含量比原水还要高，说明藻类在沉淀池（露天）中重新滋生。而采用二氧化氯预氧化工艺后，残余二氧化氯有效地抑制了藻类在沉淀池中再生长，因此尽管沉淀池出水叶绿素a仍略高于反应后出水，但却保持90%的藻类去除率，大大减轻了滤池的处理压力。

在常规工艺中，由于藻类在沉淀池中再生长，滤池负担过重，对藻类的去除率只有55%；藻类在滤池中积累，由于藻类细胞破坏或衰亡释放藻毒素，致使滤后胞外藻毒素增加。而采用二氧化氯预氧化强化处理工艺后，一方面二氧化氯有效抑制了藻类在沉淀池中再生，减轻了滤池负担；另外残余二氧化氯仍然对积累在滤池中的藻类和藻毒素继续保持氧化作用，从而解决了滤后藻毒素升高问题。

传统工艺对土嗅素和2-甲基异莰醇基本上没有任何去除效果，相反由于胞内致嗅物质的释放，滤后含量增加，出现了与微囊藻毒素同样的“滤池积累”问题。而二氧化氯工艺则显示出对致嗅物质强烈的去除效果，在混凝阶段即可去掉大部分的致嗅物质，沉淀和滤后出水土嗅素和2-甲基异莰醇已被全部去除。

4. 二氧化氯消毒工艺特性

其他实验条件不变，只是在3号线滤后投加二氧化氯消毒，而对比组（1号和2号线）仍采用传统液氯消毒。二氧化氯滤后投加量分别为0.8、0.6和0.4mg/L，每种投加量运行两天，计测定结果的平均值。考察指标分为生物学指标、消毒副产物两部分。

研究发现：在二氧化氯预氧化投加量为1mg/L的前提下，滤后二氧化氯投加量不同，所表现出来的消毒特征略有不同，但是0.4～0.6mg/L可以满足消毒的需要。

（1）随着投加量的降低，出厂水的余二氧化氯也逐渐降低，0.4mg/L的投加量会使出厂水中余二氧化氯不低于0.1mg/L。

（2）在本文设定的投加范围内，细菌指标均能合格，大肠杆菌则未检出。

（3）二氧化氯会产生亚氯酸盐副产物，0.6mg/L的投加量会产生0.4mg/L的亚氯酸盐；另外，滤后投加二氧化氯仍然能够检出卤乙酸类消毒副产物，但产生量较低（不超过10μg/L），卤乙酸均远远低于国家卫生部生活饮用水卫生规范（60μg/L）。

5. 生产规模的现场试验

在规模为23万m^3/d的济南玉清水厂稳定运行一周，并沿市内管线跟踪调查，相关指标的平均测定值示于表6-5中，表中水质数据是在示范工程稳定运行一周之后的测定值。

济南玉清水厂二氧化氯强化处理后水质报告（稳定运行一周之后）　**表6-5**

序号	项　目	原　水	出厂水	管网末梢	国家水质标准
1	浊度（NTU）	5.86	0.74	0.94	1
2	色度（PCU）	58	0	4	15
3	pH值	8.48	8.10	8.1	6.5～8.5
4	总碱度（mg/L）	9.5	5.1	4.5	—
5	溶解性总固体（mg/L）	448	496	502	1000
6	UV_{254}（cm^{-1}）	0.066	0.047	0.046	—
7	高锰酸盐指数（mg/L）	5.4	2.98	2.68	3.0
8	叶绿素a（μg/L）	13.6	0	0	—
9	藻类总数（$\times 10^7$个/L）	13	1	3	—
10	总有机碳（mg/L）	8.5	8.8	8.4	无变化
11	藻毒素（TMC，μg/L）	0.78	0.12	0.05	1
12	三氯甲烷（μg/L）	—		0	60
13	四氯化碳（μg/L）	—		0	2
14	一氯乙酸（μg/L）	—	1.0	4.5	—

续表

序号	项　目	原　水	出厂水	管网末梢	国家水质标准
15	二氯乙酸（μg/L）	—	0.3	1.1	50
16	三氯乙酸（μg/L）	—	6.9	0	100
17	土臭素（μg/L）	1.57	0	0	0.01
18	2-甲基异莰醇（μg/L）	4.78	0	0	0.01
19	细菌（个/mL）	20	0	0	100
20	大肠杆菌（个/L）	150	0	0	0

注：末梢点设在济南市和平东路

由表6-5的数据可以看出，二氧化氯强化处理工艺出水水质符合国家相关标准，尤其在除藻、去味和抑制副产物方面。另外对现场试验实施之后的玉清水厂出水水质进行跟踪调查，发现二氧化氯可以在管网中稳定存在，并保持持续灭菌效果，且管网末梢点的水质符合国家卫生部生活饮用水卫生规范。

6.3　高锰酸钾-粉末活性炭

国内外学者在高锰酸钾的强化混凝、强化过滤、协同去除水中微量有机物方面做了大量的研究工作，研究结果表明，高锰酸钾能够强化混凝、降浊除色，在去除嗅味方面也有较好的效果。

活性炭吸附也是国外研究最多的去除藻毒素的工艺之一，给水处理中常用的活性炭为颗粒活性炭（GAC）和粉末活性炭（PAC）。活性炭的吸附性能是影响藻毒素去除效果的重要因素，微囊藻毒素的分子量为994，能被活性炭中的微孔吸附，吸附容量为220～280μg/mg炭。影响活性炭吸附藻毒素的另一个因素是溶解性有机碳（DOC），原水DOC中的某些组分对活性炭的竞争性吸附，使藻毒素的初始吸附速率显著减小，对藻毒素的最大吸附量也明显减少，减少量与炭的种类有关。在国外相关研究的Freundlich吸附等温线实验中，当藻毒素初始浓度为1～10μg/L时，未使用过的新炭吸附含DOC的原水中藻毒素的吸附常数K_f约为吸附不含DOC的原水中藻毒素K_f的25%，$1/n$约为50%。

高锰酸钾和粉末活性炭的联用要根据不同水质情况来确定投加方案和投加量，并应根据处理后藻类、藻毒素、致嗅物质的浓度进行调整。

6.3.1　实验材料

采用的高锰酸钾为国家一级，含量99.3%，购于济南斯普润化工有限公司，粉末活性炭为河北遵化活性炭厂生产的FJS型环保湿式粉末活性炭，该粉末炭的主要技术指标如表6-6所示。

FJS环保湿式粉末活性炭主要技术指标　　**表6-6**

干燥减量（%）	ASTM粒度（目）	碘值（mg/g）	亚甲蓝值（mg/g）	pH值
40±2	过100≥99%，过200≥95%，过325≥60%	900	150	6～11

湿式粉末活性炭在水厂应用较为简便、高效、环保，和普通干炭不同，两种粉末炭使用技术的比较列于表 6-7 中。

湿式粉末活性炭和普通干式粉末活性炭对比　　表 6-7

	湿炭		干炭	
投加设备	简易，动力消耗低，可在加药车间操作	搅拌池	复杂，动力消耗高（需动力除尘），需另建投加车间	破袋机
				除尘设备
		定量泵（或其他方法计量即可）		包装清除
				搅拌池
				定量泵
投加损耗		无		5%～10%
操作环境		良好		恶劣
使用效率		高、迅速		低、慢
安全性能		无任何危险		易爆、易燃、易导电
贮存		阴凉、干燥		通风、排气、电源开关水密封

该粉状活性炭选用优质煤为原料，经 650℃条件下炭化，再经 850～980℃高温下，以 1050～1100℃过热水蒸气和二氧化碳气活化制成的活性炭，严格控制磨粉细度，再通过特殊的加湿处理，制成的环保湿式粉状活性炭。环保湿式粉状活性炭具有投加方便、污染少、损耗低、溶解迅速、吸附速度快、效率高等特点，改善了操作环境，提高了使用效率，可在一定程度上解决水厂投加干粉炭的粉尘污染问题，同时也避免了干粉炭易爆、易燃、易导电的危险性。

6.3.2　高锰酸钾和粉末活性炭除藻效能

在实验室中分别进行高锰酸钾、粉末活性炭的投加试验，水样为玉清水库原水，水质指标参照表 6-3。实验是在混凝搅拌仪上进行，其中高锰酸钾的投加范围在 0～1.6mg/L，湿式粉末活性炭的投加范围在 0～25mg/L，混凝剂选择聚合氯化铝铁，投量为 4mg/L（以铝计），研究结果见图 6-7 和图 6-8。

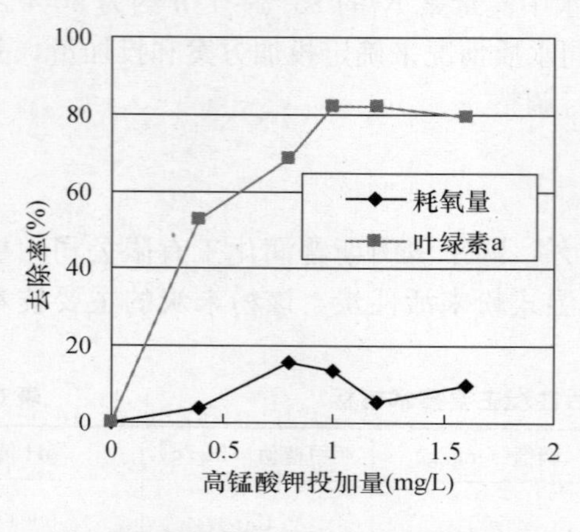

图 6-7　高锰酸钾投加量对水质的影响

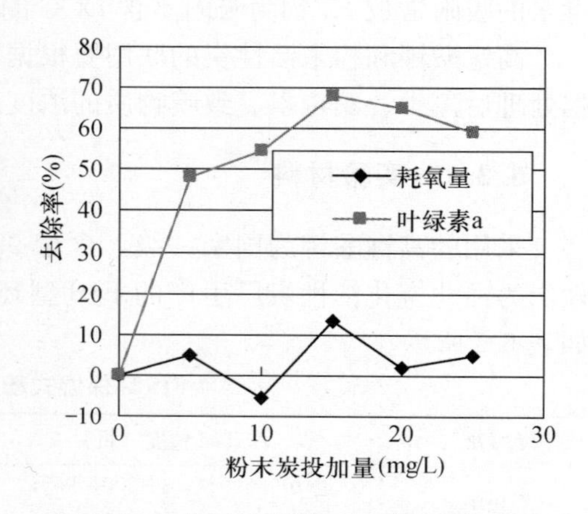

图 6-8　粉末活性炭投加量对水质的影响

混凝条件为在混凝剂投加前3min投加高锰酸钾或湿式粉末活性炭，而后投加聚合氯化铝铁作为混凝剂，投加量为4mg/L（铝计）。混凝搅拌仪快转1min，转速为300r/min，而后慢转5min，转速为90r/min，静置沉淀120min。

高锰酸钾的氧化还原电位较高，能够使藻类失活，部分有机物得到氧化，因而能够改善混凝效果。粉末活性炭能够吸附有机物和藻类，压缩双电层，从而也能促进胶体脱稳。

根据上述结果，高能酸钾和粉末活性炭均具有很好的除藻能力，最大去除率分别为82%和68%，但对有机物的去除效果不佳。综合比较对藻类去除效果，本研究选择高锰酸钾的投加量为0.8～1.0mg/L，湿式粉末活性炭地投加量为15～20mg/L（干炭含量为6～8mg/L）。

6.3.3　粉末活性炭的除藻毒素效能

研究试验用水为潍坊峡山水库蓝藻水华时水库原水，水质波动范围见表6-8。实验研究时采用湿式粉末活性炭，微囊藻毒素、UV_{254}和高锰酸盐指数的粉末活性炭吸附试验结果参见图6-9。

峡山水库蓝藻水华时水质状况　　表6-8

水质指标	NH_3-N (mg/L)	NO_2-N (mg/L)	COD_{Mn} (mg/L)	UV_{254} (cm^{-1})	浊　度 (NTU)	胞外藻毒素 (EMC，μg/L)
含　量	0.31～0.45	0.07～0.11	9.5～12.0	0.073～0.085	3.25～6.30	0.36～0.60

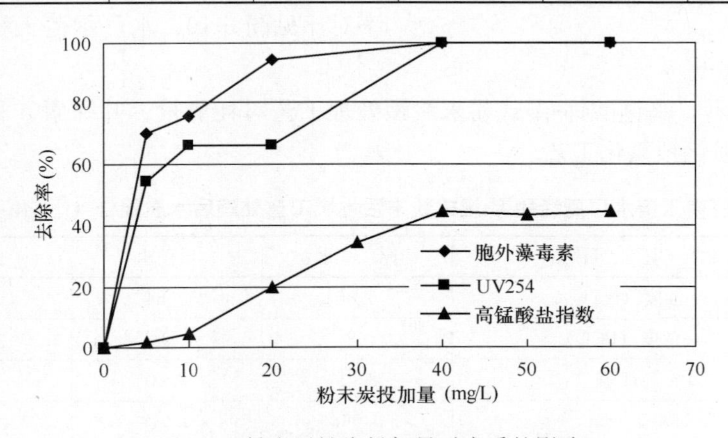

图6-9　粉末活性炭投加量对水质的影响

由图6-9可知：

1. 活性炭对胞外藻毒素（EMC）和UV_{254}均有很好的吸附效果，活性炭投加量增加至40mg/L时，水样中已测不出EMC和UV_{254}了。

2. 受污染水库水中EMC、UV_{254}和高锰酸盐指数共存，对粉末活性炭形成竞争吸附，EMC和UV_{254}被优先吸附，但对高锰酸盐指数的吸附有一定的限度，这是由于活性炭的孔径结构比较适合于微囊藻毒素和带苯环化合物的分子尺寸，而高锰酸盐指数所体现的有机物分子量范围比较宽广，部分有机物可能不被活性炭吸附或吸附能力有限。

6.3.4　高锰酸钾-粉末活性炭强化常规处理的现场试验研究

关于高锰酸钾、粉末活性炭的技术研究及应用方面的研究报道很多，基本认同了二者在处理微污染饮用水方面的作用，而且由于二者能够发生化学反应，不能同时投加。为验证试验结果，在玉清引黄供水系统进行了为期一周的现场试验，水厂工艺流程和运行参数见 6.2 节，由于水库距离水厂 5.5km，因此选择在水库出水口投加高锰酸钾（投加量为 0.8mg/L），在水厂投加湿式粉末活性炭（投加量为 10mg/L），与混凝剂同时投加。

经过前后近三个多月的对比试验，发现在藻类高发时，高锰酸钾-湿式粉末活性炭强化处理工艺是解决应急除藻的首选工艺，以下是这方面研究的主要结果汇总。

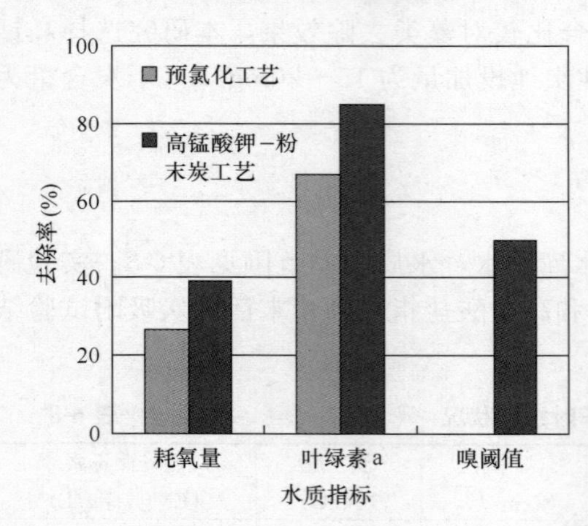

图 6-10　关键指标的去除率比较

1. 现场感官指标的变化

对比发现，常规氯预氧化能够强化混凝，在沉淀池内能形成较大矾花，矾花呈絮状，但沉淀较慢，沉淀出水进入滤池之后，滤池（封闭式构筑物）内有明显嗅味，嗅味强度为 4 级。

高锰酸钾-湿式粉末活性炭预处理之后，从混凝效果上有明显的改善，矾花大，呈絮状，沉速较快。滤池内基本上没有气味，嗅味强度为零。

2. 关键指标的去除比较

玉清水厂稳定运行后，部分关键指标去除率对比见图 6-10，水厂示范工程运行后的水质检测情况见表 6-9。

图 6-10 显示，高锰酸钾-湿式粉末炭预处理工艺对耗氧量、叶绿素 a 和嗅阈值三个关键指标的去除强化预氯化工艺。

济南玉清水厂高锰酸钾-湿式粉末活性炭工艺处理后水质报告（平均值）　　表 6-9

序号	项　目	原　水	出厂水	国家水质标准
1	浊度（NTU）	5.86	0.54	1
2	色度（PCU）	58	0	15
3	pH 值	8.48	8.10	6.5～8.5
4	UV_{254}（cm^{-1}）	0.066	0.047	—
5	耗氧量（mg/L）	5.4	2.56	3.0
6	叶绿素 a（μg/L）	13.6	0	—
7	微囊藻毒素（μg/L）	0.14	0.10	1
8	三氯甲烷（μg/L）	—		60
9	四氯化碳（μg/L）	—		2
10	一氯乙酸（μg/L）	—	1.0	—
11	二氯乙酸（μg/L）	—	0.3	50
12	三氯乙酸（μg/L）	—	6.9	100
13	土嗅素（μg/L）	1.57	0	0.01
14	2-甲基异莰醇（μg/L）	4.78	0	0.01

6.4　气浮-粉末活性炭预处理工艺的现场试验

山东潍坊眉村水厂采用当地峡山水库水作为原水，该水库富营养化严重，近年来每年都有不同程度的蓝藻水华现象发生。为改善水厂出水水质，2001 年粉末活性炭工艺投入使用，2003 年新建的气浮池也投入运行，气浮、粉末活性炭联用对提高该市饮用水质量起到重要作用。

6.4.1　眉村水厂常规工艺运行特征

眉村净水厂设计供水能力 10 万 m^3/d，水源取自山东省最大的地表水库——峡山水库，取水厂设在水库库边，原水预加液氯氧化后经管道输送到 40 多 km 的眉村净水厂进行加药、沉淀、过滤、加氯等常规处理，然后进入城市供水管网。

近年来峡山水库蓄水量不足 $3\times10^8 m^3$，平均水深 3～4m，外源性加上内源性氮磷物质，致使水库富营养化程度越来越严重，溶解氧、高锰酸盐指数（COD_{Mn}）、化学需氧量（COD_{Cr}）等个别指标已超过国家地表水的Ⅲ类水质标准。尤其藻类过度繁殖，铜绿微囊藻（被公认能够产生微囊藻毒素）已经成为优势藻，蓝藻水华现象时有发生，并对眉村水厂现行工艺形成了冲击，制水成本增加，饮用水有明显的异味，当地居民对饮用水的投诉不断增加，《技术指导手册》在现场对水厂现行常规工艺处理高藻水的水质净化能力进行系统研究，从深层次剖析了各工序处理藻类和微囊藻毒素的主要技术缺陷。

眉村水厂工艺流程图见图 6-11。该水厂基本工艺采用“网格反应—平流沉淀池—滤池”，混合部分采用管式微涡初级混凝设备，设备外观为圆管形（$4\times\phi1m$），安装在反应池进水口前 8m 处；反应部分将沉淀池分成两个反应流程，采用小孔眼网格絮凝反应设备；沉淀部分采用网格平流沉淀技术，改善絮凝效果，增加反应时间。

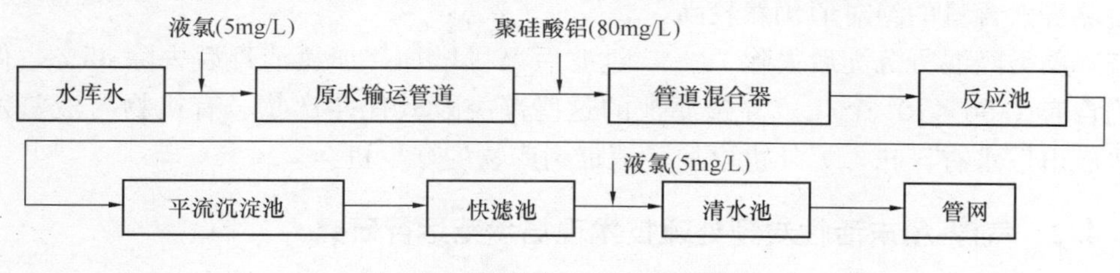

图 6-11　眉村水厂工艺流程简图

分别取水库水、眉村进厂水、沉淀后水、滤后水和出厂水，检测项目为藻量、微囊藻毒素、高锰酸盐指数、色度、浊度。另外，实验研究时峡山水库水质不稳定，其变化范围参见表 6-9。

眉村水厂各工序出水水质数据的统计结果（5 次测定平均值）见表 6-10。

眉村水厂各工序出水水质变化规律　　表 6-10

	浊　度 (NTU)	色　度 (PCU)	高锰酸盐指数 (mg/L)	藻量 (10^4 个/L)	微囊藻毒素 (μg/L)
峡山原水	15.1	30	6.7	712	0.732
眉村进水	8.66	10	5.4	1721	0.423

续表

	浊　度 (NTU)	色　度 (PCU)	高锰酸盐指数 (mg/L)	藻量 (10^4 个/L)	微囊藻毒素 (μg/L)
眉村沉后	6.24	10	5.3	481	0.450
眉村滤后	3.87	5	4.3	553	0.616
眉村出厂	3.20	5	3.4	256	0.315

由表6-10可以看出，该水厂常规工艺对高藻水水质净化能力有限，眉村水厂现有工艺不能解决蓝藻水华水库水中的藻类及藻毒素污染问题：

(1) 蓝藻水华水库水经眉村水厂常规工艺处理之后，浊度、高锰酸盐指数等常规指标均不合格。原水高锰酸盐指数高达6.7mg/L，藻量高达7.12×10^6/L，大量的藻类和有机物覆盖在颗粒物表面，影响了混凝效果，致使浊度和有机物超出生活饮用水卫生标准限值。

(2) 峡山水库水在预氯化之后，经40km的原水输运管道进入眉村水厂，水质变好，浊度去除43%，色度去除67%，但藻量增加了近1.4倍，这是由于原水输运管道的长期服役，藻类在管道壁上大量积累，并在液氯的作用下向水中释放而致；另外微生物在管壁上长期集结，形成生物膜，能够降解部分有机物和微囊藻毒素，因而分别获得19%的高锰酸盐去除率和42%的藻量去除率。

(3) 砂滤池对蓝藻水华水库水中藻类和藻毒素没有任何去除作用，相反滤后升高，其中藻类增加15%，藻毒素增加38%，说明滤池已丧失了对藻类、藻毒素的去除能力，而且藻类在滤层中积累，并释放藻毒素，使滤后藻毒素反而增加。

(4) 加氯消毒之后，藻毒素含量降低了49%，说明氯化消毒会氧化降解藻毒素，但消毒后藻毒素含量的绝对值仍然较高。

(5) 藻类经混凝沉淀后去除72%，过滤后藻量增加，加氯消毒后去除85%，但出厂水中仍含有2.56×10^6 个/L。穿透滤池的这些藻类及其代谢产物、有机物与液氯发生反应，造成出厂水有异味，另外也增加了消毒副产物的产生机会。

6.4.2 气浮-粉末活性炭预处理技术现场示范运行研究

1. 气浮池工艺

水厂气浮池占地1800m^2，设计处理能力为10万m^3/d，共两组，每组分两格，单格尺寸为12.5m×25m，池深4.5m。主要设备为回流水泵4台，空压机2台，溶气罐4个，储气罐1个，刮渣机4台，溶气释放器104个，出水调节电动蝶阀4台。

运行方式为：回流水泵出水（0.4MPa）与空压机（储气罐）压缩空气（0.4～0.5MPa）在溶气罐混合，产生溶气水，通过溶气释放器与加药混合后的原水混合，大量微气泡粘附于杂质颗粒上，靠浮力使其上升至水面而使固体、液体分离。分离出的杂质浮在水面上，通过刮渣机将渣层刮除。清水通过池底穿孔集水管汇集到清水区。

气浮池与清水区采用穿孔集水管连接，高度为距池底80cm。溶气罐压力不低于0.4MPa。回流比控制在10%～20%之间，一般情况为15%。

2. 粉末活性炭工艺

活性炭系统设计能力为日处理水量10万m^3，系统包括：储料库一个，$30m^3$炭浆池2个，搅拌机4台，除尘器2台，螺杆泵2台，工作水泵2台，高强扩散器2个及变频控制装置。

该系统的加注点选在原沉淀池反应池的进水口，投加量根据原水水质情况和气浮池出水水质状况，控制在5～20mg/L。粉末活性炭采用160～200目果壳质粉末活性炭，在反应池进水口采用强制扩散手段，以利粉末活性炭充分发挥吸附作用。

6.4.3 气浮-粉末活性炭强化常规工艺运行效果

参考以上各工艺运行条件，按如图6-12所示处理工艺运行，自2003年6月投入以来，运行效果显著，对藻、藻毒素和嗅味物质去除能力大为提高，水质明显改善。

气浮-粉末活性炭-常规工艺稳定运行后，跟踪采样分析，各工序出水中主要污染指标的变化参见表6-11。

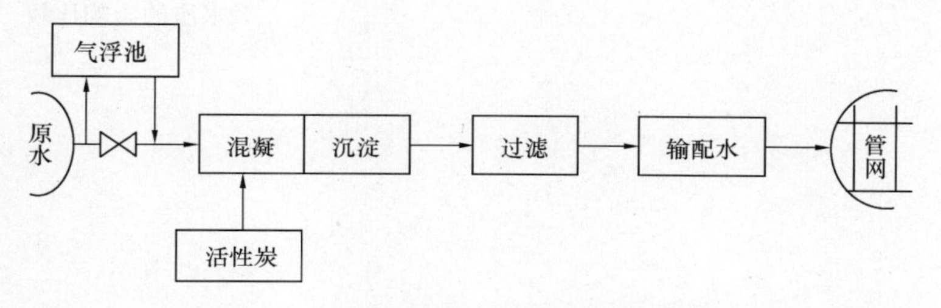

图6-12 气浮-粉末活性炭-常规工艺流程图

气浮-粉末活性炭-常规工艺在眉村水厂各工序出水中水质指标的变化 **表6-11**

	浊度(NTU)	色度(PCU)	耗氧量(mg/L)	叶绿素(μg/L)	藻毒素(μg/L)		
					胞外	胞内	总量
水源水	13.3	158	6.3	25.7	0.26	2.2	2.46
气浮后	9.5	109	6.0	5.1	0.23	0.4	0.63
粉末活性炭吸附	5.7	68	5.4	1.1	0.26	0.3	0.56
沉淀后	3.7	18	3.9	0	0.16	0.1	0.26
砂滤后	2.9	20	3.1	0	0.17	0.2	0.37
消毒后	0.9	0	2.6	0	0.08	0.1	0.09

气浮-粉末活性炭-常规工艺各工序出水中藻毒素的变化规律示于图6-13，与常规工艺对部分污染物的去除率比较示于图6-14。

由以上数据可知，气浮通过有效除藻而较好地去除了胞内藻毒素，投加粉末活性炭又较好地吸附了胞外藻毒素，从而使藻毒素总量去除达到95%以上。同时，气浮-粉末活性炭-沉淀-过滤工艺在含藻水中污染物的去除上明显优于常规工艺。

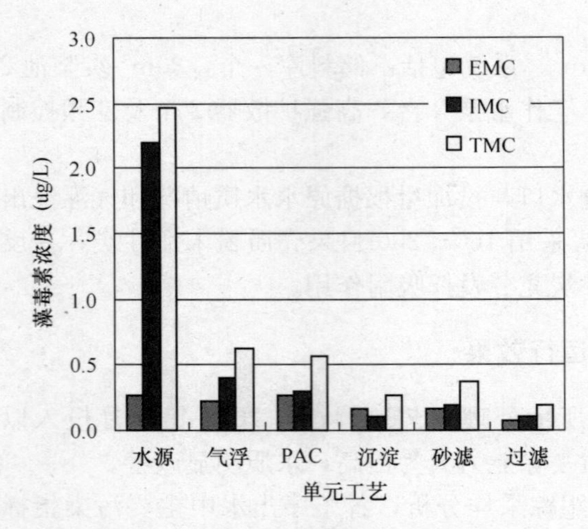

图 6-13 试验工艺藻毒素变化曲线

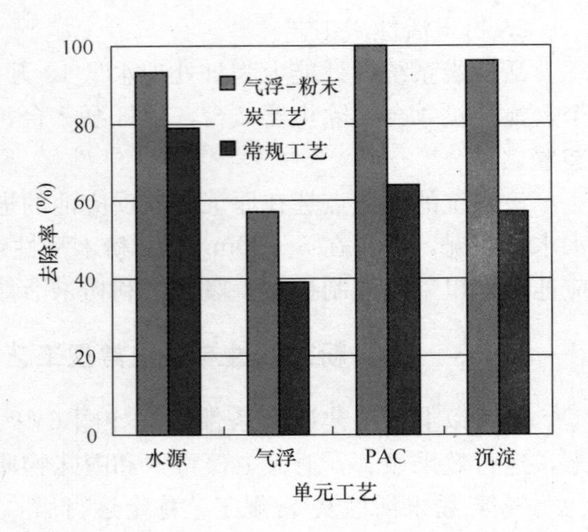

图 6-14 试验工艺与常规工艺对水质的影响比较

7 城市供水系统应急处理案例

7.1 近年来我国水源污染事故情况

由于我国长期以来工业布局，特别是化工石化企业布局不合理，众多工业企业分布在江河湖库附近，水源受污染的风险度高。据原国家环保总局2006年初的调查结果，全国投资建设的7555个化工石化项目中，81%布设在江河水域、人口密集区等环境敏感区域，45%为重大风险源。此外，运输化学品的车船事故时有发生，造成化学品的泄漏，污染水源。

我国2001年到2004年间发生水污染事故3988件，自2005年底松花江水污染事故发生后，国内又发生几百起水污染事故，其中多数是由工业生产和交通事故等突发性事故而引发的，大多影响到饮用水水源。特别是2005年底的松花江水污染事故和2007年5月的无锡饮用水危机，给当地正常的生产生活造成了严重影响，引起了国内外的广泛关注。

近年来影响重大的水源突发性污染事件包括：

2005年11月，中石油吉林石化公司双苯厂爆炸事故造成了松花江流域发生重大水污染事件，给下游沿岸的居民生活、工业和农业生产带来了严重的影响，其中哈尔滨市近400万人停水4d，经济损失难以估量。

2005年12月，广东韶关冶炼厂向北江违法排放含镉废水，形成几十公里的污染带，造成韶关、英德等市的水源污染，并严重威胁了下游广州、佛山等地的水源，给下游的居民生活、工业和农业生产带来了严重的影响。

2007年5月底至6月初，无锡市发生饮用水危机，在太湖蓝藻水华爆发的背景下，作为无锡市饮用水源地的太湖局部水域发生水质急剧恶化，造成自来水厂无法处理，自来水水质发臭，严重影响了生产生活。

2007年12月底至2008年1月中旬，贵州省都柳江受到独山县某企业非法排放的含砷废水污染，导致十几名村民中毒，并造成下游三都县城市供水中断数天。

此外公开报道的水源污染事件还有：

2000年10月24日，福建省龙岩市上杭县发生了一起氰化钠槽车倾覆山涧的事件，7t氰化钠流入小溪，饮用此水的村民90多人中毒，当地水源被迫放弃。

2001年，河南洛宁县发生了一起运输氰化钠的槽车翻车事件，严重影响洛河沿岸人民群众的生命财产安全。

2004年2月，四川沱江受化肥厂排放高浓度氨氮废水污染，内江市80万人停水20d，直接经济损失达2.19亿元。

2004年7月，内蒙古造纸厂废水污染造成包头市供水中断48h。

2006年1月，湖南株洲一家企业非法排污造成湘江镉污染，影响下游湘潭、长沙市的供水。

2006年1月，河南巩义市一家企业非法排污造成黄河石油污染，影响下游山东省沿黄河17个取水口正常供水。

2006年3月，吉林省一家企业非法排污造成牡丹江支流水栉霉大量繁殖，影响下游供水。

2006年6月，一辆运输煤焦油的罐车在山西繁峙县发生交通事故，约40t煤焦油泄漏入大沙河，影响下游河北省阜平县供水，并威胁保定市水源地。为此，河北、山西两省采取河道拦截与清污处理的应急措施，直接费用超过1000万元。

2006年9月，湖南省岳阳县水源地受到上游企业非法排放的含砷废水污染，造成当地供水中断数天。

2006年11月，四川省泸州电厂柴油泄漏导致泸州市区停水。

2007年7月，秦皇岛市的水源地发生严重的藻类水华，致嗅物质超标，造成当地水厂无法处理，自来水出现明显的嗅味。

2007年8月，江苏省沭阳县水源地受到污染，造成当地供水中断数天。

2008年6月，一辆运送粗酚的槽车在云南省富宁县发生事故，数吨粗酚泄漏，造成水体酚超标，对下游百色市的水源地构成威胁。

2008年11月，河南省民权县大沙河上游一家化工厂非法排放含砷废水，给河南、安徽的环境安全和供水安全造成了很大影响，累计处理的超标水量超过1000万m^3，治理费用超过2000万元。

2009年2月，江苏省盐城市的的城西水厂、越河水厂受到挥发酚类化合物污染，盐城市区发生大范围断水，至少有20万居民生活受到不同程度影响，事件发生60h后，盐城市区供水才恢复正常水平。

7.2 松花江硝基苯污染事故应急净水处理案例

7.2.1 事件背景和原水水质情况

2005年11月13日中石油吉林石化公司双苯厂发生爆炸事故，苯类污染物，主要是硝基苯大量泄漏，造成了松花江流域重大水污染事件，给流域沿岸的居民生活、工业和农业生产带来了严重的影响，其中哈尔滨市从11月23日23时起全市市政供水停水4d，并对流域生态环境安全产生了危害，引起了社会极大关注。

在本次松花江重大有机污染事故中，沿江城市供水企业大多采取了以活性炭吸附技术为主的多重安全屏障应急措施，即在松花江边的取水口处投加粉末活性炭，在源水从取水口流到净水厂的输水管道中，用粉末炭去除水中绝大部分硝基苯，再结合净水厂内在原有砂滤池添加颗粒活性炭层，构成炭砂滤池的改造工程，形成多重屏障，确保安全。以上措施在及早恢复城市安全供水的战斗中取得了决定性的胜利。

7.2.2 哈尔滨市城市供水应急处理

哈尔滨市供排水集团的各净水厂以松花江水为水源，取水口到各净水厂有5～6km，在从取水口到各净水厂的输水管道中，源水的流经时间约 1～2h。在本次应对松花江污染事件紧急恢复城市供水中，主要采用了在取水口处投加粉末活性炭的方法，在源水从取水口流到净水厂的输水管道中，用粉末活性炭去除绝大部分硝基苯，再结合净水厂内的炭砂滤池改造，形成多重屏障，确保供水安全的方案。粉末活性炭的投加量情况如下：在水源水中硝基苯浓度超标的情况下，粉末活性炭的投加量为 40mg/L（11 月 26～27 日）；在水源水少量超标和基本达标的条件下，粉末活性炭的投加量降为 20mg/L（约一周时间）；在污染事件过后，为防止后续水中（来自底泥和冰中）可能存在的少量污染物，确保供水水质安全，粉末活性炭的投加量保持在 5～7mg/L。

2005 年 11 月 26 日 12：00 开始生产性运行验证试验，在水源水硝基苯浓度尚超标 2.61 倍的情况下（0.061mg/L），在取水口处投加 40mg/L 粉末活性炭，到哈尔滨市自来水四厂入厂水处，硝基苯浓度已降至 0.0034mg/L，已经远低于水质标准的 0.017mg/L，再结合水厂内的混凝沉淀过滤的常规处理（受条件所限，该厂不具备炭砂滤池改造条件，因此砂滤池未改造成活性炭砂滤池），最终砂滤池出水硝基苯浓度降至 0.00081mg/L，不到水质标准的 5%。27 日早 4 时以后，自来水四厂入厂水水样中硝基苯已检不出。经当地卫生防疫部门检验合格，哈尔滨市来水四厂于 27 日 11：30 恢复供水。哈尔滨市的其他水厂也于 27 日晚陆续恢复供水。并从 27 日 12：00 开始把粉末炭投加量减少为 20mg/L。见图 7-1。

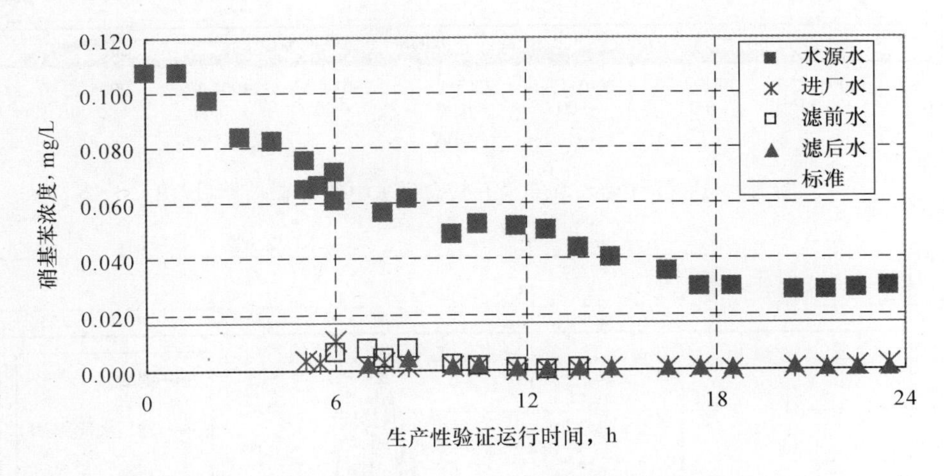

图 7-1 哈尔滨市制水四厂应急处理生产性验证试验

（11 月 26 日 12：00 开始，27 日 11：30 恢复供水）

7.2.3 达连河镇哈尔滨气化厂应急工艺运行效果

哈尔滨市紧急供水的经验为下游城市应急供水提供了宝贵的经验。位于哈尔滨市下游依兰县达连河镇的哈尔滨气化厂负责为哈尔滨市提供水煤气，煤气生产要求不能停水。哈尔滨气化厂所属水厂为 6 万 m^3/d 供水规模，从取水口到净水厂的距离约 11km，输水流经时间 5～6h。通过采用应急处理措施，在取水口处投加粉末活性炭，投加量随污染峰的情况调整，从 20mg/L 到最大 50mg/L，厂内原有滤池则改造成炭砂滤池。对硝基苯的去除以粉末活性炭的去除作用为主，炭砂滤池则起到保险作用。在水源水硝基苯浓度超标最大十余倍的情况下，该厂出水硝基苯达标，并实现了不停水运行，依靠粉末活性炭和颗粒活性炭的双重屏障，有效截留了水中硝基苯，确保了哈尔滨市煤气生产的正常进行。

达连河镇哈尔滨气化厂应对硝基苯污染事故中硝基苯的去除情况见图 7-2 和图 7-3，粉末活性炭对水源水中硝基苯的平均去除率为 98.5%（以炭滤池前水计），活性炭滤池前

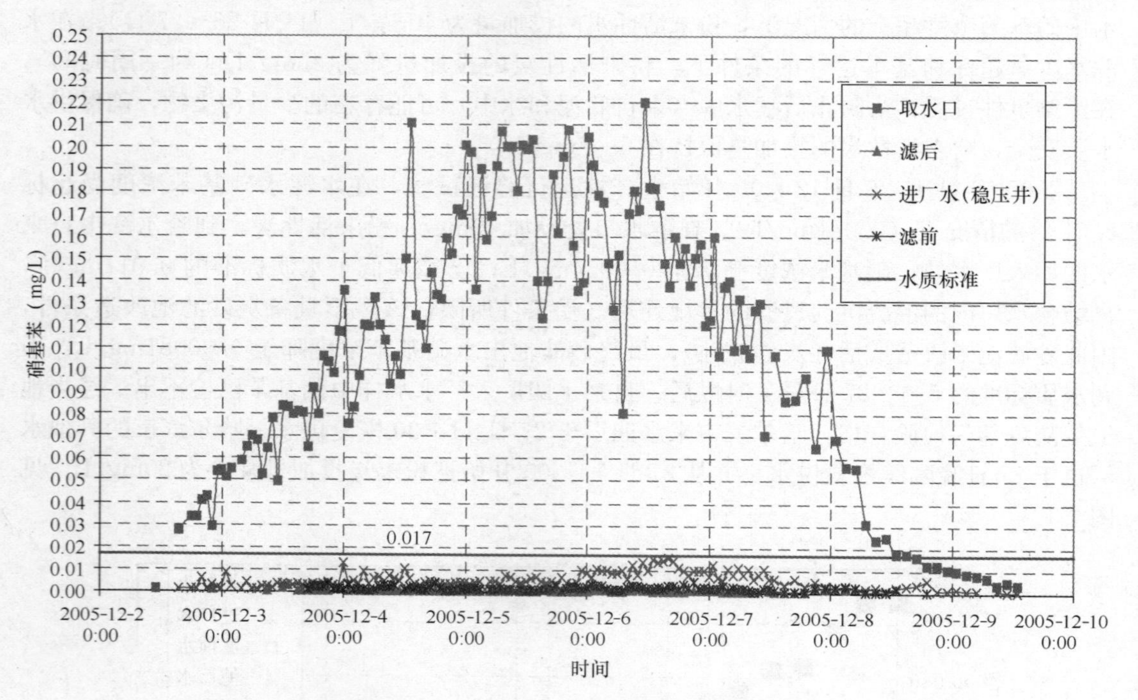

图 7-2　达连河镇哈尔滨气化厂应急供水中硝基苯去除情况图

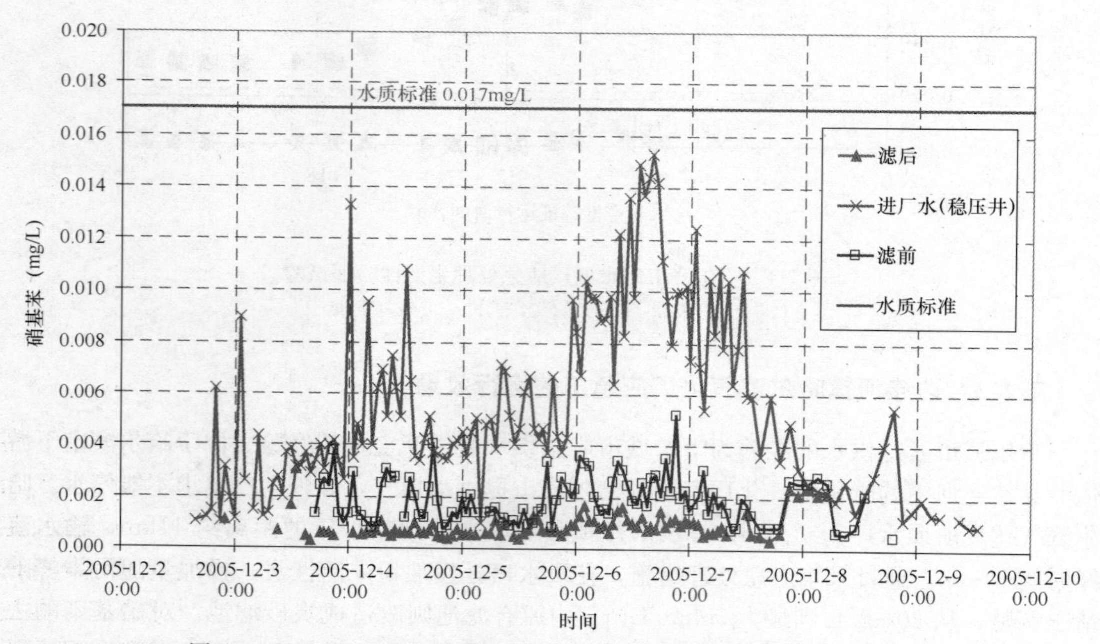

图 7-3　达连河镇哈尔滨气化厂应急供水中硝基苯去除情况图（厂内）

硝基苯平均浓度为 0.0019mg/L；加上活性炭砂滤池后，总的去除率平均为 99.4%（以滤后水计），滤后出水硝基苯平均浓度为 0.0009mg/L。

7.3　广东省北江镉污染事件应急除镉净水案例

7.3.1　事件背景和原水水质情况

2005 年 12 月 5 日至 14 日，广东韶关冶炼厂在设备检修期间超标排放含镉废水，造成北江韶关段出现了重金属镉超标现象。15 日检测数据表明，北江高桥断面镉超标 10 倍，污染河段长达 90km，计算得到江中镉含量 4.9t，扣除本底，多排入 3.62t。北江中游的韶关、英德等城市的饮用水安全受到威胁，英德市南华水厂自 12 月 17 日停止自来水供应。如果污水团顺江下泻，下游广州、佛山等大城市的供水也将受到威胁。广东省政府于 12 月 20 日公布了此次污染事件。

在接到当地报告后，原建设部派出了专家组赶赴现场。根据北江镉污染事件特性和沿江城市供水企业生产条件，专家组提出了以碱性条件下混凝沉淀为核心的应急除镉净水工艺，在水源水镉浓度超标的条件下，通过调整水厂内净水工艺，实现处理后的自来水稳定达标，并留有充足安全余量，确保沿江人民的饮用水安全。

该项技术在英德市南华水厂率先实施，在原建设部专家组、广东省建设厅、众多技术支持单位（特别是广州市自来水公司）和南华水泥厂的共同努力下，经过三个阶段的工作，即第一阶段的方案论证与技术改造阶段（实验室试验、水厂加碱加酸设备安装、系统试运行等），第二阶段的水厂设备修复与更新阶段（对水厂失效无阀滤池更换滤料、铁盐计量泵安装），第三阶段的铝盐除镉与铁盐除镉对比运行阶段，南华水厂应急除镉净水工程取得了全面胜利。

在采用碱性化学沉淀应急除镉技术后，在进水镉浓度超标 3～4 倍的条件下，处理后出水镉的浓度符合生活饮用水卫生规范的要求，并留有充足的安全余量。应急除镉净水工程完成后，南华水厂对居民供水管网进行了多天的冲洗。广东省卫生厅对南华水厂水质进行了多次分析检测，认为南华水厂水质的各项技术指标均符合国家卫生规范，同意南华水厂恢复供水。广东省政府北江水域镉污染事故应急处理小组决定，从 2006 年 1 月 1 日 23 时起南华水厂恢复向居民供水。

南华水厂应急除镉净水工艺的成功运行，不但使供水范围内的居民不再受停水困扰，而且对其他受影响城市的自来水厂在水源遭受镉污染的情况下保持正常供水具有示范作用，是我国首次成功开展应对突发水源重金属污染事故的城市供水应急处理工作。

7.3.2　应急技术原理和工艺路线

根据镉的特性和现有水厂实施的可能性，经实验室和水厂现场试验结果，确定了以碱性条件下混凝沉淀为核心的应急除镉净水技术路线，即利用碱性条件下镉离子溶解性大幅降低的特性，加碱把源水调成碱性，要求絮凝反应后的 pH 值严格控制在 9.0 左右，在碱性条件下进行混凝、沉淀、过滤的净水处理，以矾花絮体吸附去除水中镉的沉淀物；再在滤池出水处加酸，把 pH 值调回到 7.5～7.8（生活饮用水标准的 pH 值范围为6.5～8.5），满足生活饮用水的水质要求。

pH 值的确定

pH 值是化学沉淀法去除重金属离子的关键因素。调整水的 pH 值为碱性后，水中的碱度（中性条件下主要为重碳酸根）中会有部分转化为碳酸根，并与镉离子生成碳酸镉沉淀物。

碳酸根的浓度与 pH 值有关，可用碱度组分的理论公式计算：

$$[CO_3^{2-}] = \frac{K_{a2}}{[H^+]} \frac{[碱]_{总} + [H^+] - \frac{K_W}{[H^+]}}{1 + 2\frac{K_{a2}}{[H^+]}} \tag{7-1}$$

式中 [ ]——摩尔浓度，mol/L；

K_{a2}——重碳酸根/碳酸根的离解常数，$K_{a2}=5.6\times10^{-11}$（25℃，离子强度 $I=0$）；

K_W——水的电离常数，$K_W=1\times10^{-14}$。

镉离子的最大溶解浓度用溶度积原理计算：

$$[Cd^{2+}] = \frac{K_{sp}}{[CO_3^{2-}]} \tag{7-2}$$

式中 K_{sp}——$CdCO_3$ 的溶度积常数，$CdCO_3$ 的 $K_{sp}=1.6\times10^{-13}$（25℃，离子强度 $I=0.1$mol/kg）。

如原水碱度为 1mmol/L（即 60mg/L，以 CO_3^{2-} 计，水源水一般要略高于此值），得出在 pH = 9.0 时，碳酸根浓度是 5×10^{-5} mol/L，相应 Cd^{2+} 最大溶解浓度为 0.00036mg/L，远小于 0.005mg/L 的饮用水标准。可以此作为弱碱性混凝除镉的工艺控制条件。

注意上述理论计算主要是用于应急处理技术路线的方向判别，与实际情况存在偏差，在应用时必须进行试验验证。例如，根据以上碳酸根和碳酸镉的理论计算公式，Cd^{2+} 的最大溶解浓度在 pH=8.0 时为 0.0032mg/L；pH=7.8 时为 0.0051mg/L。而该水源水的实际情况是当 pH=7.7～7.9 时，水源水中 Cd^{2+} 的浓度在 0.02～0.03mg/L，远超出上述 pH=7.8 时的计算值，说明在中性条件碳酸根浓度极低的条件下，碳酸根浓度的理论计算与实际情况有较大偏差，或是碳酸根浓度还受到其他影响（如溶解二氧化碳），也可能是沉淀反应与溶度积公式有一定偏差。

在现场烧杯试验（试验步骤：调 pH 值，混凝，沉淀，滤纸过滤）中，滤后水 pH≥9.0 的水样镉浓度稳定＜0.001mg/L；滤后水 pH=8.5 的水样有的达标，有的超标，效果不稳定。考虑到水厂实际处理中对悬浮物的去除效率要低于烧杯试验，并且水厂的处理设施简陋，在工程上需要留有一定的安全系数，因此应急处理中按砂滤出水 pH=9.0 进行控制，在工程上留有充足的安全余量，确保处理出水稳定达标。

混凝剂投加量的确定

应急除镉的实验室试验表明，单纯提高混凝剂投加量并不能提高对镉的去除率，但调整 pH 值到碱性条件进行混凝处理可以取得很好的除镉效果。不同混凝剂投加量的除镉效果见表 7-1，对于确定种类的混凝剂，各投加量下的除镉效果基本相同。不同 pH 值条件下的除镉效果见表 7-2 和表 7-3。

不同混凝剂投加量的除镉效果（初始镉浓度 0.042mg/L，pH=7.7）　　表 7-1

	投加量 mg/L	10	20	30	40	50
$FeCl_3$	Cd（mg/L）	0.0176	0.0169	0.0176	0.0175	0.0175
	去除率（%）	58.1	59.8	58.1	58.3	58.3
聚合氯化铝	Cd（mg/L）	0.022	0.0172	0.0159	0.0136	
	去除率（%）	47.6	59.0	62.1	67.6	
$Al_2(SO_4)_3$	Cd（mg/L）	0.0286	0.0262	0.0266	0.0283	0.0268
	去除率（%）	31.9	37.6	36.7	32.6	36.2

$FeCl_3$ 混凝剂在不同 pH 值下的除镉效果（$FeCl_3$ 投加量 20mg/L）　　表 7-2

反应后 pH 值		5.81	6.83	7.44	8.49	9.59	10.61
原水不调浊度，初始镉浓度 0.042mg/L	Cd（mg/L）	0.0409	0.0279	0.0213	0.0027	<0.001	<0.001
	去除率（%）	2.6	33.6	49.3	93.6	>97.6	>97.6
原水配浊度 100NTU，初始镉浓度 0.032mg/L	Cd（mg/L）	0.0356	0.0238	0.0145	0.0022	<0.001	<0.001
	去除率（%）	15.2	43.3	65.5	94.8	>96.9	>96.9

聚合氯化铝混凝剂在不同 pH 值下对镉去除的影响
（聚合氯化铝投加量 50mg/L，初始镉浓度为 0.042mg/L）　　表 7-3

反应后 pH 值	6.08	6.64	7.05	7.71	8.0	8.81
Cd（mg/L）	0.038	0.0294	0.024	0.0103	0.0053	<0.001
去除率（%）	9.5	30.0	42.9	75.5	87.4	>97.6

注：以上表中混凝剂的投加量，$FeCl_3$ 和 $Al_2(SO_4)_3$ 以分子式计，聚合氯化铝以商品重计

根据试验结果，在高 pH 值条件下，混凝除镉效果良好：对于含镉 0.042mg/L 的水样，在铁盐混凝剂 $FeCl_3$ 投加量 20mg/L（以分子量计），或聚合氯化铝投加量 50mg/L（以商品重计）的条件下，pH=7.5 时，去除率约 50%，pH=8.0 时，去除率 80%以上，但出水不达标，含镉 0.005～0.01mg/L；pH=8.5 时，出水达标，含镉 0.002～0.003mg/L；pH=9.0，出水镉检不出（低于 0.001mg/L）。由此确定了采用弱碱性条件混凝沉淀的应急除镉技术路线。

7.3.3　应急技术实施要点

该应急除镉的技术要点是必须保证混凝反应处理的弱碱性 pH 值条件。

1. 铝盐除镉净水工艺

对于铝盐除镉净水工艺，滤后出水要求 pH 值严格控制在 9.0～9.3 之间。如 pH 值小于 9.0，则存在出水镉浓度超标的风险。因为在 pH 值小于 9 的条件下，镉的溶解性较强，去除效率下降。如 pH 值大于 9.5，则存在着铝超标的风险，因为在较高 pH 值条件下，铝的溶解性增加。

以上控制条件是在实验室试验的基础上，根据南华水厂实际运行结果得出的，并且已经留有一定的安全余量。在此 pH 值控制范围内，可保证铝盐除镉工艺出水镉离子浓度在

0.001mg/L以下，实际值在＜0.0005～0.009mg/L之间。此外，出水铝离子浓度小于0.1mg/L，一般在0.05mg/L左右。

2. 铁盐除镉净水工艺

对于铁盐除镉净水工艺，滤后出水要求pH值严格控制在8.6以上。如pH值小于8.5，则存在出水镉浓度超标的风险。因为在pH值小于8.5的条件下，镉的溶解性较强，絮凝沉淀分离效果较差。对于铁盐除镉净水工艺，pH值的控制上限主要受经济条件所限，pH值越高则所需加碱及加酸回调的费用也越高。

以上控制条件是在实验室试验的基础上，根据南华水厂实际运行结果得出的，并且已经留有一定的安全余量。在此pH值控制条件下，铁盐除镉工艺出水镉离子浓度在0.001～0.002mg/L之间，略高于铝盐工艺。

对于如下常规净水工艺：

水源水→取水泵房→快速混合→絮凝反应池→沉淀池→滤池→清水池→供水泵房→管网

弱碱性混凝除镉工艺所需变动是：

（1）在混凝之前加碱，加碱点可设在混凝剂投加处。经试验验证，碱液先投加和与混凝剂同时向水中投加的效果相同，但碱液不得事先与混凝剂混合，以免与混凝药剂产生不利反应。

（2）在滤池出水进入清水池前加酸回调pH值，加酸点应设在加氯点之前，以免影响消毒效果（碱性条件下，氯化消毒效果降低）。

对于采用预氯化的水厂，采用本除镉工艺是否会降低预氯化效果，应进行试验验证。

为了保障应急除镉工艺的效果，必须做好以下几个方面的控制：

（1）控制混凝的弱碱性条件

为了保证沉淀池出水或滤池出水处pH值严格控制在预设范围内，必须采用在线pH计测量。由于加碱点到控制点的水流时间较长，为了及时控制加碱量，在线pH计可以前移到反应池前，直接控制加碱泵加量，再用便携式pH计根据沉后水要求确定前设在线pH计的控制值。

（2）滤后水回调pH值

在清水池进水处设置在线pH计，在滤池出水管（渠）中设置加酸点，由在线pH计控制加酸泵的加量，把进入清水池的pH值调整到预设范围。

（3）混凝剂的计量投加

由于混凝剂消耗碱度，特别是酸度较高的聚合硫酸铁，加入混凝剂后pH值的下降幅度较大，混凝剂的投加量直接影响到反应后的pH值，必须严格控制混凝剂的投加量。在南华水厂的运行中，由于该厂混凝剂为人工经验投加，投加量波动较大，经人工严防死守才保持了投加量的稳定。建议有关水厂的混凝剂投加系统一律改用计量泵设备。

7.3.4 应急工艺参数和运行效果

以下给出南华水厂除镉净水运行参数，供参考：

1. 铝盐除镉系统

处理水量：320m^3/h（7500m^3/d规模）。

加碱：食品级30%NaOH碱液，混凝剂投加点前水的pH值控制条件：9.52，允许误差正负0.01。

混凝剂：聚合氯化铝，40mg/L（固体商品重，Al_2O_3 含量不小于29%）。此为应急时期的高投加量，到后期按20、13、10mg/L的次序逐步降回正常投量。

加酸：食品级31%盐酸（建议采用价格更便宜的食品级浓硫酸，因现场急需，当时未购到食品级硫酸），加酸点设在滤池出水处，控制清水池进水pH值在7.5～7.8。

2. 铁盐除镉系统

处理水量：320m^3/h（7500m^3/d规模）。

加碱：与铝盐系统共用，条件相同（食品级30%NaOH碱液，混凝剂投加点前水的pH值控制条件：9.52，允许误差正负0.01）。

混凝剂：聚合硫酸铁，0.03mL/L（液体药剂，相对密度1.5，铁含量不小于11%，相当于以Fe计5mg/L）。

加酸：与铝盐系统共用（食品级31%盐酸，建议采用浓硫酸，因应急现场未购到食品级硫酸），加酸点设在滤池出水处，控制清水池进水pH值在7.5～7.8。

3. 经济数据

工程改造费用：40万元。包括：2台在线pH计、2台加碱计量泵（一用一备）、2台加酸计量泵（一用一备）、1台便携式pH计、1t碱液、500kg盐酸、70t砂滤料和30t滤池垫层卵石（原有无阀滤池的滤料已失效，滤料全部更换）、电器、管材等。

运行药剂成本：

（1）铝盐（以紧急除镉高混凝剂投加量计）

混凝剂＋碱＋酸＝0.096＋0.027＋0.010＝0.133元/m^3

（2）铁盐

混凝剂＋碱＋酸＝0.045＋0.027＋0.005＝0.077元/m^3

南华水厂应急除镉运行的水质监测结果见表7-4和表7-5。由表可见，弱碱性混凝处理对镉有很好的去除效果，对虽未超标的铅、锌、锰、砷等污染物也有较好的去除。

广东省卫生防疫部门水质全面分析检测结果中的主要指标　　表7-4

（取样时间：2005年12月30日24时，所测项目约40项，所有检测结果均符合生活饮用水卫生规范的水质要求，下表仅列出相关的主要指标）

检测项目	采样点测定结果				限　值
	水源水	铝盐除镉工艺滤后水	铁盐除镉工艺滤后水	出厂水	
镉（mg/L）	0.0192	0.000582	0.00164	0.00112	0.005
浊度（NTU）	11	＜1	＜1	＜1	≤1NTU，特殊≤3NTU
色度（度）	18	＜5	8	＜5	不超过15度
pH值	7.22	7.70	7.74	7.71	6.5～8.5
铝（mg/L）	0.082	0.057	0.010	0.026	0.2
铁（mg/L）	0.108	＜0.003	0.234	0.085	0.3
硫酸盐（mg/L）	19.186	17.712	22.270	20.689	250

续表

检测项目	采样点测定结果				限　值
	水源水	铝盐除镉工艺滤后水	铁盐除镉工艺滤后水	出厂水	
氯化物（mg/L）	8.429	26.865	13.119	18.605	250
溶解性总固体（mg/L）	64	92	70	134	1000
耗氧量（以O计）（mg/L）	1.66	1.029	1.19	1.11	3
砷（mg/L）	0.0121	0.0039	0.0017	0.0020	0.01
铬（六价）（mg/L）	<0.005	<0.005	<0.005	<0.005	0.05
汞（mg/L）	<0.001	<0.001	<0.001	<0.001	0.001
硒（mg/L）	<0.00025	<0.00025	<0.00025	<0.00025	0.01
锰（mg/L）	0.041	<0.001	0.016	0.008	0.1
铜（mg/L）	0.006	0.005	0.003	0.005	1.0
锌（mg/L）	0.2636	<0.01	0.015	0.0125	1.0
铅（mg/L）	0.00603	<0.0001	0.00896	<0.0001	0.01
余氯（mg/L）				1.0	30min接触时间后不小于0.3mg/L

英德市环保局对水中镉浓度的分析检测结果　　**表7-5**

采样时间	采样点镉浓度测定结果（mg/L）				备　注
	水源水	铝盐除镉工艺滤后水	铁盐除镉工艺滤后水	出厂水	
1月1日14：30	0.019	0.0010	0.0022	0.0016	铝盐40mg/L，铁盐0.03ml/L；pH=9.0
1月1日21：30	0.018	0.0006	0.0010	0.0010	
1月2日10：50	0.018	0.0009	0.0012	0.0011	
1月2日19：45	0.017	0.0010	0.0013	0.0011	
1月3日10：00	0.014	0.0008	0.0013	0.0014	
1月3日16：10	0.013	<0.0005	<0.0005	<0.0005	
1月5日12：00	0.010	<0.0005	<0.0005	<0.0005	铝盐投量减至20mg/L
1月6日15：00	0.0062	<0.0005	0.0010	0.0006	铝盐投量减至13mg/L，加碱量减少
1月8日9：00	0.0040	<0.0005	0.0013	0.0011	铝盐投量减至10mg/L，加碱量减少
1月14日	约0.002			约0.001	停止加碱应急除镉运行

铝盐与铁盐除镉工艺的对比情况见前面的表7-2和表7-3。

铝盐工艺出水水质好，沉淀池出水的镉浓度和浊度低，水质清澈，滤池负荷低，但采用了较高的混凝剂投加量（2倍以上），回调pH值加酸量高于铁盐，运行成本高于铁盐。

铁盐工艺出水差于铝盐工艺，原因是运行时水温较低和反应池的反应条件不理想（孔室反应池），造成沉淀出水浊度较高。但该工艺因回调 pH 值加酸量低于铝盐，运行成本较低。建议采用铁盐时使用助凝剂，以提高混凝效果。

7.3.5 应对水源水镉只略为超标的混凝除镉工艺

对于水源水镉超标幅度较大（数倍）的水样，根据在南华水厂进行的实验室烧杯试验结果，对于加碱量较少的水样，在投加酸度较大的聚合硫酸铁混凝剂后，沉后水的 pH 值可直接降低到 7.4～8.3 之间（混凝剂投加量大的 pH 值下降幅度大），其中 pH＞8.0 的水样中镉离子浓度也可以达标，并且该处理后水不需再加酸回调 pH 值，可以简化处理工艺。但是，由于该反应条件处于有效除镉范围下限的临界点处，处理效果极不稳定，加碱量略少或者混凝剂投量略高都将使 pH 值过度下降，造成出水镉超标，除镉处理的保证率较低。

对于水源水镉超标不严重，最大超标倍数在 0.5 倍以下的水厂，可以采用只少量加碱不再加酸的混凝除镉工艺，但必须先经过试验验证。例如，在北江镉污染事件中，清远市（位于英德市的下游）自来水厂水源水中镉最大浓度 0.0067mg/L，水厂实际运行中在混凝处理前只少量加碱，使滤后水的 pH 值控制在 8.0 左右，这样处理后不需加酸回调 pH 值，滤后水镉浓度在 0.001～0.004mg/L，平均为 0.003mg/L。在佛山市自来水公司的实验室和中试中，也研究了只少量加碱不再加酸的混凝工艺，并采用了高铁助凝剂提高混凝效果，出水镉可以达标。

2006 年 1 月 4 日，湖南省湘江株洲长沙段发生了类似的镉污染事件。根据广东北江应急除镉净水工艺的经验，湘潭市和长沙市的自来水厂在混凝前投加石灰，以提高除镉效果，有效应对水污染事件，保障当地的饮用水供应。

7.4 贵州省都柳江砷污染事件应急处理案例

7.4.1 事件背景和原水水质情况

2007 年 12 月，由于贵州省黔南布依族苗族自治州独山县一家硫酸厂在生产过程中非法使用含砷量严重超标的高含砷硫铁矿，大量含砷废水流入都柳江上游河道，造成独山县基长镇盘林村等十余名村民轻微中毒，并造成下游三都水族自治县县城（地处污染点下游 70 多 km 处）及沿江乡镇 2 万多人生活饮水困难。经环境监测部门和疾病控制中心检测，都柳江河水砷浓度大大超过相关水质标准要求。从 12 月 25 日起，采用都柳江水源的三都县县城水厂停止从都柳江取水，改用备用水源，但产水量大大下降，从原来的每日供水 $4000m^3$ 降至 $300m^3$。虽然黔南州和三都县采取了多项应急措施，包括从州里和临近县调集消防水车从山区泉眼溪流每天取水数百吨送至水厂和居民区，但仍远远不能满足当地居民的基本生活需要。

应当地邀请，清华大学专家于 2008 年 1 月 2 日赶赴现场指挥应急供水工作，经过 3 天多的紧张工作，在现场建立了预氧化—铁盐混凝沉淀的应急除砷净水工艺，于 1 月 6 日正式恢复了县城供水。参见图 7-4 和图 7-5。

图 7-4　都柳江砷污染事件地理位置图

图 7-5　都柳江三都县城河段（取水泵站处，面向下游，净水厂位于右方山包上）

7.4.2　应急技术原理和工艺路线

根据住房城乡建设部组织应急净水技术的研究提出的砷污染应急处理技术方案和现场小试与生产性运行结果，三都县县城水厂应急除砷净水工艺的主要控制条件与参数确定为：

1. 铁盐混凝剂的加药量

聚合硫酸铁的加药量为 10mg/L（以 Fe 计）。此剂量大约为常规混凝处理的 1.5～2 倍，通过强化混凝，提高除砷效果。

2. 预氯化的加氯量

该水厂采用二氧化氯消毒。根据现场运行结果，应控制沉后水的余氯在 0.5mg/L 以上（以 Cl_2 计，下同），预氯化的加氯量以保持预加氯后配水井出水余氯在 1.5mg/L 左右为宜。

3. 运行条件控制

铁盐混凝剂除砷的适宜 pH 值范围是 6.5～8.5。较高混凝剂投加量会使水的 pH 值显著下降。现场水源水的 pH 值在 8.0～8.4 之间，实际测定运行中沉后水和滤后水的 pH 值在 7.0～7.5 之间，符合要求，不用进行 pH 值调节。

由于处理中砷已被转化为不溶物附着在矾花絮体上，必须严格控制滤后水的浊度。如混凝过滤运行不好，出水浊度偏高，则砷浓度也难于满足要求。实际运行中滤后水浊度在 0.1～0.2NTU 之间，可满足除砷要求。

以上工艺参数适用于水源水砷含量小于 0.5mg/L 时的情况，即水源水砷含量在按地表水标准的 10 倍或饮用水标准的 50 倍以内。对于水源水砷浓度超过 0.5mg/L 的应急处理，可以再适当增加混凝剂投加量。当水源水砷含量降低到接近饮用水标准时，则可逐步恢复水厂原有运行工艺。

此次都柳江砷污染事件中，当地环保部门为控制砷污染，在上游河道中投撒了石灰，有效降低了水体中的砷含量，但由于难以均匀投撒，水体中砷浓度波动较大。三都县官塘电站处（水厂取水口处）监测砷的最高值出现在 1 月 1 日上午，浓度 0.565mg/L。1 月 3 日以后，三都县城水厂的水源水砷浓度在 0.2～0.05mg/L 之间波动，并随着时间延长而逐渐降低，因此以上除砷处理工艺及其控制参数可以满足三都县应急供水的要求。

7.4.3 应急技术实施要点

三都县县城水厂于 2006 年建成，供水能力为 1 万 m^3/d。水厂以都柳江为水源，由取水泵房从官塘电站前池取水，输送到县城水厂进行处理。水厂净水工艺为常规工艺，采用聚氯化铝混凝剂，二氧化氯消毒（采用复合型二氧化氯发生器），加氯点在滤池出水进清水池处，水厂没有预氯化设施。水厂处理设施从配水井后分为两个独立的系列，可以分开运行。

在本次应急处理中，把该水厂一个系列的净水设施改为应急除砷工艺，另一个系列仍采用尧人山应急水源，采用原常规处理工艺运行，以保证在水厂设备应急改造期间保持供水。三都县县城水厂经改造后的除砷净水工艺见图 7-6，与常规净水工艺相比较，并无大的改动。

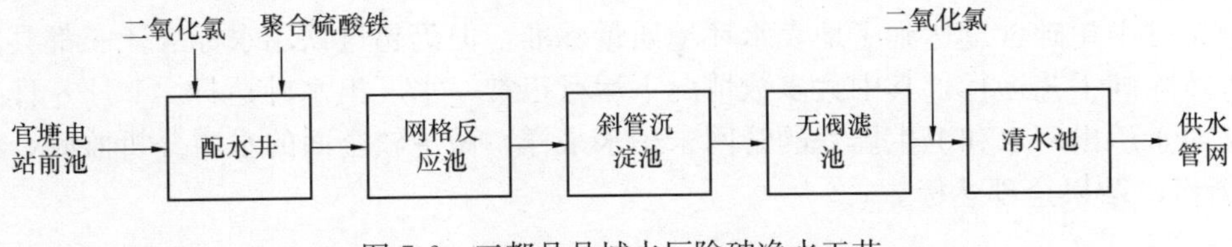

图 7-6 三都县县城水厂除砷净水工艺

该厂除砷净水处理主要运行控制参数为：

（1）根据县城每天需水量约 4000m^3 的要求，确定处理水流量控制在 170m^3/h，此处理流量约为一个系列设计负荷的 80%；

（2）混凝剂选用固体聚合硫酸铁（铁含量≥18.5%），投加剂量商品重 54mg/L（以 Fe 计为 10mg/L）；

（3）二氧化氯预氯化投加量按加氯后配水井出水余氯约为 1.5mg/L 控制，在此条件下，滤后水仍有少量余氯；

（4）滤后水的二氧化氯投加量按保证出厂水余氯大于0.5mg/L，一般在1.0mg/L左右进行控制；

（5）无阀滤池按自动反冲洗方式运行，但由于2个滤间中有1个滤间的水力控制自动反冲洗设备有问题，把其滤程定为1d，到时手动启动反冲洗，以保证出水浊度控制；

（6）沉淀池每天排泥1次，排泥水直接排入河道。因水厂没有污泥处理设施，如就地进行污泥除砷处置难度较大，存在问题较多，故未进行污泥处理。

7.4.4 应急处理进程与运行效果

2008年1月3日，清华大学专家开展了第一批现场试验取得成功。在水源水浓度为0.086mg/L（超出饮用水标准7.6倍）的情况下，试验出水为0.005mg/L（饮用水标准限值的50%），初步确定了工艺参数。与此同时，水厂改造工作紧张进行，包括更换水厂进水管（源水管与尧人山备用水源管的分离）、加装进水管电磁流量计（控制处理流量）、更换混凝剂、增加预氯化加氯点（安装加氯管与加氯泵）等。

1月4日，第二批现场试验取得成功。在水源水浓度为0.057mg/L（超出饮用水标准4.7倍）的情况下，试验出水为0.003mg/L（饮用水标准限值的30%）。当日下午水厂改造工作基本完成，水厂从17：00开始进水，进行生产性试运行，处理后的自来水从清水池放空阀暂时排放，不进入供水管网系统。

1月5日，继续完善水厂应急处理设备，稳定运行，对处理后出水进行水质监测。

1月6日，经过州、县两级疾控中心1月5日和1月6日3次取样监测，在水源水含砷量仍然超标数倍的情况下，水厂处理后出水达到国家饮用水标准，并留有安全余量。砷浓度监测结果为：1月5日上午10点，水源水0.031mg/L，滤后水未检出；1月5日20点，水源水0.183mg/L，滤后水0.0048mg/L（州疾控中心检测结果0.0049mg/L，县疾控中心检测结果0.0047mg/L）；1月6日11点，水源水0.152mg/L，滤后水0.0025mg/L，清水池两个测定点的砷含量也都低于国标限值。三都县县委县政府决定从1月6日15：00起县城恢复正常供水，困扰当地群众十多天的供水危机解除，应急除砷供水取得成功。

水厂恢复运行后的砷去除情况见表7-6。随着时间的推移，水源水中砷的浓度逐渐降低，至1月中旬砷含量达到了地表水环境质量标准，但仍超过饮用水标准。三都县县城水厂一直按除砷工艺运行，其中大多数情况下运行正常，水厂出水砷达标。1月8日县疾控中心又对水厂出厂水和卫生局处的管网末梢水采样，做了较全面的水质分析监测，各检测29个项目，结果全部达标。

三都县城水厂恢复运行后砷测定数据表　　表7-6

日　期	水源水（官塘电站前池）	滤后水	清水池进口	清水池出水	管网末梢水（交警队）	管网末梢水（老车站）	管网末梢水（卫生局）
1月5日	0.183	0.0048					
1月6日	0.152	0.0025	<0.01	<0.01			
1月7日	0.114	0.0043	0.0043	0.0074	0.0036	0.0036	0.009
1月8日	0.042	0.007	0.007	0.007	0.007	0.007	0.007

续表

日　期	水源水（官塘电站前池）	滤后水	清水池进口	清水池出水	管网末梢水（交警队）	管网末梢水（老车站）	管网末梢水（卫生局）
1月9日	0.048	<0.01	<0.01	<0.01	0.001	0.0005	0.008
1月10日	0.067	0.0089	0.007	0.0089	0.007	0.007	0.0097
1月11日	0.060	0.010	0.0089	0.014	0.0082	0.0082	0.010
1月12日	0.060	0.0146	0.0055	0.0169	0.013	0.0093	0.010
1月13日	0.051	0.010	0.012	<0.01	<0.01	<0.01	0.011
1月14日	0.038	<0.01	<0.01	<0.01	<0.01	<0.01	<0.01
1月15日	0.031	<0.01	<0.01	<0.01	<0.01	<0.01	<0.01
1月16日	0.022	<0.01	<0.01	<0.01	<0.01	<0.01	<0.01
1月17日	0.026	<0.01	<0.01	<0.01	<0.01	<0.01	<0.01
1月18日	0.021	<0.01	<0.01	<0.01	<0.01	<0.01	<0.01
1月19日	0.022	<0.01	<0.01	<0.01	<0.01	<0.01	<0.01
1月20日	0.024	<0.01	<0.01	<0.01	<0.01	<0.01	<0.01
1月21日	0.015	<0.01	<0.01	<0.01	<0.01	<0.01	<0.01
1月22日	0.018	<0.01	<0.01	<0.01	<0.01	<0.01	<0.01
1月23日	0.017	<0.01	<0.01	<0.01	<0.01	<0.01	<0.01
1月24日	0.015	<0.01	<0.01	<0.01	<0.01	<0.01	<0.01

但是在1月11和12日，出现了水厂出水砷超标的问题，主要原因是夜间工艺运行不稳定，通过加强管理，确保药剂稳定投加后，处理效果恢复正常。此问题也说明，由于饮用水新国标对砷的控制极为严格，即使采用了应急除砷工艺，水厂的运行管理也十分重要，必须加强管理，严格控制，才能实现稳定达标的要求。

此次事件中的砷检测工作由三都县疾病预防控制中心承担，所采用的检测方法为《生活饮用水标准检验方法》GB/T 5750—2006中检测砷的二乙氨基二硫代甲酸银分光光度法。该法最低检测质量为0.5μg砷，检测时一般取50mL水样，相应的最低检测浓度为0.01mg/L。由于该检出限与饮用水标准相同，为了判断处理后的水质是否留有安全余量，检测中个别水样采用了2倍的水样容积和药剂用量，以降低检测下限。

7.5　黑龙江省牡丹江市应急处理水生真菌案例

2006年1月19日，市第四水厂水源地发现絮状污染物，造成公众对水质产生担心。这些絮状物发生在海浪河斗银河段至牡丹江市西水源段（海浪河入牡丹江处），全长约20km。下午4时开始，牡丹江市自来水公司取水口被不明水生生物絮体堵住。经查证，不明水生物已经确定为一种水生真菌，其名称为水栉霉。

水栉霉是一种低等水生真菌，属藻状菌纲，水栉霉目，水栉霉科。它常常生活在污水中，在下水道出口附近也可以发现，是水体受到一定程度单、双糖或蛋白质污染的指示生物。其特征为：黄黏絮状物，在水中为乳白色、絮状，一般沉在水中，或附着在水中其他物体上，或附着在河床上。水栉霉属腐生菌，生长周期 40～50d，适宜条件下，菌丝长度由 5mm 可长到 60mm。每年十月底开始繁殖，第二年一月中旬出现漂浮。幼龄菌丝为乳白色，老龄菌丝为黄褐色。它生长到一定长度后，在菌丝中部产生气泡，开始漂浮，随水冲下。有关水栉霉的生物毒性正在测试中。

这次水栉霉出现的主要原因是由于黑龙江省海林市排放的工业废水、生活污水所致，黑龙江省海林雪原酒业公司违法排污是此次牡丹江水栉霉污染事件的主要原因之一。海林雪原酒业公司在未依法办理环评手续的情况下，擅自扩建酒精生产项目，没有配套治污设施。酒精生产过程中高浓度污水直接排入牡丹江。海林市环保局曾于 2005 年 12 月提请海林市政府关闭该企业，但市政府一直未下达停产决定，导致海林雪原酒业公司长期违法排污。三家污染企业，海林雪原酒业、海林啤酒厂、海林食品公司屠宰车间排放不达标的企业已被停产整顿。

水源地发现水生生物后，水厂在取水口加设拦截网截留生物絮体，并加大了混凝剂和消毒氯气的投放量。海林市组织人力对严重污染河段进行破冰人工清捞。牡丹江市政府将对牡丹江上游水域进行集中整治，从长远角度确保牡丹江市民饮用水安全。

7.6 无锡水危机除臭应急处理案例

7.6.1 事件背景和原水水质情况

2007 年 5 月 28 日开始，无锡市自来水的南泉水源地的水质突然恶化，造成自来水带有严重臭味，自来水已经失去了除消防和冲厕以外的全部使用功能。从 5 月 29 日起，无锡市市民的生活饮水和洗漱用水全部改用桶装水和瓶装水，社会生活和经济生产受到极大影响。

（1）无锡市供水水厂情况

无锡市城区自来水供水主要由中桥水厂（60 万 m^3/d，市区主力水厂）和雪浪水厂（25 万 m^3/d，供无锡南部和部分市区）供给。这两个水厂的源水由南泉水厂（取水厂）从太湖抽取，取水头部从岸边向湖中伸出 300m，源水泵压后通过 2 条源水管送至净水厂，到雪浪水厂 14 km（事件中根据不同的输水量，流经时间 4～8h），到中桥水厂 20 km（流经时间 6～12h）。因此在本次水污染事件中，无锡市城区的大部分区域都受到了影响。市区自来水厂分布情况如图 7-7 所示。

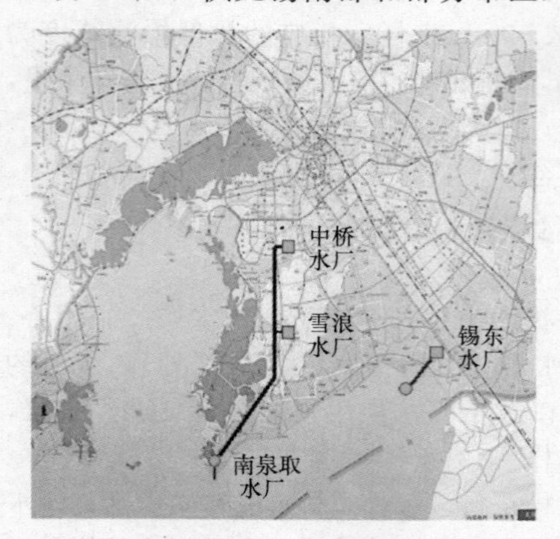

图 7-7 无锡市城区自来水厂分布情况

此外，无锡市区还有 1 个小水厂，梅园水厂（能力 5 万 m^3/d，平时实际供水 3 万 m^3/d），事件中大部分时间停止供水，由中桥水厂向其供水区域供水。无锡市东部还有锡东水厂，单独从太湖东北部取水，供水量为 30 万 m^3/d，向无锡市东南方向的原锡东县地区供水，尽管其配水管网与无锡市城区管网勾通，但由于管径有限，在事件中无法向城区供水。

（2）水源水质情况

5月28日上午开始，南泉水厂取水口处水质突然恶化。由于输水、制水和配水的总时间在10多个小时至一天，从5月28日下午和晚上开始，无锡市城区陆续开始受到影响。根据取水口处安装的在线溶解氧仪的数据记录（见图7-8），南泉水源地的污染过程从5月28日8点开始，至6月4日基本结束，其中5月28日8点至31日水质连续恶化，水源水的溶解氧浓度基本为零；6月1日至6月4日水质剧烈波动，溶解氧浓度在0～8mg/L之间剧烈变化，变化最快时在半小时内溶解氧浓度从8mg/L以上降到接近零。

受太湖湖体进出水和风向的影响，太湖中水流流场分布不均，水质恶化的水体形成污染团，呈团状流动。据环保部门测定，当时在太湖南泉取水口附近的污染水团约有1km²，污染水团中心的耗氧量最高处大约40～50mg/L，氨氮大约10～20mg/L。

南泉水厂所取水源水的水质性状是：

水的颜色：水体发灰，严重时黑灰，水面部分时间有少量的浮藻，大部分时间没有浮藻。在烧杯中水的颜色为黄绿色。

水的嗅味：嗅味种类为恶臭，臭胶鞋味，烂圆白菜味，味道极大，源水的嗅味等级为"五级"（最高等级，表示强度很强，有强烈的恶臭或异味），水厂人员甚至记录为"＞五级"。

藻浓度：5月28～31日5000万～8000万个/L，个别数据过亿；6月1日后大部分水样为1000万～3000万个/L。中桥水厂进厂水藻浓度28日23点达最高值，2.5亿个/L。

COD_{Mn}：15～20mg/L，中桥水厂进厂水28日晚达最高值，24mg/L。

氨氮：7～10mg/L。

DO：严重时为零，取水口处溶解氧浓度见图7-8。

（3）水源水特征污染物特性和来源分析

本次无锡自来水嗅味问题的产生原因极为特殊，当时的说法是因太湖蓝藻水华造成。

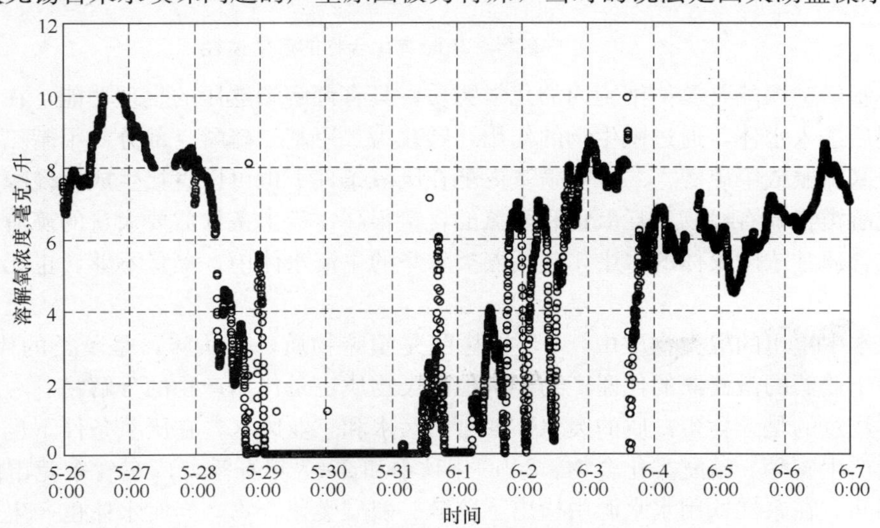

图7-8　无锡南泉取水口处溶解氧浓度图

但是根据源水水质和嗅味的味道，以及应急除藻措施除臭效果欠佳的情况，专家组初步判断，产生此次无锡自来水嗅味的物质，不是蓝藻水华时常见的藻的代谢产物（如 2-甲基异莰醇、土嗅素等），而是另一类致嗅的含硫化合物，产生的原因较为复杂。由此确定应急处理的对象，不是通常的"除藻"，而主要是"除臭"。

经对 5 月 31 日中午水源水、6 月 2 日污水团、污染期间存留的自来水等水样进行 GC/MS 分析，检出源水中含有大量的硫醇硫醚类、醛酮类、杂环与芳香类化合物。主要成分为三大类：

1）硫醇、硫醚类化合物：甲硫醇、二甲基硫醚（甲硫醚）、二甲基二硫醚、二甲基三硫醚、二甲基四硫醚、环己硫、环辛硫

2）醛、酮类化合物：β-环柠檬醛、己醛、辛醛、辛酮、环己酮

3）杂环与芳香类化合物：吲哚、吲哚分解产物类化合物、酚、甲苯

在水危机期间，水中致嗅物质浓度最高的嗅味物质是甲硫醇、甲硫醚，而随着水质的好转，溶解氧浓度增加，还原性的甲硫醇、甲硫醚逐渐转化为二甲基三硫醚，并最终被氧化为硫酸盐。值得注意的是，典型的藻类代谢产物致嗅物质 2-甲基异莰醇（2-MIB）和土嗅素（geosmin）在水源水中的浓度均在 10ng/L 左右，未见异常。

水中硫醇、硫醚类化合物可以由藻类分解产生，也可以由含蛋白质的废水产生，产生的途径汇总在图 7-9 中。

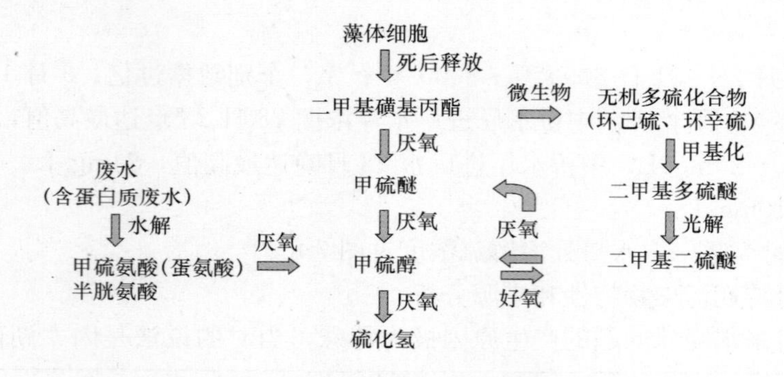

图 7-9　水中硫醇、硫醚类化合物的产生途径

二甲基磺基丙酯是藻体细胞内的化学物质，具有调解渗透压的生理功能，在藻体死亡细胞破裂后进入水体，通过微生物的作用，转化为二甲基二硫醚。部分二甲基二硫醚可以生成二甲基硫醚或甲硫醇。二甲基磺基丙酯在厌氧条件下也可以直接生成甲硫醇。水源水中硫醇硫醚类含硫有机物、耗氧量和氨氮的含量很高，产生条件需要大量的藻渣和厌氧条件，而在含通常浓度藻体的水中，包括藻类水华的主流水体中，藻量不够，也无法产生厌氧条件。

水源水中检出的醛类物质中，β-环柠檬醛是嗅味物质，木头味，是藻类的代谢产物，特别是属于蓝藻的微囊藻的代谢产物。其他醛类物质也是代谢产物的分解物。

值得注意的是，含蛋白质的废水，如生活污水和工业废水，在厌氧条件下也可以生成甲硫醇，产生硫醇、硫醚类化合物。2006 年秋季和 2007 年春季，广东省东莞市雨季运河水排洪期间，在东江饮用水水源中检出了硫醇、硫醚类化合物，当时水体也产生了臭味问题，味道与本次无锡事件相近，只是浓度较低。

水源水中还检出了较高含量的吲哚和酚，在水源水和受污染自来水水样中还检出了甲苯。吲哚是蛋白质中色氨酸的分解产物，有强烈的粪臭味，常见于粪便污水。酚和甲苯的来源一般为工业污染。

根据水质检测结果和污染物成因分析，此次无锡自来水水源地污染物的可能来源是：太湖蓝藻暴发产生的藻渣与富含污染物的底泥，在外源污染形成的厌氧条件下快速发酵分解，所产生的恶臭物质造成无锡水危机事件。

7.6.2 应急技术原理和工艺路线

引发无锡水危机的水源水嗅味物质主要是硫醇硫醚类物质，特别是还原性强的甲硫醇、甲硫醚，此外水中的氨氮、有机物浓度也很高。根据已有研究结果，含硫的致嗅物质能够被氧化剂氧化分解，但基本上不被活性炭吸附。高锰酸钾可以迅速氧化乙硫醇，而粉末炭吸附效果较差。

此外，水中的有机物浓度也较高，达到15～20mg/L，单靠氧化无法将有机物去除到水质标准之内。因此，综合使用氧化和吸附技术，可以去除各类嗅味物质和其他污染物。对于综合使用，必须氧化剂在前，活性炭在后，后面的活性炭还有分解可能残余的氧化剂的功能。如果投加次序相反或同时投加，会因氧化剂与活性炭反应，产生相互抵消作用，效果反而不好。

专家组到达无锡后，随即在现场进行了调查研究，有针对性地确定了试验方案。5月31日19点开始，至6月1日早7：40，试验取得了成功。采用所确定的应急除臭处理技术，试验中高锰酸钾氧化2小时，再在混凝时加入粉末炭，在5月31日晚的恶劣水源水质条件下（水样恶臭，耗氧量15.9mg/L），应急处理后的试验水样无嗅无色，感官性状良好，常规指标（包括浊度、色度、耗氧量、锰等）均达标，微囊藻毒素-LR略超标，但至少可以满足生活用水的要求。

除采用高锰酸钾氧化外，5月31日晚还试验了二氧化氯氧化，但除臭效果不好，且投加量过大，并存在副产物亚氯酸盐超标的问题。后期又试验了过氧化氢氧化，但除臭效果不佳，且反应速度很慢。

因此，所确定的除臭应急处理工艺（见图7-10）是：在取水口处投加高锰酸钾，在输水过程中氧化可氧化的致嗅物质和污染物；再在净水厂反应池前投加粉末活性炭，吸附水中可吸附的其他嗅味物质和污染物，并分解可能残余的高锰酸钾。为避免产生氯化消毒副产物，停止预氯化（停止在取水口处和净水厂入口处的加氯）。高锰酸钾和粉末活性炭的投加量根据水源水质情况和运行工况进行调整，并逐步实现了关键运行参数的在线实时检测和运行工况的动态调控。应急处理所增加的运行费用为0.20～0.35元/m^3水（应急

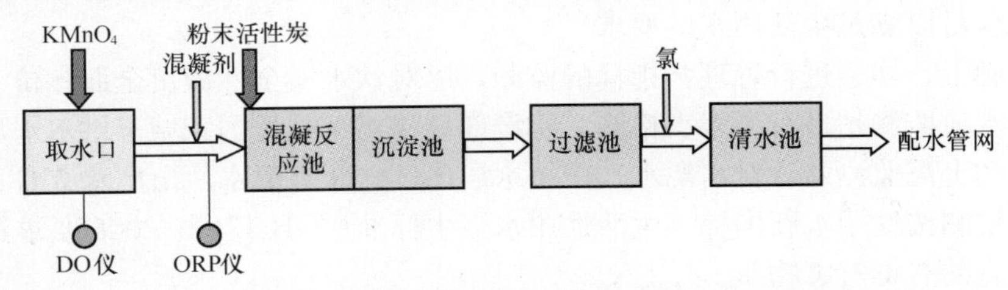

图7-10 无锡市水危机期间水厂应急处理工艺流程图

处理的高锰酸钾投加量3～5mg/L，粉末活性炭投加量30～50mg/L）。

7.6.3 应急技术实施要点

从6月1日早5：00开始水厂按新方案运行，至6月1日下午，水厂出厂水已基本无嗅味，市区供水管网水质也开始逐渐好转，可以满足生活用水要求。至于是否能作为饮水，还需对毒理学指标进行全面检测和获得卫生监督部门的认可。

但从6月2日开始至6月5日，水源水质变化突然，幅度很大，造成水厂运行不稳定。在源水水质恶化时必须及时增加高锰酸钾投量，在水质变好时又要相应降低投量。为此，紧急加装了在线检测仪表，逐渐实现了应急除臭处理的运行目标，即"实时监测、科学指挥、动态调控、稳定运行、全面达标"。

取水口处高锰酸钾的投加量是除嗅运行的关键控制参数。投加量适宜时，所加入的高锰酸钾中的7价锰转化为4价锰，存在形式为不溶性的MnO_2，可通过净水厂的混凝沉淀过滤有效去除。如投加量过大，反应剩余的高锰酸钾会造成净水厂进水颜色发红（红水）。如投加量少，则除臭效果差，并且由于高锰酸钾生成的二氧化锰在输水管道中与水中残余的还原性物质继续反应，生成溶解性的2价锰，将造成出厂水锰超标。

据后来分析，大部分出厂水锰超标的问题多是由于取水口处高锰酸钾投加量偏少造成的。6月3日夜在净水厂进水处紧急安装了在线ORP仪，实时监测氧化效果，并根据运行情况在一天内总结出了ORP仪的控制参数，指导取水口处高锰酸钾投加量的调整和净水厂的运行工况。

由于源水在输水管中的流经时间有数小时，高锰酸钾投加量调整的效果有滞后，对此净水厂内建立了应对锰超标问题的多种运行工况：在进厂水ORP适宜（400～600mV）时，采用正常运行工况（粉末活性炭投加量30mg/L，停止水厂前加氯，采用滤前加氯和滤后加氯）。ORP偏高（>600mV）时，为预防可能出现红水问题，水厂运行采用除高锰运行工况（增加粉末活性炭投加量到50mg/L，停止水厂前加氯和滤前加氯）；ORP偏低（<400mV）时，采用除低锰运行工况（粉末炭投加量30mg/L，增加水厂前加氯，后氯化以滤前加氯为主）。

7.6.4 应急工艺运行效果

该应急处理工艺通过合理采用多种处理技术，强化了对嗅味物质和有毒污染物的去除，并避免因应急处理而产生新的污染问题，工艺合理，实施迅速，效果良好。

在采用应急除臭处理技术后，6月1日下午起，水厂出厂水已基本上无臭味。6月2日，无锡市城区大范围打开消防栓放水，清洗管道，并清洗二次水箱。自来水臭味问题基本解决，至少可以满足生活用水的要求。

在此基础上，加紧进行毒理学指标的监测，以对饮水安全性做出全面评价。无锡市自来水总公司水质监测站进行了多次检测。建设部城建司又委托国家城市供水水质监测网的北京监测站和上海监测站，对水源水、中桥水厂出厂水和雪浪水厂出厂水6月5日水样进行了测定，检测按饮用水新国标《生活饮用水卫生标准》GB 5749—2006要求进行，包括了标准中所有的有毒有害物质。

微囊藻毒素-LR是毒理学指标中与蓝藻水华相关的项目。无锡供水监测站对6月1日晚中桥水厂出厂水的化验结果为新国标限值的四分之一；无锡、北京、上海等三家监测单位于6月5日对中桥水厂和雪浪水厂出厂水进行了检测，结果都低于检出限。

对于水厂加氯消毒产生的氯化有机物的项目（包括：三氯甲烷、一氯二溴甲烷、二氯一溴甲烷、三溴甲烷、四氯化碳等），检测结果中浓度最高的也在国标限值的四分之一以下。对于反映有机物含量综合性指标的耗氧量，检测结果低于3mg/L，满足新国标的要求。农药和芳香族化合物类项目则均未检出。由于综合采用了去除污染物的氧化与吸附手段，出厂水水质要优于平常的水质。

检测中有问题的项目是：

（1）锰的达标率不稳定，北京和无锡测定的锰都达标，上海测定超标0.2倍。国标中锰属于感官性状和一般化学指标，限值0.1mg/L。对于影响健康的饮用水锰浓度的指导值，世界卫生组织定为0.5mg/L，是感官性状标准的5倍。出水锰浓度波动是因为应急工艺的运行尚未稳定，加之水源水中的锰已经接近标准限值。随着在线检测和管理水平的提高，这个问题已经消除，6月5日中桥水厂的出厂水的锰合格率已经达到95%以上（当天每小时一次的测定，只有23点的水样超标）。

（2）氨氮超标，但氨氮只是反映水源被污染的指示性指标。

根据污染源水的性质、应急处理工艺的技术原理、水质全面监测结果、与以往水厂水质化验检测数据对比，可以得出结论：应急处理自来水的水质是安全的，完全满足饮用水的要求。6月4日无锡市政府发布公告："经卫生监督部门连续监测，我市自来水出厂水水质达到国家饮用水标准，实现正常供水。衷心感谢广大市民和社会各界的理解与支持"。

随着水源水质的好转，6月5日下午开始逐步减少高锰酸钾投加量。6月6日2：00以后，停止了在取水口处投加高锰酸钾，即从应急除臭处理工艺运行，恢复事件前的正常运行状态。

7.7 秦皇岛自来水嗅味事件应急处理案例

7.7.1 事件背景和原水水质情况

2007年6、7月间，秦皇岛市市政供水水源地洋河水库蓝藻大量生长，其中的优势藻种为能够产生土嗅素的鱼腥藻，水源水中土嗅素的含量最高时为饮用水嗅味阈值浓度的数千倍，造成自来水嗅味严重。

秦皇岛市市政供水的主力水源为洋河水库，从洋河水库取水后，由源水输水管道送至沿程的各水厂净化后为城区供水。其中：北戴河水厂负责为北戴河区供水，源水输水管道21km，供水规模5万m^3/d。海港水厂、汤河水厂和柳村水厂为海港区供水，分别为：海港水厂，44km，15万m^3/d，其中有少量源水（3～5万m^3/d）来自石河水库；汤河水厂，39km，设计3万m^3/d，实际供水4.5万m^3/d；柳河水厂，50km，5万m^3/d。此外，山海关区由山海关水厂供水，水源为石河水库。以上各水厂隶属于秦皇岛首创水务公司。

由于洋河水库受到污染，近年来水体富营养化问题不断加剧，夏季藻类问题逐年严重。2006年6、7月间（6月28日～7月中旬）曾出现自来水嗅味问题，根据当时的检测，产生嗅味的物质主要是土嗅素，为藻类代谢产物，水源水土嗅素的浓度约600ng/L（2006年7月12日水样），当时在水厂采取了应急处置措施后，出厂水恢复正常。

2007年自6月中旬后，洋河水库藻类急剧增加，6月上旬水源水中藻数量尚在几百万个/L，6月下旬已经增加到2000多万个/L。由于水体藻类的代谢产物剧增，自6月中旬起，水质出现明显土霉嗅味。水务公司于6月18日启动了应急处置措施，采用与2006年相同的处置方法，即：1）在洋河水库取水口处投加高锰酸钾，投加量1mg/L；2）水厂内在进厂水或反应池前部投加粉末活性炭，海港区的三个水厂的投加量从初期的10mg/L，逐步加大到25mg/L，其中海港水厂自6月25日起已经加大到30mg/L；3）加强常规处理，包括启动气浮除藻设施、提高混凝剂投量、加强滤池反冲洗等。但在采取以上措施后，处理效果仍然有限，尽管自来水在常温下只有微弱霉味，但加热后霉味强烈，对淋浴、洗澡和热饮等用水的负面影响显著。

洋河水库取水口处原水水质情况为：6月28日早，藻2000万个/L，嗅阈值100（稀释至无味的倍数），土嗅素浓度1532ng/L（人能感知出现嗅味的土嗅素浓度为10ng/L）；6月29日早，藻4000万个/L，嗅阈值400，土嗅素浓度4000ng/L；6月30日早，藻6800万个/L，嗅阈值1000，藻浓度大幅增加，库中水体颜色变为明显的鲜绿色，显微镜检查发现产生嗅味的螺旋鱼腥藻的比例从以前的约25%变成为优势藻种；7月1日早，水质进一步恶化，藻浓度7000万个/L，水体颜色呈略发黄的鲜绿色（显示已有藻体死亡），水面有油漆状藻体浮膜，已经显示出水华爆发的特征。藻类水华造成水厂运行困难，6月30日下午17点开始，海港水厂部分滤池滤程大幅度缩短（虹吸滤池只有3小时），原因是大量的藻体堵塞滤池。

经中科院生态环境研究中心（6月25日下午水样）和北京市自来水公司水质监测站（6月28日早水样）测定，本次秦皇岛自来水嗅味的致嗅物质为土嗅素。水源水中浓度范围6月底已经达到1500ng/L左右（生态中心6月25日水样测定结果1550ng/L；北京自来水公司6月28日水样测定结果1532ng/L），含量很高。其他类型的致嗅物质含量很低，例如，2-甲基异莰醇（2-MIB）的浓度仅为2ng/L（生态研究中心和北京自来水公司测定结果相同）。自来水中土嗅素的浓度68ng/L（生态中心6月25日采样），淋浴热水的嗅味很大。

秦皇岛市，特别是北戴河区，是重要的旅游城市，对自来水水质的要求极高。对于此次因水源藻类爆发所产生的自来水嗅味问题，必须在最短时间内解决，确保正常用水。

7.7.2 应急技术原理和工艺路线

土嗅素是典型的藻类代谢产物，经显微镜镜检对水源水中藻类的观测和有关资料，主要由蓝藻中的螺旋鱼腥藻产生。土嗅素的嗅味类型为土霉味，其嗅味的阈值为10ng/L，我国国标《生活饮用水卫生标准》GB 5749—2006在附录项目中给出的土嗅素的参考限值也是10ng/L。要把土嗅素从水源水的1500ng/L（超标150倍），降到10ng/L以下，需要达到99.5%以上的去除率，任务艰巨，国内外尚无先例。

土嗅素的去除特性是：不易被氧化（包括高锰酸钾氧化等），但易于被活性炭吸附，因此可以采用粉末活性炭应急吸附技术。粉末活性炭吸附土嗅素需要一定的吸附时间，一般需要 2h 以上的时间才能基本达到吸附平衡，粉末活性炭的投加点应设在取水口处。公司原有措施是在厂内反应池上投加，因吸附时间过短，只有 0.5h，吸附效果不佳，且运行操作的可靠性较差。

为确定应急除嗅技术方案，专家组通过应急处理的试验模拟和效果分析（包括嗅味强度的人工识别和仪器测定），分析了前期应急处理处理效果不佳的原因，确定了调整方案的工艺路线和技术参数。

试验模拟条件包括：1）粉末活性炭吸附过程与所需吸附时间；2）取水口处投加粉末炭的效果；3）水厂内反应池前投加粉末活性炭效果；4）取水口投加高锰酸钾氧化效果；5）水厂内投加高锰酸钾效果；6）水厂常规处理（混凝、沉淀、过滤、消毒）的影响等。

在现场共进行了 11 组试验。试验原水采水地点：洋河水库取水口处。原水采水时间：6 月 28 日早 7 点、6 月 30 日早 7 点。试验所用粉末活性炭有三个品种：1）前期现场所用椰壳炭（承德华净活性炭厂产品，80 目，碘值 900，6800 元/t）；2）高碘值的煤质炭（200 目，碘值 920，约 4800 元/t）；3）新购低价煤质炭（太原新华化工厂产品，325 目，碘值 700，3850 元/t；现货只有这个品种，第二批订货改用标准煤质炭）。试验设备：六联混凝搅拌器。嗅味测定方法：室温嗅味等级、65℃嗅味等级、65℃嗅阈值、GC-MS 仪器测定。

试验结果总结如下：

（1）粉末活性炭去除嗅味物质，0.5h 的吸附时间不能完成吸附过程，需要 2h 以上才能基本上达到吸附平衡，4h 以上吸附时间则吸附效果更好。

（2）在取水口投加粉末活性炭，通过延长吸附时间，可以有效去除嗅味物质。在原水土嗅素含量 1500ng/L 的水源条件下，标准煤质炭的投加量在 30mg/L 以上，可以达到热水基本上无嗅味的目标。

（3）由于厂内投加粉末活性炭的吸附时间不到 0.5h，吸附时间不足，加上前期所用粉末活性炭的粒度较粗，导致去除效果不佳，是前期应急处理效果不理想的主要原因。

（4）高锰酸钾对于此次的嗅味物质无去除作用，反而会因氧化破坏藻体结构造成嗅味的增加，高锰酸钾在取水口处投加或在水厂内投加，投加量越大，嗅味和土嗅素浓度越高。

（5）不同规格的粉末活性炭对嗅味均有去除效果，但吸附性能略有差异。

（6）65℃嗅阈值测定与土嗅素仪器分析结果有较好的相关性，因此前者可以作为对嗅味物质含量的水厂快速检测方法，用于指导生产运行。

7.7.3 应急技术实施要点

根据以上水质测定结果、致嗅物质原因分析和应急处理试验，确定秦皇岛自来水除嗅应急处理的调整方案如下：

（1）以取水口处投加粉末活性炭作为去除嗅味物质的主要应急处置措施，在源水输水管道中完成对致嗅物质土嗅素的吸附去除。取水口处的粉末活性炭投加量根据水源水质变化和处理效果适当调整：在水源水土嗅素含量 1500ng/L 条件下，取水口处标准煤质炭 30mg/L 以上或低价煤质炭 40mg/L。水源水中土嗅素浓度在 7 月 1 日晚达到了最高值 11968ng/L，超标近 1200 倍，取水口处的活性炭投加量提高到 80mg/L。

（2）对原有的厂内投加粉末活性炭处置措施进行调整，改作为厂内补充投加措施，投加量可根据除嗅效果确定。在整个应急处理期间，水厂投加量保持在10～20mg/L。

（3）为应对高藻含量和投加粉末活性炭后的原水，各水厂强化厂内常规处理措施，包括：适当增加混凝剂投加量，增加沉淀池排泥和气浮池排渣的频次，加强滤池反冲洗等。各水厂具有气浮工艺设施的，气浮设备全部开启，以促进除藻效果。

（4）停止取水口处的高锰酸钾投加和水厂内的预氯化，以防止藻类因氧化而释放嗅味物质和藻毒素，并严禁在水源和水厂内投加各类化学杀藻剂。

7.7.4 应急处理进程和运行情况

对于此次秦皇岛自来水嗅味问题应急处置工作，专家组的工作进程如下：

（1）技术方案确定（6月28～30日）

6月28日上午，专家组根据已有基础，提出了除嗅应急处置的调整方案。28、29、30日通过实验室试验确定了具体的技术参数，其中，28日的试验结果已初步确认了调整方案的可行性和前期应对措施效果欠佳的原因，29日采用不同规格的粉末炭继续试验，30日再次进行验证试验加以确认。试验模拟在取水口投加粉末活性炭的应急处置方式，达到了热水基本无嗅味的目标，技术方案和参数与28日初步提出的调整方案完全相符。

（2）工程措施实施（6月28～30日）

6月28日下午根据试验结果初步确认的调整方案，进行了取水口投加粉末炭的加炭机（粉末炭投加计量设备，3台，现货急送）和粉末活性炭（太原新华化工厂产品，低价煤质粉末活性炭，50t，当日晚装车急送）的订货，并从北京自来水公司借调粉末活性炭投加的混合输送设备（当日晚急运秦皇岛）。29日下午加炭机设备到货，组织安装。6月30日早粉末活性炭到货，随即启动了调整方案，8：30停止取水口处高锰酸钾的投加，从9点整开始在取水口处投加粉末活性炭，加炭量35～40mg/L。由于输水管线很长，加上水厂处理过程，出厂水除嗅效果改善到7月1日后见效。

（3）应急处理运行（7月1日～7月底）

洋河水库取水口处的藻浓度和土嗅素浓度变化情况见图7-11。由图可见，水源水中藻浓度与土嗅素浓度有很好的相关关系。

在采取以上应急处理措施后，自7月1日上午起，各水厂进厂水的嗅味已明显改善，加上厂内处理措施，滤后水已基本无嗅味，应急处理效果显著。在最差的水源水条件下

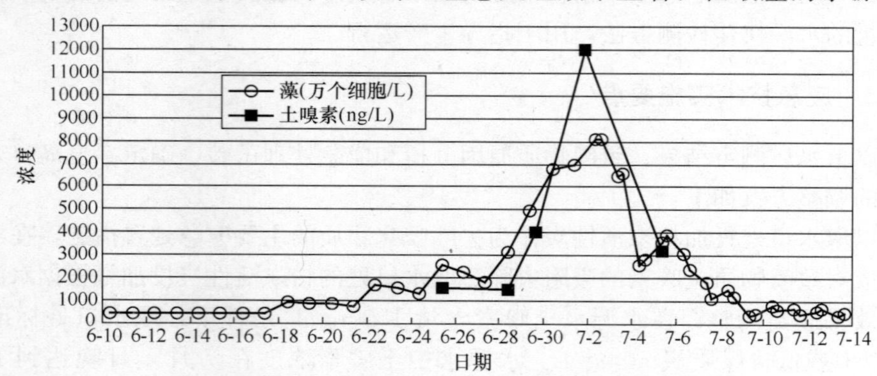

图7-11 洋河水库取水口处的藻浓度和土嗅素浓度变化情况

(7月1日晚水样，水源水土嗅素11968ng/L，超标约1200倍)，出厂水土嗅素：北戴河水厂67ng/L（去除率99.5%），海港水厂13ng/L（去除率99.9%）。经监测，出水水质全面达到饮用水新国标106项的要求，包括藻毒素、耗氧量等指标。

此后，随着水库中藻类数量的下降，水源水中的土嗅素浓度也相应减低，应急处理措施持续到7月底结束，确保了秦皇岛市的正常供水。

7.8　汶川地震灾区城市供水水质安全保障

2008年5月12日14时28分，四川省汶川县附近（北纬31.0°，东经103.4°）发生里氏8.0级特大地震灾害，直接受灾区达10万km^2。主要包括四川省的成都、德阳、绵阳、广元、阿坝和雅安，陕西省的汉中、宝鸡，甘肃省的陇南、甘南、天水、平凉、庆阳、定西等14个地市。

地震给灾区的供水系统造成了重大损失，包括水源水质的变化，净水构筑物的损毁。地震引发的次生灾害也对灾区的地表水源地、地下水源地、集中式供水安全、分散式供水安全造成了重大威胁，包括由地震造成重大疫情产生的威胁，由地震引发的化学品泄漏事故产生的威胁，在抗震救灾过程中使用大量消杀剂产生的威胁，地震引发的地质灾害产生的威胁等。

经过紧急工程抢修后，在数小时至数天后各城市都恢复了城市供水，并继续检漏抢修受损供水管道，为灾民临时安置点安装临时供水设施。例如，成都市城区供水主力水厂为重力流输配水，震后未停水；受灾较重的都江堰市在5月14日17时对水厂恢复供电，15日9：40水厂开始对城区管网供水。绵阳、德阳等城市的水厂均在恢复供电后约一个小时后恢复供水。

震区城市的供水水源是当地的地表水（岷江都江堰水系、涪江水系等）或地下水(浅层地下水大口井、深井等)，震后水源的水质安全性受到了地震引发的次生污染和灾害的影响，如何保障震后城市集中式供水的水质安全性成为震区城市供水的一项重要任务。本案例列举了“5.12”汶川特大地震灾区城市饮用水源受到的影响和所需要采取的应急处理技术和水厂应急处理工艺，并结合震区各主要城市的具体情况确定的具体应对措施。

7.8.1　集中式供水震后水质安全风险分析

对于集中式饮用水水源和水厂处理设施，此次地震灾害可能引发的的次生污染风险主要包括以下几个方面：

1. 病原微生物

由于汶川、北川、青川、什邡、绵竹、绵阳等上游地震重灾区存在重大人员伤亡和动物死亡，医疗废弃物和临时安置点粪便可能无法及时有效处理，加上各水库为降低库容加大放水量，会造成下游各城市地表水水源地细菌学指标大幅升高。

成都市自来水水源水5月13日以来微生物指标大幅升高，细菌总数比震前提高了一个数量级，达到30000～70000个/mL；粪大肠菌群始终大于16000个/L（超出饮用水标准测定方法的上限），超过了地表水环境质量标准Ⅱ类水体2000个/L和Ⅲ类水体10000

个/L 的限值。由于地下水水源地受环境变化的影响较小，目前地下水水源地的微生物指标尚未明显恶化。

绵阳市水源地在 5.12 地震后监测的粪大肠菌群或大肠埃希氏杆菌浓度为 2000～5000 个/L，基本上满足集中式生活饮用水地表水源地二类保护区的要求（《地表水环境质量标准》GB 3838—2002 中规定Ⅲ类水体粪大肠菌群浓度小于 10000 个/L）。但是 5 月 18 日因上游大雨造成来水水质短暂恶化，COD_{Mn}浓度达到 18.1mg/L，粪大肠菌群浓度为 16000 个/L，均超过水源水质标准要求。一天后水质恢复正常。

江油市水源地在 5.12 地震后数天内水质基本保持不变。但是 5 月 20 日因上游大雨造成崖嘴头、城南水厂水源地来水水质短暂恶化，河水呈黑黄色，浊度达到上千 NTU，耗氧量测试因设备问题没有得到有效结果，粪大肠菌群浓度为 10000 个/L，均超过水源水质标准要求。

由于水媒病原微生物将会对居民饮水健康造成重大威胁，微生物风险是水源水和水厂净水工艺面临的首要风险，保障饮用水的微生物学安全，防止灾后疫情爆发，是震后供水水质安全工作的重中之重。

2. 杀虫剂

由于上游地震重灾区在灾后防疫处置中大量使用杀虫剂作为消杀药剂，这些杀虫剂可能通过降雨径流进入下游水源地。

由于地震对各地的监测能力造成了一定程度的破坏和影响。需要大型仪器的杀虫剂的测试在震灾后一周才逐渐恢复。四川省及各区市环保部门和当地自来水公司都加强了对水源水中杀虫剂的监测。针对灾区杀虫剂的使用问题，卫生部、环境保护部、住房城乡建设部、水利部、农业部于 5 月 24 日联合发出紧急通知，防止对周围环境和水源造成污染，禁止在灾区使用敌敌畏以及国家明令禁用的滴滴涕、六六六等农药进行杀虫，推荐使用菊酯类杀虫剂。

截至 6 月 16 日为止，尚未接到各地在水源地检出敌敌畏等杀虫剂的报道，但是尚不能完全排除今后因上游降雨导致杀虫剂随径流、堰塞湖泄洪进入水体威胁个别县市饮用水水源的风险。

目前水厂的常规工艺不具备应对这些杀虫剂的能力，所以水源水中一旦检出敌敌畏等杀虫剂，将存在较大的风险，必须考虑有效应对措施。

3. 石油类

已知的石油类污染发生在成都水源地——紫坪铺水库。由于抗震期间紫坪铺水库中大量使用冲锋舟等运输船只，加上原有加油站和车辆的油品泄露，已经出现局部水体石油类超标问题（见图 7-12）。根据成都市环保局监测结果，紫坪铺水库下游都江堰宝瓶口断面 5 月 20 日石油类指标为 0.4mg/L，超过地表水环境质量标准（三类水体 0.05mg/L）约 7 倍。同日，成都市第六水厂取水口监测值为 0.029mg/L，取水口上游大约 30km

图 7-12　紫坪铺水库中明显可见的漂浮油类（摄于 2008.5.20）

处的监测结果为 0.068mg/L。5 月 21 宝瓶口断面石油类指标为 0.442mg/L，超出水环境质量标准 7.8 倍。

饮用水对石油类的要求比环境要求宽松，《生活饮用水卫生标准》GB 5749—2006 对于石油类指标的限值是 0.3mg/L，国家《地表水环境质量标准》GB 3838—2002 中Ⅱ类和Ⅲ类水体的限值是 0.05mg/L，两者相差 6 倍，这主要考虑水生生物对石油类的影响更为敏感。

根据相关研究结果，常规净水工艺可以应对数 mg/L 以内的柴油污染，粉末活性炭也对石油类污染物有一定去除效果。因此，石油类造成的污染对饮用水安全的影响风险不高，只要维持水厂净水工艺稳定运行，并适量投加粉末活性炭，可以保障对石油类污染物的去除。

4. 有机污染物

目前地表水水源水中耗氧量指标比震前有一定的增加，主要原因是上游暴雨将累积的腐殖质等有机物冲刷进入河道，此外也存在一些生活污水、工业废水污染水源的可能。

成都水源水 COD_{Mn} 浓度地震前一般在 2mg/L，震后一段时期浓度范围在 3～6mg/L 之间波动，是震前的 2～3 倍，原因是震后已有少量污染物进入水体。期间，环保部门已接到数起化学品泄露的报告，但均未影响到饮用水水源。虽然地震灾区的化工企业已经全部停产，有关部门已经将重点化工企业的生产原料和产品进行了转移，环保部门加紧排查，但是由于部分小企业位置较远，处理处置可能不够彻底，仍然要对可能发生的有机物泄漏保持警惕。

绵阳市的水源水中有机物含量较低，COD_{Mn} 浓度为 1～2mg/L。但是在 5 月 18 日上游暴雨造成涪江水质严重恶化，水色发黑，COD_{Mn} 浓度达到 18.1mg/L，在一天后恢复到 2mg/L 以下。这是当地特有的季节水质变化，每年春夏第一次大雨会将河水汇集区内的植物腐败产物——腐殖质冲入河道，导致有机物浓度大幅升高，水体的色度、浊度也大幅升高。腐殖质会造成净水工艺效果变差，在加氯消毒时会生成较多消毒副产物。

江油市水源地水质较好，COD_{Mn} 浓度为 1～2mg/L。但是 5 月 20 日因上游大雨造成崖嘴头、城南水厂水源地来水水质短暂恶化，河水呈黑黄色，浊度达到上千 NTU，耗氧量测试因设备问题没有得到有效结果。5 月 21 日城南水厂水源水耗氧量达到 9.3mg/L。5 月 23 日水质恢复正常，崖嘴头水源水耗氧量为 2.6mg/L。除 5 月 29 日城南水厂水源水耗氧量为 2.93 外，其他时间均在 0.5～1.5mg/L 之内。

由于腐殖质主要由树木枝叶腐烂产生的，多属于颗粒态有机物，可以通过强化混凝、沉淀、过滤的常规工艺去除，水厂基本都具备应急处理能力。

对于由于化学品污染引起的有机物升高问题，根据已有研究的成果，活性炭吸附法对于芳香族化合物（如苯、苯酚）、农药（包括杀虫剂、除草剂等）、人工合成有机物（如酞酸酯、石油类）有不同程度的去除效果。

5. 重金属

在地震后，由于地壳变动，地下水铁、锰、铜等重金属浓度上升，对于使用地下水为水源的德阳、什邡、都江堰等地的水厂造成一定影响。

德阳市北郊、东郊、南郊和西郊（孝感）四个地下水井群的铁、锰浓度明显上升，但尚未超出水质标准。而且当地地下水厂普遍具有曝气除铁、除锰的能力，对于地下水铁、锰超标具有较好的去除能力。但是当地农户自行开采的水井仅有数米，很多都出现煮沸后呈现红、黄、黑等明显颜色，监测表明铁、锰超标，数天后恢复正常。

此外，德阳、绵阳等地区的化工企业较多，存在一定的重金属泄漏风险。

例如，5月15日，成都市自来水公司监测站发现水源水铅浓度为0.07mg/L，超出饮用水水质标准（0.01mg/L）6倍，水源水pH值由平时的8.2～8.5降低到7.6～8.0。不过由于水厂工艺对铅有一定的去除能力，加之pH值仍相对较高，出厂水铅浓度没有超标。5月18日起水源水铅浓度降低到0.002～0.003mg/L。经初步判断，可能是上游某化工企业储存的化学品发生泄漏。由于地震灾区的化工企业已经全部停产，有关部门已经将重点化工企业的生产原料和产品进行了转移，再次发生化学品泄漏的风险有所降低。

根据已有研究的成果，化学沉淀法对于大多数重金属具有很好的去除效果。该应急工艺通过调节适宜的pH值，使重金属生成碳酸盐、氢氧化物沉淀，而后通过混凝、沉淀工艺去除。

6. 嗅味物质

在人类、动物尸体腐败过程中，会产生尸胺、腐胺等胺类恶臭物质和甲硫醇、甲硫醚等硫醇硫醚类恶臭物质。这些恶臭物质的嗅阈值很低，一般为10ng/L左右，所以即使浓度很低，仍然会使用户对自来水的安全产生怀疑。对于有重大人员伤亡和禽畜死亡的地区，需要密切关注尸体的掩埋和处置情况，密切监测水源地水质变化。

文献表明，胺类恶臭物质可以被次氯酸钠等强氧化剂去除。根据无锡水危机期间的应对经验，硫醇硫醚类恶臭物质可以被高锰酸钾等强氧化剂去除。加之水源水溶解氧浓度很高，也可以逐步氧化这些还原性恶臭物质。

7. 堰塞湖和泥沙悬浮物

震后上游水库为保证水库坝体安全而大量放水，地震产生的堰塞湖的引流或垮坝也将产生瞬时大流量。大流量冲刷河道，加上上游的山体滑坡等，都会造成河水中泥沙悬浮物质的大量增加。

例如，震后几天由于紫坪埔水库大量放水，成都市自来水水源的都江堰水系的徐堰河水的浑浊度由地震前的几十NTU上升到三四百个NTU。

唐家山堰塞湖是震后影响绵阳市供水安全的最大隐患。6月6日，已经蓄积水量达到2.2亿m^3，堰塞体将通口河完全堵塞，下行流量基本为零。如果发生1/3溃坝现象，大量湖水会对北川县城、临河乡镇造成冲刷，会将大量被掩埋遗体、动物尸体和消杀药剂冲入河道，严重影响绵阳市水源水质，并对绵阳市供水安全造成严重影响。如果发生1/2或全溃现象，将淹没绵阳市第三水厂和第二水厂，地表水厂运行将被迫停止。6月2日，堰塞湖泄洪道挖掘完毕。6月7日早7时许湖水越过泄洪渠渠顶，进入通口河河道，并汇入涪江。6月9日泄洪基本完毕，堰塞湖的威胁消除。

针对这一情况，水厂必须做好应对高浊度源水的应对措施，如适当增加混凝剂的投加量等。

除地表水外，地下水在发生地震后也会出现浊度升高的现象，并将持续一天至数天，随后逐渐趋于稳定。

8. 对集中式供水震后水质安全风险的综合评价

综合上述风险评价结果，确定了在对震后集中式供水水质安全保障中必须考虑应对的风险：

（1）水源水中微生物浓度已经明显增加，保障饮用水的微生物安全性，防止灾后疫情爆发，是饮用水安全工作的重中之重，必须给予高度重视。

（2）存在水源水中出现敌敌畏等杀虫剂的较高风险，并且水厂应对敌敌畏的能力极为有限，必须紧急确定应对措施。

（3）对于石油类、有机物、重金属、嗅味、泥沙等问题，存在一定的水源污染风险，对于这些污染物已有一定的应对技术，需要细化落实。

根据以上风险任务要求，将首先确定相应的应急处理单项技术，再结合水厂的具体条件，确定针对不同水质风险与任务的水厂应急处理工艺。

7.8.2 灾区集中式供水针对性应急处理技术

1. 确保微生物安全性的强化消毒技术

细菌和病毒可以通过消毒工艺灭活。在水源微生物浓度明显增加，出现较高微生物风险时，必须采取加大消毒剂投加量和延长消毒接触时间的方法来强化消毒效果。

为确保饮用水微生物安全，可采取以下措施：

（1）提高出厂水的余氯浓度，并相应提高管网水的余氯水平，以提高消毒效果的保证率，并抵御管网抢修引起的微生物二次污染。如成都市自来水公司把出厂水余氯由原有的0.4～0.7mg/L提高到0.8～1.2mg/L，一些使用二氧化氯的县级水厂也把出厂水二氧化氯余量从0.10mg/L提高0.12mg/L以上。

（2）地表水厂在处理中采用多点氯化法，特别是要提高预氯化的加氯强度，通过增加消毒剂的浓度和接触时间，提高消毒灭活微生物的Ct值，充分灭活水中可能存在的病原微生物。

（3）保持净水工艺对浊度的有效去除，尽可能地降低出厂水的浊度，以降低颗粒物对消毒灭活效果的干扰。

（4）由于有的应急处理技术可能对消毒效果有负面影响，例如投加的粉末活性炭对水中的氯有一定的消解作用，应急净水工艺必须整体考虑，合理设置，首先要满足微生物安全性的要求，不能对消毒效果产生大的负面影响。

（5）除上述强化消毒技术外，还要加强管网末梢的余氯、细菌总数、大肠菌群、浊度等指标的监测，杜绝管网末梢余氯不合格的现象，确保用户用水安全。

2. 针对敌敌畏等杀虫剂的应急处理技术

为了应对地震灾区敌敌畏等杀虫剂的污染风险，紧急确定了针对敌敌畏、溴氰菊酯、马拉硫磷等杀虫剂的应急处理技术。

（1）不同处理技术对敌敌畏的去除效果

《生活饮用水卫生标准》GB 5749—2006对敌敌畏的标准限值为0.001mg/L，仅为地表水环境质量标准三类水体标准限值0.05mg/L的1/50，即使不超过地表水环境质量标准，也有可能产生自来水出厂水敌敌畏超标问题，且自来水厂的应急处理能力有限。

预氯化、混凝沉淀、活性炭吸附以及组合工艺对敌敌畏的去除效果见表7-7。尽管预氯化和混凝沉淀过滤对敌敌畏有一定的去除作用，但如果原水敌敌畏浓度达到10μg/L时，常规处理出厂水敌敌畏肯定会超标。

不同应急处理技术对敌敌畏的去除效果　　表 7-7

工　艺	药　剂	药剂投量 (mg/L)	反应条件	初始浓度 (μg/L)	反应后浓度 (μg/L)	去除率 (%)
预氯化	次氯酸钠	4	30min（余氯 3.5mg/L）	10	2.52	74.8
混凝沉淀	液体聚氯化铝	30（商品重）	300r/min 1min，60r/min 5min，45r/min 5min，25r/min 5min，静置 30min	10	2.26	77.4
活性炭吸附	太原新华煤质炭	20	吸附 60min，转速 80r/min	10	0.734	92.7
粉末活性炭吸附＋混凝沉淀	太原新华煤质炭，液体聚氯化铝	20 30（商品重）	吸附 30min，转速 80r/min；然后按标准混凝条件	10	0.728	92.7

（2）粉末活性炭对敌敌畏的吸附性能

粉末活性炭对敌敌畏有较好的去除效果。吸附试验结果见表 7-8 和表 7-9。

粉末活性炭对敌敌畏的吸附速率　　表 7-8

粉末活性炭投量 (mg/L)	敌敌畏浓度（μg/L）						
	吸附时间（min）						
	0	10	20	30	60	120	240
10	10.0	7.89	6.84	6.51	5.83	5.13	4.49
10	250	236.6	228.8	200.0	187.4	163.4	127.0
20	50	—	—	17.33	14.65	11.50	—
40	50	—	—	8.17	4.99	4.02	—

不同粉末活性炭剂量对敌敌畏的吸附效果　　表 7-9

粉末活性炭剂量 (mg/L)	5	10	15	20	30	50	备　注
初始浓度（μg/L）	10	10	10	10	10	10	吸附平衡时间为 120min
平衡浓度（μg/L）	7.29	5.15	4.03	2.26	1.04	0.65	
去除率（%）	27.1	48.5	59.7	77.4	89.6	93.5	
吸附容量 (μg/mg 炭)	0.542	0.485	0.398	0.387	0.299	0.187	
初始浓度（μg/L）	250	250	250	250	250	250	吸附平衡时间为 120min
平衡浓度（μg/L）	182.8	154.0	106.4	79.8	46.6	15.2	
去除率（%）	26.9	38.4	57.4	68.1	81.4	93.9	
吸附容量 (μg/mg 炭)	13.44	9.6	9.57	8.51	6.78	4.696	

实验室条件下原水敌敌畏浓度为 10μg/L 时，先投加 20mg/L 以上的粉末活性炭，吸

附 60min，或吸附 30min 再接混凝，处理后水敌敌畏均为 0.73μg/L，可以达标。

因此，对于水源水出现敌敌畏，浓度在 1～10μg/L 时，应采用强化吸附的应急处理工艺，取水口处粉末活性炭的投加量应在 40mg/L 左右（考虑到工程因素和水中其他污染物的影响，工程实际投加量必须大于小试投量），厂内采用预氯化和强化混凝，出厂水可以达标。

对于实验室条件原水敌敌畏浓度 50μg/L（地表水环境质量标准三类水体限值），投加 50mg/L 粉末活性炭，吸附 30min 后敌敌畏浓度为 8μg/L，吸附 60min 后敌敌畏浓度为 5μg/L。因此，即使在取水口处投加大量粉末活性炭，水厂出水敌敌畏仍会超标。

根据以上试验结果，可通过采取在取水口大量投加粉末炭的应急措施后可以应对的水源水敌敌畏最大浓度为 10μg/L。如水源水敌敌畏浓度大于 10μg/L（地表水标准限制的五分之一），即使采取取水口投加粉末活性炭的措施，自来水出厂水敌敌畏仍会超标。

（3）应急处理技术对杀虫剂的去除效果

对于不同种类的农药，应急处理的效果也各不相同，自来水净水处理可以应对的农药种类和最大超标倍数为：

1）常规净水工艺

溴氰菊酯（地表水和饮用水标准的 5 倍以上）。

2）投加粉末活性炭的应急处理工艺（投加量 40mg/L，接触时间 30min）

敌敌畏（地表水标准的 1/5，饮用水标准的 10 倍），

乐果（地表水和饮用水标准的 5 倍），

甲基对硫磷（饮用水标准 10 倍，地表水标准 100 倍），

对硫磷（地表水和饮用水标准的 25 倍），

马拉硫磷（饮用水标准的 3 倍，地表水标准的 15 倍），

内吸磷（地表水标准的 4 倍，饮用水无标准）。

注：地表水标准指《地表水环境质量标准》GB 3838—2002 中的三类水体，饮用水标准指《生活饮用水卫生标准》GB 5749—2006。

根据以上数据，杀虫剂中敌敌畏是最难处理的，其他农药通过应急处理均可有效应对。

7.8.3 震区集中式供水应急处理工艺

根据震区饮用水源水质风险和有关的应急处理技术，提出以下三种震区自来水应急处理工艺：抗震期间保障性净水处理工艺、强化吸附的应急处理工艺和强化氧化的应急处理工艺。其中保障性净水处理工艺可以作为震后期间饮用水处理的主要净水工艺，如发生水源明显污染，将根据主要污染物的性质选择采用强化吸附的应急处理工艺或强化氧化的应急处理工艺。

上述应急处理工艺是针对采用地表水为水源的水厂开发的工艺。对于采用地下水为水源的水厂，由于地下水水质相对稳定，受到污染的风险显著低于地表水源，但是对于一些浅层地下水（如河边的大口井水源地）也有较高的被污染的风险。由于地下水源水厂只有消毒措施，没有其他净水设施，所以无法使用下述应急处理工艺。如果出现地下水源受到污染的情况，除了通过强化加氯可以应对的微生物污染和可以氧化去除的污染物（如氰化

物等）外，一般只能停水或者使用未受污染的水井。

1. 抗震期间保障性净水处理工艺

（1）目的

该工艺的重点是通过加强氯化消毒、强化常规处理和设置一定的氧化吸附屏障，确保微生物安全，并可以抵御低强度的水体污染物。此工艺作为震后期间饮用水处理的主要净水工艺。

（2）实施要点

在厂内投加5mg/L粉末活性炭，以在混合井加氯为主加氯，滤后水进一步加氯，保持出厂水余氯在0.8mg/L以上，出水浊度在0.2NTU以下。

（3）注意事项

投加粉末活性炭可能会增加氯的消耗，因此需要在前加氯必须适当增加加氯量，以抵消粉末炭对氯的消解影响。根据实验室配水条件的初步试验，在与预氯化同时投加5～10mg/L粉末活性炭的条件下，对氯的消解量约为0.5～1.0mg/L，具体数据需通过实际生产进一步验证。

滤后加氯量要及时调整，保障出厂水余氯的水平。

尽可能在混合井和滤前将氯加足，尽可能不用清水池出水的补氯点补氯。

厂内粉末活性炭的投加量可以用5mg/L作为保障性投加量，可应对低强度的可吸附有机物的污染。应根据水质情况适当调整投炭量，并要求具备短期内进行更大剂量的人工投加的能力。

通过强化预氯化，在强化对微生物的消毒效果的同时，对水中污染物起到预氧化作用，可应对低强度的可氧化污染物、嗅味物质的污染，并起到助凝效果。

加强对氯化消毒副产物的监测。粉末活性炭对水中消毒副产物的前体物有一定去除作用，根据水源水中有机物含量，合理确定粉末炭投加量，并留有一定的安全余量。例如成都自来水公司水六厂出厂水三氯甲烷浓度8～10μg/L（饮用水标准60μg/L），四氯化碳<0.2μg/L（未检出，标准2μg/L）。

2. 强化吸附的应急处理工艺

（1）目的

该工艺的重点是在保障对微生物的消毒效果和去除浊度的基础上，通过在取水口大量投加粉末活性炭，吸附水源水中出现的较高浓度的可吸附性污染物，以应对敌敌畏等杀虫剂产生的次生污染。

（2）实施要点

在取水口投加20～40mg/L粉末活性炭，厂内加氯必须保持出厂水余氯在0.8mg/L以上。

（3）注意事项

当水源水中敌敌畏等有机污染物浓度超过《生活饮用水卫生标准》限值的50%，就应考虑适时启动该强化吸附的应急处理工艺。

该工艺的初始投加量可以为20mg/L，而后根据污染源的变化和去除情况进行调整。

当敌敌畏的浓度超过5μg/L时，由于粉末活性炭对敌敌畏的吸附能力有限，建议投炭量提高到40mg/L。

该工艺采用的粉末活性炭剂量较高，对于氯消毒剂的消解作用更为明显，因此如果采用前加氯时必须增加加氯量，以抵消粉末炭对氯的消解影响。具体数据需通过现场试验和实际生产进一步验证。

由于粉末炭对高锰酸钾的消解能力较强，在大量投加粉末活性炭的条件下，不宜同时投加高锰酸钾。

由于次氯酸钠溶液的含量有限（10%），在取水口投加次氯酸钠的最大剂量较小，同样也会被粉末活性炭消解，达不到预氧化的目的，建议在取水口处投加粉末活性炭时不要同时投加次氯酸钠。

预氧化仍应以厂内预氯化为主，可在混合井处加大投氯量。

滤后加氯量要及时调整，保障出厂水余氯的水平。

由于条件所限，在取水口处投加 20～40mg/L 粉末活性炭可以干投与湿投相结合，大投量时以干投为主。若采用 20mg/L 投炭量，对于日供水能力 60 万 t 的水厂，则需要每 3min 投加 1 袋 25kg 包装的粉末活性炭。

对于取水口投加粉末活性炭，要加强领导和投加人力，做好加炭工人的值班安排、操作培训、现场监督，尽量避免投加不匀、工人责任心不强等因素对该应急工艺效果的不良影响。

在取水口大量投加粉末炭时，厂内投炭点可以暂时不启用，只作为取水口投炭量不足时的补充。

高剂量的粉末活性炭可能会导致过滤周期缩短，出水浊度升高，因此需要加强过滤工艺操作管理，根据滤后浊度和水头损失调整反冲洗运行方案。

对于大量投加粉末活性炭，要做好炭的采购、储备工作。粉末炭采购需考虑采购、运输周期，一般要预留 3d 的余量。

粉末活性炭可燃，炭粉粉尘易爆，需做好防火防爆工作。

3. 强化氧化的应急处理工艺

（1）目的

该工艺的重点是在保障对微生物的消毒效果和去除浊度的基础上，通过在取水口加大氧化剂含量，氧化水源水中出现的嗅味物质等污染物，应对可氧化性污染物产生的次生污染。

（2）实施要点

在取水口投加 1～2mg/L 的次氯酸钠或 0.5～1mg/L 的高锰酸钾，并在混合井、滤后水中两点加氯，清水池出水补氯，保持出厂水余氯在 0.8mg/L 以上，在混合井中投加 5～10mg/L的粉末活性炭，出水浊度在 0.2NTU 以下。

（3）注意事项

当水源水中嗅味明显时，就应考虑适时启动该强化氧化的应急处理工艺。

该工艺的初始投加量为 1～2mg/L 的次氯酸钠或 0.5～1mg/L 的高锰酸钾，再根据情况调整。

需要在厂内投加粉末炭，以吸附可吸附的有机物，并分解残留的高锰酸钾。

滤后加氯量要及时调整，保障出厂水余氯的水平。

在取水口投加次氯酸钠时，要注意原水有机物浓度，并监测出水的消毒副产物浓度；

如果发现消毒副产物浓度较高，需要降低次氯酸钠投加量。

如果在取水口采用高锰酸钾预氧化，需要精确计量投加，并加强对锰的测定。如果投量过高可能会导致锰超标；如果发现沉淀池水出现淡红色，即表明高锰酸钾投量过高，需要立即降低投加量。

在未掌握工艺规律的运行初期，建议及时检测锰的浓度，检测点建议为沉后水、滤后水、出厂水，并根据检测结果及时调整高锰酸钾投加量和粉末炭投加量。

7.8.4 成都市自来水公司采取的应急处理措施

1. 公司概况

成都市自来水公司共有两个水源地、四个水厂。其中紫坪铺水库是主要的水源地，取水口位于水库下游30余km处岷江分流的徐堰河和柏条河，日取水量100万m^3/d；沙河水源地同样属于岷江分流，是成都市十分重要的第二水源，最大取水量为约40万m^3/d。成都市自来水公司的概况如表7-10所示。

成都市自来水公司基本情况 **表7-10**

水厂	水源地	供水能力（万m^3/d）	工艺	应急措施
水二厂	徐堰河下游支流沙河	23	常规工艺	地震期间加装粉末活性炭、高锰酸钾、次氯酸钠、酸碱投加系统，采购了药剂
水五厂	徐堰河下游支流沙河	15	常规工艺	地震期间加装粉末活性炭、高锰酸钾、次氯酸钠、酸碱投加系统，采购了药剂
水六厂	紫坪铺水库-徐堰河和柏条河	60 规划100	常规工艺	地震期间加装粉末活性炭、高锰酸钾、次氯酸钠、酸碱投加系统，采购了药剂
BOT水厂	紫坪铺水库-徐堰河和柏条河	40	常规工艺	地震期间加装粉末活性炭、高锰酸钾、次氯酸钠、酸碱投加系统，采购了药剂

2. 地震期间的供水安全风险

主要的供水安全风险包括地震及次生污染引发的水源水质变化、地震造成的供水设施损坏及停电对供水安全的影响、地震引发社会恐慌对供水安全的影响。

（1）水质风险

成都主水源地——紫坪铺水库源水水质受地震及次生灾害影响较大，加之从紫坪铺水库经都江堰市沿途工农业生产生活的影响，给成都市第六水厂的原水水质带来了很多水质风险，主要表现为：

- 微生物学指标明显升高，原水浊度、细菌总数增加了一个数量级以上，粪性大肠菌群震前震后均大于16000个/L，超过《国家地表水环境质量标准》Ⅱ类水体的要求；
- 常规理化指标中耗氧量增加了2倍，氨氮升高了0.1mg/L，耗氯量增加了一倍；
- 5月16日出现铅超标现象，最大浓度0.072mg/L，超标6倍，一天后下降到0.15mg/L，5月18日下降到标准值（0.01mg/L）以下，随后逐渐恢复正常；
- 5月18日出现水源水石油类超出地表水环境质量标准，最大超标倍数近10倍，至

6月15日才恢复正常。

● 原水总磷、总氮超过《国家地表水环境质量标准》Ⅱ类水体的要求，但与震前变化不大。

沙河水源地的水质在地震期间也出现了类似的变化：微生物学指标升高、常规理化指标升高的现象，但没有出现铅超标、石油类超标现象。

(2) 供水设施损坏

地震发生后，因供电线路故障导致成都自来水公司主力水厂——第六水厂停电，第六水厂立即启用应急重力投药系统和次氯酸钠应急投加系统，保证了混凝和消毒环节，制水生产保持连续状态，半小时后恢复供电。期间，第六水厂供水水质和水量控制正常。第二、第五厂制水生产正常，出厂水水质、水量基本未受影响。

地震导致管网出现三处爆管或漏水情况，自来水公司迅速进行抢修，其中两处于次日(13日)上午恢复通水，另一处于13日下午5时抢修完毕，为持续保障后续供水奠定了基础。

地震导致部分构筑物、建筑物出现开裂等损坏现象，水五厂进水车间墙体受损，水质检测中心一楼墙体明显开裂，但无人员伤亡情况。

(3) 社会稳定

5月12日下午震后，市民开始囤积饮用水以保障基本生活需要，大量居民在短时间内大量放水囤积，加上管网的破损，使得供水管网压力明显下降，至晚上恢复正常。

5月14日，有传言成都水源地上游化工厂爆炸污染水源，使得市民再次恐慌性存水。管网压力直线下降，已经接近极限。经市政府、市环保局、自来水公司紧急通过电视、广播辟谣，才使得市民消除恐慌，抢水现象消退，管网压力回升，避免了因管网失压进气造成事故。

3. 地震期间的应急供水工作

(1) 应急预案启动和分工

5月12日14点28分地震发生后，自来水公司迅速于下午15点30分、17点两次召开高管会议，迅速建立了由公司高管及有关部门负责人组成的供水应急指挥部，并启动《城市供水系统应急处理预案》。

进一步成立了生产指挥组、交通组、后勤保障组、宣传组，安排好人员、物资、设备、技术方案等，全力保障供水安全。

(2) 加强水源水质监控预警

公司迅速组成了由质量检测中心为主要力量的应急监测队伍，抽调公司所有检测人员，从人、财、物各方面充分保障检测工作需求，全面强化水质监控工作。

1) 开展风险评估：微生物风险、毒理性指标风险、感观性状指标风险、放射性指标风险。

2) 确定检测指标：综合性指标(COD_{Mn}、COD_{Cr}、TOC)、微生物指标(菌落总数)、毒理性指标(重金属元素、砷、硒、汞、氰化物)、放射性指标(α、β)。

3) 采样点的选择：取水口上游距水六厂取水口上游30km聚源镇及都江堰、水厂取水口、出厂水、管网水。

4) 水厂监测监控工作：氨氮、pH值、嗅和味、色度等每小时监测一次；COD_{Mn}每3

小时一次；菌落总数等其他常规指标每日至少 2 次。除视频观测外，水厂每 15 分钟对原水、每 1 小时对出厂水生物监测池进行巡查。每日至少 2 次对水质在线检测仪表进行校对。在取水口上游 4km 聚源中学水源处设立水质观测点。

5）质量检测中心检测工作：根据保障供水水质安全的需要确定检测频率，并根据监测结果进行调整（原水及出厂水全分析频率）：5 月 15 日～19 日 4 次/d；5 月 20 日～22 日 3 次/d；5 月 23 日～6 月 5 日 2 次/d；6 月 6 日以后 1 次/d。一旦发现指标异常，立即加大检测频率（16 日～18 日原水铅超标时检测频率为每 2 小时一次）。

（3）迅速建立自来水厂应急处理工艺

紧急购置粉末活性炭、高锰酸钾、氢氧化钠、次氯酸钠等应急制水材料及分析检测试剂和设备。

咨询国内水处理专家，制订了应急水处理技术方案，开展有针对性的实验，提高应急处理技术应用能力。

水厂连夜开展应急投加设备的准备工作，于 15 日上午基本到位，并进行了生产性投加试验（见图 7-13、图 7-14 和图 7-15）。

图 7-13　成都市第六水厂取水口高锰酸钾应急投加装置

图 7-14　成都市第六水厂厂内活性炭混合装置

（4）应急供水调度

地震发生后 1min，自来水公司总调值班人员从 SCADA 系统报警发现管网压力控制点压力出现陡降情况后（最低 0.21MPa），公司立即加强监控，10min 后城市管网压力恢复正常范围。

图 7-15　成都市第二水厂消毒剂应急投加装置

（5）管网和水厂抢修

组织安排 80 人的管网巡检队伍，对重要地段管网、大口径管网、过河管等重要监控管线进行了一一巡查。

加强管网应急抢险人员力量配备，制定了确保通讯畅通的应急措施；加大管网抢修配件的储存量。

（6）供水药剂物资采购

增加混凝药剂、消毒剂等原辅材料的储备量。针对消毒剂——液氯供应商灾后供应受阻的情况，紧急寻找第二氯源。

7.8.5 德阳市自来水公司采取的应急处理措施

1. 公司概况

德阳市自来水公司共有四个地下水源地、一个地表水源地，其中四个地下水源地分别位于城市四周，地表水源地为人民渠。与水源地相对应，该公司拥有四个水厂，其中孝感水厂（又称西郊水厂）拥有地下水、地表水两套系统，其他三座水厂使用地下水为水源。

公司东郊水厂、北郊水厂、南郊水厂、西郊水厂一阶段的水源为地下水。德阳市有供水意义的地下水为第四系松散岩类孔隙潜水，主要赋存于全新统砂卵砾石层及上更新统含泥砂卵砾石层中。区内地下水较丰富，单井涌水量 1000～3000m^3/d，含水层厚度 2～25m，地下水位埋深 1.5～5m，平水年天然资源量 1.2878 亿 m^3，开采资源量 1.2103 亿 m^3。

西郊水厂二阶段的水源采用的是地表水，水源地在人民渠。人民渠是都江堰管理的人工灌渠，从都江堰蒲阳河引水，干渠最大放水流量 70m^3/s，枯期流量 40m^3/s，主要用于农田灌溉。每年有 40d 左右的岁修期。流经德阳市的人民渠四期干渠位于德阳市北面约 20km，渠内水面标高 558m，最枯水面 556m，渠内水面与德阳市区地面高差约 50～60m。

德阳市自来水公司的概况如表 7-11 所示。

德阳市自来水公司基本情况　　表 7-11

水厂	水源地	供水能力（万 m^3/d）	工艺	应急措施
孝感（西郊）水厂	地表水源地为都江堰引水工程中的人民渠 地下水源地为孝感镇地下含水层	地表水能力为 6.0 地下水 4.0	常规工艺 曝气-锰砂过滤	地震期间加装粉末炭、二氧化氯投加系统，采购了药剂
北郊水厂	水厂周边浅层地下水	2.0	常规工艺	基本未受影响
东郊水厂	水厂周边浅层地下水	0.7	常规工艺	基本未受影响
南郊水厂	水厂周边浅层地下水	1.0	常规工艺	基本未受影响

2. 地震期间的供水安全风险

主要的供水安全风险包括地震引发的水源水质变化、地震造成的供水设施损坏及停电对供水安全的影响。

(1) 水质风险

德阳市区地下水多为浅层潜水，主要来源于地表和河流的补给，因此地下水水质已受到不同程度的污染，通过对市区部分地下水水源进行水质分析化验，铁、锰、挥发酚、氨氮均超标，超标率分别为 17.92%、16.36%、14.45%、12.68%。

西郊水厂地表水水源是人民渠，水厂取水口上游 10km 内无污染物排放口。人民渠是都江堰管理的人工灌渠，从都江堰、蒲阳河引水，经成都彭州市进入什邡市，流经德阳市的人民渠三、四期干渠，总长度为 51km，主要用于农田灌溉，每年有 40 天左右的岁修期，不是专用的饮用水输水渠，但保护区的划定参照了《四川省饮用水水源保护管理条例》中的江河饮用水水源保护区划分原则，并对准保护区的划定范围进行了扩大，其水源污染源风险主要有以下几点：

1）在水源一级保护区（取水点上游1000m，下游100m，面积44hm²）内无重大污染源，可能出现污染的是生活垃圾、陆域废渣的违规倾倒，保护区内农田的农药、化肥施用不当，及其他可能出现的污染水源的活动等情况。

2）在水源二级保护区（从一级保护区上界起上溯2500m的水域及河岸两侧纵深各200m的陆域，面积为100hm²），出现过生活垃圾、陆域废渣的违规倾倒污染现象；若有偷排污染物，也可造成水源污染的可能性。

3）准保护区（从二级保护区上界起上溯到德阳与彭州交界处，全长30.48km，面积1219.2hm²）周围有纸板厂、化工厂、酒精厂等污染源企业，存在污染源风险。人民渠三期干渠左岸设置一排污口，主要为清泉酒精厂工业废水、明主、云西两镇（今师古镇）的城镇生活污水排入渠内；华利纸厂、华银纸品厂污水以涵洞形式穿过人民渠；斑鸠河与人民渠三期干渠交叉处有一排污口，主要是人民渠左岸木耳生产厂偶尔排出的废水进入人民渠，2008年因此发生几起源水发黄、或呈酱油色的水质污染，公司启动应急措施，水厂及时调整生产工艺和生产秩序；保护区内还有鸭子河、射水河与人民渠交汇，有可能出现污染水源活动的情况。2008年3月曾经发生一起水源污染，停止取水10h。

4）人民渠岁修期间的断流供水，由人民渠第一管理处采取措施，引边缘山溪来水和拦截地下水进行补充。由于水量小，流动性差，可能造成源水水质指标超标现象。

5）由于气候原因，尤其夏季连续降了大到暴雨时，常出现有原水浊度、碱度、需氯量等水质指标的急剧变化。

6）2008年5月12日地震后，公司启动了应急供水预案，防范上游原水水质变化（主要是上游工厂的化学原料怕有泄漏污染风险），采用停用地表水供水，启动地下水低压供水的措施，并严格监测水质变化。

德阳市自来水公司2005年对渠水进行水质分析，按照《地面水环境质量标准》GB 3838—88Ⅲ类水质标准评价，其中铁、锰、溶解氧、总磷、大肠菌群、亚硝酸盐氮超标。

总体来说，德阳市的地表水源人民渠原先是农灌渠，后来由于地下水超采严重，将人民渠划为地表水源保护区，从人民渠支渠取水作为德阳市的集中式供水水源。人民渠及支渠大部分是明渠，从取水口到水厂为约30km的暗管，高程差约50m，靠重力流入水厂。由于人民渠及支渠穿过人口密集的彭州、什邡、绵竹等地，容易受到沿途工业废水、农业排水和生活污水和垃圾的影响。每年都会发生农民生产生活中将污水、垃圾排入渠道污染德阳水源地的情况。

为了应对这些水源水质的变化，德阳市自来水公司在取水口有专人值守，当发现水源污染时关闭取水闸门，地表水厂停产，靠清水池储存水量和地下水供应。

（2）供水设施损坏

“5.12”地震对水厂的破坏主要表现在：各水厂的设备、房屋、西郊水厂16口取水井的控制系统、北郊水厂取水井、取送水泵房等受损。目前经过灾后应急抢修后，已经基本恢复正常供水。

地震给城市供水管网造成很大破坏，巡查到漏点 116 处，并相继修复完毕。

地震发生后全城断电，12 日当天全城停水。13 日开始恢复进行供水。14 日由于水源需要检验，14 日上午部分区域停水，下午恢复供水可以保证 3 楼以下的用户用水。至 6 月 4 日基本恢复全城的供水。

3. 地震期间的应急供水工作

（1）应急预案启动和应急抢修

地震发生后，自来水公司迅速反应，在第一时间组织抢险人员兵分几路，冒着余震不断的危险，以最快速度抢修好受损的主要供电线路、供水设备和供水管网。

为保证灾后供水水质安全，暂停西郊水厂地表水水源，全面采用地下水供水生产。首先恢复地下水源部分取水设施，对供电线路、取水泵进行维修和更换；其次，修复净水厂机电设备、供电系统，确保地下水厂基本正常运行。

德阳市于 13 日凌晨零点 30 分恢复了供水，实现了全城低压供水，确保了市民基本生活饮用水。6 月 4 日，城市供水恢复到震前正常供水状态。

（2）水质监测

严密跟踪监测人民渠地表水源水，适时掌握源水水质变化情况，为恢复正常供水作好准备。为了达到正常情况下的水质检测，新增如 DR890 分光光度计等水质检测仪，并在孝感水厂人民渠取水口增设了 COD（化学耗氧量）、NH_4-N（氨氮）水质在线监测仪器，对源水水质实行 24h 在线监测，及时发现和掌握源水水质变化情况，加强了对地表水的水质监控。

7.8.6　绵阳市水务公司采取的应急处理措施

1. 公司概况

绵阳市水务公司供应市区大部分区域的自来水，服务人口约 60 万。市内大型企业、国防重点工程由自备井供水。绵阳市水务公司的主要水源地是涪江，有两个主力地表水厂，同时绵阳市还有几处地下井群。

绵阳市水务公司的概况如表 7-12 所示。

绵阳市水务公司基本情况　　　　**表 7-12**

水　厂	水源地	供水能力（万 m^3/d）	工艺	应　急　措　施
第二水厂	涪江	5	常规	地震期间加装粉末活性炭、高锰酸钾投加装置，采购了粉末活性炭和高锰酸钾
第三水厂	涪江	10	常规	地震期间加装粉末活性炭、高锰酸钾投加装置，采购了粉末活性炭和高锰酸钾
地下水	涪江支流安昌河两岸渗流水	通常 1 最大 2.8	加氯消毒	在地震期间用作应急备用水源

2. 地震期间的供水安全风险

主要的供水安全风险包括地震及次生污染引发的水源水质变化、地震造成的供水设施损坏及停电对供水安全的影响。

（1）水质风险

绵阳上游的涪江水系包括来自平武、江油方向的涪江干流和来自北川方向的湔江-通口河。

在5.12特大地震发生后，唐家山堰塞湖是5.12地震发生后至6.11泄洪结束前绵阳市供水安全的最大隐患。如果发生1/3溃坝现象，大量湖水会对北川县城、临河乡镇造成冲刷，会将大量被掩埋遗体、动物尸体和消杀药剂冲入河道，严重影响绵阳市水源水质，并对绵阳市供水安全造成严重影响。如果发生1/2或全溃现象，洪水还将淹没绵阳市第三水厂和第二水厂，地表水厂运行将被迫停止。6月7日早7时许，唐家山堰塞湖引流槽开始过流，10日上午流量加大形成泄洪，中午12：00泄洪流量最大达到7000m^3/s，6月11日泄洪完毕解除黄色警报，引流泄洪过程未对绵阳市的城市建筑和供水设施构成破坏。

考虑到上游北川、安县等重灾区大量使用消毒剂和杀虫剂，震后绵阳市民对水质有恐慌，绵阳市水务公司每天和市疾控中心联合发布水质信息。

从5月30日开始，在建设部城市供水水质中心的帮助下，加强了对原水水质，特别是有机物的监测。在泄洪之前原水中敌敌畏未检出，6月10日泄洪期间在取水口上游1km的红岩电站断面检出敌敌畏，浓度很低；6月16日、6月20日分别在原水中检出敌敌畏，浓度为0.00018mg/L和0.00011mg/L，均在饮用水标准（0.001mg/L）的20%以内。5月30日至9月24日，上游的江油市含增镇、青莲镇、通口河、红岩电站等4个监测断面均检出2，4，6-三氯酚、五氯酚和邻苯二甲基（2-乙基己基）酯，浓度均在饮用水标准限值的10%以内。

5.12地震后，由于涪江上游沿岸的植被遭到严重破坏，涪江水源的水质主要在浑浊度、耗氧量两个指标上有显著的增加。特别是在暴雨引发的洪水期间，涪江水的浑浊度和耗氧量比历年来同期水平有大幅增加，UV_{254}比水质正常期间也有明显增加。6月10日唐家山堰塞湖泄洪，5月18日，7月21、22日，9月24日～28日，由于暴雨引发洪灾，涪江水浑浊度和耗氧量都显著增加。

2009年3月11日，兰州到重庆的主输油管道绵阳段被勘探部门不小心钻穿，造成约110吨成品油泄漏，泄漏点距离取水口10km，有部分油泄漏到涪江中，导致水厂被迫停水12小时。

因灾后重建，涪江上游采砂不断，导致了河水的浑浊度比历年同期高出很多，而且水中颗粒物变得更为细小，给水厂的净水工艺也造成了困难，投药量和制水成本都明显升高。

（2）供水设施损坏

5.12地震导致水厂变电站受破坏，三水厂停电停水，直到13日早恢复供电后开始制水。二水厂没有停电，但震后运行一段时间后发现三相不平衡，停电，于5月12日20点恢复供电。

地震导致三水厂自控受损，水厂初期通过手动方式恢复取水、供水。

绵阳市的市区供水管网建设年代较新，1968年才开始集中供水。地震造成绵阳市市区管网500多处破裂漏水，大多数是管龄长的DN100以下的小管。主干管问题不大，目前漏损管网基本修复。上世纪 90 年代中期以后不再使用灰口铸铁管，2000 年以后用离心球墨铸铁、钢管、PE 管。选管的科学性提高了此次地震期间的抗震性。

3. 地震期间的应急供水工作

根据以上风险任务要求，绵阳市水务公司制订了在堰塞湖泄洪或溃坝时的应急预案。即在洪峰来临时避峰停水，用地表水厂清水池存水和启用地下水源向市区供水。同时，完善了相应的应急处理单项技术，并结合水厂的具体条件，确定针对不同水质风险与任务的水厂应急处理工艺。

附录1 饮用水水质标准的污染物项目和推荐应急处理技术汇总表

项目		序号	水质标准[注1]				备选处理技术	可行性评价试验结果	推荐应急净水工艺条件和参数			应急处理结果
			生活饮用水卫生标准(mg/L)	城市供水水质标准(mg/L)	生活饮用水卫生规范(mg/L)	地表水环境质量标准Ⅲ类水体(mg/L)			反应条件[注2]	药剂基准投加量(mg/L)[注3]	最大应对超标倍数[注4]	
感官和有机综合指标13项	浊度	1	1NTU(特殊情况≤3)	1NTU(特殊情况≤3)	1NTU(特殊情况≤5)		非应急项目	—	—	—	—	—
	色度	2	15度	15度	15度							
	嗅味	3		无异嗅异味	无异嗅异味							
	肉眼可见物	4	不得含有	不得含有	不得含有							
	pH	5	6.5～8.5	6.5～8.5	6.5～8.5	6～9						
	水温(℃)	6				人为造成变化应小于一定值						
	溶解氧	7				5						
	溶解性总固体	8	1000	1000	1000							
	总硬度(以$CaCO_3$计)	9	450	450	450							
	耗氧量(高锰酸钾指数)	10	3(特殊情况≤5)	3(特殊情况≤5)	3(特殊情况≤5)	6						
	TOC	11	5	无异常变化								
	COD	12				20						
	BOD_5	13				4						

续表

类别	项目	序号	水质标准[注 1]				备选处理技术	可行性评价试验结果	推荐应急净水工艺条件和参数			应急处理结果
			生活饮用水卫生标准(mg/L)	城市供水水质标准(mg/L)	生活饮用水卫生规范(mg/L)	地表水环境质量标准Ⅲ类水体(mg/L)			反应条件[注 2]	药剂基准投加量(mg/L)[注 3]	最大应对超标倍数[注 4]	
金属和非金属阳离子20项	锌	14	1.0	1.0	1.0	1	碱性化沉	可行	pH>8.5	$FeCl_3>5$	见备注	显著
							硫化物沉淀	可行	中性 pH	$S^{2-}>2$	见备注	显著
	铅	15	0.01	0.01	0.01	0.05	碱性化沉	可行	pH>7.5/9.0～9.5	$FeCl_3>10$/聚铝>20	见备注	显著
							硫化物沉淀	可行	中性 pH	$S^{2-}>0.5$	见备注	显著
	汞	16	0.001	0.001	0.001	0.0001	碱性化沉	可行	pH>9.5	$FeCl_3>5$	见备注	显著
							硫化物沉淀	可行	中性 pH	$S^{2-}>0.02$	见备注	显著
	铜	17	1	1	1	1	碱性化沉	可行	pH>7.5/8.0～9.5	$FeCl_3>5$/聚铝>10	见备注	显著
							硫化物沉淀	可行	中性 pH	$S^{2-}>1$	见备注	显著
	银	18	0.05	0.05	0.05		碱性化沉	可行	pH>7.0/7.0～9.5	$FeCl_3>10$/聚铝>10	见备注	显著
							硫化物沉淀	可行	中性 pH	$S^{2-}>0.02$	见备注	显著
	镉	19	0.005	0.003	0.005	0.005	碱性化沉	可行	pH>8.5/8.5～9.0	$FeCl_3>5$/聚铝>20	见备注	显著
							硫化物沉淀	可行	中性 pH	$S^{2-}>0.02$	见备注	显著
	铍	20	0.002	0.002	0.002	0.002	碱性化沉	可行	pH>8.0/7.0～9.5	$FeCl_3>5$/聚铝>10	见备注	显著
	镍	21	0.02	0.02	0.02	0.02	碱性化沉	可行	pH>9.5	$FeCl_3>5$	见备注	显著
							硫化物沉淀	不可行				不可行
	铬(六价)	22	0.05	0.05	0.05	0.05	化沉	可行	中性 pH	$FeSO_4>5$，$Cl_2=3$	见备注	显著
	钡	23	0.7	0.7	0.7	0.7	化沉	可行	中性 pH	硫酸铝>30mg/L	见备注	显著
	钛	24				0.1	化沉	可行	中性 pH	$FeCl_3>5$/聚铝>20	见备注	显著
	钒	25				0.05	化沉	可行	中性 pH	$FeCl_3>5$	见备注	显著

续表

类别	项目	序号	水质标准[注 1]				备选处理技术	可行性评价试验结果	推荐应急净水工艺条件和参数			应急处理结果
			生活饮用水卫生标准（mg/L）	城市供水水质标准（mg/L）	生活饮用水卫生规范（mg/L）	地表水环境质量标准Ⅲ类水体（mg/L）			反应条件[注 2]	药剂基准投加量（mg/L）[注 3]	最大应对超标倍数[注 4]	
金属和非金属阳离子20项	锑	26	0.005	0.005	0.005	0.005	化沉	可行	中性 pH	$FeCl_3>20$，Ⅲ价锑另需预加氯 $Cl_2=3$	见备注	显著
							硫化物沉淀	不可行	Ⅲ价Ⅴ价均不可行			不可行
	钴	27				1	碱性化沉	可行	pH>9.5/9.0	$FeCl_3>5$/聚铝>10	见备注	显著
	锰	28	0.1	0.1	0.1	0.1	化沉、氧化	可行	pH>9.0	$FeCl_3>5$	见备注	显著
	钼	29	0.07	0.07	0.07	0.07	碱性化沉	不可行			见备注	不适用
							吸附	未开展				待验证
	铊	30	0.0001	0.0001	0.0001	0.0001	碱性化沉	不可行			见备注	不可行
							吸附	未开展				待验证
	铁	31	0.3	0.3	0.3	0.3	非应急项目	—				—
	铝	32	0.2	0.2	0.2		非应急项目	—				—
	钠	33	200	200	200		非应急项目	—				—
非金属及无机综合指标14项	砷	34	0.01	0.01	0.05	0.05	化沉	可行	中性 pH	$FeCl_3>20$，Ⅲ价砷另需预加氯 $Cl_2=3$	见备注	显著
	硒	35	0.01	0.01	0.01	0.01	碱性化沉	可行	中性 pH	$FeCl_3>30$	见备注	显著
	硼	36	0.5	0.5	0.5	0.5	离子交换吸附	未开展				待研究
	氰化物	37	0.05	0.05	0.05	0.2	氧化	可行	中性 pH	$Cl_2>0.8$	见备注	显著
	硫化物	38	0.02	0.02	0.02	0.2	氧化	可行	中性 pH	$Cl_2>0.8$	见备注	显著

续表

项目		序号	水质标准[注1]				备选处理技术	可行性评价试验结果	推荐应急净水工艺条件和参数			应急处理结果
			生活饮用水卫生标准(mg/L)	城市供水水质标准(mg/L)	生活饮用水卫生规范(mg/L)	地表水环境质量标准Ⅲ类水体(mg/L)			反应条件[注2]	药剂基准投加量(mg/L)[注3]	最大应对超标倍数[注4]	
非金属及无机综合指标14项	碘化物	39				0.2 地下水	氧化	未开展				待验证
	氟化物	40	1.0	1.0	1.0	1	吸附	未开展				待验证
	亚硝酸盐	41	1.0			0.02 地下水	氧化	可行				待完善
	硝酸盐(以N计)	42	10(特殊情况≤20mg/L)	10(特殊情况≤20mg/L)	20	10	离子交换	未开展	尚无有效应急方法			待研究
	氨氮	43	0.5	0.5		1	生物[注5]	未开展	尚无有效应急方法			待研究
	总磷	44				0.2	沉淀	未开展				待研究
	总氮	45				1	生物[注5]	未开展	尚无有效应急方法			待研究
	硫酸盐	46	250	250	250	250	非应急项目	—				—
	氯化物	47	250	250	250	250	非应急项目	—				—
农药24项	滴滴涕	48	0.001	0.001	0.001	0.001	吸附	可行	$k=0.0418$，$1/n=0.5043$	PAC>5	102	显著
	乐　果	49	0.08	0.02	0.08	0.08	吸附	可行	$k=0.0651$，$1/n=0.4267$	PAC>22	22	显著
	甲基对硫磷	50	0.02	0.01	0.02	0.002	吸附	可行	$k=2.1187$，$1/n=1.4032$	PAC>28	35	显著
	对硫磷	51	0.003	0.003	0.003	0.003	吸附	可行	$k=2.4191$，$1/n=1.1103$	PAC>8	101	显著
	马拉硫磷	52	0.25		0.25	0.05	吸附	可行	$k=0.0595$，$1/n=0.1882$	PAC>28	14	显著

续表

项目		序号	水质标准[注 1]				备选处理技术	可行性评价试验结果	推荐应急净水工艺条件和参数			应急处理结果
			生活饮用水卫生标准(mg/L)	城市供水水质标准(mg/L)	生活饮用水卫生规范(mg/L)	地表水环境质量标准Ⅲ类水体(mg/L)			反应条件[注 2]	药剂基准投加量(mg/L)[注 3]	最大应对超标倍数[注 4]	
农药24项	内吸磷	53			0.03	0.03	吸附	可行	k=0.0173，$1/n$=0.294	PAC>27	16	显著
农药24项	溴氰菊酯	54	0.02	0.02	0.02	0.02	混凝沉淀	可行	溴氰菊酯难溶于水	—	>5	显著
农药24项	敌敌畏	55	0.001	0.001		0.05	吸附	可行	k=0.0037，$1/n$=0.3877	PAC>24	20	显著
农药24项	敌百虫	56				0.05	吸附	可行	k=0.0361，$1/n$=0.5929	PAC>56	9	一般
农药24项	百菌清	57	0.01		0.01	0.01	吸附	可行	k=0.09，$1/n$=0.5983	PAC>12	45	显著
农药24项	阿特拉津	58	0.002			0.003	吸附	可行	k=0.0488，$1/n$=0.653	PAC>17	33	显著
农药24项	2,4-D	59	0.03	0.03	0.03		吸附	可行	k=0.0421，$1/n$=0.451	PAC>22	23	显著
农药24项	灭草松	60	0.3		0.3		吸附	可行	k=0.065，$1/n$=0.4039	PAC>50	10	显著
农药24项	林　丹	61	0.002	0.002	0.002	0.002	吸附	可行	k=0.0195，$1/n$=0.3717	PAC>7	77	显著
农药24项	六六六	62	0.005		0.005		吸附	可行	k=0.8346，$1/n$=1.0299	PAC>13	56	显著

续表

项目		序号	水质标准[注1]				备选处理技术	可行性评价试验结果	推荐应急净水工艺条件和参数			应急处理结果
			生活饮用水卫生标准(mg/L)	城市供水水质标准(mg/L)	生活饮用水卫生规范(mg/L)	地表水环境质量标准Ⅲ类水体(mg/L)			反应条件[注2]	药剂基准投加量(mg/L)[注3]	最大应对超标倍数[注4]	
农药24项	甲胺磷	63		0.001(暂定)			吸附	未开展				待验证
	七　氯	64	0.0004		0.0004		吸附	可行		PAC>10	>5	待完善
	环氧七氯	65			0.0002	0.0002	吸附	可行		PAC>10	>5	待完善
	叶枯唑	66			0.5		吸附	未开展				待验证
	甲草胺	67	0.02		0.02		吸附	可行	k=0.0563，$1/n$=0.6226	PAC>29	19	显著
	甲萘威	68				0.05	吸附	未开展				待验证
	呋喃丹	69	0.007				吸附	可行	k=0.3298，$1/n$=0.8183	PAC>10	64	显著
	草甘膦	70	0.7				吸附	未开展				待验证
	毒死蜱	71	0.03				吸附	可行	k=0.2807，$1/n$=0.5683	PAC>6	102	显著
芳香族化合物29项	苯	72	0.01	0.01	0.01	0.01	吸附	可行	k=0.0245，$1/n$=0.5217	PAC>30	17	显著
	甲苯	73	0.7	0.7	0.7	0.7	吸附	可行	k=0.2083，$1/n$=0.763	PAC>34	18	显著
	乙苯	74	0.3	0.3	0.3	0.3	吸附	可行	k=0.1331，$1/n$=0.5179	PAC>30	21	显著
	二甲苯	75	0.5	0.5	0.5	0.5	吸附	可行	k=0.2465，$1/n$=0.8495	PAC>28	19	显著

续表

项目		序号	水质标准[注 1]				备选处理技术	可行性评价试验结果	推荐应急净水工艺条件和参数			应急处理结果
			生活饮用水卫生标准(mg/L)	城市供水水质标准(mg/L)	生活饮用水卫生规范(mg/L)	地表水环境质量标准Ⅲ类水体(mg/L)			反应条件[注 2]	药剂基准投加量(mg/L)[注 3]	最大应对超标倍数[注 4]	
芳香族化合物29项	苯乙烯	76	0.02	0.02	0.02	0.02	吸附	可行	k=0.166，$1/n$=0.624	PAC>10	57	显著
	一氯苯	77	0.3	0.3	0.3	0.3	吸附	可行	k=0.1213，$1/n$=0.5115	PAC>30	17	显著
	1,2-二氯苯	78	1.0	1.0	1.0	1.0	吸附	可行	k=0.2041，$1/n$=0.5425	PAC>33	16	显著
	1,4-二氯苯	79	0.3	0.075	0.3	0.3	吸附	可行	k=0.1401，$1/n$=0.2623	PAC>16	27	显著
	三氯苯（总量）	80	0.02	0.02	0.02	0.02	吸附	可行	k=0.2822，$1/n$=0.579	PAC>4	117	显著
	挥发酚（以苯酚计）	81	0.002	0.002	0.002	0.005	吸附	可行	k=0.0101，$1/n$=0.4984	PAC>28	11	显著
	五氯酚	82	0.009	0.009	0.009	0.009	吸附	可行	k=0.0114，$1/n$=0.2079	PAC>11	38	显著
	2,4,6-三氯苯酚	83	0.2			0.2	吸附	可行	k=0.031，$1/n$=0.2033	PAC>50	8	一般
	2,4-二氯苯酚	84				0.093	吸附	可行	k=0.0567，$1/n$=0.2993	PAC>19	23	显著
	四氯苯	85				0.02	混凝沉淀	可行	四氯苯难溶于水		>5	显著

续表

项目		序号	水质标准[注1]				备选处理技术	可行性评价试验结果	推荐应急净水工艺条件和参数			应急处理结果
			生活饮用水卫生标准(mg/L)	城市供水水质标准(mg/L)	生活饮用水卫生规范(mg/L)	地表水环境质量标准Ⅲ类水体(mg/L)			反应条件[注2]	药剂基准投加量(mg/L)[注3]	最大应对超标倍数[注4]	
芳香族化合物29项	六氯苯	86	0.001	0.001		0.05	混凝沉淀	可行	六氯苯难溶于水		>5	显著
	异丙苯	87				0.25	混凝沉淀	可行	异丙苯难溶于水		>5	显著
	硝基苯	88				0.017	吸附	可行	k=0.1206，$1/n$=0.6166	PAC>12	46	显著
	二硝基苯	89				0.5	吸附	可行	k=0.4328，$1/n$=0.0491	PAC>11	49	显著
	2,4-二硝基甲苯	90				0.0003	吸附	可行	k=0.0022，$1/n$=0.4072	PAC>23	21	显著
	2,4,6-三硝基甲苯	91				0.5	吸附	可行	k=0.0873，$1/n$=0.200	PAC>35	12	显著
	硝基氯苯	92				0.05	吸附	可行	k=0.0694，$1/n$=0.4206	PAC>39	31	显著
	2,4-二硝基氯苯	93				0.5	吸附	可行	k=0.1407，$1/n$=0.3394	PAC>26	17	显著
	苯　胺	94				0.1	吸附	不可行	k=0.0392，$1/n$=0.9942	PAC>250	2	较差
							吹脱	可行				待完善
	联苯胺	95				0.0002	吸附	可行	k=0.3044，$1/n$=1.0131	PAC>35	21	显著
	苯甲醚	96	0.05				吸附	未开展				待验证

续表

项目		序号	水质标准[注 1]				备选处理技术	可行性评价试验结果	推荐应急净水工艺条件和参数			应急处理结果
			生活饮用水卫生标准(mg/L)	城市供水水质标准(mg/L)	生活饮用水卫生规范(mg/L)	地表水环境质量标准Ⅲ类水体(mg/L)			反应条件[注 2]	药剂基准投加量(mg/L)[注 3]	最大应对超标倍数[注 4]	
芳香族化合物29项	萘酚-β	97	0.4				吸附	未开展				待验证
	多环芳烃	98		0.002			吸附	可行		PAC>10	>5	待完善
	苯并(a)芘	99	0.00001	0.00001	0.00001	0.0000028	吸附	可行		PAC>10	>5	待完善
	多氯联苯	100				0.00002	吸附	可行		PAC>10	>5	待完善
氯代烃14项	氯乙烯	101	0.005	0.005		0.005	吸附	不可行				不适用
	二氯甲烷	102	0.02	0.005	0.02	0.02	吸附	不可行				不适用
	1,2-二氯乙烷	103	0.03	0.005	0.03	0.03	吸附	不可行				不适用
	1,1-二氯乙烯	104	0.03	0.007	0.03	0.03	吸附	不可行	$k=1.1175$，$1/n=2.677$	PAC>2560	0	不适用
	1,2-二氯乙烯	105	0.05	0.05	0.05	0.05	吸附	不可行	$k=2.0417$，$1/n=2.6032$	PAC>480	1	不适用
	四氯化碳	106	0.002	0.002	0.002	0.002	吸附	可行	$k=1.0255$，$1/n=1.4734$	PAC>148	4	较差
	三氯乙烯	107	0.07	0.005	0.07	0.07	吸附	可行	$k=0.1302$，$1/n=1.4517$	PAC>204	3	较差
	四氯乙烯	108	0.04	0.005	0.04	0.04	吸附	可行	$k=1.1631$，$1/n=1.6157$	PAC>50	12	显著
	1,1,1-三氯乙烷	109	2	0.20	2		吸附	可行	$k=63.791$，$1/n=5.1026$	PAC>93	6	一般

续表

项目		序号	水质标准[注1]				备选处理技术	可行性评价试验结果	推荐应急净水工艺条件和参数			应急处理结果
			生活饮用水卫生标准(mg/L)	城市供水水质标准(mg/L)	生活饮用水卫生规范(mg/L)	地表水环境质量标准Ⅲ类水体(mg/L)			反应条件[注2]	药剂基准投加量(mg/L)[注3]	最大应对超标倍数[注4]	
氯代烃14项	1,1,2-三氯乙烷	110		0.005			吸附	可行	k=63.791，$1/n$=5.1026	PAC>93	6	一般
	二溴乙烯	111	0.00005				吸附	未开展				待验证
	五氯丙烷	112	0.03				吸附	未开展				待验证
	氯丁二烯	113				0.002	吸附	未开展				待验证
	六氯丁二烯	114	0.0006		0.0006	0.0006	吸附	可行	k=0.0449，$1/n$=0.7456	PAC>26	23	显著
消毒副产物14项	三氯甲烷	115	0.06	0.06	0.06	0.06	吸附	可行	k=0.2994，$1/n$=1.995	PAC>440	1	不适用
	二氯乙酸	116	0.05		0.05		吸附	不可行	k=0.2724，$1/n$=1.5254	PAC>230	4	不适用
	三氯乙酸	117	0.1		0.1		吸附	不可行	k=0.0042，$1/n$=0.5262	PAC>520	1	不适用
	三卤甲烷（总量）	118	$\Sigma(X_i/X_0)\leqslant 1$	0.1	$\Sigma(X_i/X_0)\leqslant 1$		吸附	不可行		可参照各三卤甲烷		不适用
	三溴甲烷	119	0.1		0.1	0.1	吸附	不可行				待验证
	二溴一氯甲烷	120	0.1		0.1		吸附	不可行				待验证
	一溴二氯甲烷	121	0.06		0.06		吸附	不可行				待验证
	卤乙酸(总量)	122		0.06	0.06		吸附	不可行				不可行

续表

项目		序号	水质标准[注1]				备选处理技术	可行性评价试验结果	推荐应急净水工艺条件和参数			应急处理结果
			生活饮用水卫生标准(mg/L)	城市供水水质标准(mg/L)	生活饮用水卫生规范(mg/L)	地表水环境质量标准Ⅲ类水体(mg/L)			反应条件[注2]	药剂基准投加量(mg/L)[注3]	最大应对超标倍数[注4]	
消毒副产物14项	三氯乙醛	123	0.01		0.01	0.01	吸附	不可行				不适用
							氧化	未开展				待验证
	甲醛	124		0.9	0.9	0.9	吸附	不可行				不适用
							氧化	未开展				待验证
	氯化氰	125	0.07				非应急项目	—				—
	溴酸盐	126	0.01	0.01								
	亚氯酸盐	127	0.7	0.7								
	氯酸盐	128	0.7	0.7								
人工合成污染物及其他25项	阴离子表面活性剂	129	0.3	0.3	0.3	0.2	吸附	可行	k=0.1507，$1/n$=0.9951	PAC>18	24	显著
	邻苯二甲酸二(2-乙基已基)酯	130	0.008	0.008	0.008	0.008	吸附	可行	k=0.0403，$1/n$=0.7981	PAC>8	74	显著
	邻苯二甲酸二丁酯	131	0.003			0.003	吸附	可行	k=0.0947，$1/n$=0.2523	PAC>12	58	显著
	二(2-乙基已基)已二酸酯	132	0.4				吸附	未开展				待验证
	二恶英(2,3,7,8 - TCDD)	133	0.00000003				吸附	未开展				待验证
	石棉(>10μm，万个/L)	134	700				混凝沉淀	未开展				待验证

续表

项目		序号	水质标准[注1]				备选处理技术	可行性评价试验结果	推荐应急净水工艺条件和参数			应急处理结果
			生活饮用水卫生标准(mg/L)	城市供水水质标准(mg/L)	生活饮用水卫生规范(mg/L)	地表水环境质量标准Ⅲ类水体(mg/L)			反应条件[注2]	药剂基准投加量(mg/L)[注3]	最大应对超标倍数[注4]	
人工合成污染物及其他25项	黄　磷	135			0.003	0.003	混凝沉淀	未开展				待验证
	石油类	136	0.3			0.05	吸附、混凝	可行				待完善
	乙　醛	137				0.05	吸附、氧化	未开展				待验证
	四乙基铅	138				0.0001	吸附	未开展				待验证
	甲基汞	139				0.000001	吸附、氧化	未开展				待验证
	吡啶	140				0.2	吸附	未开展				待验证
	松节油	141				0.2	吸附	未开展				待验证
	苦味酸	142				0.5	吸附	未开展				待验证
	丁基黄原酸	143	0.001			0.005	吸附	未开展				待验证
	环氧氯丙烷	144	0.0004	0.0004		0.02	吸附	可行	$k=03382$，$1/n=1.0315$	PAC>35	21	显著
	水合肼	145				0.01	吸附	未开展				待验证
	丙烯醛	146	0.1				吸附	未开展				待验证
	丙烯酸	147	0.5				吸附	未开展				待验证
	丙烯腈	148	0.1			0.1	吸附、氧化	未开展				待验证
	丙烯酰胺	149	0.0005			0.0005	吸附	未开展				待验证
	戊二醛	150	0.07				吸附	未开展				待验证
	双酚A	151	0.01				吸附	未开展				待验证
	环烷酸	152	1.0				吸附	未开展				待验证
	氯化乙基汞	153	0.0001				吸附	未开展				待验证

续表

项目		序号	水质标准[注 1]				备选处理技术	可行性评价试验结果	推荐应急净水工艺条件和参数			应急处理结果
			生活饮用水卫生标准（mg/L）	城市供水水质标准（mg/L）	生活饮用水卫生规范（mg/L）	地表水环境质量标准Ⅲ类水体(mg/L)			反应条件[注 2]	药剂基准投加量（mg/L）[注 3]	最大应对超标倍数[注 4]	
藻及其特征污染物9项	藻类	154					预处理、强化混凝、气浮	可行			1亿个/L	显著
	微囊藻毒素	155	0.001	0.001	0.001	0.001	吸附、氧化	可行		PAC>20	>10	显著
	土嗅素	156	0.00001				吸附	可行	k=0.0008，$1/n$=0.3637	PAC>5	97	显著
	二甲基异莰醇	157	0.00001				吸附	可行	k=0.0001，$1/n$=0.2876	PAC>16	29	显著
	甲硫醇	158					氧化	可行				显著
	乙硫醇	159					氧化	可行				显著
	甲硫醚	160					氧化	可行				显著
	二甲二硫醚	161					氧化	可行				显著
	二甲三硫醚	162					氧化	可行				显著
微生物学指标13项	游离氯	163	4				非应急项目	—				—
	一氯胺	164	3		3							
	臭氧	165	0.3									
	二氧化氯	166	0.8									
	细菌总数	167	100CFU/mL	80CFU/mL	100CFU/mL		消毒	可行		应急期保持出水余氯大于0.5mg/L		可行

续表

项目		序号	水质标准[注1]				备选处理技术	可行性评价试验结果	推荐应急净水工艺条件和参数			应急处理结果
			生活饮用水卫生标准（mg/L）	城市供水水质标准（mg/L）	生活饮用水卫生规范（mg/L）	地表水环境质量标准Ⅲ类水体（mg/L）			反应条件[注2]	药剂基准投加量（mg/L）[注3]	最大应对超标倍数[注4]	
微生物学指标13项	总大肠菌群	168	每100mL水样不得检出	每100mL水样不得检出	每100mL水样不得检出		消毒	可行		应急期保持出水余氯大于0.5mg/L		可行
	耐热大肠菌群	169	每100mL水样不得检出	每100mL水样不得检出	每100mL水样不得检出	10000 CFU/mL	消毒	可行		应急期保持出水余氯大于0.5mg/L		可行
	粪型链球菌群	170		每100mL水样不得检出			消毒	可行		应急期保持出水余氯大于0.5mg/L		可行
	大肠埃希氏菌	171	每100mL水样不得检出				消毒	可行		应急期保持出水余氯大于0.5mg/L		可行
	肠球菌	172	每100mL水样不得检出				消毒	可行		应急期保持出水余氯大于0.5mg/L		可行
	产气荚膜梭菌	173	每100mL水样不得检出				消毒	可行		应急期保持出水余氯大于0.5mg/L		可行
	蓝氏贾第鞭毛虫	174	<1个/10L	<1个/10L			消毒	可行		应急期保持出水余氯大于0.5mg/L		可行
	隐孢子虫	175	<1个/10L	<1个/10L			强化常规工艺	可行		应急期保持出水浊度小于0.1NTU，余氯大于0.5mg/L		可行

续表

项　目		序号	水质标准[注 1]				备选处理技术	可行性评价试验结果	推荐应急净水工艺条件和参数			应急处理结果
			生活饮用水卫生标准(mg/L)	城市供水水质标准(mg/L)	生活饮用水卫生规范(mg/L)	地表水环境质量标准Ⅲ类水体(mg/L)			反应条件[注 2]	药剂基准投加量(mg/L)[注 3]	最大应对超标倍数[注 4]	
放射性4项	总 α 放射性	176	0.5Bq/L	0.1Bq/L	0.1Bq/L		核辐射防护专业范畴	—				—
	总 β 放射性	177	1Bq/L	1.0Bq/L	1.0Bq/L							
	镭 226 和 228	178	5pCi/L									
	氡	179	300pCi/L									

[注 1]——水质标准：本技术指导手册引用的水质标准包括《生活饮用水卫生标准》GB 5749—2006，包括正文和附录、《城市供水水质标准》CJ/T 206、《生活饮用水卫生规范》（卫生部 2001）、《地表水环境质量标准》（GB 3838—2002，Ⅲ类水体标准值，适用于集中式生活饮用水地表水源地二级保护区）和地下水质量标准 GB/T 14848—1993。

[注 2]——反应条件：对化学沉淀工艺，提供使用铁盐混凝剂或铝盐混凝剂所需调节的 pH 值；对粉末炭吸附工艺，提供试验得出的水源水条件下的 Freundlich 吸附等温线方程 $q=\frac{C_0-C_e}{C_t}=kC_e^{\frac{1}{n}}$ 中的参数 k、$1/n$，可由此根据污染物的原水浓度 C_0 和处理后的目标浓度 C_e 求出投炭量 C_t，方程中污染物浓度和投炭量均为 mg/L；对化学氧化工艺提供反应所需的 pH 值等条件。

[注 3]——基准投加量条件：污染水样按标准限制的 5 倍（超标 4 倍）配制，处理后浓度低于标准限值的 50%。如各标准限值不同，原水浓度以最高者计，处理后浓度以最低者计。粉末炭投加量以 1～2h 吸附时间（取水口投加，距水厂一定距离）计，如水厂内投加，应适当增加投加量。混凝剂投加量以正常混凝工艺时间计。曝气吹脱法给出了 50%、80%和 90%去除污染物所需的气水比。

[注 4]——最大应对超标倍数条件：对于粉末活性炭吸附法，按粉末炭最大投加量 80mg/L，吸附时间大于 120min，出水达标计。对于碱性化学沉淀法，只要能满足沉淀所需 pH 值，理论上可应对任何超标浓度。对于硫化物沉淀法，可应对的超标浓度取决于硫化物投加量，当硫化物投加量过高时需要在沉后加氯氧化去除硫化物，避免二次污染。

说明：生物处理技术的设备安装和生物培养所需时间较长，在应急净水中不宜采用。

附录2 粉末活性炭对污染物吸附性能测定的试验方案

1. 试验原理和目的

粉末活性炭对多种污染物（特别是有机污染物）具有良好的吸附去除效果。投加入水中的粉末炭在吸附污染物后可通过混凝沉淀去除，是应对突发污染事故的有效措施。

试验的目的是测试粉末活性炭对不同污染物的吸附性能，为水厂应对突发污染事故时采用活性炭吸附去除污染物提供基本技术参数。

2. 材料与设备

（1）材料

1）特征污染物配水浓度

按照饮用水水质标准限值浓度的5倍配制污染物溶液，以实际测试结果为准。所用试剂应为分析纯以上等级，个别污染物可以采用实际商品，但配制时需注意其有效含量。

当各饮用水水质标准（新国标、建设部行标、卫生部规范、地表水标准、地下水水质标准）中要求不同时，采用限值浓度最高者。具体浓度见附录1。

对于易降解、易挥发的污染物，在进行试验操作时应充分考虑其特性，如果本试验方案无法满足要求，可根据情况进行调整，并将试验条件和数据一同上报。

2）活性炭

由于目前尚没有统一的净水用粉末活性炭国家标准，试验中推荐选用的粉末活性炭参照净水用煤质颗粒活性炭标准（GB/T 7701.4—1997）中优级品和木质净水用活性炭国家标准（GB/T 13803.2—1999）中一级品性能的要求，粒度要求为200目通过率大于90％。为了减少各实验室间的系统误差，统一由清华大学提供。使用前在105℃条件下烘干2h，称重，试验时不必再进行筛分。

3）试验用水

试验用水分为去离子水和当地水源水两种。

a. 去离子水

在进行第一组和第三组试验时采用去离子水配水，以排除水源水水质差异对试验结果通用性的干扰。

该去离子水应该是实验室用水等级，要求TOC＜0.1mg/L。加入pH值为7.5的磷酸盐缓冲溶液（最终浓度为0.02mol/L）以保持吸附过程中溶液的pH值稳定（粉末炭呈弱碱性）。对于某些降解性与pH值相关的污染物，可以选择其稳定的pH值条件进行试验。

b. 当地水源水

在进行第二组和第四组试验时采用当地水源水配水，通过和去离子水的试验结果进行比较，确定原水中有机物的竞争吸附作用对吸附效果的影响。

选择新近采集的水源水进行试验，以减少水质变化造成的试验结果与实际水处理操作之间的误差。应预先测定水源水的基本水质参数，包括：TOC、耗氧量、pH 值、浊度、碱度、硬度。不投加磷酸盐缓冲溶液。浊度过高（＞100NTU）和藻类浓度过高（＞500万个/L）的水源水会对吸附过程产生较大影响，不宜直接作为试验用原水。

4）磷酸盐缓冲溶液

配制 0.2mol/L 的磷酸氢二钠和 0.2mol/L 的磷酸二氢钠储备液各 1L。试验前向每个反应烧杯内加入 84mL 磷酸氢二钠储备液和 16mL 磷酸二氢钠储备液，加试验用水（去离子水）稀释至 1L，则整个反应溶液为 pH 值＝7.5，浓度为 0.02mol/L 的磷酸盐缓冲体系。

5）水温

试验在室温下进行，试验时需记录实际水温。

（2）设备

1）六联混凝搅拌器

需满足调速和定时的要求，配备 6 个 1L 试验烧杯。在进行挥发性物质吸附试验时，可采取加盖等方式减少因物质挥发造成的误差，同时进行不投加活性炭时的空白试验，以确定挥发造成的影响。

2）过滤装置

对于非挥发和弱挥发性物质的处理采用实验室真空抽滤系统；对于挥发性较强的物质，如氯代烃、苯系物等推荐采用压力过滤（氮气瓶加压），同时进行不投加活性炭时的空白试验，以确定挥发造成的影响。

滤膜采用直径 50mm 孔径 1μm 的混合纤维素滤膜，废弃 100mL 初滤水后，取样测定特征污染物的浓度。

（3）污染物分析方法

依据水质标准中规定的标准分析方法进行分析。

3. 污染物的粉末活性炭吸附去除可行性测试

将 20mg/L 的粉末活性炭投入 1L 去离子水配制的污染水样中，在六联搅拌仪上用 120r/min 的转速搅拌，吸附 120min 后停止搅拌，尽快将活性炭从水中分离。可采用真空抽滤或压力过滤的方法将粉末活性炭从水中分离。弃掉 100mL 初滤水，取滤液测定剩余污染物浓度。

每次可以同时测试 6 种污染物。

对试验数据进行分析，如果去除率不足 30%，可以认为粉末活性炭对该种污染物的吸附去除性能不佳，则不必进行进一步试验；若去除率高于 30%，则认为在工程上可以采用粉末活性炭吸附去除该污染物，进而进行试验四中的测试。

对于挥发性、易降解的污染物，应同时进行不加活性炭的空白对照试验，确定操作过程对污染物的影响。

4. 污染物的粉末活性炭吸附去除特性测试

将一定浓度的粉末活性炭投入 1L 污染水样中，在六联搅拌仪上用 120r/min 的转速搅拌，在一定吸附时间后停止搅拌，尽快将活性炭从水中分离。

可采用真空抽滤的方法将粉末活性炭从水中分离。弃掉 100mL 初滤水，取滤液测定剩余污染物浓度。在过滤困难的情况下，为减少过滤时间过长产生的误差，可以将反应液静沉较短时间后取上清液进行过滤，沉淀时间最好小于5min，并记录于试验报告中。

每种污染物共需进行三组试验。

（1）第一组试验：水源水条件下粉末活性炭对污染物的吸附速度测试

进行水源水条件下粉末活性炭对污染物的吸附速率试验，以确定采用粉末活性炭吸附去除特征污染物所需的时间。

1）试验水样：水源水配水，共6个，每个水样1L。

2）粉末活性炭投加量：均为10mg/L。

3）吸附时间：分别为10、20、30、60、120、240min，时间结束后对该烧杯水样立即进行过滤取样。

（2）第二组试验：去离子水条件下粉末活性炭对污染物的吸附容量的测试

进行去离子水条件下粉末活性炭对污染物的吸附容量试验，以确定理想条件下，吸附去除特征污染物所需的粉末活性炭投加量。

1）试验水样：去离子水配水，共6个，每个水样1L。

2）粉末活性炭投加量：分别为5、10、15、20、30、50mg/L。

3）吸附时间2h，时间结束后对各烧杯水样立即进行过滤取样，应采用多个抽滤设备同时进行，或采用不同吸附起始时间，以减少抽滤时间差对吸附结果的影响。

（3）第三组试验：水源水条件下粉末活性炭对污染物的吸附容量的测试

进行水源水条件下粉末活性炭对污染物的吸附容量试验，以确定在实际条件下吸附去除特征污染物所需的粉末活性炭投加量。

试验水样采用实际水源水配制，其他试验方法与第二组相同。

（注：根据已有物质的吸附过程曲线和工程上可实施的吸附时间考虑，将吸附2h的剩余污染物浓度作为计算吸附容量的平衡浓度。对于实践中采用的不同吸附时间，可以用第一组测试的结果进行校正）。

5. 数据处理

按照下表记录试验数据并进行数据处理。

理想的去除效果是将5倍水质标准浓度限值的污染物经粉末活性炭吸附后降低到浓度限值的30%以下。

为保证试验结果的准确性，建议各实验室抽取一定比例的测试数据进行复核。

编号：单位-可行性测试

时间：　　年　月　日

试验名称	污染物的粉末活性炭吸附去除可行性测试
试验条件	粉末活性炭投加量：20 mg/L； 原水：××××水源水；试验水温：___℃；
原水水质	COD_{Mn}=___mg/L；TOC=___mg/L（选测项目）；pH=___； 浊度=___NTU；碱度=___mg/L；硬度=___mg/L

数据记录

污染物名称	初始浓度	吸附后浓度	去除率	技术可行性评价

备注（试验中发现的问题等）

编号：单位-污染物号-1

时间：　　　年　月　日

试验名称	粉末活性炭对________污染物的吸附速率		
相关水质标准（mg/L）	国　标		建设部行标	
	卫生部规范		水源水质标准	
试验条件	污染物浓度：________ mg/L；粉末活性炭投加量：__10__ mg/L； 原水：__××××水源水__；试验水温：____℃；			
原水水质	COD_{Mn}=____ mg/L；TOC=____ mg/L（选测项目）；pH=____； 浊度=____ NTU；碱度=____ mg/L；硬度=____ mg/L			

数　据　记　录

吸附时间（min）	0	10	20	30	60	120	240
污染物浓度（mg/L）							

用EXCEL对上述数据作图，并直接粘贴于此，
不要用图片格式粘贴

备注（试验中发现的问题等）

编号：单位-污染物号-2

时间：　　年　月　日

试验名称	粉末活性炭对______污染物的吸附容量		
相关水质标准（mg/L）	国　标		建设部行标	
	卫生部规范		水源水质标准	
试验条件	污染物浓度 C_0：____mg/L； 原水：去离子水；水温：____℃；pH=____；			

数　据　记　录

粉末炭剂量 C_t（mg/L）	5	10	15	20	30	50
平衡浓度 C_e（mg/L）*						
C_0-C_e						
（C_0-C_e）/C_t						

* 平衡浓度统一设定为120min吸附时间的浓度

照Frendlich吸附等温线方程 $q_e = kC_e^{\frac{1}{n}}$，$q_e = x/m = (C_0 - C_e)/C_t$

用EXCEL对平衡浓度 C_e 和（C_0-C_e）/C_t 作图，绘制趋势线，选择趋势线为乘幂，并给出方程和方差值。将图直接粘贴于此，不要用图片格式粘贴。

备注（试验中发现的问题等）

编号：单位-污染物号-3
时间： 年 月 日

试验名称	粉末活性炭对______污染物的吸附容量			
相关水质标准（mg/L）	国 标		建设部行标	
	卫生部规范		水源水质标准	
试验条件	污染物浓度 C_0：________ mg/L； 原水：××××水源水；试验水温：____℃；			
原水水质	COD_{Mn}＝____ mg/L；TOC＝____ mg/L（选测项目）；pH＝____； 浊度＝____ NTU；碱度＝____ mg/L；硬度＝____ mg/L			

数 据 记 录

粉末炭剂量 C_t（mg/L）	5	10	15	20	30	50
平衡浓度 C_e（mg/L）*						
C_0-C_e						
$(C_0-C_e)/C_t$						

* 平衡浓度统一设定为120min吸附时间的浓度

照Frendlich吸附等温线方程 $q_e = kC_e^{\frac{1}{n}}, q_e = x/m = (C_0 - C_e)/C_t$

用EXCEL对平衡浓度 C_e 和 $(C_0-C_e)/C_t$ 作图，绘制趋势线，选择趋势线为乘幂，并给出方程和方差值。

将图直接粘贴于此，不要用图片格式粘贴。

备注（试验中发现的问题等）

附录3 化学沉淀法对污染物去除性能研究的试验方案

1. 试验原理和目的

在水处理中，化学沉淀法是指通过投加化学药剂，使污染物以溶解度较小的氢氧化物、碳酸盐、硫化物或其他形态从水中沉淀分离的方法。通常采用投加混凝剂与污染物共沉淀的方法来提高沉淀分离的效果和速度，调节pH值可提高化学沉淀的效果。

本试验的目的是测试化学沉淀法对不同污染物（主要是金属离子和非金属离子）的去除性能，为水厂应对突发污染事故时采用化学沉淀法去除污染物提供技术依据。

2. 材料与设备

（1）材料

1）特征污染物配水浓度

按照饮用水水质标准限值浓度的5倍配制污染物溶液，以实际测试结果为准。所用标准样品应为分析纯以上级别，对于无法购买到标样的个别污染物可以采用实际商品，但配制时需注意其有效含量。

采购标准样品时应该注意污染物的价态，不同价态的污染物所需要的处理技术存在差异。对于存在多价态的金属和非金属污染物，如果标准中有要求，如六价铬，在试验中采用标准要求的价态；对于标准中没有明确要求的，则应测试其在自然界存在主要的价态，如五价砷和三价砷、三价锑和五价锑等。

当各饮用水水质标准（新国标、建设部行标、卫生部规范、地表水标准、地下水水质标准）中要求不同时，采用限值浓度最高者。具体浓度见附录1。

所用试剂应为分析纯以上等级，个别污染物可以采用商品，配制时需注意其有效含量。

2）混凝剂

分别采用铁盐混凝剂和铝盐混凝剂，其中：

铁盐混凝剂采用三氯化铁（分析纯），铝盐混凝剂采用聚合氯化铝（商品级，固体，Al_2O_3 含量大于29%），考虑混凝剂可能因水解造成损耗，由各自来水公司自行采购新鲜药剂进行试验。

3）硫化物

选用分析纯硫化钠。

4）试验用水

均采用当地自来水作为试验用水，以排除水源水浊度对试验结果的干扰。测试该试验用水的pH值、碱度、浊度、硬度、总溶解性固体。对于还原性物质的测试，应注意用适量硫代硫酸钠中和余氯，或者参照其具体试验方案。

5）水温

有关试验在室温下进行，试验时需记录实际水温。

（2）设备

1）六联混凝搅拌器

需满足调速和定时的要求，配备6个1L试验烧杯。

2）过滤装置

可采用漏斗和滤纸进行过滤。废弃100mL初滤水后，取样测定特征污染物的浓度。

（3）污染物分析方法

依据水质标准中规定的标准分析方法进行分析。

由于pH值是主要的控制参数，因此必须使用pH值计准确测定pH值。

3. 试验过程和方法

将一定浓度的混凝剂投入1L污染水样中，在六联搅拌仪上用混凝工艺要求的转速搅拌：快转300r/min、1min，慢转60r/min、5min，45r/min、5min，25r/min、5min，静置沉淀30min后取上清液过滤，废弃100mL初滤液，取样测定剩余污染物浓度。

每种特征污染物需进行以下四组试验。

（1）第一组：pH值对铁盐混凝剂去除污染物效果的影响

确定采用铁盐混凝剂时，生成沉淀去除污染物的最佳pH值条件。

1）试验水样：自来水配水，共6个，每个水样1L。

2）混凝剂投加量：采用三氯化铁，投加量为10mg/L（以Fe计）。

3）预先用氢氧化钠或盐酸调节水样的pH值，分别为：7.5、8.0、8.5、9.0、9.5、10.0（适用于镉、铅、镍、铜、锌、银、汞、钒、钛、钴等），然后开始混凝实验。

4）在混凝沉淀反应结束后，测定上清液的pH值（此点很重要，因加入混凝剂后水的pH值会有一定降低），用滤纸过滤上清液以模拟沉淀工艺的效果，滤过液测定特征污染物浓度。

（2）第二组：pH值对铝盐混凝剂去除污染物效果的影响

确定采用铝盐混凝剂时，生成沉淀去除污染物的最佳pH值条件。

1）试验水样：自来水配水，共6个，每个水样1L。

2）混凝剂投加量：采用聚合氯化铝（固体），投加量为20mg/L（以商品重计）。

3）预先用氢氧化钠调节水样的pH值，分别为：7.0、7.5、8.0、8.5、9.0、9.5（注意，pH值的范围与第一组有所不同，因为高pH值时铝盐混凝剂会生成偏铝酸根，影响混凝效果，适用于镉、铅、镍、铜、锌、银、汞、钒、钛、钴等）。

4）在混凝沉淀反应结束后，测定上清液的pH值（此点很重要，因加入混凝剂后水的pH值会有一定降低），用滤纸过滤上清液以模拟沉淀工艺的效果，滤过液测定特征污染物浓度。

（3）第三组：混凝剂投加量对污染物的去除效果

确定在适宜的pH值条件下，不同混凝剂投加量对去除效果的影响。

如果第一组和第二组方法均不可行，出水未能达到水质标准，则第三组试验不用进行。

测试方法如下：

1）试验水样：自来水配水，共6个，每个水样1L。

2）pH 值条件：根据第一组试验结果，选择处理后污染物达标水样中 pH 值调节幅度较小者，作为本组测试的选定 pH 值（注意，铁盐、铝盐测试时的选定值可能会不同）。

3）混凝剂投加量：三氯化铁投加量 5、15、20mg/L（以 Fe 计），聚合氯化铝投加剂量为 10、30、40mg/L（以商品重计）。第一组和第二组试验结果可统计在投加量对污染物去除效果的影响中。

4）试验结束后，用滤纸过滤上清液以模拟沉淀工艺的效果，滤过液测定特征污染物浓度，同时应测定滤液的残留铁或铝浓度，防止超标。

其他步骤与前相同。

（4）第四组：硫化物沉淀法对污染物的去除效果

检验硫化物沉淀法对污染物的去除效果。硫化物沉淀法可以处理的污染物包括：镉、铅、镍、铜、锌、银、汞、锑等。

测试方法如下：

1）试验水样：自来水配水（若有余氯、高锰酸钾等氧化剂，必须事先用硫代硫酸钠中和），共六个，每个水样 1L。

2）pH 值条件：硫化物沉淀不受 pH 影响，所以不必调节。

3）硫化物投加量：投加量为 0（空白）、0.01、0.02、0.03、0.05、0.1mg/L（以 S 计）六个投加量

4）混凝剂投加量：聚合氯化铝投加剂量为 20mg/L（以商品重计）。

5）混凝试验：向试验水样中同时投加硫化钠溶液和混凝剂，开始混凝试验。试验结束后，用滤纸过滤上清液以模拟沉淀工艺的效果，滤过液测定特征污染物浓度和硫化物浓度。

6）硫化物的稳定性测试：选择其中沉淀明显的硫化物剂量，混凝试验后静止放置 24h 后，再过滤后测滤液的金属离子和硫化物浓度，看沉淀物是否有再溶现象。

7）超标硫化物的去除：生活饮用水卫生标准中规定硫化物含量不得超过 0.02mg/L，在最大硫化物投加量为 0.1mg/L 并导致残余硫化物浓度超标时，可以投加 1mg/L 游离氯氧化去除。加氯氧化 30min 后测试残余硫化物和余氯浓度（根据化学反应方程式，当投氯量的剂量 Cl_2：S>5 时，可以保证硫化物完全去除）。

4. 数据处理

按照下表记录试验数据并进行数据处理。

理想的去除效果是将 5 倍水质标准浓度限值的污染物经化学沉淀处理后降低到浓度限值的 50%以下。

为保证试验结果的准确性，建议各实验室抽取一定比例的测试数据进行复核。

编号：单位-污染物号-1

时间：　　年　月　日

试验名称	pH 值对铁盐混凝剂去除________污染物效果的影响			
相关水质标准 (mg/L)	国　标		建设部行标	
	卫生部规范		水源水质标准	
试验条件	污染物浓度：________ mg/L；混凝剂种类：三氯化铁； 原水：自来水；试验水温：____℃；			
原水水质	浊度＝____ NTU；碱度＝____ mg/L；硬度＝____ mg/L pH＝____；总溶解性固体＝____ mg/L			

数　据　记　录

反应前 pH 值	7.5	8.0	8.5	9.0	9.5	10.0
上清液 pH 值						
污染物浓度 (mg/L)						

用 EXCEL 对上述数据作图，并直接粘贴于此，
不要用图片格式粘贴

备注（试验中发现的问题等）

编号：单位-污染物号-2

时间：　　年　月　日

试验名称	pH值对铝盐混凝剂去除________污染物效果的影响			
相关水质标准（mg/L）	国　标		建设部行标	
	卫生部规范		水源水质标准	
试验条件	污染物浓度：________mg/L；混凝剂种类：聚合氯化铝（厂家）； 原水：自来水；试验水温：____℃；			
原水水质	浊度＝____NTU；碱度＝____mg/L；硬度＝____mg/L pH＝____；总溶解性固体＝____mg/L			

数　据　记　录

反应前 pH 值	6.5	7.0	7.5	8.0	8.5	9.0
反应后 pH 值						
污染物浓度（mg/L）						

用 EXCEL 对上述数据作图，并直接粘贴于此，

不要用图片格式粘贴

备注（试验中发现的问题等）

编号：单位-污染物号-3

时间：　　年　月　日

试验名称	混凝剂投加量对______污染物去除效果的影响			
相关水质标准 (mg/L)	国　标		建设部行标	
	卫生部规范		水源水质标准	
试验条件	污染物浓度：____mg/L；混凝剂种类：三氯化铁、聚合氯化铝 原水：____自来水；试验水温：____℃；			
原水水质	浊度=____NTU；碱度=____mg/L；硬度=____mg/L pH=____；总溶解性固体=____mg/L			

数　据　记　录

混凝剂种类	三氯化铁				聚合氯化铝			
混凝剂投加量 (mg/L)	5	10	15	20	10	20	30	40
反应前 pH 值								
反应后 pH 值								
污染物浓度 (mg/L)								
残留铁或铝 浓度（mg/L）								

用 EXCEL 对上述数据作图，并直接粘贴于此，

不要用图片格式粘贴

备注（试验中发现的问题等）

编号：单位-污染物号-4
时间：　　年　月　日

<table>
<tr><td>试验名称</td><td colspan="4">硫化物沉淀法对去除________污染物的去除效果</td></tr>
<tr><td rowspan="2">相关水质标准
（mg/L）</td><td>国　标</td><td></td><td>建设部行标</td><td></td></tr>
<tr><td>卫生部规范</td><td></td><td>水源水质标准</td><td></td></tr>
<tr><td>试验条件</td><td colspan="4">污染物浓度：____mg/L；混凝剂种类：__聚合氯化铝__；
原水：____自来水；试验水温：____℃；</td></tr>
<tr><td>原水水质</td><td colspan="4">浊度＝____NTU；碱度＝____mg/L；硬度＝____mg/L
pH＝____；总溶解性固体＝____mg/L</td></tr>
<tr><td colspan="5">数　据　记　录</td></tr>
</table>

反应前 pH 值	7.5	8.0	8.5	9.0	9.5	10.0
上清液 pH 值						
污染物浓度（mg/L）						

用 EXCEL 对上述数据作图，并直接粘贴于此，
不要用图片格式粘贴

备注（试验中发现的问题等）

附录4 组合沉淀法对污染物去除性能研究的试验方案

有些污染物种类或者某些价态形式不存在氢氧化物、碳酸盐、硫化物的沉淀形式，不能直接采用混凝沉淀、碱性化学沉淀、硫化物化学沉淀等技术去除。对于前者，需要预先投加能与之反应形成不溶物的试剂，再投加混凝剂加速其沉淀。对于存在不同化学价态的金属和非金属污染物，其沉淀性能往往存在很大差异，因此需要先采用氧化剂或还原剂将其转化为适宜的价态，再调节pH值，投加混凝剂通过沉淀去除。

本部分的污染物包括铬（VI）、砷（III，V）、硒、钡等。

1. 铬（VI）

（1）处理原理

通过投加还原剂将六价铬还原为三价铬。由于三价铬的氢氧化物溶解度很低，$K_{sp}=5\times10^{-31}$，可形成Cr（OH）$_3$沉淀物从水中分离出来。

硫酸亚铁可以用作为除铬药剂。硫酸亚铁在除铬处理中先起还原作用，把六价铬还原成三价铬。多余的硫酸亚铁被溶解氧或加入的氧化剂氧化成三价铁。因此，硫酸亚铁投入含六价铬的水中，与Cr^{6+}产生氧化还原作用，生成的Cr^{3+}和Fe^{3+}都能生成难溶的氢氧化物沉淀，再通过沉淀过滤从水中分离出来。其化学反应式为：

$$CrO_4^{2-}+3Fe^{2+}+8H^+\longrightarrow Cr^{3+}+3Fe^{3+}+4H_2O$$

$$Cr^{3+}+3OH^-\longrightarrow Cr(OH)_3\downarrow$$

$$Fe^{3+}+3OH^-\longrightarrow Fe(OH)_3\downarrow$$

（2）材料与设备

投加的硫酸亚铁为分析纯，其他材料与设备与前相同。

（3）试验过程和方法

1）第一组：硫酸亚铁还原六价铬所需时间

确定不同硫酸亚铁将六价铬还原成三价铬所需的时间。

测试方法如下：

①试验水样：自来水配水，共6个，每个水样1L。

② pH值条件：不需调节pH值，需测定反应前后pH值。

③硫酸亚铁投加量：10mg/L（以Fe计，相当于$SO_4{}^{2-}$浓度为17mg/L）。

④试验过程

将10mg/L的硫酸亚铁投入1L污染水样中，在六联搅拌仪上用混凝工艺要求的转速搅拌：快转300r/min、1min，慢转60r/min、5min，45r/min、5min，25r/min、5min。反应时间分别为3、5、10min，时间结束后立即测试水中溶解性的六价铬浓度，选择将六价铬完全还原成三价铬的最短时间作为下一步试验的条件。

2）第二组：硫酸亚铁还原六价铬及生成沉淀所需的pH值

①试验水样：自来水配水，共6个，每个水样1L。

② pH值条件：调节pH为7.5，8.0，8.5，需测定反应后pH值。

③硫酸亚铁投加量：10mg/L（以Fe计，相当于SO_4^{2-}浓度为17mg/L）。

④试验过程

将10mg/L的硫酸亚铁投入1L污染水样中，在六联搅拌仪上用混凝工艺要求的转速搅拌：快转300r/min、1min，慢转60r/min、5min，45r/min、5min，25r/min、5min。反应时间由第一组试验确定，时间结束后立即测试水中溶解性的总铬和六价铬浓度，选择将六价铬完全还原成三价铬且充分沉淀的pH值作为下一步试验的条件。

3）第三组：氧化剩余硫酸亚铁所需的游离氯浓度

①试验水样：自来水配水，共6个，每个水样1L。

② pH值条件：根据第二组试验确定的pH值进行，需测定反应后pH值。

③硫酸亚铁投加量：10mg/L（以Fe计，相当于SO_4^{2-}浓度为17mg/L）。

④氯投加量：氯的投加量为1、2、3mg/L（注：由于过量的亚铁离子会造成总铁超标，虽然水中的溶解氧可以氧化亚铁离子生成三价铁，但可能仍需要投加游离氯（氯水或次氯酸钠）将其氧化，并形成氢氧化铁沉淀去除）。

⑤试验过程

将10mg/L的硫酸亚铁投入1L污染水样中，在六联搅拌仪上用混凝工艺要求的转速搅拌：快转300r/min、1min，慢转60r/min、5min，45r/min、5min，25r/min、5min。在投加硫酸亚铁反应一定时间（具体时间由第一组确定）后投加游离氯，静置沉淀30min后取上清液过滤，废弃100mL初滤液，取样测定剩余污染物和铁离子浓度。

2. 砷

（1）处理原理

水中砷分为三价砷（存在形式为亚砷酸盐，AsO_2^{3-}）和五价砷（存在形式为砷酸盐，AsO_4^{3-}）。三价砷的急性毒性远大于五价砷。

处理时可投加氧化剂（氯等）将三价砷氧化成五价的砷酸根。砷酸根可以与三价铁离子生成难溶的$FeAsO_4$，溶度积$K_{sp}=1\times10^{-20}$，并可以与铁离子形成的氢氧化铁形成共沉淀物得以去除。

由于铁离子在常规pH值条件下会迅速生成氢氧化铁沉淀，这一反应会影响与砷酸根的反应，因此需将pH值调低。根据$FeAsO_4$和Fe（OH）$_4$的溶度积计算，要使砷达到0.01mg/L的水质标准，需要使pH值小于5.7。因此，调节pH值是除砷的关键。

适用于饮用水应急处理的是铁盐混凝沉淀法（对于以五价砷为主的污染）和氧化-铁盐混凝沉淀法（对于以三价砷为主的污染，用氧化剂使三价砷先氧化成五价砷，再与铁盐沉淀）。所用混凝剂为铁盐混凝剂，例如聚合硫酸铁、聚硅酸铁（PFSC）等。

（2）材料与设备

当污染物为五价砷时只投加三氯化铁，当污染物为三价砷时同时投加三氯化铁和氯。

对砷的化学沉淀去除测试分为五价砷和三价砷两组。

（3）试验过程和方法

1）第一组：pH值对五价砷化学沉淀去除的影响

测试方法如下：

①试验水样：自来水配水，共6个，每个水样1L。

② pH值条件：调节pH为4.5、5.0、5.5、6.0、6.5、7.0，需测定反应前后的pH值。

③三氯化铁投加量：20mg/L（以Fe计）。

④试验过程

将上述浓度的三氯化铁投入1L污染水样中，在六联搅拌仪上按混凝工艺要求的转速搅拌：快转300r/min、1min，慢转60r/min、5min，45r/min、5min，25r/min、5min，静置沉淀30min后取上清液过滤，废弃100mL初滤液，取样测定剩余污染物和铁离子浓度。

2）第二组：混凝剂投加量对五价砷化学沉淀去除的影响

测试方法如下：

①试验水样：自来水配水，共6个，每个水样1L。

② pH值条件：由第一组试验确定的pH值（选择除砷效果好而且pH值调节幅度小的pH值）。

③三氯化铁投加量：10、20、30mg/L（以Fe计）。

④试验过程

将上述浓度的三氯化铁投入1L污染水样中，在六联搅拌仪上按混凝工艺要求的转速搅拌：快转300r/min、1min，慢转60r/min、5min，45r/min、5min，25r/min、5min，静置沉淀30min后取上清液过滤，废弃100mL初滤液，取样测定剩余污染物和铁离子浓度。

3）第三组：氯将三价砷氧化成五价砷的时间和效果

测试方法如下：

①试验水样：自来水配水，共6个，每个水样1L。

② pH值条件：由第一组试验确定的pH值（选择除砷效果好而且pH调节幅度小的pH值）。

③氯氧化：2mg/L，反应时间为1、3、5、10、20min。

④试验过程

将上述浓度的氯投入1L污染水样中，在六联搅拌仪上用300r/min的速度搅拌，反应一定时间后加入过量硫代硫酸钠中和余氯，测试三价砷和五价砷的浓度。

4）第四组：投加氯和三氯化铁对三价砷的去除效果

测试方法如下：

①试验水样：自来水配水，共6个，每个水样1L。

② pH值条件：由第一组试验确定的pH值。

③三氯化铁投加量：20mg/L。

④氯投加量和氧化时间：由第三组试验确定。

⑤试验过程

先进行氯氧化三价砷的处理，试验方法同上。然后将上述浓度的三氯化铁投入1L污染水样中，在六联搅拌仪上用混凝工艺要求的转速搅拌：快转300r/min、1min，慢转60r/min、5min，45r/min、5min，25r/min、5min，静置沉淀30min后取上清液过滤，废弃100mL初滤液，取样测定剩余污染物和铁离子浓度。

3. 硒

（1）试验原理

硒在水中的存在形式是硒酸根离子和亚硒酸根离子：SeO_4^{2-} 和 SeO_3^{2-}，后者的毒性更强且存在更普遍。亚硒酸根离子可以同 Fe^{3+} 形成难溶化合物 $Fe_2(SeO_3)_3$，化学方程式为

$$3SeO_3^{2-}+2Fe^{3+}\longrightarrow Fe_2(SeO_3)_3\downarrow$$

其溶度积 $K_{sp}=(2.0\pm1.7)\times10^{-31}$，可以用铁盐混凝剂进行处理。

（2）材料与设备

选择的混凝剂为三氯化铁（分析纯），其他材料与设备与前相同。

（3）试验过程和方法

确定不同三氯化铁投加量对去除效果的影响。

测试方法如下：

①试验水样：自来水配水，共6个，每个水样1L。

② pH值条件：不需调节pH值，需测定反应前后的pH值。

③三氯化铁投加量：5、10、15、20、30、40mg/L。

④试验过程

将上述浓度的混凝剂投入1L污染水样中，在六联搅拌仪上用混凝工艺要求的转速搅拌：快转300r/min、1min，慢转60r/min、5min，45r/min、5min，25r/min、5min，静置沉淀30min后取上清液过滤，废弃100mL初滤液，取样测定剩余污染物和铁离子浓度。

4. 钡

（1）试验原理

钡离子和硫酸根离子可以生成硫酸钡沉淀，其化学方程式为

$$Ba^{2+}+SO_4^{2-}=BaSO_4\downarrow$$

硫酸钡的溶度积为 $K_{sp}=1\times10^{-10}$。水源水中都含有一定量的硫酸根离子，可以形成硫酸钡沉淀，一般情况下钡不会超标。如少量超标时，可投加硫酸盐（如硫酸铝、硫酸铁等）去除。

（2）材料与设备

选择的混凝剂为硫酸铝（分析纯），其他材料与设备与前相同。

（3）试验过程和方法

确定不同硫酸铝投加量对去除效果的影响。

测试方法如下：

①试验水样：自来水配水，共6个，每个水样1L。

② pH值条件：不需调节pH值。

③硫酸铝投加量：5、10、15、20、30、40mg/L。

④试验过程

将上述浓度的混凝剂投入1L污染水样中，在六联搅拌仪上用混凝工艺要求的转速搅拌：快转300r/min、1min，慢转60r/min、5min，45r/min、5min，25r/min、5min，静置沉淀30min后取上清液过滤，废弃100mL初滤液，取样测定剩余污染物和铝离子浓度。

附录5　氧化法对还原性污染物的处理试验方案

1. 处理原理

氰化物、硫化物的毒性较强，可以通过投加氯、臭氧等强氧化剂的方法处理，其中比较实用的是采用游离氯（液氯、次氯酸钠）进行氧化。游离氯（液氯、次氯酸钠）具有较高的氧化性，可以氧化去除。

游离氯和氰化物、硫化物的反应十分迅速，其投加量可以根据污染物浓度由化学计量比计算得出。

$$CN^- + Cl_2 + H_2O \longrightarrow CNO^- + 2Cl^- + 2H^+$$

$$CNO^- + 2H^+ + H_2O \longrightarrow CO_2 + NH_4^+$$

$$S^{2-} + Cl_2 \longrightarrow S + 2Cl^-$$

使用游离氯氧化氰化物、硫化物的效果主要受氯投加量及pH值等因素影响。有文献报道，脱氰效果随pH值升高而升高，但当pH超过10时，脱氰效率增加有限。

2. 材料与设备

（1）材料

1）特征污染物配水浓度

按照饮用水水质标准限值浓度的5倍配制污染物溶液，以实际测试结果为准。当各饮用水水质标准（新国标、建设部行标、卫生部规范、地表水标准、地下水水质标准）中要求不同时，采用限值浓度最高者。具体浓度见附录1。

所用试剂应为分析纯，个别污染物可以采用商品，配制时需注意其有效含量。

2）氧化剂

现场氧化时可采用液氯或次氯酸钠；考虑到实验室内使用氯气的危险性，本研究采用次氯酸钠（分析纯）作为游离氯氧化剂。将次氯酸钠试剂（浓度一般为5%）稀释至500～1000mg/L，储存于棕色试剂瓶中，4℃冰箱保存。每次使用前应重新测定游离氯浓度。

3）中止剂

采用硫代硫酸钠（分析纯）作为游离氯的中止剂。配制成浓度为0.05mol/L的使用液，储存于棕色试剂瓶中，4℃冰箱保存。每个月标定一次。

4）试验用水

试验用水分为去离子水和当地水源水两种。

①去离子水

在进行第一组试验时采用去离子水配水，以排除水源水水质差异对试验结果通用性的干扰。

该去离子水应该是实验室用水等级，要求 TOC＜0.1mg/L。

② 当地水源水

水源水中的有机物、氨氮、藻类及其他还原性物质会消耗游离氯，为评价在实际水质条件下游离氯氧化去除氰化物的效果，应选择新近采集的水源水进行试验，以减少水质变化造成的试验结果与实际水处理操作之间的误差。

应预先测定水源水的基本水质参数，包括：TOC、耗氧量、氨氮、pH 值、碱度。不投加磷酸盐缓冲溶液。氨氮浓度过高（＞0.5mg/L）和藻类浓度过高（＞500 万个/L）的水源水会对氧化过程产生较大影响，不宜直接作为试验用原水。

5）水温

有关试验在室温下进行，试验时需记录实际水温。

（2）设备

六联混凝搅拌器

需满足调速和定时的要求，配备 6 个 1L 试验烧杯。

（3）污染物分析方法

依据水质标准中规定的标准分析方法进行分析。

由于 pH 值是主要的控制参数，因此必须使用 pH 计准确测定 pH 值。

3. 试验过程和方法

（1）第一组：去离子水条件下 pH 值对游离氯去除污染物效果的影响

确定采用游离氯氧化去除还原性污染物时的最佳 pH 值条件。

1）试验水样：去离子水配水，共 6 个，每个水样 1L。

2）游离氯投加量：采用次氯酸钠，投加量为 2mg/L（以 Cl_2 计）。

3）预先用氢氧化钠调节水样的 pH 值，分别为：7.5、8.0、8.5、9.0、9.5、10.0。

4）根据水厂在进水井或混凝池采用预氯化的时间，选择游离氯氧化时间为 30min。反应时间结束后加入略过量的硫代硫酸钠溶液，中止剩余游离氯。硫代硫酸钠的投加量根据加氯量和 1∶1 的摩尔比确定。取样测定特征污染物浓度。

（2）第二组：去离子水条件下加氯量对污染物去除效果的影响

确定采用游离氯氧化去除还原性污染物的最佳投加量。

1）试验水样：去离子水配水，共 3 个，每个水样 1L。

2）游离氯投加量：采用次氯酸钠，投加量为 1、2、3mg/L（以 Cl_2 计）。

3）根据第一组试验结果，选择有利于氧化去除污染物且调节幅度小的 pH 值条件。

4）选择游离氯氧化时间为 30min。反应时间结束后加入略过量的硫代硫酸钠溶液，中止剩余游离氯。硫代硫酸钠的投加量根据加氯量和 1∶1 的摩尔比确定。取样测定特征污染物浓度和剩余氯浓度（包括游离氯、一氯胺、二氯胺等）。

（3）第三组：水源水条件下游离氯对污染物的去除效果

确定在实际水源水条件下，游离氯对污染物的去除效果，以及水中的有机物、氨氮等还原性物质对去除效果的干扰。

1）试验水样：自来水配水，共 3 个，每个水样 1L。

2）pH 值条件：根据第一组试验结果，选择处理后污染物达标水样中 pH 值调节幅度较小者，作为本组测试的选定 pH 值。

3）游离氯投加量：采用次氯酸钠，投加量为2、3、4mg/L（以Cl_2计）。

4）游离氯的衰减：由于游离氯会和水中的氨氮、有机物反应而消耗，试验过程中需监测游离氯的衰减。选择1、3、5、10、20、30min取样测定剩余余氯浓度（包括游离氯、一氯胺、二氯胺和三氯胺）。

5）选择游离氯氧化时间为30min。反应时间结束后加入略过量的硫代硫酸钠溶液，中止剩余游离氯。硫代硫酸钠的投加量根据加氯量和1∶1的摩尔比确定。取样测定特征污染物浓度。

附录6 我国主要活性炭生产厂家

生产厂家	产能（吨）	主要产品型号		联系方式			公司网页
		粒径	材质	电话	地址	邮编	
山西新华活性炭厂	35000	颗粒、粉末	煤质、木质	0351-2877674；3634133	山西省太原新兰路33号	030008	www.sxxinhua.com
大同市云光活性炭有限责任公司	25000	颗粒、粉末	煤质	0352-5122744	中国山西省大同市工农路	037006	www.yunguang-carbon.com
宁夏华辉活性炭股份有限公司	25000	颗粒、粉末	煤质	0951-5070220	宁夏银川市高新技术开发区科技创新园A座1号	750002	www.huahui-carbon.com
卡尔冈炭素（天津）有限公司	20000	粉末、颗粒	木质、煤质、果壳	022-23137000	天津市天津经济技术开发区第五大街洪泽路17号	300457	www.calgoncarbon.com
宁夏太西活性炭厂	15000	颗粒、粉末	煤质	0952-2695402	中国宁夏石嘴山市大武口区长城路	753000	www.taixiac.com.cn
大同市左云县富平活性炭厂	10000	颗粒、粉末	煤质	0352-2805502	大同市东风里华云小区D1号楼	037005	www.fupingac.com
湖南省南县星源活性炭厂	10000	颗粒、粉末	木质、煤质	0737-5229028	湖南省南县南洲镇	413200	www.hnxy.net
溧阳竹溪活性炭有限公司	10000	粉末、颗粒	木质、果壳	0519-7700279	江苏省溧阳市竹箦镇	213351	www.activatedcarbon-zhuxi.com
神华宁夏煤业集团活性炭有限责任公司	10000	粉末、颗粒	煤质、木质、果壳	0952-2695402	宁夏石嘴山市隆湖经济开发区	753000	www.taixiac.com.cn

续表

生产厂家	产能（吨）	主要产品型号		联系方式			公司网页
		粒径	材质	电话	地址	邮编	
上海活性炭厂有限公司	10000	粉末、颗粒	煤质、木质、果壳	021-64341962	上海闵行区江川路2199弄38号	201111	www.shhxtc-carbon.com
大同丰华活性炭有限责任公司	8000	颗粒、粉末	煤质	0352-7035580	山西省大同市南郊区泉落路南（矿务局煤气厂院内）	037001	www.dtfhac.com
山西太原市活性炭厂	7000	粉末、颗粒	煤质、果壳	0351-7952222	山西省太原市小店区刘家堡乡	030000	www.tyshxtc.com
淄博市临淄闽东活性炭厂	7000	粉末	木质、果壳	0533-7687225	山东省淄博市凤凰镇田旺村北	255418	www.mdxht.com
溧阳市东南活性炭厂	6000	颗粒、粉末	果壳	0519-7700234	江苏省溧阳市竹箦茶场	213351	www.lydnhxt.com
上海魅宝活性炭有限公司	6000	颗粒、粉末	果壳、木质、煤质	021-57850583	上海松江区大港镇膨丰路25号	201600	www.mebaocarbon-environment.com
凌源市大河北活性炭厂	5000	粉末、颗粒	煤质、果壳、木质	0314-6082222	河北省平泉县城北	067500	www.dahebei.com
巩义市香山供水材料厂	5000	颗粒	煤质、木质、果壳	0371-64016006	河南省巩义市车元工业区	451281	www.xiang-shan.com
溧阳市康宏活性炭厂	5000	粉末、颗粒	木质、煤质	0519-7705198	江苏省溧阳市竹箦镇北山西路	213351	www.activatedcarbon-kanghong.com
兴达化工有限公司	5000	颗粒、粉末	木质	0570-6035806	浙江省开化县华埠镇下星口	324302	www.xdcarbon.com
长葛市合一炭业有限公司	4000	粉末、颗粒	煤质、木质	0374-2720345	河南省长葛市八一路口	461500	www.heyitanye.com
山西大同市华鑫活性炭（工业）有限责任公司	3000	颗粒、粉末	果壳	0352-6016821	山西省大同市水泊寺沙岭工业区	037000	www.dthuaxin.com.cn

续表

生产厂家	产能（吨）	主要产品型号		联系方式			公司网页
		粒径	材质	电话	地址	邮编	
河北省承德宏伟活性炭厂	3000	颗粒、粉末	果壳、木质	0314-6080888	河北省平泉县平泉镇刘营子村	067500	www.hwhxt.com
唐山华能科技炭业有限公司	3000	颗粒、粉末	椰壳	0315-5156006	河北省唐山市丰润区朝阳路12号	064000	www.hn-carbon.com
邯郸市振华活性炭	3000	粉末、颗粒	果壳、煤质	0310-3220269	邯郸市中华北大街63号	056500	www.zhenhua-hxt.com
淮北市大华活性炭厂	3000	粉末、颗粒	果壳、特种炭	0561-3061448	安徽什徽省淮北市渠沟石亭路1号	235000	www.dhtzhxt.com
赤峰市林星活性炭厂	3000	颗粒、粉末	果壳、煤质、木质	0476-7883729	内蒙古赤峰市巴林左旗林东镇	025450	www.cflinxing.cn
承德鹏程活性炭厂	2500	颗粒	果壳、木质、煤质	0314-6205800	河北省平泉县东三家	067500	www.cd-pengcheng.com/
大同机车煤化有限责任公司	2000	粉末、颗粒	煤质	0352-5091556	中国山西省大同市城区前进街1号	037038	www.dtjcmh.com
承德绿野活性炭厂	2000	颗粒	果壳	0314-6039512	平泉县市场北路	067500	
太原市占海活性炭有限公司	1500	颗粒、粉末	煤质	0351-4074195	山西太原清徐县柳杜乡柳兴大街1号	030001	
淮北市森化碳吸附剂有限责任公司	1500	颗粒、粉末	煤质	0561-3919816	安徽省淮北市朔里工业园	235052	www.hbshcarbon.com
大同市光华活性炭厂	1000	粉末、颗粒	煤质	0352-6021545	大同市东门外御河北路	037044	
苏州通安环保活性炭厂	1000	颗粒、粉末	果壳	0512-66063098	苏州市高新区通安镇新街62号	215153	

续表

生产厂家	产能（吨）	主要产品型号		联系方式			公司网页
		粒径	材质	电话	地址	邮编	
遵化市路达商贸有限公司活性炭厂	800	粉末、颗粒	煤质、木质	0315-6669768	河北省遵化市南二环西路	064200	www.roadcarbon.com
辛集市兴源活性炭厂	600	不定型	果壳、木质	0311-83335688	河北省辛集市南吕村工业区	050000	www.xj-xingyuan.com
保定市满城建兴活性炭厂	100	颗粒	果壳	0312-7011206	河北省保定市满城县要庄乡前大留.	071000	www.jxhxt.cn

附录7 我国主要粉末活性炭投加系统设备厂家

制造商	联系电话	地址	邮编	公司网页
天津市大泽科技发展有限公司	022-84288437-603	天津市河东区富民路65号合汇大厦一层	300182	www.tjdaze.com
瑞典TOMAL公司北京代表处	010-67863461	北京经济技术开发区隆庆街18号豪力大厦419室	100176	www.tomal.se
瑞典TOMAL公司上海代表处	020-54154112	上海市春申路3800号金燕大厦商务楼105室	201100	www.tomal.se
上海同济科蓝环保设备工程有限公司	021-65988369	上海市密云路588号国家工程中心研究大楼4楼	200092	www.tongjihb.com
上海市环境科学研究院	021-64085119-2704	上海市钦州路508号	200233	www.saes.sh.cn
上海安碧环保设备有限公司	021-52585060-16	上海市新华路365弄6号国家大学科技园2-3D	200052	www.abhb.cn
南京融达水处理设计制造有限公司	025-51860394	江苏省南京市江东北路121号	200036	www.watersafe.cn
泰兴市思源环保成套设备厂	0523-763817	江苏省泰兴市环城西路58号	225400	www.syo3.cn
德国普罗名特流体控制(中国)有限公司	0411-87315738	大连经济技术开发区辽河西三路14号	116600	www.prominent.com.cn
爱力浦(广州)泵业有限公司	020-85270976	广州黄埔大道西868号跑马地花园凯悦阁1402	510620	ww.gzailipu.com
广东卓信水处理设备有限公司	020-87327626	广州市东山区先烈中路75号穗丰大厦A801	510095	
保励(广州)水处理设备有限公司	8620-82302961 82302962	广东广州市天河区车陂路大岗工业区	510660	www.polly.com.cn
北京圣劳自动化工程技术有限责任公司	010-63572710 010-63572711	北京市宣武区广内大街6号枫桦豪景A座7-702	100053	www.shenglao.com
上海熠智流体控制设备有限公司	021-62948409	上海市番禺路858号八五八商务中心402室	200030	www.yizhish.com
宜兴市金鹰模具有限公司	0510 87510572	宜兴市新庄镇学圩村	214266	www.yxjyhb.cn

附录8 我国主要混凝剂生产厂家

生产厂家	品 名	指 标	联系电话	地 址	邮编	公司网页
巩义市中岳净水材料有限公司	聚合氯化铝	饮用水级、非饮用水级	0371-68396185	河南省巩义市新兴路西段	451200	www.zhongyuejs.com
	聚合硫酸铁	优等、一等、合格				
巩义市宇清净水材料有限公司	聚合氯化铝	优级、一级、二级	0371-64156198 13838223829	河南巩义市南河渡工业区	451251	www.yqjs.com
	聚合硫酸铁					
	聚合氯化铝铁					
巩义市嵩山滤材有限公司	聚合氯化铝	饮用水级、非饮用水级	0371-66557845	巩义市杜甫路	451250	
巩义市东方净水材料有限公司	聚合氯化铝	饮用水级、非饮用水级	0371-63230299 64366368	河南省巩义市安乐街	451200	www.gysslc.com.cn
河南玉龙供水材料有限公司	聚合氯化铝	饮用水级、非饮用水级	0371-64132888 64132088	河南省巩义市羽林工业区	451200	www.gydfjs.com www.hnzhenyu.com
	聚合氯化铝铁					
巩义市滤料工业有限公司	聚合氯化铝	Ⅰ类、Ⅱ类	0371-64133426	河南省巩义市工业示范区	451252	www.lvliao.com
	复合型聚合氯化铝铁	优等品、一等品				
巩义市银丰实业公司滤料厂	聚合硫酸铝	优等品、一等品	0371-64397038	河南省巩义市安乐街9号		
巩义市韵沟净水滤料厂	聚合硫酸铝	优等品、一等品	0371-68396661	河南省巩义市杜甫像南20米		www.yfll.cn
巩义市富源净水材料有限公司	聚合氯化铝	优级、一级、二级	0371-64123456	河南省巩义市经济技术开发区		www.gyygjs.com www.64123456.com
	聚合硫酸铝					
	聚合氯化铝铁					
巩义市华明化工材料有限公司	聚合硫酸铝	优等品、一等品	0371-64121222	河南省巩义市北山口镇豫31省道9公里处		www.hnhuaming.com
	聚氯化铝铁					
	聚合硫酸铝	优等品、一等品				

续表

生产厂家	品 名	指 标	联系电话	地 址	邮编	公司网页
大连开发区力佳化学制品有限公司	聚合氯化铝	饮用水级、非饮用水级	0411-87611805/87626490/87625751	大连经济技术开发区黄海西路6号	116600	
淄博正河净水剂有限公司	聚合氯化铝	饮用水级、非饮用水级	0533-7607866 7607896	淄博市临淄区开发区（宏鲁工业园内）	255400	www.lijiachem.cn
济宁市圣源污水处理材料有限公司	聚合氯化铝	饮用水级、非饮用水级	0537-2514408 13805377748	山东省济宁市唐口经济开发区	272601	www.jingshuiji.com.cn
淄博正河净水剂有限公司	聚合硫酸铝		0533-7607866 7607896	淄博市临淄区开发区（宏鲁工业园内）	255400	www.sheng-yuan.com.cn
合肥益民化工有限责任公司	聚合氯化铝铁		0551-7673178	安徽省合肥市龙岗开发区B区	231633	www.jingshuiji.com.cn
蓝波化学品有限公司	聚合氯化铝	饮用水级、非饮用水级	0510-87821568	江苏省宜兴市化学工业园永安路（屺亭镇）	214213	www.ymhg.com
宜兴凯利尔净化剂制造有限公司	聚合氯化铝	精制级、卫生级	0510-87846055	江苏宜兴市万石镇港北路	214212	www.bluwat.com.cn www.kailier.com
	聚合氯化铝铁	卫生级、工业级				
	聚硫氯化铝铁	卫生级、工业级				
宜兴市天使合成化学有限公司	聚合氯化铝	Ⅰ类、Ⅱ类	0510-87674303 87678600	宜兴市芳庄镇	21424	www.yxts.cn
	聚合氯化铝铁					
宜兴市必清水处理剂有限公司	聚合氯化铝	饮用水级	0510-87111243 87910047	江苏宜兴市宜城小张墅煤矿	214201	
南京经通水处理研究所宜兴净水剂厂	聚合氯化铝	饮用水级、非饮用水级	0510-87875288 87734620	江苏省宜兴市和桥镇南新人民南路10号	214215	www.bqscl.com
无锡市必盛水处理剂有限公司	聚合氯化铝	饮用水级、非饮用水级	0510-87694087	宜兴市徐舍镇吴圩	214200	www.watersaver.com.cn

续表

生产厂家	品　名	指　标	联系电话	地　址	邮编	公司网页
常州市武进友邦净水材料有限公司	聚合氯化铝	优等、一等	0519-6393009，8319338	江苏省常州市武进区牛塘镇人民西路105号	213163	www.wxbisheng.com www.youbang18.com
	氯化铝铁	优等、一等				
上海浦浔化工有限公司	聚合氯化铝	饮用水级、工业级	021-68915097 68915075	上海张江高科技产业区龙东支路8号	201201	www.shpuxun.com
	聚合氯化铝铁	饮用水级、工业级				
平湖市龙兴化工有限公司	聚合氯化铝	优等、一等	0573-5966871	浙江省平湖市曹桥工业园	314214	www.phlongxing.com
	聚合氯化铝铁	优等、一等				
	聚合硅酸氯化铝					
	聚合硅酸硫酸铝					
重庆渝西化工厂	聚合氯化铝	饮用水级、非饮用水级	023-65808378 65808096	重庆市九龙坡区西彭镇	401326	

附录9 我国主要高锰酸钾生产厂家

制造商	规格	联系电话	地址	邮编	公司网页
江西省南华贸易有限公司	纯度99%	0791-6777700 13970035030	一部地址:南昌市象山南路411号 二部地址:南昌化工大市场A区4栋（莲塘北大道1399号）	330003	http://www.jxnh-hg.cn/main.asp
江苏省苏州市华东化工贸易有限公司	纯度99.3%	025-86870206	江苏省南京市浦口区解放路68号	210031	http://china.alibaba.com/company/detail/penglai001.html
上海顺强生物科技有限公司	纯度99%	021 69124571 69124572	上海市嘉定区南翔镇扬子路585号		www.chemcp.com/web/index.asp? id=21863
衡阳市化工原料公司	纯度99.3%	0734 8224027	湖南省衡阳市中山南路3号	421001	www.sh-shunqiang.com
上海丰巷工贸有限公司	纯度99.3%,50kg/桶	021 62038470	上海市中山北路2185弄27号208室		www.hnhg.com.cn
济南金奥化工开发有限公司	纯度99.8%,50kg/袋	0531-88026866, 13589047093	山东省济南市化纤厂路5号515		www.shfxchem.com
上海昊化化工有限公司	纯度99.3%,带包装	021 620581, 1362032850	上海市中山北路2052号13楼		http://www.jnjachem.com
济南世纪联兴经贸有限公司	纯度99.3%,50kg/袋	0531 82361588 13605401199	济南市历山北路北首佳园化工市场A4-6		www.haochem.com
淄博市临淄天德精细化工研究所	纯度99.5%,50kg/袋	0533 7319576 13906438331	山东淄博市临淄区闫家东华路12号		http://shijilianxing.cn.alibaba.com/

续表

制造商	规　格	联系电话	地　　址	邮编	公 司 网 页
长沙华阳化工有限公司销售公司	药典级，桶/袋	0731 5827519，13973111092	长沙市书院南路 104 号在水一方商务楼 6 楼 D1-D2		www. tiandechem. com. cn
长沙中辉化工有限公司	一级，编袋	0731 5128081，5128616	长沙市天心区西湖路 56 号	410005	www. huayangchem. com. cn
常州市佳业化工有限公司	纯度 99.3%，25kg/袋	0519 6666676	世纪明珠圆 60 号商铺	410002	www. cszh. com. cn
广州市重华贸易有限公司	50kg/桶，50kg/袋	020-82308936，82308937	广州市天河区东圃大观南路 2 号润农商务中心 322 室	510660	www. jych. com

城市供水应急处理
技术测试数据表

1. 农药类（以汉语拼音为序，共18种）

1.1 阿特拉津（莠去津，2-氯-4-乙氨基-6-异丙氨基-1，3，5-三嗪，Atrazine）

编号：上海-阿特拉津-1

时间：2006年7月

<table>
<tr><td>试验名称</td><td colspan="7">粉末活性炭对阿特拉津污染物的吸附速率</td></tr>
<tr><td rowspan="2">相关水质标准
(mg/L)</td><td colspan="2">国　标</td><td colspan="2"></td><td>建设部行标</td><td colspan="2">0.002</td></tr>
<tr><td colspan="2">卫生部规范</td><td colspan="2"></td><td>水源水质标准</td><td colspan="2">0.003</td></tr>
<tr><td>试验条件</td><td colspan="7">污染物浓度：0.015mg/L；粉末活性炭投加量：20mg/L；
原水：长江水源水；试验水温：25℃。</td></tr>
<tr><td>原水水质</td><td colspan="7">COD_{Mn}=3.0mg/L；TOC=3.3mg/L（选测项目）；pH=8.1；
浊度=18NTU；碱度=90mg/L；硬度=122mg/L。</td></tr>
<tr><td colspan="8">数　据　记　录</td></tr>
<tr><td>吸附时间
(min)</td><td>0</td><td>10</td><td>20</td><td>30</td><td>60</td><td>120</td><td>240</td></tr>
<tr><td>污染物浓度
(mg/L)</td><td>0.015</td><td>0.0088</td><td>0.0073</td><td>0.0072</td><td>0.0049</td><td>0.0048</td><td>0.0005</td></tr>
<tr><td>去除率</td><td>0%</td><td>41%</td><td>51%</td><td>52%</td><td>67%</td><td>68%</td><td>96%</td></tr>
</table>

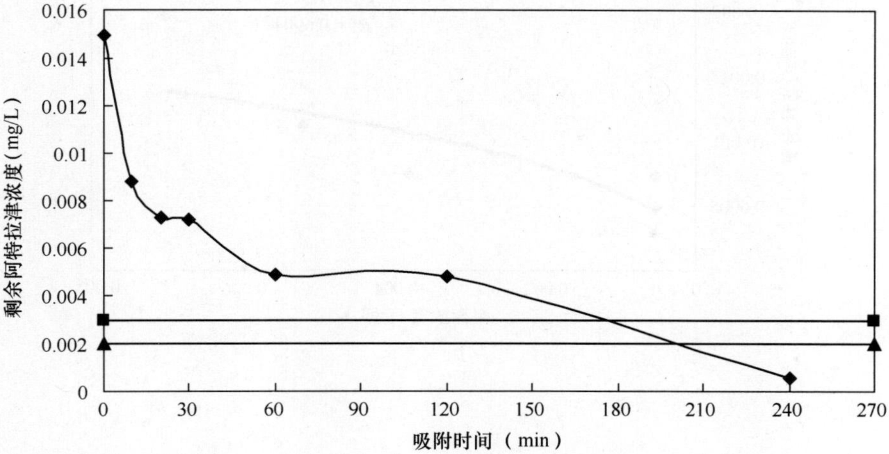

结　论　和　备　注

1. 水源水条件下，粉末活性炭对阿特拉津的吸附基本达到平衡的时间为120min以上。

2. 水源水条件下，粉末活性炭对阿特拉津的初期吸附速率较大，30min时去除率达到52%，可以发挥吸附能力的54%。

编号：上海-阿特拉津-2

时间：2006 年 7 月

试验名称	粉末活性炭对阿特拉津污染物的吸附容量				
相关水质标准（mg/L）	国　标		建设部行标	0.002	
	卫生部规范		水源水质标准	0.003	
试验条件	污染物浓度 C_0：0.15mg/L； 原水：去离子水；水温：25℃；pH＝8.1。				

数　据　记　录

粉末炭剂量 C_t（mg/L）	5	10	15	20	30	50
平衡浓度 C_e（mg/L）	0.007	0.0052	0.0038	0.00053	0.00053	0.00053
C_0-C_e	0.0098	0.0112	0.0112	0.01447	0.01447	0.01447
$(C_0-C_e)/C_t$	0.00196	0.00112	0.000747	0.000724	0.000482	0.000289

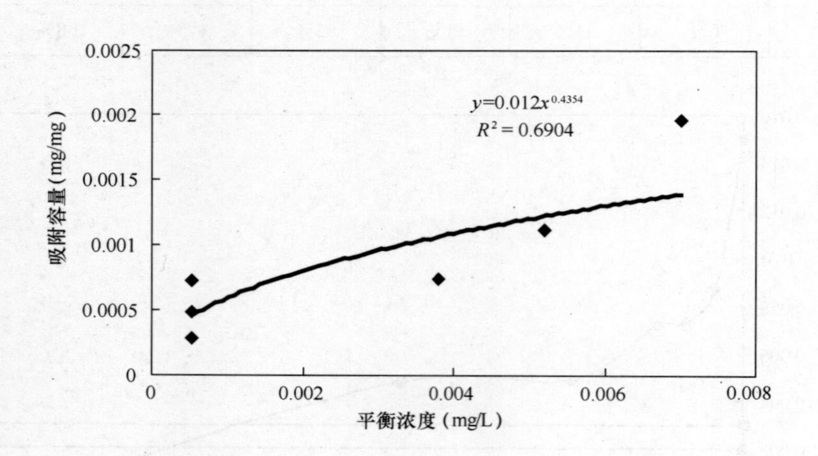

结　论　和　备　注

1. 去离子水条件下，粉末活性炭对阿特拉津的吸附容量符合 Freundrich 吸附等温线。
2. 可根据上述吸附等温线方程和目标浓度计算理论投炭量。

编号：上海-阿特拉津-3

时间：2006年7月

试验名称	粉末活性炭对阿特拉津污染物的吸附容量					
相关水质标准（mg/L）	国　标		建设部行标		0.002	
	卫生部规范		水源水质标准		0.003	
试验条件	污染物浓度 C_0：0.15mg/L； 原水：长江水源水；试验水温：25℃。					
原水水质	COD_{Mn}=3.0mg/L；TOC=3.3mg/L（选测项目）；pH=8.1； 浊度=18NTU；碱度=90mg/L；硬度=122mg/L。					
数　据　记　录						
粉末炭剂量 C_t（mg/L）	5	10	15	20	30	50
平衡浓度 C_e（mg/L）	0.0054	0.0032	0.0027	0.0016	0.00053	0.00053
C_0-C_e	0.0096	0.0118	0.0123	0.0134	0.01447	0.01447
$(C_0-C_e)/C_t$	0.00192	0.00118	0.00082	0.00067	0.000482	0.000289

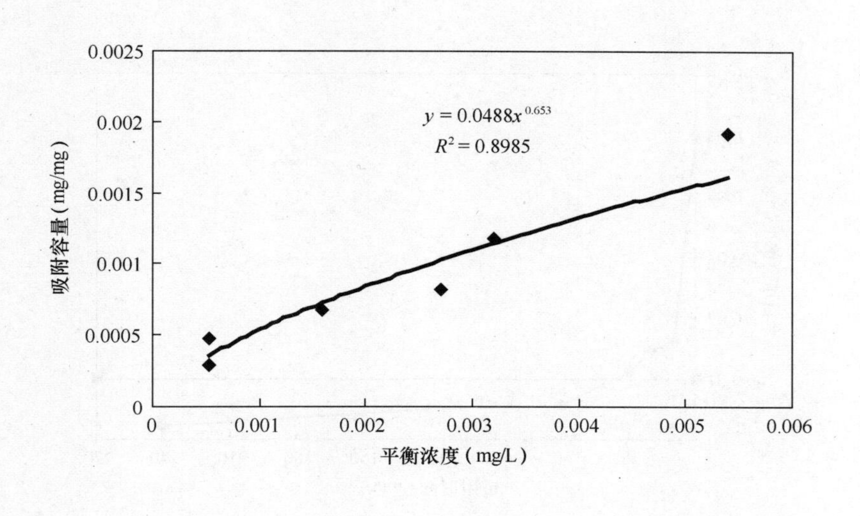

结　论　和　备　注

1. 水源水条件下，粉末活性炭对阿特拉津的吸附容量符合Freundrich吸附等温线。

2. 可根据上述吸附等温线方程和目标浓度计算投炭量，采用粉末活性炭去除超标4倍阿特拉津的有效剂量为17mg/L以上。

3. 水源水条件下的吸附容量比去离子水条件下有明显降低，在平衡浓度为0.001mg/L（行业标准限值的50%）时，前者是后者的90%。

1.2 百菌清（四氯间苯二腈，Chlorothalonil）

编号：无锡-百菌清-1

时间：2006年7月

试验名称	粉末活性炭对百菌清污染物的吸附速率					
相关水质标准（mg/L）	国　标	0.01	建设部行标	—		
	卫生部规范	0.01	水源水质标准	0.01		
试验条件	污染物浓度 C_0：0.05mg/L；粉末活性炭投加量：10mg/L；原水：水源水；试验水温：25℃。					
原水水质	COD_{Mn}＝3.12mg/L；TOC＝4.78mg/L（选测项目）；pH＝7.38；浊度＝0.38NTU；碱度＝91mg/L；硬度＝162mg/L。					
数　据　记　录						
吸附时间（min）	0	10	20	30	60	120	240
污染物浓度（mg/L）	0.05	0.016	0.0146	0.0112	0.0055	0.0049	0.0022
去除率	0%	68%	71%	78%	89%	90%	96%

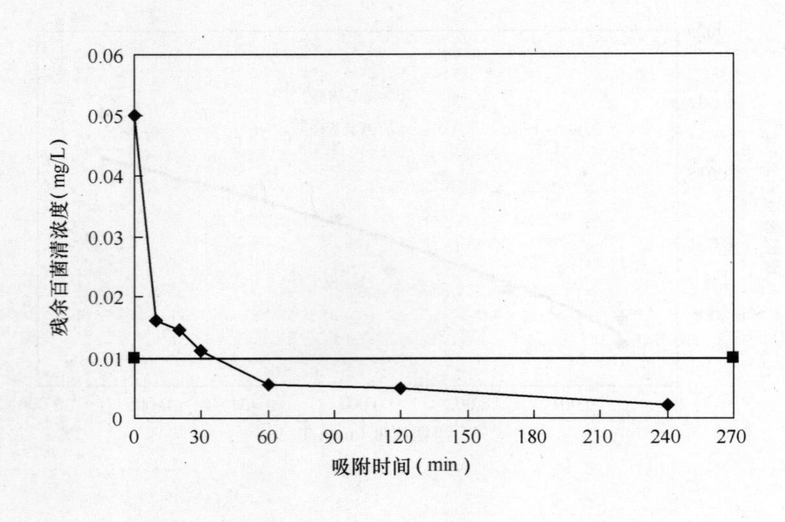

结　论　和　备　注

1. 水源水条件下，粉末活性炭对百菌清的吸附基本达到平衡的时间为120min以上。

2. 水源水条件下，粉末活性炭对百菌清的初期吸附速率很大，30min时去除率达到78%，可以发挥吸附能力的81%。

编号：无锡-百菌清-2

时间：2006年7月

试验名称	粉末活性炭对百菌清污染物的吸附速率			
相关水质标准（mg/L）	国　标	0.01	建设部行标	—
	卫生部规范	0.01	水源水质标准	0.01
试验条件	污染物浓度 C_0：0.05mg/L；粉末活性炭投加量：10mg/L； 原水：去离子水；试验水温：25℃；pH=6.4。			

数　据　记　录

吸附时间（min）	0	10	20	30	60	120	240
污染物浓度（mg/L）	0.05	0.0071	0.0069	0.0049	0.0016	0.0015	0.0014
去除率	0%	86%	86%	90%	97%	97%	97%

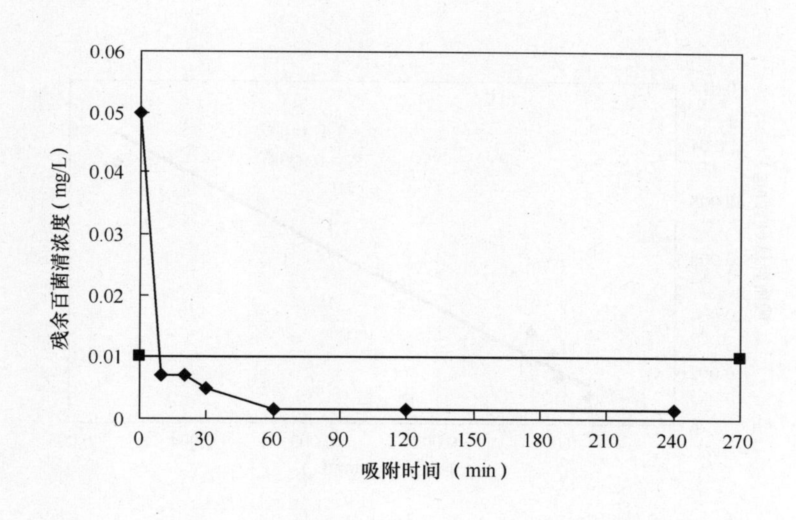

结　论　和　备　注

1. 去离子水条件下，粉末活性炭对百菌清的吸附基本达到平衡的时间为60min以上。

2. 去离子水条件下，粉末活性炭对百菌清的初期吸附速率很大，30min时去除率达到90.2%，可以发挥吸附能力的93%。

3. 水源水条件与去离子水条件相比，吸附反应速率有所减缓，吸附去除率有所下降。

编号：无锡-百菌清-3

时间：2006 年 7 月

试验名称	粉末活性炭对百菌清污染物的吸附容量					
相关水质标准（mg/L）	国　标	0.01		建设部行标	—	
	卫生部规范	0.01		水源水质标准	0.01	
试验条件	污染物浓度 C_0：0.05mg/L； 原水：去离子水；水温：24℃；pH=6.0。					
数　据　记　录						
粉末炭剂量 C_t（mg/L）	5	10	15	20	30	50
平衡浓度 C_e（mg/L）	0.0046	0.0023	0.0012	0.001	0.00096	0.00071
C_0-C_e	0.0454	0.0477	0.0488	0.049	0.04904	0.04929
$(C_0-C_e)/C_t$	0.00908	0.00477	0.00325	0.00245	0.001635	0.0009858

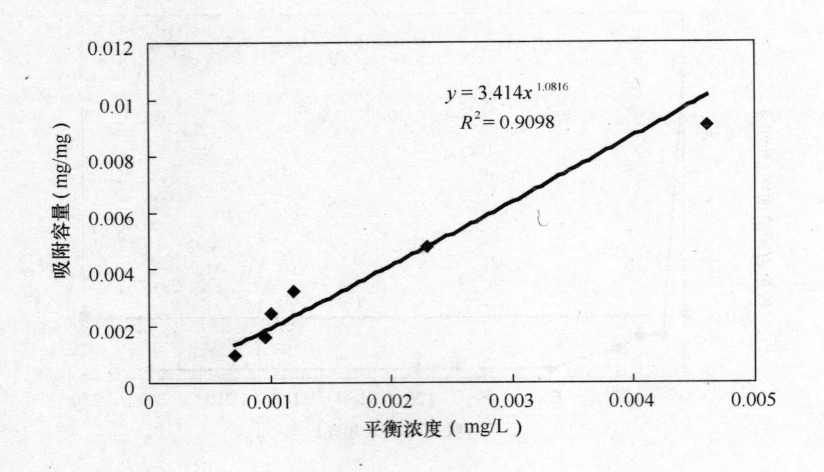

结　论　和　备　注

1. 去离子水条件下，粉末活性炭对百菌清的吸附容量符合 Freundrich 吸附等温线。

2. 可根据上述吸附等温线方程和目标浓度计算理论投炭量。

3. 本实验采用磁子搅拌器、密封瓶进行吸附试验，转速为 260r/min，吸附时间为 2 小时，最后采用 0.45u 的针头过滤器进行过滤。

编号：无锡-百菌清-4

时间：2006 年 7 月

试验名称	粉末活性炭对百菌清污染物的吸附容量				
相关水质标准（mg/L）	国　标	0.01	建设部行标	—	
	卫生部规范	0.01	水源水质标准	0.01	
试验条件	污染物浓度 C_0：0.0690mg/L； 原水：水源水；水温：26.5。				
原水水质	COD_{Mn}＝3.20mg/L；TOC＝5.00mg/L（选测项目）；pH＝7.18； 浊度＝0.36NTU；碱度＝85mg/L；硬度＝159mg/L。				

数　据　记　录

粉末炭剂量 C_t（mg/L）	5	10	15	20	30	50
平衡浓度 C_e（mg/L）	0.0155	0.007	0.0025	0.0017	0.0011	0.00094
C_0-C_e	0.0345	0.043	0.0475	0.0483	0.0489	0.04906
$(C_0-C_e)/C_t$	0.0069	0.0043	0.00317	0.002415	0.00163	0.0009812

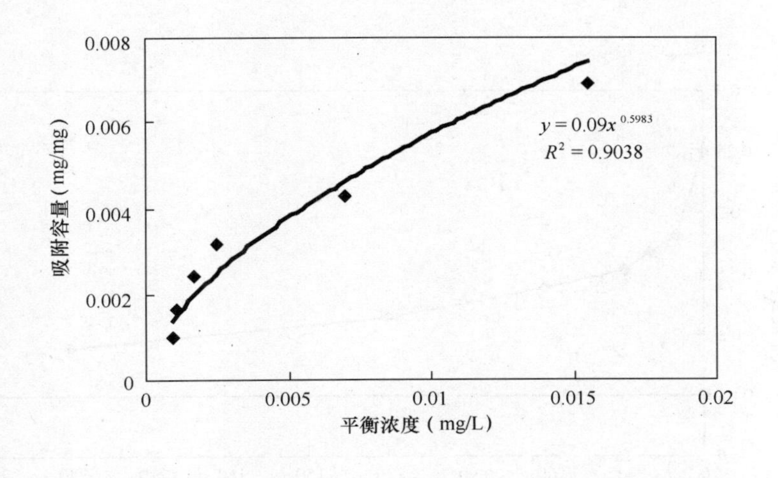

结　论　和　备　注

1. 水源水条件下，粉末活性炭对百菌清的吸附容量符合 Freundrich 吸附等温线。

2. 可根据上述吸附等温线方程和目标浓度计算投炭量，采用粉末活性炭去除超标 4 倍百菌清的有效剂量为 15mg/L 以上。

3. 水源水条件下的吸附容量比去离子水条件下有明显降低，在平衡浓度为 0.005mg/L（标准限值的 50%）时，前者是后者的 34%。

4. 本实验采用磁子搅拌器、密封瓶进行吸附试验，转速为 260r/min，吸附时间为 2h，最后采用 0.45μm 的针头过滤器进行过滤。

1.3 敌百虫（o，o-二甲基-（2，2，2-三氯-1-羟基乙基）膦酸酯，Trichlorfor）

编号：无锡-敌百虫-1

时间：2006 年 7 月

试验名称	粉末活性炭对敌百虫污染物的吸附速率						
相关水质标准（mg/L）	国标			建设部行标			
	卫生部规范			水源水质标准		0.05	
试验条件	污染物浓度 C_0：0.25mg/L；粉末活性炭投加量：10mg/L；原水：滤后水；试验水温：27℃。						
原水水质	COD_{Mn}＝3.14mg/L；TOC＝4.57mg/L（选测项目）；pH＝6.92；浊度＝0.52NTU；碱度＝67mg/L；硬度＝141mg/L。						
数据记录							
吸附时间（min）	0	10	20	30	60	120	240
污染物浓度（mg/L）	0.25	0.18	0.166	0.153	0.138	0.113	0.09
去除率	0%	28%	34%	39%	45%	55%	64%

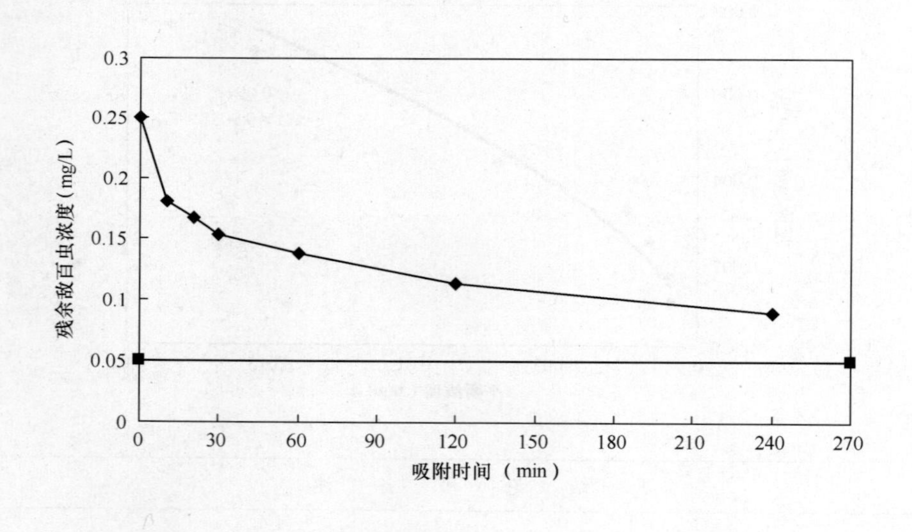

结论和备注

1. 水源水条件下，粉末活性炭对敌百虫的吸附基本达到平衡的时间为 240min 以上。

2. 水源水条件下，粉末活性炭对敌百虫的初期吸附速率较大，30min 时去除率达到 38.8%，可以发挥吸附能力的 60%。

编号：无锡-敌百虫-2

时间：2006 年 7 月

试验名称	粉末活性炭对敌百虫污染物的吸附速率						
相关水质标准（mg/L）	国　标		建设部行标				
	卫生部规范		水源水质标准	0.05			
试验条件	污染物浓度 C_0：0.25mg/L；粉末活性炭投加量：10mg/L； 原水：去离子水；试验水温：27℃；pH=6.0。						
数　据　记　录							
吸附时间（min）	0	10	20	30	60	120	240
污染物浓度（mg/L）	0.25	0.153	0.146	0.137	0.124	0.102	0.079
去除率	0%	39%	42%	45%	50%	59%	68%

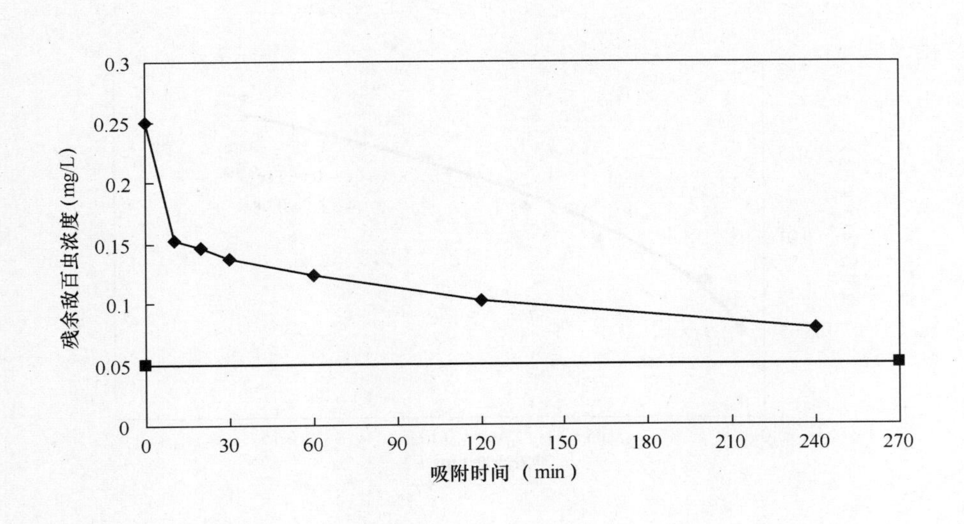

结　论　和　备　注

1. 去离子水条件下，粉末活性炭对敌百虫的吸附基本达到平衡的时间为 240min 以上。

2. 去离子水条件下，粉末活性炭对敌百虫的初期吸附速率较大，30min 时去除率达到 45.2%，可以发挥吸附能力的 66%。

编号：无锡-敌百虫-3

时间：2006年7月

试验名称	粉末活性炭对敌百虫污染物的吸附容量				
相关水质标准（mg/L）	国　标		建设部行标		
	卫生部规范		水源水质标准	0.05	
试验条件	污染物浓度 C_0：0.25mg/L； 原水：去离子水；水温：24℃；pH=6.0。				
数　据　记　录					
粉末炭剂量 C_t（mg/L）	5	10	15	20	30	50
平衡浓度 C_e（mg/L）	0.16	0.104	0.0732	0.051	0.0186	0.007
C_0-C_e	0.09	0.146	0.1768	0.199	0.2314	0.243
$(C_0-C_e)/C_t$	0.018	0.0146	0.01179	0.00995	0.007713	0.00486

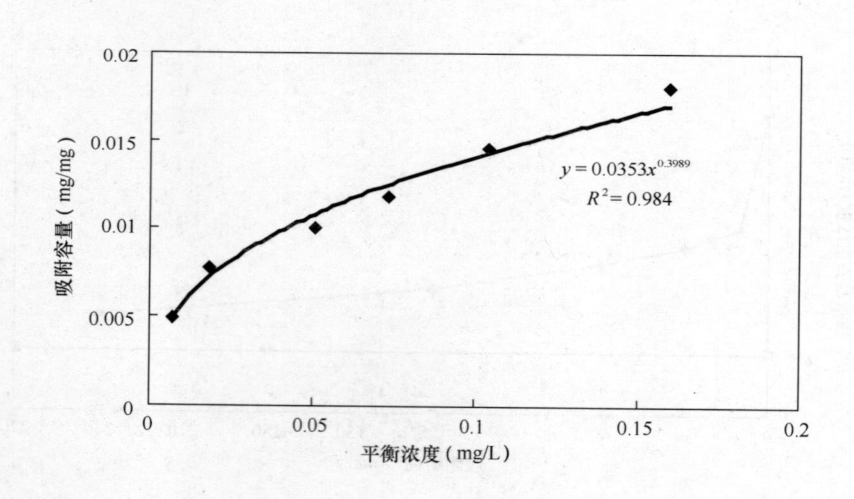

结　论　和　备　注

1. 去离子水条件下，粉末活性炭对敌百虫的吸附容量符合 Freundrich 吸附等温线。
2. 可根据上述吸附等温线方程和目标浓度计算理论投炭量。
3. 本实验采用磁子搅拌器、密封瓶进行吸附试验，转速为260r/min，吸附时间为2h，最后采用0.45μm的针头过滤器进行过滤。

编号：无锡-敌百虫-4

时间：2006 年 7 月

<table>
<tr><td>试验名称</td><td colspan="6">粉末活性炭对敌百虫污染物的吸附容量</td></tr>
<tr><td rowspan="2">相关水质标准
(mg/L)</td><td colspan="2">国　标</td><td colspan="2"></td><td>建设部行标</td><td></td></tr>
<tr><td colspan="2">卫生部规范</td><td colspan="2"></td><td>水源水质标准</td><td>0.05</td></tr>
<tr><td>试验条件</td><td colspan="6">污染物浓度 C_0：0.25mg/L；
原水：滤后水；试验水温：24℃。</td></tr>
<tr><td>原水水质</td><td colspan="6">COD_{Mn}＝3.14mg/L；TOC＝4.87mg/L（选测项目）；pH＝7.33；
浊度＝0.77NTU；碱度＝92mg/L；硬度＝158mg/L。</td></tr>
<tr><td colspan="7">数　据　记　录</td></tr>
<tr><td>粉末炭剂量
C_t（mg/L）</td><td>5</td><td>10</td><td>15</td><td>20</td><td>30</td><td>50</td></tr>
<tr><td>平衡浓度
C_e（mg/L）</td><td>0.1821</td><td>0.1218</td><td>0.1049</td><td>0.0983</td><td>0.0677</td><td>0.0252</td></tr>
<tr><td>C_0-C_e</td><td>0.0679</td><td>0.1282</td><td>0.1451</td><td>0.1517</td><td>0.1823</td><td>0.2248</td></tr>
<tr><td>$(C_0-C_e)/C_t$</td><td>0.01358</td><td>0.01282</td><td>0.00967</td><td>0.007585</td><td>0.00608</td><td>0.004496</td></tr>
</table>

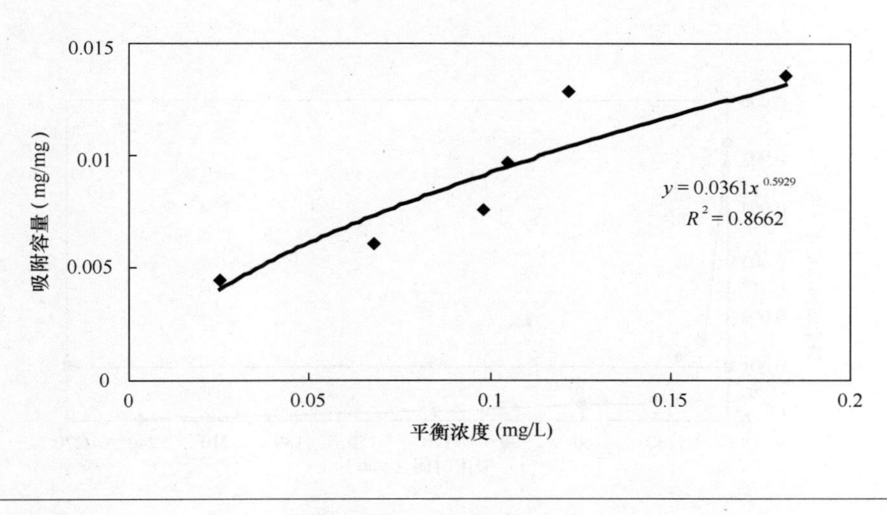

结　论　和　备　注

1. 水源水条件下，粉末活性炭对敌百虫的吸附容量符合 Freundrich 吸附等温线。

2. 可根据上述吸附等温线方程和目标浓度计算投炭量，采用粉末活性炭去除超标 4 倍敌百虫的有效剂量为 60mg/L 以上。

3. 水源水条件下的吸附容量比去离子水条件下有明显降低，在平衡浓度为 0.025mg/L（标准限值的 50%）时，前者是后者的 50%。

4. 本实验采用磁子搅拌器、密封瓶进行吸附试验，转速为 260r/min，吸附时间为 2h，最后采用 0.45μm 的针头过滤器进行过滤。

1.4 滴滴涕(2,2-双(4-氯苯基)-1,1,1-三氯乙烷,DDT)

编号：广州-p，p′-DDT-1

时间：2006年7月

试验名称	粉末活性炭对p，p′-DDT污染物的吸附速率					
相关水质标准（mg/L）	国标	0.001		建设部行标	0.001	
	卫生部规范	0.001		水源水质标准	0.001	
试验条件	污染物浓度 C_0：0.005193mg/L；粉末活性炭投加量：10mg/L；原水：南洲水厂水源水；试验水温：24℃。					
原水水质	COD_{Mn}=1.5mg/L；TOC=1.7mg/L（选测项目）；pH=7.4；浊度=16.6NTU；碱度=55.5mg/L；硬度=69.1mg/L。					

数据记录

吸附时间（min）	0	10	20	30	60	120	240
污染物浓度（mg/L）	0.00519	0.00149	0.00124	0.00037	0.00030	0.00019	0.00005
去除率	0%	71%	76%	93%	94%	96%	100%

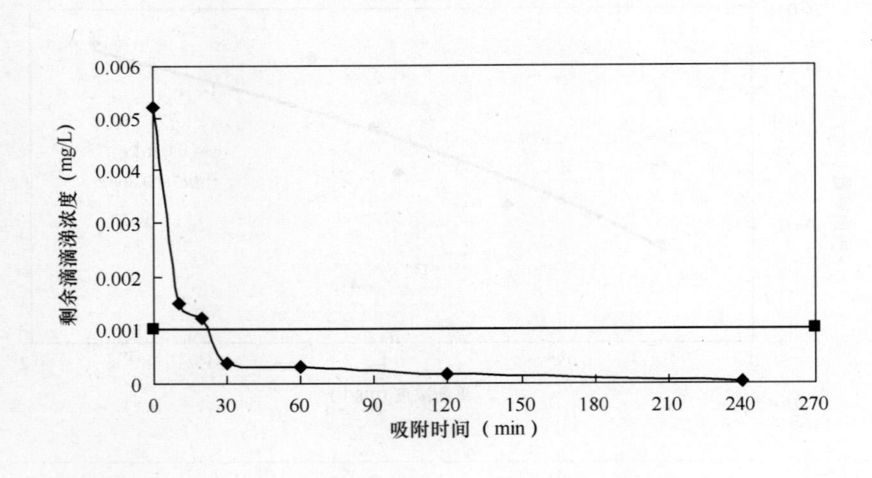

结论和备注

1. 水源水条件下，粉末活性炭对滴滴涕的吸附基本达到平衡的时间为120min以上。

2. 水源水条件下，粉末活性炭对滴滴涕的初期吸附速率较大，30min时去除率达到93%，可以发挥吸附能力的93%。

3. 接触时间为240min时，水中剩余p，p′-DDT浓度已低于检测限，上表用0.00005mg/L表示。

编号：广州-p，p′-DDT-2

时间：2006 年 7 月

<table>
<tr><td>试验名称</td><td colspan="6">粉末活性炭对 p，p′-DDT 污染物的吸附容量</td></tr>
<tr><td rowspan="2">相关水质标准（mg/L）</td><td>国　标</td><td colspan="2">0.001</td><td colspan="2">建设部行标</td><td>0.001</td></tr>
<tr><td>卫生部规范</td><td colspan="2">0.001</td><td colspan="2">水源水质标准</td><td>0.001</td></tr>
<tr><td>试验条件</td><td colspan="6">污染物浓度 C_0：0.00570mg/L；
原水：去离子水；水温：23℃；pH=7.5。</td></tr>
<tr><td colspan="7">数　据　记　录</td></tr>
<tr><td>粉末炭剂量 C_t（mg/L）</td><td>1</td><td>2</td><td>3</td><td>4</td><td>5</td><td>6</td></tr>
<tr><td>平衡浓度 C_e（mg/L）</td><td>0.002324</td><td>0.001086</td><td>0.000905</td><td>0.000296</td><td>0.000169</td><td>0.00017</td></tr>
<tr><td>C_0-C_e</td><td>0.003372</td><td>0.00461</td><td>0.004791</td><td>0.0054</td><td>0.005527</td><td>0.005526</td></tr>
<tr><td>$(C_0-C_e)/C_t$</td><td>0.003372</td><td>0.002305</td><td>0.001597</td><td>0.00135</td><td>0.001105</td><td>0.000921</td></tr>
</table>

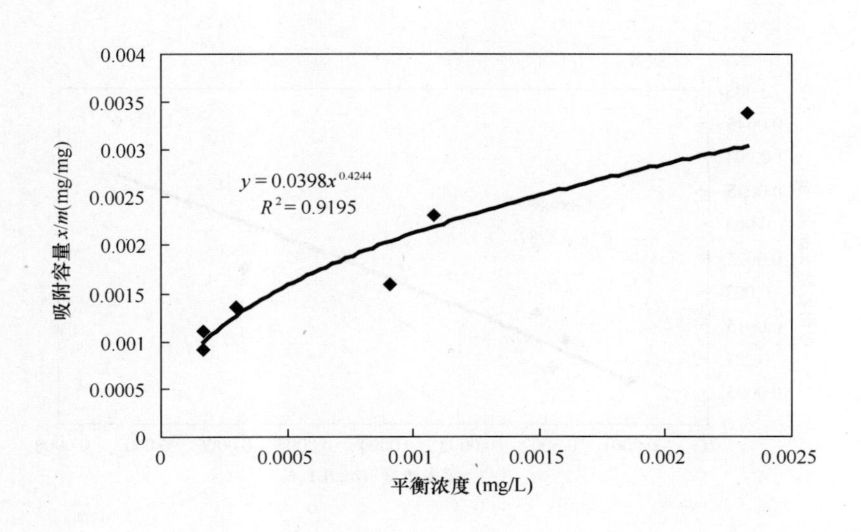

结　论　和　备　注

1. 去离子水条件下，粉末活性炭对敌敌畏的吸附容量符合 Freundrich 吸附等温线。
2. 可根据上述吸附等温线方程和目标浓度计算理论投炭量。

编号：广州-p，p′-DDT-3

时间：2006 年 7 月

试验名称	粉末活性炭对 p，p′-DDT 污染物的吸附容量					
相关水质标准（mg/L）	国　标	0.001		建设部行标	0.001	
	卫生部规范	0.001		水源水质标准	0.001	
试验条件	污染物浓度 C_0：0.00522mg/L； 原水：南洲水厂原水；水温：23℃。					
原水水质	COD_{Mn}=1.5mg/L；TOC=1.7mg/L（选测项目）；pH=7.4； 浊度=16.6NTU；碱度=55.5mg/L；硬度=69.1mg/L。					
数　据　记　录						
粉末炭剂量 C_t（mg/L）	1	2	3	4	6	8
平衡浓度 C_e（mg/L）	0.000727	0.000572	0.000212	0.000175	0.000193	0.000097
C_0-C_e	0.004493	0.004648	0.005008	0.005045	0.005027	0.005123
$(C_0-C_e)/C_t$	0.004493	0.002324	0.001669	0.001261	0.000838	0.000640

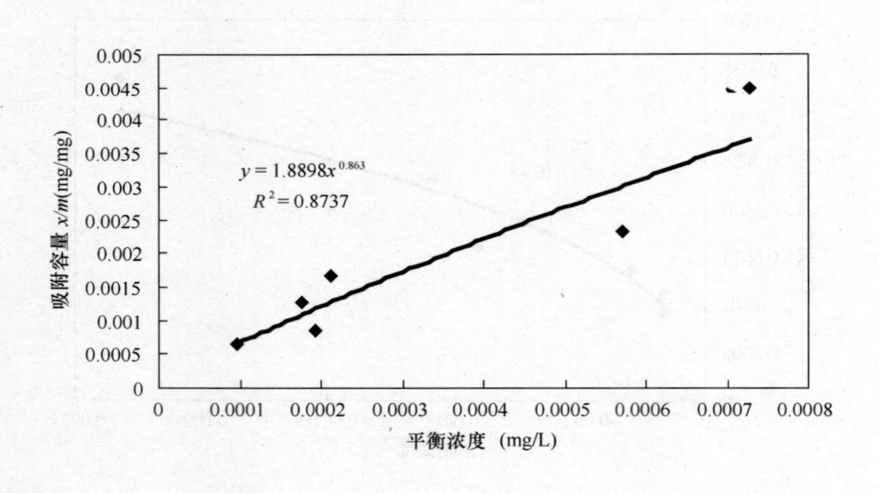

结　论　和　备　注

1. 水源水条件下，粉末活性炭对敌敌畏的吸附容量符合 Freundrich 吸附等温线。

2. 可根据上述吸附等温线方程和目标浓度计算投炭量，采用粉末活性炭去除超标 4 倍敌敌畏的有效剂量为 60mg/L 以上。

3. 水源水条件下的吸附容量比去离子水条件下有明显降低，在平衡浓度为 0.0005mg/L（标准限值的 50%）时，前者是后者的 45%。

1.5 敌敌畏（2,2-二氯乙烯基二甲基磷酸酯，Dichlorovos）

编号：无锡-敌敌畏-1

时间：2006年7月

试验名称	粉末活性炭对敌敌畏污染物的吸附速率			
相关水质标准 (mg/L)	国　标	0.001	建设部行标	0.001
	卫生部规范		水源水质标准	0.05
试验条件	污染物浓度 C_0：0.01mg/L；粉末活性炭投加量：10mg/L； 原水：滤后水；试验水温：27℃。			
原水水质	COD_{Mn}=3.20mg/L；TOC=4.22mg/L；pH=7.18； 浊度=0.44NTU；碱度=83mg/L；硬度=144mg/L。			

数　据　记　录

吸附时间 (min)	0	10	20	30	60	120	240
污染物浓度 (mg/L)	0.01	0.0079	0.0068	0.0065	0.0058	0.0051	0.0045
去除率	0%	21%	32%	35%	42%	49%	55%

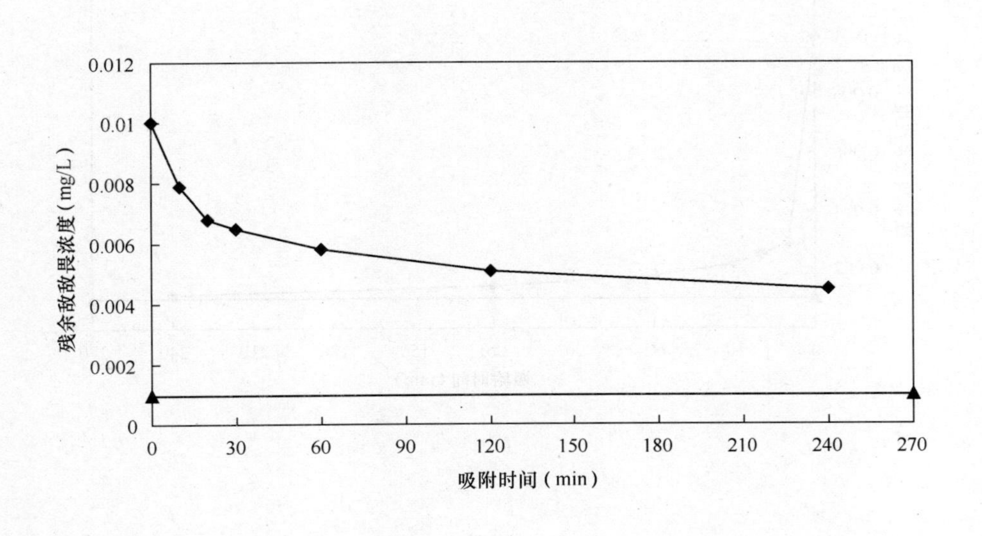

结　论　和　备　注

1. 水源水条件下，粉末活性炭对敌敌畏的吸附基本达到平衡的时间为120min以上。

2. 水源水条件下，粉末活性炭对敌敌畏的初期吸附速率一般，30min时去除率达到35%，可以发挥吸附能力的64%。

编号：无锡-敌敌畏-2

时间：2006 年 7 月

试验名称	粉末活性炭对敌敌畏污染物的吸附速率					
相关水质标准(mg/L)	国　标		0.001	建设部行标		0.001
	卫生部规范			水源水质标准		0.05
试验条件	污染物浓度 C_0：0.01mg/L；粉末活性炭投加量：10mg/L；原水：滤后水；试验水温：27℃；pH＝6.20。					
数　据　记　录							
吸附时间(min)	0	10	20	30	60	120	240
污染物浓度(mg/L)	0.01	0.0029	0.0025	0.0022	0.0018	0.0014	0.0011
去除率	0%	71%	75%	78%	82%	86%	89%

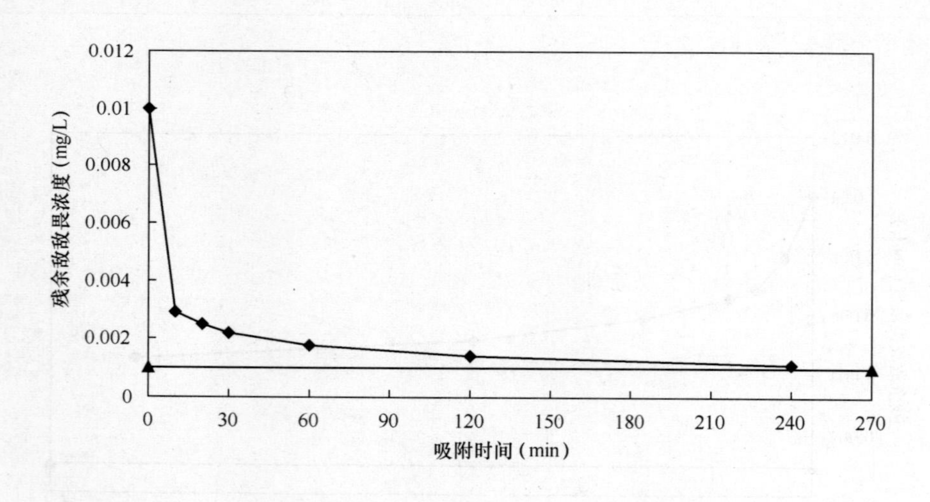

结　论　和　备　注

1. 去离子水条件下，粉末活性炭对敌敌畏的吸附基本达到平衡的时间为 120min 以上。

2. 去离子水条件下，粉末活性炭对敌敌畏的初期吸附速率很大，30min 时去除率达到 78%，可以发挥吸附能力的 88%。

3. 水源水条件与去离子水条件相比，吸附反应速率有所减缓，吸附去除率有所下降。

编号：无锡-敌敌畏-3

时间：2006 年 7 月

试验名称	粉末活性炭对敌敌畏污染物的吸附容量				
相关水质标准 (mg/L)	国　标	0.001	建设部行标	0.001	
	卫生部规范		水源水质标准	0.05	
试验条件	污染物浓度 C_0：0.010mg/L； 原水：去离子水；水温：27℃；pH=6.2。				
数　据　记　录					
粉末炭剂量 C_t (mg/L)	5	10	15	20	30	50
平衡浓度 C_e (mg/L)	0.00316	0.00136	0.00083	0.00068	0.00053	0.00044
C_0-C_e	0.00684	0.00864	0.00917	0.00932	0.00947	0.00956
$(C_0-C_e)/C_t$	0.001368	0.000864	0.000611	0.000466	0.000316	0.000191

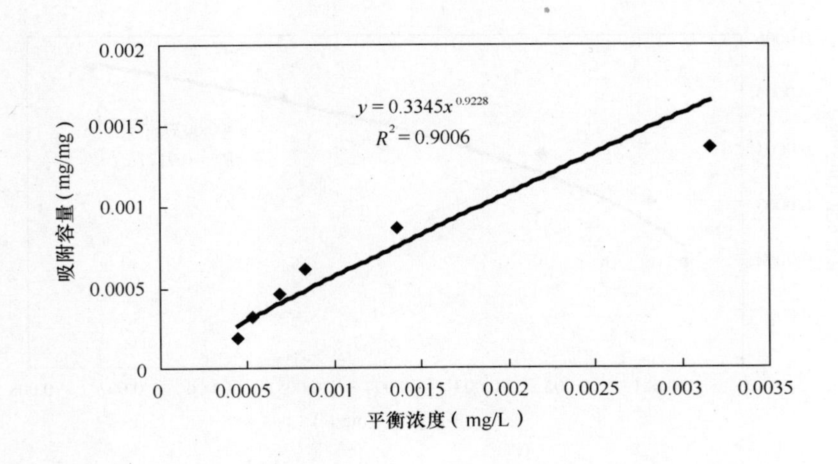

结　论　和　备　注

1. 去离子水条件下，粉末活性炭对敌敌畏的吸附容量符合 Freundrich 吸附等温线。
2. 可根据上述吸附等温线方程和目标浓度计算理论投炭量。
3. 本实验采用磁子搅拌器、密封瓶进行吸附试验，转速为 260r/min，吸附时间为 2h，最后采用 0.45μm 的针头过滤器进行过滤。

编号：无锡-敌敌畏-4

时间：2006 年 7 月

试验名称	粉末活性炭对敌敌畏污染物的吸附容量					
相关水质标准（mg/L）	国　标	0.001		建设部行标		0.001
	卫生部规范			水源水质标准		0.05
试验条件	污染物浓度 C_0：0.010mg/L； 原水：滤后水；水温：27℃；pH＝6.2。					
原水水质	COD_{Mn}＝3.20mg/L；TOC＝4.22mg/L（选测项目）；pH＝7.18； 浊度＝0.44NTU；碱度＝83mg/L；硬度＝144mg/L。					
数　据　记　录						
粉末炭剂量 C_t（mg/L）	5	10	15	20	30	50
平衡浓度 C_e（mg/L）	0.00729	0.00515	0.00403	0.00226	0.00104	0.00065
C_0-C_e	0.00271	0.00485	0.00597	0.00774	0.00896	0.00935
$(C_0-C_e)/C_t$	0.000542	0.000485	0.000398	0.000387	0.000299	0.000187

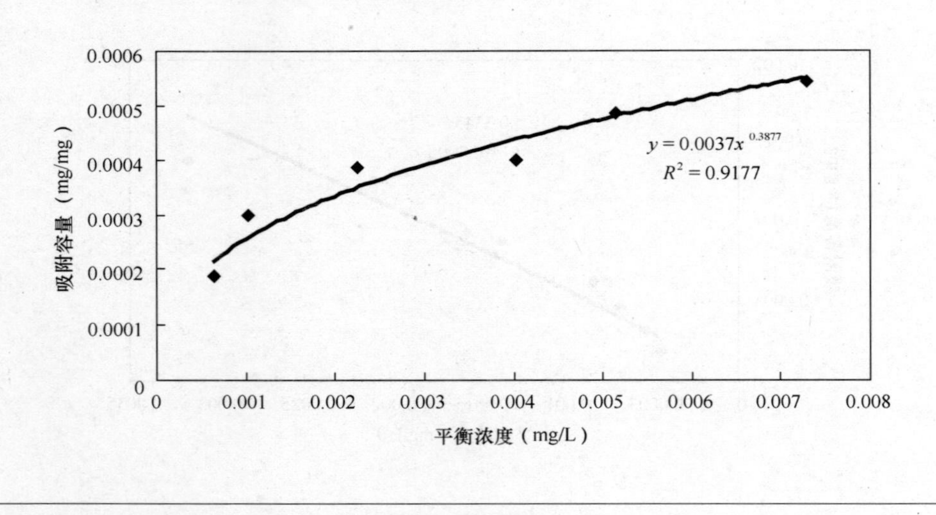

结　论　和　备　注

1. 水源水条件下，粉末活性炭对敌敌畏的吸附容量符合 Freundrich 吸附等温线。

2. 可根据上述吸附等温线方程和目标浓度计算投炭量，采用粉末活性炭去除超标 4 倍敌敌畏的有效剂量为 30mg/L 以上。

3. 水源水条件下的吸附容量比去离子水条件下有明显降低，在平衡浓度为 0.0005mg/L（标准限值的 50%）时，前者是后者的 65%。

4. 本实验采用磁子搅拌器、密封瓶进行吸附试验，转速为 260r/min，吸附时间为 2h，最后采用 0.45μm 的针头过滤器进行过滤。

1.6 毒死蜱（o，o-二乙基-o-(3，5，6-三氯-2-吡啶基）硫代磷酸酯，Chlorpyrifos）

编号：济南-毒死蜱-1

时间：2007 年 5 月 22 日

试验名称	粉末活性炭对毒死蜱污染物的吸附速率			
相关水质标准(mg/L)	国　标	0.03	建设部行标	
	卫生部规范		水源水质标准	
试验条件	污染物浓度 C_0：0.15mg/L；粉末活性炭投加量：10mg/L； 原水：黄河水厂水源水；试验水温：20℃。			
原水水质	COD_{Mn}=2.6mg/L；TOC=____mg/L（选测项目）；pH=8.14； 浊度=0.4NTU；碱度=160mg/L；硬度=283mg/L。			

数　据　记　录

吸附时间(min)	0	10	20	30	60	120	240
污染物浓度(mg/L)	0.15	0.0469	0.0396	0.0228	0.0200	0.0082	0.0047
去除率	0%	69%	74%	85%	87%	95%	97%

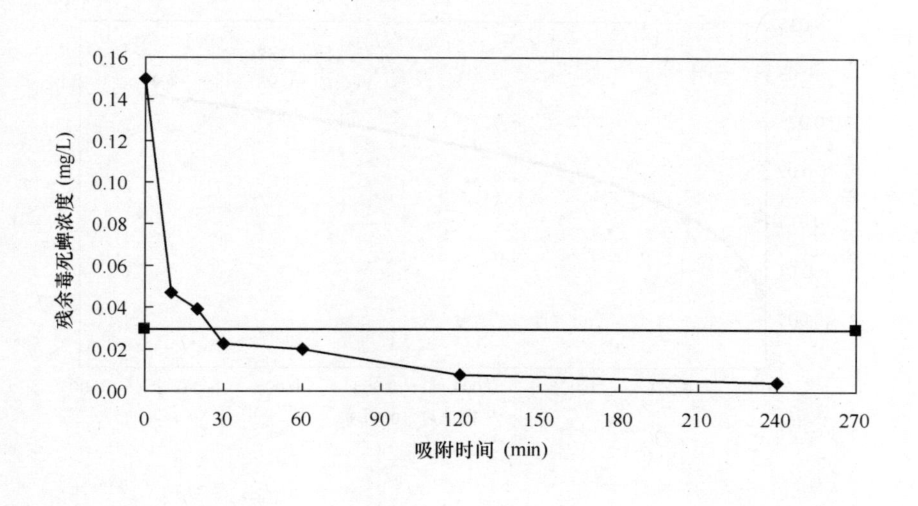

结　论　与　备　注

1. 水源水条件下，粉末活性炭对毒死蜱的吸附基本达到平衡的时间为 120min 以上。

2. 水源水条件下，粉末活性炭对毒死蜱的初期吸附速率很大，30min 时去除率达到 85%，可以发挥吸附能力的 89%。

编号：济南-毒死蜱-2

时间：2007年5月22日

试验名称	粉末活性炭对毒死蜱污染物的吸附容量				
相关水质标准（mg/L）	国　标	0.03	建设部行标		
	卫生部规范		水源水质标准		
试验条件	污染物浓度 C_0：0.15mg/L； 原水：去离子水；水温：20℃；pH=7.80。				

数　据　记　录

粉末炭剂量 C_t（mg/L）	5	10	15	20	30	50
平衡浓度 C_e（mg/L）	0.006235	0.000815	0.000255	0.00005	0	0
C_0-C_e	0.143765	0.149185	0.149745	0.15	0.15	0.15
$(C_0-C_e)/C_t$	0.028753	0.014919	0.009983	0.0075	0.005	0.003

#平衡浓度统一设定为120min吸附时间的浓度

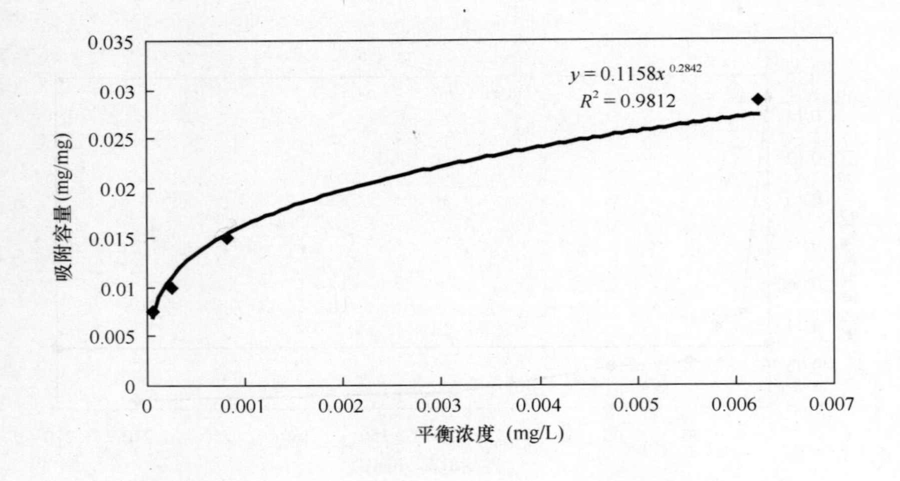

结　论　与　备　注

1. 去离子水条件下，粉末活性炭对敌敌畏的吸附容量符合Freundrich吸附等温线。
2. 可根据上述吸附等温线方程和目标浓度计算理论投炭量。

编号：济南-毒死蜱-3

时间：2007年5月22日

试验名称	粉末活性炭对毒死蜱污染物的吸附容量					
相关水质标准(mg/L)	国　标	0.03		建设部行标		
	卫生部规范			水源水质标准		
试验条件	污染物浓度 C_0：0.15mg/L； 原水：黄河水厂水源水；试验水温：20℃。					
原水水质	COD_{Mn}＝2.6mg/L；TOC＝　　mg/L（选测项目）；pH＝8.14； 浊度＝0.4NTU；碱度＝160mg/L；硬度＝283mg/L。					
数　据　记　录						
粉末炭剂量 C_t（mg/L）	5	10	15	20	30	50
平衡浓度 C_e（mg/L）	0.0158	0.0056	0.0027	0.0017	0.0000	0.0000
C_0-C_e	0.1342	0.1444	0.1473	0.1483	0.1500	0.1500
$(C_0-C_e)/C_t$	0.0268	0.0144	0.0098	0.0074	0.0050	0.0030

＃平衡浓度统一设定为120min吸附时间的浓度

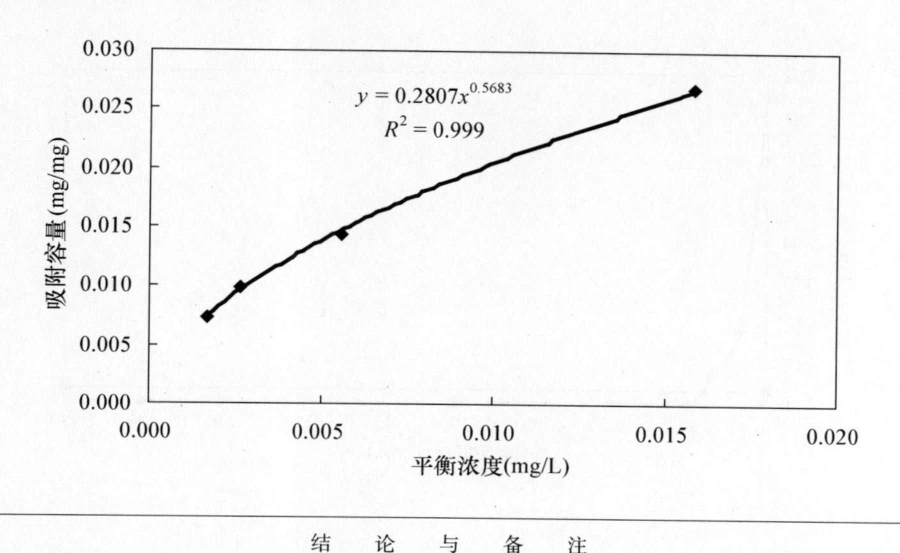

结　论　与　备　注

1. 水源水条件下，粉末活性炭对毒死蜱的吸附容量符合Freundrich吸附等温线。

2. 可根据上述吸附等温线方程和目标浓度计算投炭量，采用粉末活性炭去除超标4倍毒死蜱的有效剂量为6mg/L以上。

3. 水源水条件下的吸附容量比去离子水条件下有明显降低，在平衡浓度为0.015mg/L（标准限值的50%）时，前者是后者的74%。

4. 绘制吸附等温线时舍去30和50mg/L两个点，以免平衡浓度为零时无法计算。

1.7 对硫磷（o，o-二乙基-o-(4-硝基苯基）硫代磷酸酯，Parathion，Folidol）

编号：广州-对硫磷-1

时间：2006 年 7 月

试验名称	粉末活性炭对对硫磷污染物的吸附速率						
相关水质标准 (mg/L)	国　标	0.003		建设部行标		0.003	
	卫生部规范	0.003		水源水质标准		0.003	
试验条件	污染物浓度 C_0：0.0744mg/L；粉末活性炭投加量：10mg/L； 原水：南洲水厂水源水；试验水温：23℃。						
原水水质	COD_{Mn}=1.5mg/L；TOC=1.7mg/L（选测项目）；pH=7.4； 浊度=16.6NTU；碱度=55.5mg/L；硬度=69.1mg/L。						
数　据　记　录							
吸附时间 (min)	0	10	20	30	60	120	240
污染物浓度 (mg/L)	0.0744	0.0175	0.0076	0.0001	0.0001	0.0001	0.0001
去除率	0%	76%	90%	100%	100%	100%	100%

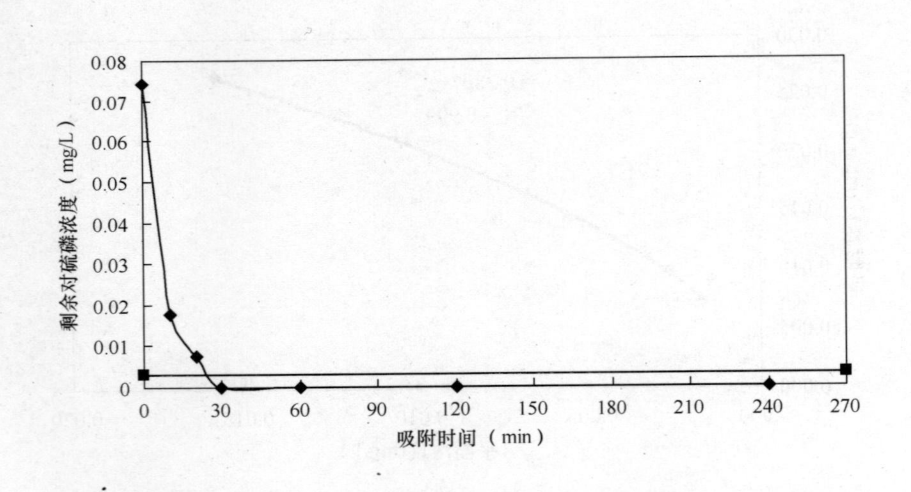

结　论　和　备　注

1. 水源水条件下，粉末活性炭对对硫磷的吸附基本达到平衡的时间为 120min 以上。

2. 水源水条件下，粉末活性炭对对硫磷的初期吸附速率很大，30min 时去除率达到 100%，可以发挥吸附能力的 100%。

3. 60min 检测结果为低于检测限（<0.0001mg/L），在表格中以 0.0001 计。

编号：广州-对硫磷-2
时间：2006 年 7 月

试验名称	粉末活性炭对对硫磷污染物的吸附容量				
相关水质标准 (mg/L)	国　标	0.003	建设部行标	0.003	
	卫生部规范	0.003	水源水质标准	0.003	
试验条件	污染物浓度 C_0：0.0742mg/L； 原水：去离子水；水温：23℃；pH=7.5。				

数　据　记　录

粉末炭剂量 C_t (mg/L)	0.5	1	1.5	2	2.5	3
平衡浓度 C_e (mg/L)	0.0448	0.0344	0.0193	0.0141	0.0055	0.0024
C_0-C_e	0.0294	0.0398	0.0549	0.0601	0.0687	0.0718
$(C_0-C_e)/C_t$	0.0588	0.0398	0.0366	0.0301	0.0275	0.0239

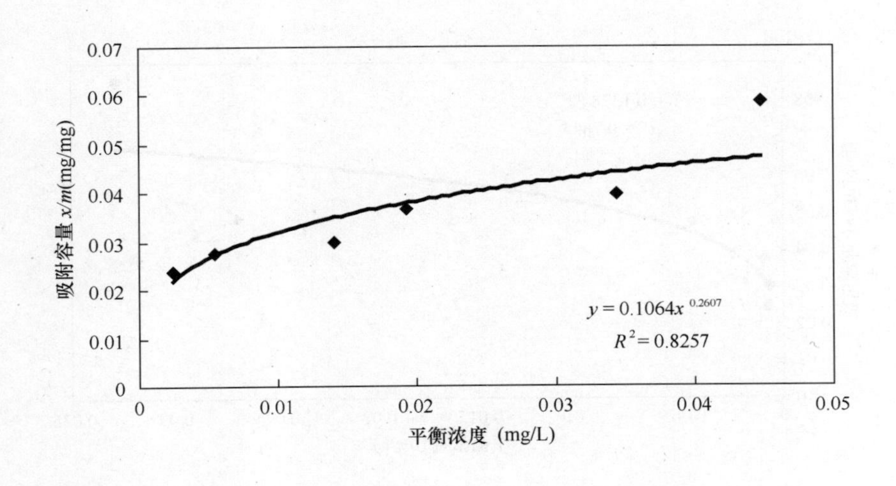

结　论　和　备　注

1. 去离子水条件下，粉末活性炭对对硫磷的吸附容量符合 Freundrich 吸附等温线。
2. 可根据上述吸附等温线方程和目标浓度计算理论投炭量。

编号：广州-对硫磷-3

时间：2006 年 7 月

试验名称	粉末活性炭对对硫磷污染物的吸附容量			
相关水质标准（mg/L）	国　　标	0.003	建设部行标	0.003
	卫生部规范	0.003	水源水质标准	0.003
试验条件	污染物浓度 C_0：0.0753mg/L； 原水：南洲水厂原水；水温：23℃。			
原水水质	COD_{Mn}＝1.5mg/L；TOC＝1.7mg/L（选测项目）；pH＝7.4； 浊度＝16.6NTU；碱度＝55.5mg/L；硬度＝69.1mg/L。			

数　据　记　录

粉末炭剂量 C_t（mg/L）	0.5	1.0	1.5	2.0	2.5	3.0
平衡浓度 C_e（mg/L）	0.0328	0.0268	0.0045	0.0009	0.0006	0.0007
C_0-C_e	0.0425	0.0485	0.0708	0.0744	0.0747	0.0746
$(C_0-C_e)/C_t$	0.085	0.0485	0.0472	0.0372	0.02988	0.024867

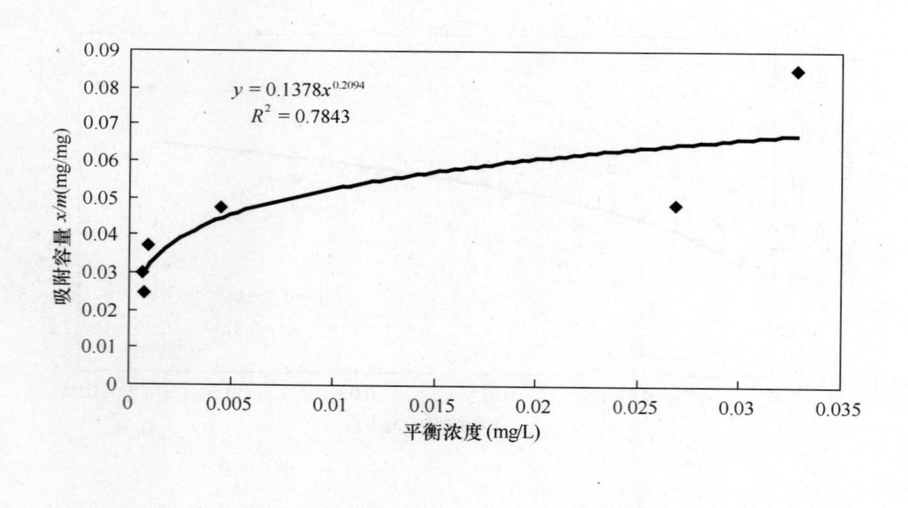

结　论　和　备　注

1. 水源水条件下，粉末活性炭对对硫磷的吸附容量符合 Freundrich 吸附等温线。

2. 可根据上述吸附等温线方程和目标浓度计算投炭量，采用粉末活性炭去除超标 4 倍对硫磷的有效剂量为 30mg/L 以上。

3. 水源水条件下的吸附容量比去离子水条件下有明显降低，在平衡浓度为 0.0005mg/L（标准限值的 50%）时，前者是后者的 14%。

1.8 呋喃丹（2，3-二氢-2，2-二甲基-7-苯并呋喃基-甲基氨基甲酸酯，Furadan，Cavbofuran）

编号：济南-呋喃丹-1

时间：2007 年 5 月 10 日

试验名称	粉末活性炭对呋喃丹污染物的吸附速率					
相关水质标准（mg/L）	国　标	0.007	建设部行标			
	卫生部规范		水源水质标准			
试验条件	污染物浓度 C_0：0.035mg/L；粉末活性炭投加量：10mg/L； 原水：黄河水厂水源水；试验水温：20℃。					
原水水质	COD_{Mn}=2.6mg/L；TOC=　　mg/L（选测项目）；pH=8.14； 浊度=0.4NTU；碱度=160mg/L；硬度=283mg/L。					

数　据　记　录

吸附时间（min）	0	10	20	30	60	120	240
污染物浓度（mg/L）	0.035	0.0050	0.0038	0.0033	0.0023	0.0018	0.0016
去除率	0%	86%	89%	91%	93%	95%	96%

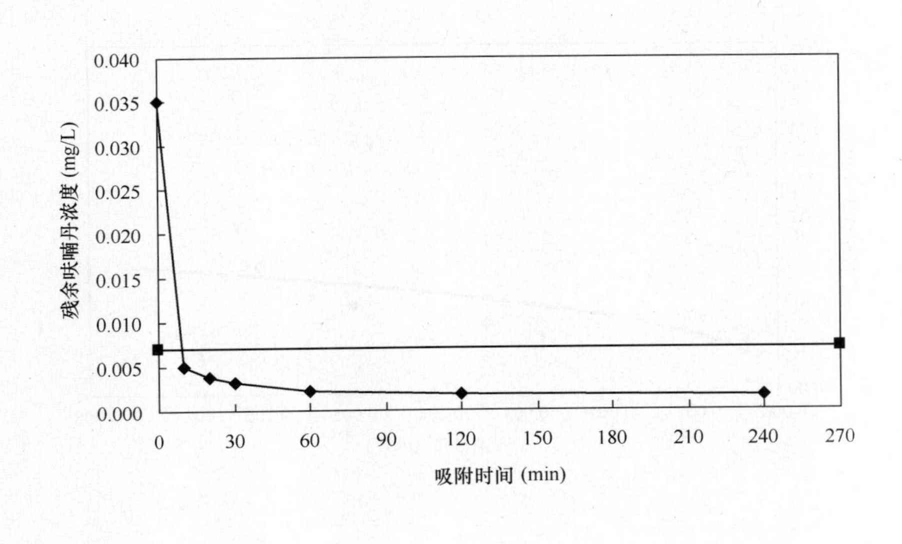

结　论　与　备　注

1. 水源水条件下，粉末活性炭对呋喃丹的吸附基本达到平衡的时间为 120min 以上。

2. 水源水条件下，粉末活性炭对呋喃丹的初期吸附速率很大，30min 时去除率达到 91%，可以发挥吸附能力的 95%。

编号：济南-呋喃丹-2

时间：2007 年 5 月 10 日

试验名称	粉末活性炭对呋喃丹污染物的吸附容量					
相关水质标准 (mg/L)	国　　标		0.007	建设部行标		
	卫生部规范			水源水质标准		
试验条件	污染物浓度 C_0：0.035mg/L； 原水：去离子水；水温：20℃；pH=7.70。					
数　据　记　录						
粉末炭剂量 C_t（mg/L）	1	2	3	4	5	6
平衡浓度 C_e（mg/L）	0.00749	0.00602	0.00493	0.00338	0.00274	0.00035
C_0-C_e	0.02751	0.02898	0.03007	0.03162	0.03226	0.03465
$(C_0-C_e)/C_t$	0.02751	0.01449	0.01002	0.00791	0.00645	0.00578

＃平衡浓度统一设定为 120min 吸附时间的浓度

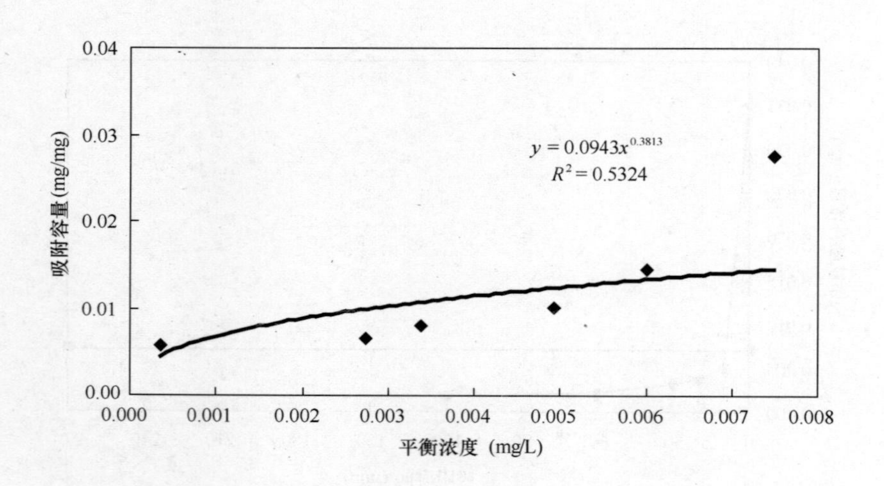

结　论　与　备　注

1. 去离子水条件下，粉末活性炭对对硫磷的吸附容量符合 Freundrich 吸附等温线。
2. 可根据上述吸附等温线方程和目标浓度计算理论投炭量。

编号：济南-呋喃丹-3

时间：2007年5月10日

试验名称	粉末活性炭对呋喃丹污染物的吸附容量					
相关水质标准（mg/L）	国　标	0.007		建设部行标		
	卫生部规范			水源水质标准		
试验条件	污染物浓度 C_0：0.035mg/L； 原水：黄河水厂水源水；试验水温：20℃。					
原水水质	COD_{Mn}=2.6mg/L；TOC=　　mg/L（选测项目）；pH=8.14； 浊度=0.4NTU；碱度=160mg/L；硬度=283mg/L。					
数据记录						
粉末炭剂量 C_t（mg/L）	5	10	15	20	30	50
平衡浓度 C_e（mg/L）	0.0049	0.003885	0.00317	0.001325	0.00108	0.0005
C_0-C_e	0.0301	0.031115	0.03183	0.033675	0.03392	0.0345
$(C_0-C_e)/C_t$	0.00602	0.003112	0.002122	0.001684	0.001131	0.00069

#平衡浓度统一设定为120min吸附时间的浓度

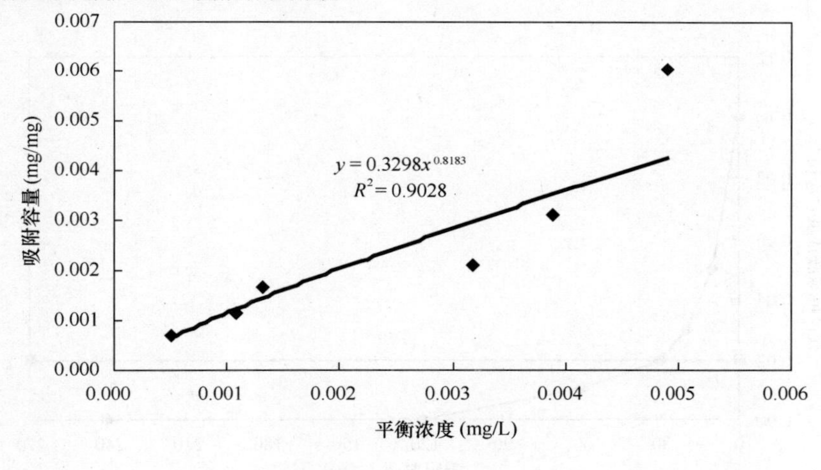

结论与备注

1. 水源水条件下，粉末活性炭对呋喃丹的吸附容量符合 Freundrich 吸附等温线。

2. 可根据上述吸附等温线方程和目标浓度计算投炭量，采用粉末活性炭去除超标4倍呋喃丹的有效剂量为12mg/L以上。

3. 水源水条件下的吸附容量比去离子水条件下有明显降低，在平衡浓度为0.0005mg/L（标准限值的50%）时，前者是后者的30%。

1.9 甲草胺（2-氯-2′，6′-二乙基-N-(甲氧甲基）乙酰苯胺，Alachlor）

编号：上海市供水调度监测中心-甲草胺-1

时间：2007 年 4 月 27 日

试验名称	粉末活性炭对甲草胺污染物的吸附速率					
相关水质标准（mg/L）	国　标	0.02	建设部行标			
	卫生部规范	0.02	水源水质标准			
试验条件	污染物浓度 C_0：0.1mg/L；粉末活性炭投加量：10mg/L； 原水：长江水源水；试验水温：20℃。					
原水水质	COD_{Mn}＝2.5mg/L；TOC＝2.2mg/L（选测项目）；pH＝8.1； 浊度＝22NTU；碱度＝88mg/L；硬度＝144mg/L。					

数　据　记　录

吸附时间（min）	0	10	20	30	60	120	240
污染物浓度（mg/L）	0.1	0.05	0.03	0.02	0.01	0	0
去除率	0%	50%	70%	80%	90%	100%	100%

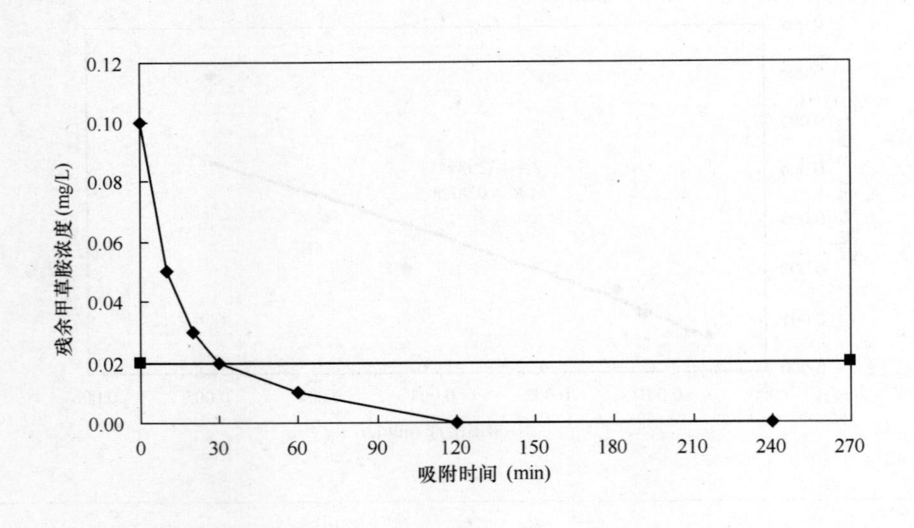

结　论　与　备　注

1. 水源水条件下，粉末活性炭对甲草胺的吸附基本达到平衡的时间为 120min 以上。

2. 水源水条件下，粉末活性炭对甲草胺的初期吸附速率很大，30min 时去除率达到 80%，可以发挥吸附能力的 80%。

编号：上海市供水调度监测中心-甲草胺-2

时间：2007 年 4 月 27 日

试验名称	粉末活性炭对甲草胺污染物的吸附容量				
相关水质标准（mg/L）	国　标	0.02	建设部行标		
	卫生部规范	0.02	水源水质标准		
试验条件	污染物浓度 C_0：0.1mg/L； 原水：去离子水；水温：20℃；pH＝7.0。				
数　据　记　录					
粉末炭剂量 C_t（mg/L）	5	10	15	20	30	50
平衡浓度 C_e（mg/L）	0.0260	0.0170	0.0146	0.0124	0	0
C_0-C_e	0.0740	0.0830	0.0854	0.0876	0.1	0.1
$(C_0-C_e)/C_t$	0.0148	0.0083	0.0057	0.0044	0.0033	0.002

＃平衡浓度统一设定为 120min 吸附时间的浓度

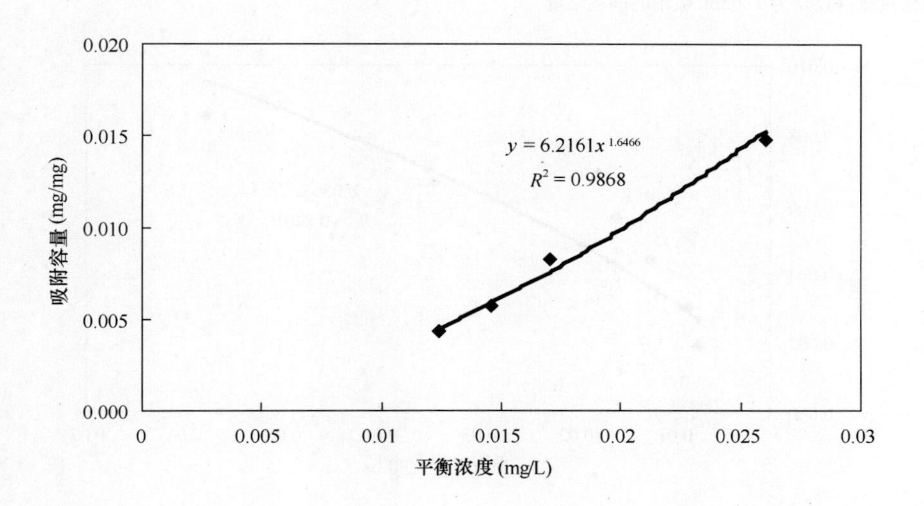

结　论　与　备　注

1. 去离子水条件下，粉末活性炭对甲草胺的吸附容量符合 Freundrich 吸附等温线。
2. 可根据上述吸附等温线方程和目标浓度计算理论投炭量。

编号：上海市供水调度监测中心-甲草胺-3

时间：2007年4月27日

试验名称	粉末活性炭对甲草胺污染物的吸附容量				
相关水质标准（mg/L）	国　标	0.01	建设部行标		
	卫生部规范	0.01	水源水质标准		
试验条件	污染物浓度 C_0：0.05mg/L； 原水：长江水源水；试验水温：20℃。				
原水水质	COD_{Mn}＝2.5mg/L；TOC＝2.2mg/L（选测项目）；pH＝8.1； 浊度＝22NTU；碱度＝88mg/L；硬度＝144mg/L。				

数　据　记　录

粉末炭剂量 C_t（mg/L）	5	10	15	20	30	50
平衡浓度 C_e（mg/L）	0.0577	0.0345	0.0158	0.0122	0.0086	0.0074
C_0-C_e	0.0423	0.0655	0.0842	0.0878	0.0915	0.0926
$(C_0-C_e)/C_t$	0.0085	0.0066	0.0056	0.0044	0.0030	0.0019

#平衡浓度统一设定为120min吸附时间的浓度

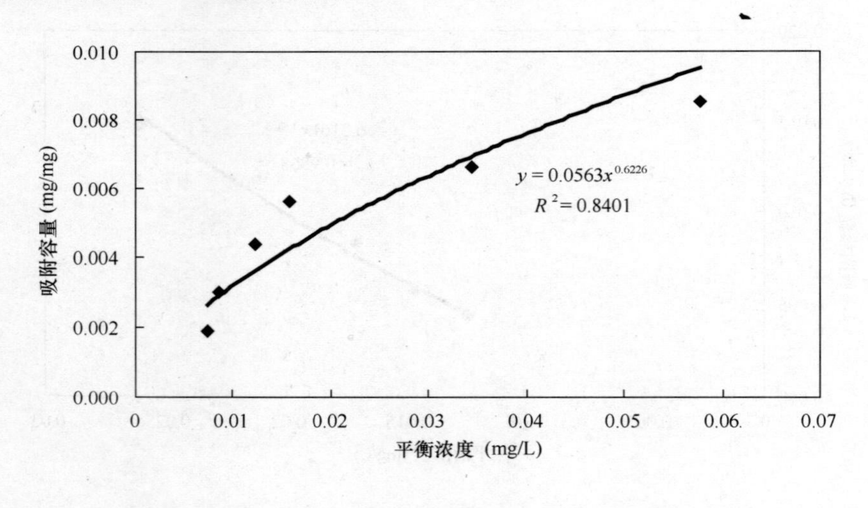

结　论　与　备　注

1. 水源水条件下，粉末活性炭对甲草胺的吸附容量符合Freundrich吸附等温线。

2. 可根据上述吸附等温线方程和目标浓度计算投炭量，采用粉末活性炭去除超标4倍甲草胺的有效剂量为30mg/L以上。

3. 水源水条件下的吸附容量比去离子水条件下有明显降低，在平衡浓度为0.005mg/L（标准限值的50%）时，前者是后者的16%。

1.10 甲基对硫磷（o，o-二甲基-O-(4-硝基苯基）硫逐磷酸酯，Parathion-methyl）

编号：广州-甲基对硫磷-1

时间：2006 年 9 月 24 日

试验名称	粉末活性炭对甲基对硫磷污染物的吸附速率			
相关水质标准 (mg/L)	国　　标	0.02	建设部行标	0.02
	卫生部规范	0.02	水源水质标准	0.02
试验条件	污染物浓度 C_0：0.11mg/L；粉末活性炭投加量：10mg/L； 原水：南洲水厂水源水；试验水温：23℃。			
原水水质	COD_{Mn}=1.6mg/L；TOC=2.1mg/L（选测项目）；pH=7.3； 浊度=36.3NTU；碱度=90.8mg/L；硬度=74.1mg/L。			

数　　据　　记　　录

吸附时间 (min)	0	10	20	30	60	120	240
污染物浓度 (mg/L)	0.117	0.053	0.043	0.0389	0.0312	0.0289	0.0283
去除率	0%	55%	63%	67%	73%	75%	76%

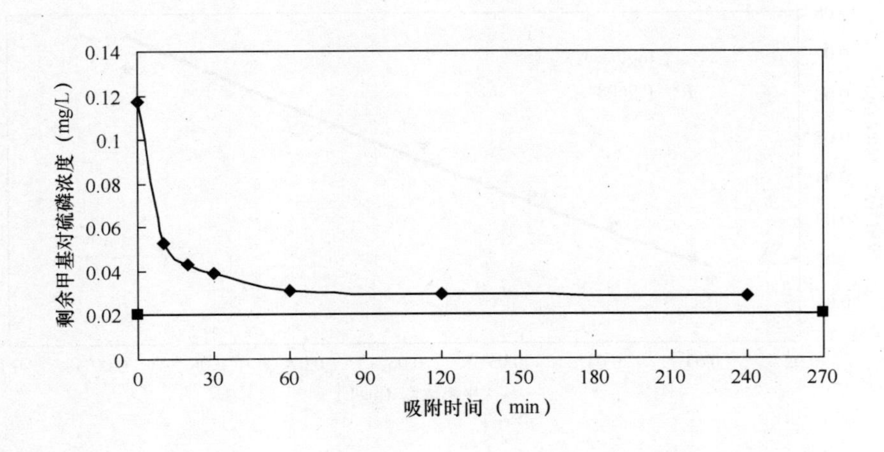

结　论　和　备　注

1. 水源水条件下，粉末活性炭对甲基对硫磷的吸附基本达到平衡的时间为 60min 以上。

2. 水源水条件下，粉末活性炭对甲基对硫磷的初期吸附速率较大，30min 时去除率达到 67%，可以发挥吸附能力的 88%。

编号：广州-甲基对硫磷-2

时间：2006 年 9 月 24 日

试验名称	粉末活性炭对甲基对硫磷污染物的吸附容量				
相关水质标准（mg/L）	国　标	0.02	建设部行标	0.02	
	卫生部规范	0.02	水源水质标准	0.02	
试验条件	污染物浓度 C_0：0.4597mg/L； 原水：去离子水；水温：23℃；pH=7.5。				
数　据　记　录					
粉末炭剂量 C_t（mg/L）	1	2	3	4	6	8
平衡浓度 C_e（mg/L）	0.088	0.058	0.047	0.039	0.031	0.029
C_0-C_e	0.067	0.097	0.108	0.116	0.124	0.126
$(C_0-C_e)/C_t$	0.067	0.0485	0.036	0.029	0.020667	0.01575

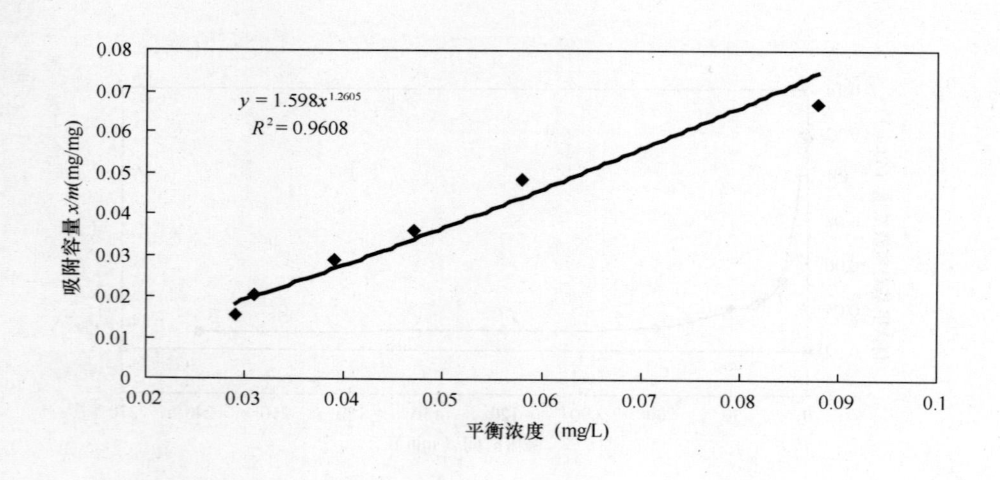

结　论　和　备　注

1. 去离子水条件下，粉末活性炭对甲基对硫磷的吸附容量符合 Freundrich 吸附等温线。
2. 可根据上述吸附等温线方程和目标浓度计算理论投炭量。

编号：广州-甲基对硫磷-3

时间：2006 年 9 月 24 日

试验名称	粉末活性炭对甲基对硫磷污染物的吸附容量					
相关水质标准(mg/L)	国　　标	0.02		建设部行标	0.02	
	卫生部规范	0.02		水源水质标准	0.02	
试验条件	污染物浓度 C_0：0.1855mg/L； 原水：去离子水；水温：23℃；pH＝7.5。					
原水水质	COD_{Mn}＝1mg/L；TOC＝1.7mg/L（选测项目）；pH＝7； 浊度＝0.4NTU；碱度＝48.7mg/L；硬度＝68.9mg/L。					
数　据　记　录						
粉末炭剂量 C_t（mg/L）	1	2	3	4	6	8
平衡浓度 C_e（mg/L）	0.0166	0.0041	0.0033	0.0015	0.0015	0.0011
C_0-C_e	0.1689	0.1814	0.1822	0.1840	0.184	0.1844
$(C_0-C_e)/C_t$	0.1689	0.0907	0.0607	0.0460	0.0307	0.0231

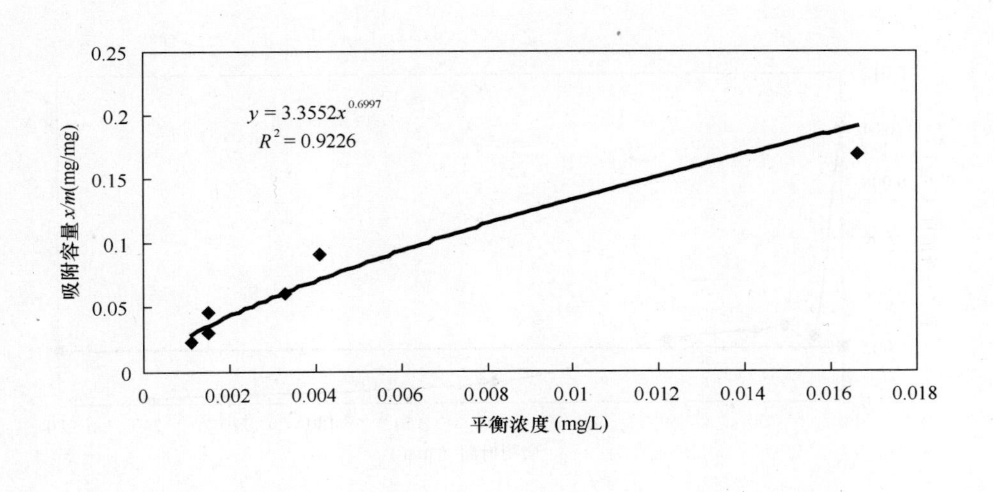

结　论　和　备　注

1. 水源水条件下，粉末活性炭对甲基对硫磷的吸附容量符合 Freundrich 吸附等温线。

2. 可根据上述吸附等温线方程和目标浓度计算投炭量，采用粉末活性炭去除超标 4 倍甲基对硫磷的有效剂量为 2mg/L 以上。

3. 水源水条件下的吸附容量比去离子水条件下有明显降低，在平衡浓度为 0.0005mg/L（标准限值的 50%）时，前者是后者的 69%。

1.11 林丹（γ-1，2，3，4，5，6-六氯环己烷，Lindane）

编号：广州-林丹-1
时间：2006年7月

试验名称	粉末活性炭对林丹污染物的吸附速率						
相关水质标准（mg/L）	国　标	0.002		建设部行标		0.002	
	卫生部规范	0.002		水源水质标准		0.002	
试验条件	污染物浓度 C_0：0.0101mg/L；粉末活性炭投加量：10mg/L；原水：南洲水厂水源水；试验水温：24℃。						
原水水质	COD_{Mn}=1.6mg/L；TOC=2.1mg/L（选测项目）；pH=7.4；浊度=36.3NTU；碱度=90.8mg/L；硬度=74.1mg/L。						
数　据　记　录							
吸附时间（min）	0	10	20	30	60	120	240
污染物浓度（mg/L）	0.0101	0.0024	0.0028	0.0026	0.0023	0.0008	0.0002
去除率	0%	76%	73%	75%	77%	92%	98%

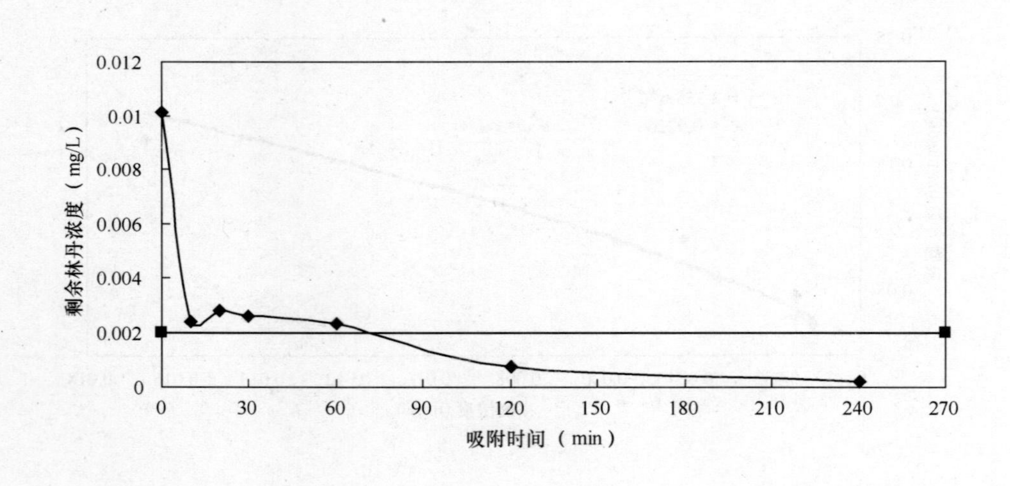

结　论　和　备　注

1. 水源水条件下，粉末活性炭对林丹的吸附基本达到平衡的时间为120min以上。

2. 水源水条件下，粉末活性炭对林丹的初期吸附速率一般，30min时去除率达到75%，可以发挥吸附能力的77%。

编号：广州-林丹-2

时间：2006 年 7 月

试验名称	粉末活性炭对林丹污染物的吸附容量				
相关水质标准（mg/L）	国　标	0.002	建设部行标	0.002	
	卫生部规范	0.002	水源水质标准	0.002	
试验条件	污染物浓度 C_0：0.009508mg/L； 原水：去离子水；水温：23℃；pH=7.5。				
数据记录					
粉末炭剂量 C_t（mg/L）	1	2	3	4	6	8
平衡浓度 C_e（mg/L）	0.00526	0.00268	0.00140	0.00077	0.00077	0.00031
C_0-C_e	0.00425	0.00683	0.00811	0.00874	0.00874	0.00919
$(C_0-C_e)/C_t$	0.00425	0.00341	0.00270	0.00219	0.00146	0.00115

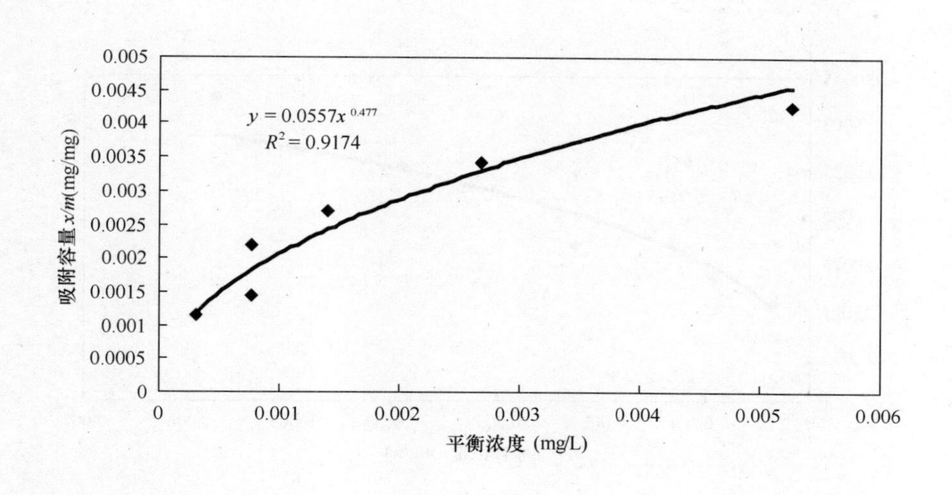

结论和备注

1. 去离子水条件下，粉末活性炭对林丹的吸附容量符合 Freundrich 吸附等温线。
2. 可根据上述吸附等温线方程和目标浓度计算理论投炭量。

编号：广州-林丹-3
时间：2006 年 7 月

试验名称	粉末活性炭对林丹污染物的吸附容量					
相关水质标准 (mg/L)	国　标	0.002		建设部行标	0.002	
	卫生部规范	0.002		水源水质标准	0.002	
试验条件	污染物浓度 C_0：0.009089mg/L； 原水：南洲水厂原水；水温：23℃。					
原水水质	COD_{Mn}=1.6mg/L；TOC=2.1mg/L（选测项目）；pH=7.4； 浊度=36.3NTU；碱度=90.8mg/L；硬度=74.1mg/L。					
数据记录						
粉末炭剂量 C_t (mg/L)	1	2	3	4	6	8
平衡浓度 C_e (mg/L)	0.00574	0.00394	0.00259	0.00227	0.00091	0.00032
C_0-C_e	0.00327	0.00506	0.00641	0.00673	0.00809	0.00868
$(C_0-C_e)/C_t$	0.00327	0.00253	0.00214	0.00168	0.00135	0.00108

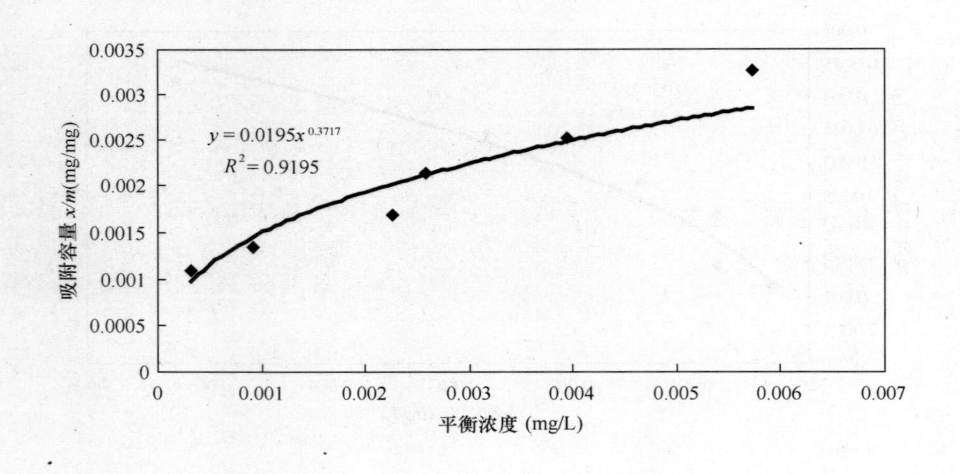

结　论　和　备　注

1. 水源水条件下，粉末活性炭对林丹的吸附容量符合 Freundrich 吸附等温线。

2. 可根据上述吸附等温线方程和目标浓度计算投炭量，采用粉末活性炭去除超标 4 倍林丹的有效剂量为 30mg/L 以上。

3. 水源水条件下的吸附容量比去离子水条件下有明显降低，在平衡浓度为 0.0005mg/L（标准限值的 50%）时，前者是后者的 65%。

1.12 六六六（六氯环已烷，hexachlorocyolohexane，benzenehexachloride）

编号：广州-α-六六六-1

时间：2006年7月

试验名称	粉末活性炭对α-六六六污染物的吸附速率					
相关水质标准（mg/L）	国　标	0.005		建设部行标		0.005
	卫生部规范	0.005		水源水质标准		0.005
试验条件	污染物浓度 C_0：0.0303mg/L；粉末活性炭投加量：5mg/L； 原水：南洲水厂水源水；试验水温：24℃。					
原水水质	COD_{Mn}=1.2mg/L；TOC=2.2mg/L（选测项目）；pH=7.4； 浊度=14.7NTU；碱度=78.4mg/L；硬度=82.3mg/L。					

数　据　记　录

吸附时间（min）	0	10	20	30	60	120	240
污染物浓度（mg/L）	0.0303	0.0192	0.0186	0.0104	0.0068	0.0049	0.0059
去除率	0%	37%	39%	66%	78%	84%	81%

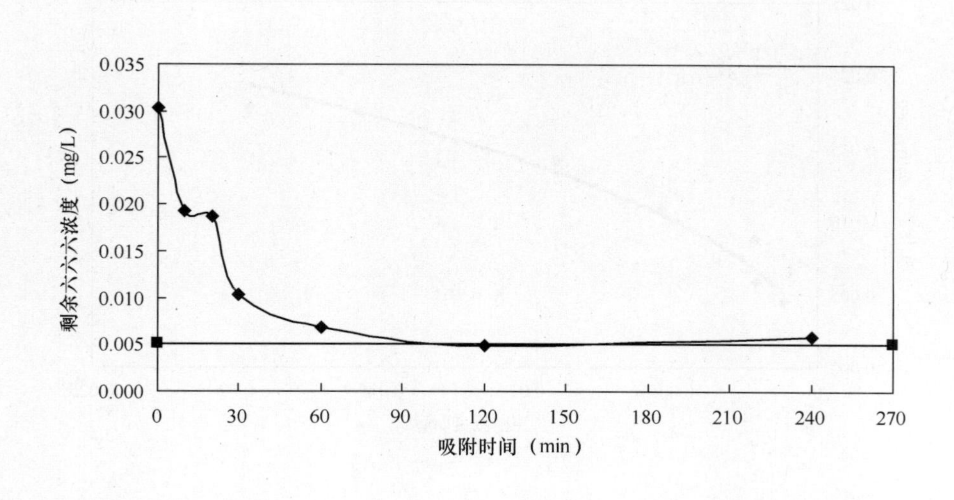

结　论　和　备　注

1. 水源水条件下，粉末活性炭对六六六的吸附基本达到平衡的时间为120min以上。

2. 水源水条件下，粉末活性炭对六六六的初期吸附速率较大，30min时去除率达到66%，可以发挥吸附能力的82%。

编号：广州-α-六六六-2

时间：2006 年 7 月

试验名称	粉末活性炭对 α-六六六污染物的吸附容量					
相关水质标准（mg/L）	国　标	0.005		建设部行标	0.005	
	卫生部规范	0.005		水源水质标准	0.005	
试验条件	污染物浓度 C_0：0.0374mg/L； 原水：去离子水；水温：23℃；pH=7.5。					
数　据　记　录						
粉末炭剂量 C_t（mg/L）	1	2	3	4	6	8
平衡浓度 C_e（mg/L）	0.0196	0.009	0.0054	0.0022	0.0021	0.0012
C_0-C_e	0.0178	0.0284	0.032	0.0352	0.0353	0.0362
$(C_0-C_e)/C_t$	0.0178	0.0142	0.010667	0.0088	0.005883	0.004525

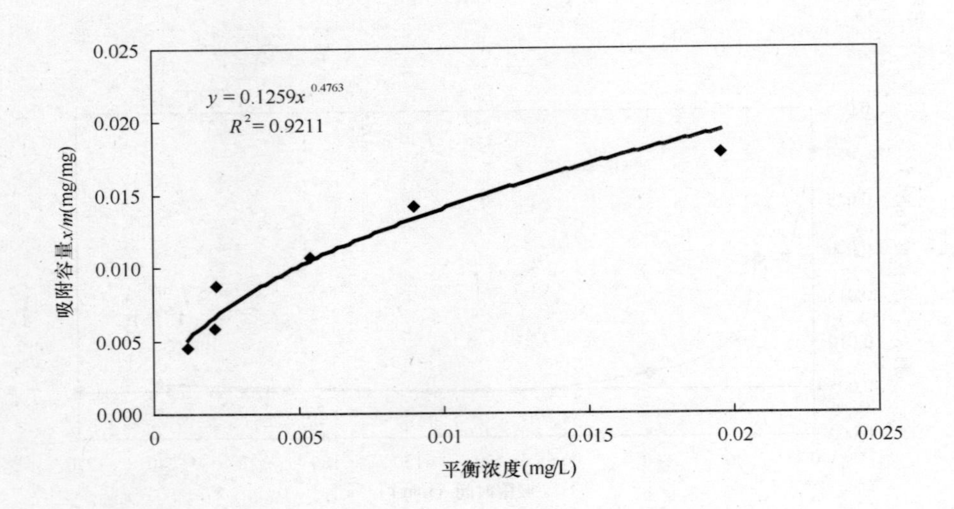

结　论　和　备　注

1. 去离子水条件下，粉末活性炭对六六六的吸附容量符合 Freundrich 吸附等温线。
2. 可根据上述吸附等温线方程和目标浓度计算理论投炭量。

编号：广州-α-六六六-3

时间：2006年7月

试验名称	粉末活性炭对α-六六六污染物的吸附容量					
相关水质标准(mg/L)	国　标	0.005		建设部行标	0.005	
	卫生部规范	0.005		水源水质标准	0.005	
试验条件	污染物浓度 C_0：0.0303mg/L； 原水：南洲水厂水源水；试验水温：24℃。					
原水水质	COD_{Mn}=1.2mg/L；TOC=2.2mg/L（选测项目）；pH=7.4； 浊度=14.7NTU；碱度=78.4mg/L；硬度=82.3mg/L。					
数　据　记　录						
粉末炭剂量 C_t（mg/L）	1	2	3	4	6	8
平衡浓度 C_e（mg/L）	0.0168	0.0119	0.01	0.008	0.0066	0.004
C_0-C_e	0.0135	0.0184	0.0203	0.0223	0.0237	0.0263
$(C_0-C_e)/C_t$	0.0135	0.0092	0.006767	0.005575	0.00395	0.003288

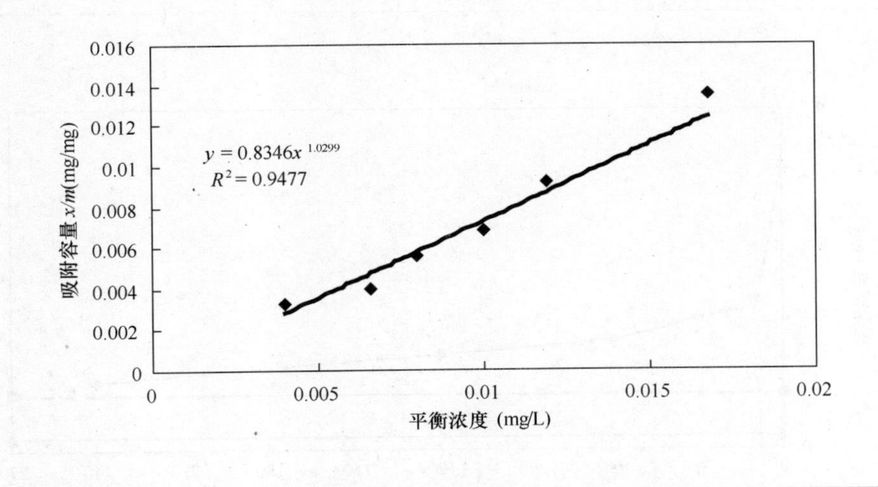

结　论　和　备　注

1. 水源水条件下，粉末活性炭对六六六的吸附容量符合Freundrich吸附等温线。

2. 可根据上述吸附等温线方程和目标浓度计算投炭量，采用粉末活性炭去除超标4倍六六六的有效剂量为15mg/L以上。

3. 水源水条件下的吸附容量比去离子水条件下有明显降低，在平衡浓度为0.0025mg/L（标准限值的50%）时，前者是后者的24%。

1.13 乐果（O-二甲基-S-（N-甲基氨基甲酰甲基）二硫代磷酸酯，Rogor）

编号：广州-乐果-1

时间：2006年7月

<table>
<tr><td>试验名称</td><td colspan="7">粉末活性炭对乐果污染物的吸附速率</td></tr>
<tr><td rowspan="2">相关水质标准
(mg/L)</td><td colspan="2">国　标</td><td colspan="2">0.08</td><td colspan="2">建设部行标</td><td>0.02</td></tr>
<tr><td colspan="2">卫生部规范</td><td colspan="2">0.08</td><td colspan="2">水源水质标准</td><td>0.08</td></tr>
<tr><td>试验条件</td><td colspan="7">污染物浓度 C_0：0.413mg/L；粉末活性炭投加量：10mg/L；
原水：江村水厂水源水；试验水温：23℃。</td></tr>
<tr><td>原水水质</td><td colspan="7">COD_{Mn}=1mg/L；TOC=2.1mg/L（选测项目）；pH=7.0；
浊度=2.0NTU；碱度=23.9mg/L；硬度=86.5mg/L。</td></tr>
<tr><td colspan="8">数　据　记　录</td></tr>
<tr><td>吸附时间
(min)</td><td>0</td><td>10</td><td>20</td><td>30</td><td>60</td><td>120</td><td>240</td></tr>
<tr><td>污染物浓度
(mg/L)</td><td>0.413</td><td>0.22</td><td>0.2</td><td>0.19</td><td>0.16</td><td>0.14</td><td>0.1</td></tr>
<tr><td>去除率</td><td>0%</td><td>47%</td><td>52%</td><td>54%</td><td>61%</td><td>66%</td><td>76%</td></tr>
</table>

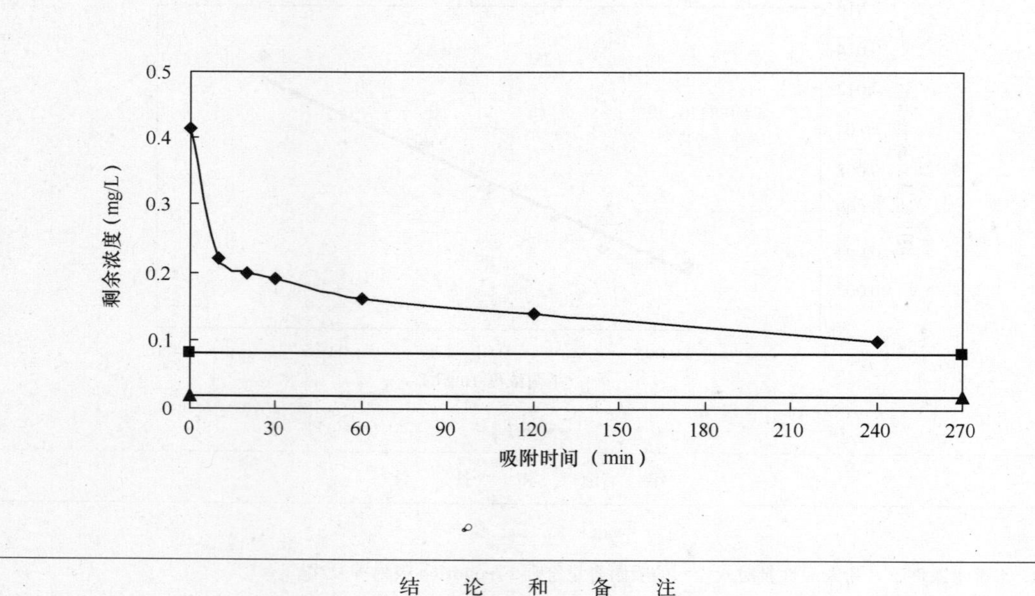

结　论　和　备　注

1. 水源水条件下，粉末活性炭对乐果的吸附基本达到平衡的时间为120min以上。

2. 水源水条件下，粉末活性炭对乐果的初期吸附速率一般，30min时去除率达到54%，可以发挥吸附能力的71%。

编号：广州-乐果-2

时间：2006 年 7 月

试验名称	粉末活性炭对乐果污染物的吸附容量				
相关水质标准（mg/L）	国　标		0.08	建设部行标	0.02
	卫生部规范		0.08	水源水质标准	0.08
试验条件	污染物浓度 C_0：0.1149mg/L； 原水：纯水；水温：25.0；pH=6.8。				
数　据　记　录					
粉末炭剂量 C_t（mg/L）	5	10	15	20	30	50
平衡浓度 C_e（mg/L）	0.25	0.13	0.09	0.057	0.021	0.01
C_0-C_e	0.2	0.3297	0.3697	0.4027	0.4387	0.4497
$(C_0-C_e)/C_t$	0.04	0.03297	0.024647	0.020135	0.014623	0.008994

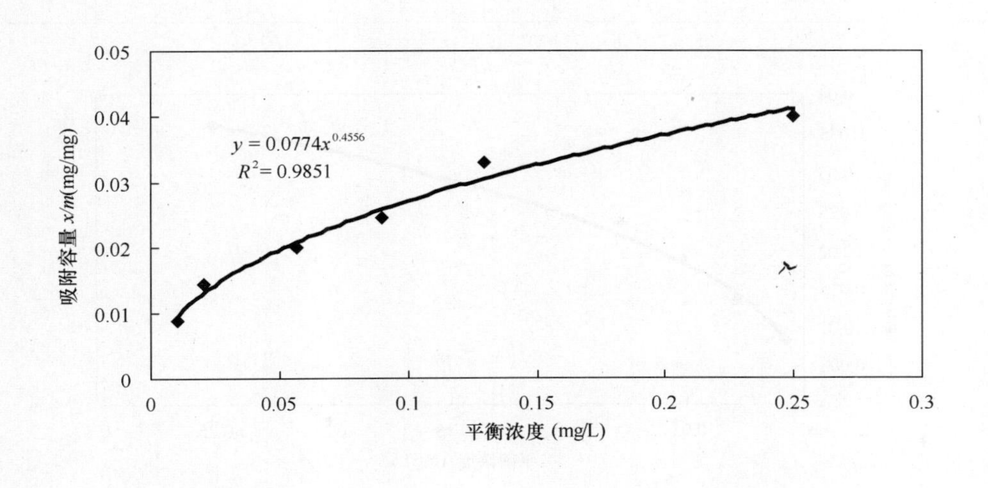

结　论　和　备　注

1. 去离子水条件下，粉末活性炭对乐果的吸附容量符合 Freundrich 吸附等温线。
2. 可根据上述吸附等温线方程和目标浓度计算理论投炭量。

编号：广州-乐果-3

时间：2006 年 7 月

试验名称	粉末活性炭对乐果污染物的吸附容量			
相关水质标准（mg/L）	国　标	0.08	建设部行标	0.02
	卫生部规范	0.08	水源水质标准	0.08
试验条件	污染物浓度 C_0：0.43mg/L；粉末活性炭投加量：10mg/L；原水：江村水厂水源水；试验水温：23℃。			
原水水质	COD_{Mn}＝1mg/L；TOC＝2.1mg/L（选测项目）；pH＝7.0；浊度＝2.0NTU；碱度＝23.9mg/L；硬度＝86.5mg/L。			

数　据　记　录

粉末炭剂量 C_t（mg/L）	5	10	15	20	30	50
平衡浓度 C_e（mg/L）	0.25	0.15	0.08	0.05	0.03	0.01
C_0-C_e	0.18	0.28	0.35	0.38	0.40	0.42
（C_0-C_e）/C_t	0.04	0.03	0.02	0.02	0.01	0.01

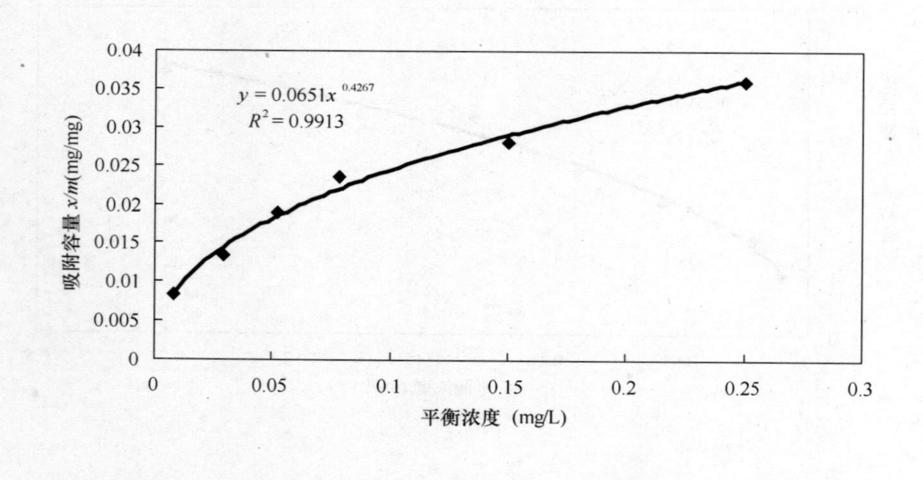

结　论　和　备　注

1. 水源水条件下，粉末活性炭对乐果的吸附容量符合 Freundrich 吸附等温线。

2. 可根据上述吸附等温线方程和目标浓度计算投炭量，采用粉末活性炭去除超标 4 倍乐果的有效剂量为 25mg/L 以上。

3. 水源水条件下的吸附容量比去离子水条件下有明显降低，在平衡浓度为 0.0005mg/L（标准限值的 50%）时，前者是后者的 92%。

1.14 马拉硫磷（o, o-二甲基-S-｛1, 2-双（乙氧羰基）乙基｝二硫代磷酸酯，Malathion）

编号：无锡-马拉硫磷-1

时间：2006 年 7 月

<table>
<tr><td>试验名称</td><td colspan="7">粉末活性炭对马拉硫磷污染物的吸附速率</td></tr>
<tr><td rowspan="2">相关水质标准
(mg/L)</td><td colspan="2">国　　标</td><td colspan="2">0.25</td><td colspan="2">建设部行标</td><td></td></tr>
<tr><td colspan="2">卫生部规范</td><td colspan="2">0.25</td><td colspan="2">水源水质标准</td><td>0.5</td></tr>
<tr><td>试验条件</td><td colspan="7">污染物浓度 C_0：1.25mg/L；粉末活性炭投加量：10mg/L；
原水：滤后水；试验水温：25℃。</td></tr>
<tr><td>原水水质</td><td colspan="7">COD_{Mn}＝3.10mg/L；TOC＝4.39mg/L（选测项目）；pH＝6.78；
浊度＝0.32NTU；碱度＝86mg/L；硬度＝144mg/L。</td></tr>
<tr><td colspan="8">数　据　记　录</td></tr>
<tr><td>吸附时间
(min)</td><td>0</td><td>10</td><td>20</td><td>30</td><td>60</td><td>120</td><td>240</td></tr>
<tr><td>污染物浓度
(mg/L)</td><td>1.25</td><td>1.055</td><td>0.895</td><td>0.797</td><td>0.695</td><td>0.674</td><td>0.604</td></tr>
<tr><td>去除率</td><td>0%</td><td>16%</td><td>28%</td><td>36%</td><td>44%</td><td>46%</td><td>52%</td></tr>
</table>

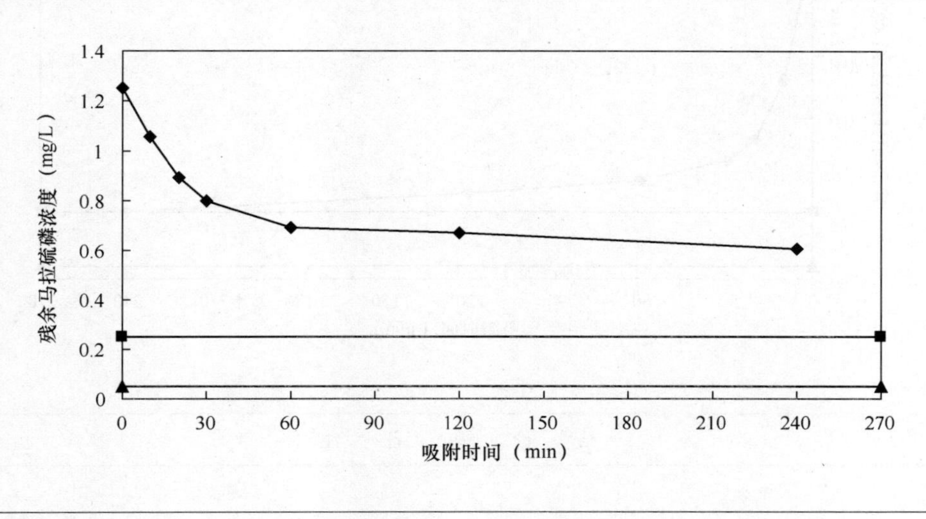

结　论　和　备　注

1. 水源水条件下，粉末活性炭对马拉硫磷的吸附基本达到平衡的时间为 120min 以上。

2. 水源水条件下，粉末活性炭对马拉硫磷的初期吸附速率一般，30min 时去除率达到 36%，可以发挥吸附能力的 70%。

3. 本实验采用磁子搅拌器、密封瓶进行吸附试验，转速为 260rpm，最后采用 0.45μm 的针头过滤器进行过滤。

编号：无锡-马拉硫磷-2

时间：2006 年 7 月

试验名称	粉末活性炭对马拉硫磷污染物的吸附速率					
相关水质标准 (mg/L)	国标	0.25		建设部行标		
	卫生部规范	0.25		水源水质标准		0.5
试验条件	污染物浓度 C_0：1.25mg/L；粉末活性炭投加量：10mg/L；原水：去离子水；试验水温：27℃；pH＝6.0。					

数据记录

吸附时间 (min)	0	10	20	30	60	120	240
污染物浓度 (mg/L)	1.25	0.745	0.527	0.447	0.366	0.321	0.251
去除率	0%	40%	58%	64%	71%	74%	80%

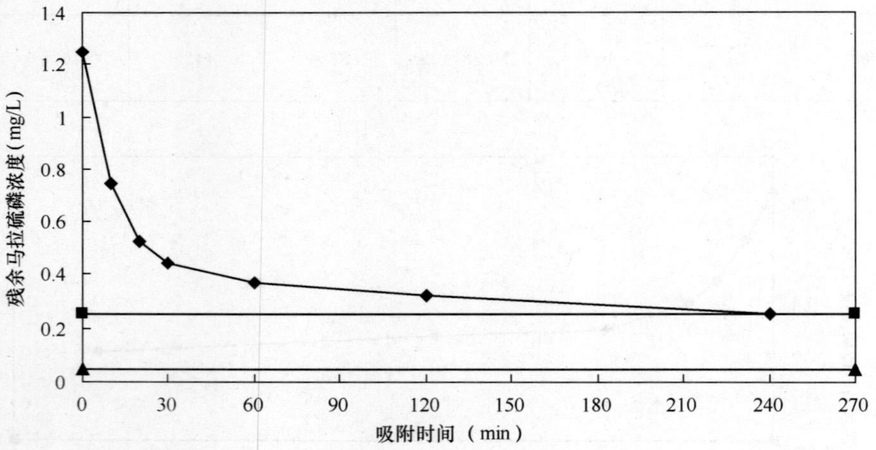

结论和备注

1. 去离子水条件下，粉末活性炭对马拉硫磷的吸附基本达到平衡的时间为 120min 以上。

2. 去离子水条件下，粉末活性炭对马拉硫磷的初期吸附速率较大，30min 时去除率达到 64%，可以发挥吸附能力的 80%。

3. 水源水条件与去离子水条件相比，吸附反应速率有所减缓，吸附去除率有所下降。

编号：无锡-马拉硫磷-3

时间：2006 年 7 月

试验名称	粉末活性炭对马拉硫磷污染物的吸附速率				
相关水质标准（mg/L）	国　标	0.25	建设部行标		
	卫生部规范	0.25	水源水质标准	0.5	
试验条件	污染物浓度 C_0：1.25mg/L； 原水：去离子水；水温：26；pH＝6.2。				
数　据　记　录					
粉末炭剂量 C_t（mg/L）	5	10	15	20	30	50
平衡浓度 C_e（mg/L）	0.695	0.282	0.107	0.049	0.033	0.005
C_0-C_e	0.555	0.968	1.143	1.201	1.217	1.245
$(C_0-C_e)/C_t$	0.111	0.097	0.076	0.06	0.041	0.025

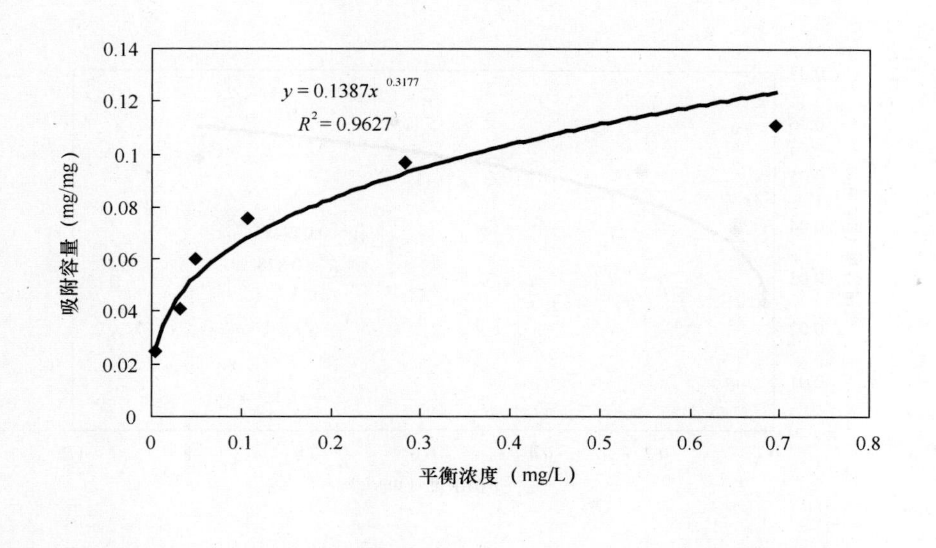

结　论　和　备　注

1. 去离子水条件下，粉末活性炭对马拉硫磷的吸附容量符合 Freundrich 吸附等温线。

2. 可根据上述吸附等温线方程和目标浓度计算理论投炭量。

3. 本实验采用磁子搅拌器、密封瓶进行吸附试验，转速为 260r/min，吸附时间为 2h，最后采用 0.45μm 的针头过滤器进行过滤。

编号：无锡-马拉硫磷-4

时间：2006 年 7 月

试验名称	粉末活性炭对马拉硫磷污染物的吸附容量				
相关水质标准（mg/L）	国　标	0.25		建设部行标	
	卫生部规范	0.25		水源水质标准	0.5
试验条件	污染物浓度 C_0：1.25mg/L； 原水：滤后水；试验水温：25℃。				
原水水质	COD_{Mn}=3.10mg/L；TOC=4.39mg/L（选测项目）；pH=6.78； 浊度=0.32NTU；碱度=86mg/L；硬度=144mg/L。				

数　据　记　录

粉末炭剂量 C_t（mg/L）	5	10	15	20	30	50
平衡浓度 C_e（mg/L）	0.984	0.654	0.531	0.226	0.068	0.016
C_0-C_e	0.266	0.596	0.719	1.024	1.182	1.234
$(C_0-C_e)/C_t$	0.053	0.06	0.048	0.051	0.039	0.025

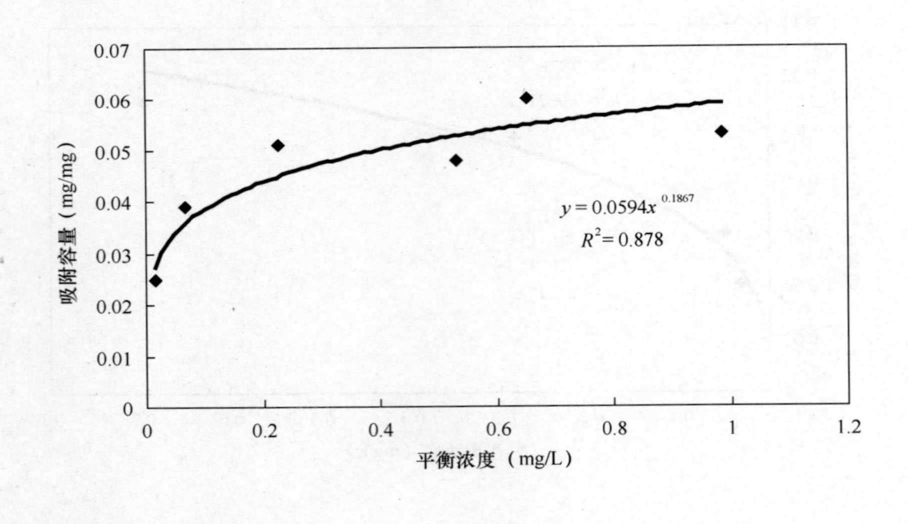

结　论　和　备　注

1. 水源水条件下，粉末活性炭对马拉硫磷的吸附容量符合 Freundrich 吸附等温线。

2. 可根据上述吸附等温线方程和目标浓度计算投炭量，采用粉末活性炭去除超标 4 倍马拉硫磷的有效剂量为 30mg/L 以上。

3. 水源水条件下的吸附容量比去离子水条件下有明显降低，在平衡浓度为 0.125mg/L（标准限值的 50%）时，前者是后者的 46%。

1.15 灭草松（3-异丙基-（1H）-苯并-2,1,3-噻二嗪-4-酮-2,2-二氧化物，Bentozone）

编号：上海-灭草松-1

时间：2006 年 7 月

<table>
<tr><td>试验名称</td><td colspan="7">粉末活性炭对灭草松污染物的吸附速率</td></tr>
<tr><td rowspan="2">相关水质标准
(mg/L)</td><td colspan="2">国　　标</td><td colspan="2">建设部行标</td><td colspan="2">0.3</td><td></td></tr>
<tr><td colspan="2">卫生部规范</td><td colspan="2">0.3</td><td colspan="2">水源水质标准</td><td></td></tr>
<tr><td>试验条件</td><td colspan="7">污染物浓度 C_0：1.5mg/L；粉末活性炭投加量：10mg/L；
原水：南洲水厂水源水；试验水温：24℃。</td></tr>
<tr><td>原水水质</td><td colspan="7">COD_{Mn}=3.0mg/L；TOC=3.3mg/L（选测项目）；pH=8.1；
浊度=18NTU；碱度=90mg/L；硬度=122mg/L。</td></tr>
<tr><td colspan="8">数　据　记　录</td></tr>
<tr><td>吸附时间
(min)</td><td>0</td><td>10</td><td>20</td><td>30</td><td>60</td><td>120</td><td>240</td></tr>
<tr><td>污染物浓度
(mg/L)</td><td>1.5</td><td>—</td><td>1.15</td><td>1.14</td><td>1.09</td><td>0.96</td><td>0.89</td></tr>
<tr><td>去除率</td><td>0%</td><td></td><td>23%</td><td>24%</td><td>27%</td><td>36%</td><td>41%</td></tr>
</table>

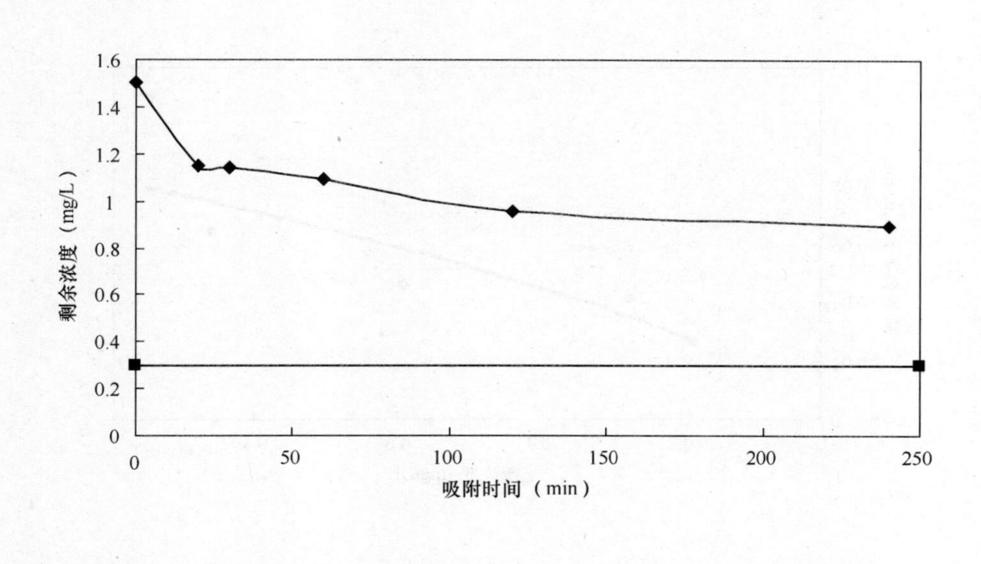

结　论　和　备　注

1. 水源水条件下，粉末活性炭对灭草松的吸附基本达到平衡的时间为 120min 以上。

2. 水源水条件下，粉末活性炭对灭草松的初期吸附速率一般，30min 时去除率达到 24%，可以发挥吸附能力的 59%。

3. 试验中一个水样不小心打翻故缺少一个数据。

编号：上海-灭草松-2
时间：2006 年 7 月

试验名称	粉末活性炭对灭草松污染物的吸附容量					
相关水质标准 (mg/L)	国　标			建设部行标		0.3
	卫生部规范		0.3	水源水质标准		
试验条件	污染物浓度 C_0：1.5mg/L； 原水：去离子水；水温：25℃；pH＝8.1。					
数　据　记　录						
粉末炭剂量 C_t (mg/L)	5	10	15	20	30	50
平衡浓度 C_e (mg/L)	0.95	0.86	0.64	0.59	0.27	0.18
C_0-C_e	0.55	0.64	0.86	0.91	1.23	1.32
$(C_0-C_e)/C_t$	0.11	0.064	0.057333	0.0455	0.041	0.0264

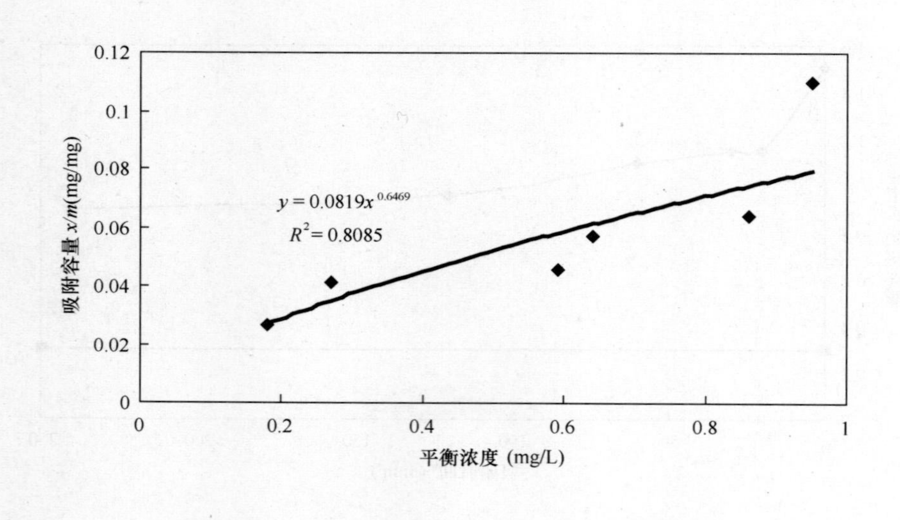

结　论　和　备　注

1. 去离子水条件下，粉末活性炭对灭草松的吸附容量符合 Freundrich 吸附等温线。
2. 可根据上述吸附等温线方程和目标浓度计算理论投炭量。
3. 本实验采用磁子搅拌器、密封瓶进行吸附试验，转速为 260r/min，最后采用 0.45μm 的针头过滤器进行过滤。

编号：上海-灭草松-3

时间：2006 年 7 月

试验名称	粉末活性炭对灭草松污染物的吸附容量					
相关水质标准 (mg/L)	国　标	0.002		建设部行标	0.002	
	卫生部规范	0.002		水源水质标准	0.002	
试验条件	污染物浓度 C_0：1.5mg/L； 原水：长江水源水；试验水温：25℃。					
原水水质	COD_{Mn}＝3.0mg/L；TOC＝3.3mg/L（选测项目）；pH＝8.1； 浊度＝18NTU；碱度＝90mg/L；硬度＝122mg/L。					
数　据　记　录						
粉末炭剂量 C_t (mg/L)	5	10	15	20	30	50
平衡浓度 C_e (mg/L)	1.03	0.98	0.7	0.61	0.26	0.12
C_0-C_e	0.47	0.52	0.8	0.89	1.24	1.38
$(C_0-C_e)/C_t$	0.094	0.052	0.053333	0.0445	0.041333	0.0276

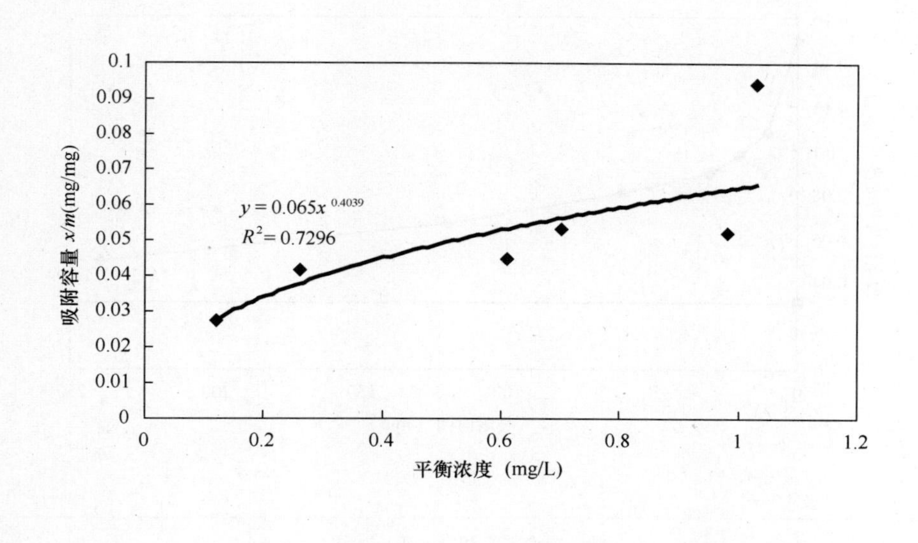

结　论　和　备　注

1. 水源水条件下，粉末活性炭对灭草松的吸附容量符合 Freundrich 吸附等温线。

2. 可根据上述吸附等温线方程和目标浓度计算投炭量，采用粉末活性炭去除超标 4 倍灭草松的有效剂量为 50mg/L 以上。

1.16 内吸磷（o,o-二乙基-O-2-乙基硫代乙基硫逐磷酸酯与o,o-二乙基-S-2-乙基硫代乙基硫赶磷酸酯的混合物，Systox）

编号：无锡-内吸磷-1

时间：2006年7月

<table>
<tr><td>试验名称</td><td colspan="7">粉末活性炭对内吸磷污染物的吸附速率</td></tr>
<tr><td rowspan="2">相关水质标准
（mg/L）</td><td colspan="2">国　标</td><td colspan="2"></td><td colspan="2">建设部行标</td><td></td></tr>
<tr><td colspan="2">卫生部规范</td><td colspan="2">0.03</td><td colspan="2">水源水质标准</td><td>0.03</td></tr>
<tr><td>试验条件</td><td colspan="7">污染物浓度 C_0：0.150mg/L；粉末活性炭投加量：10mg/L；
原水：滤后水；试验水温：24℃。</td></tr>
<tr><td>原水水质</td><td colspan="7">COD_{Mn}＝2.98mg/L；TOC＝3.48mg/L（选测项目）；pH＝7.18；
浊度＝0.28NTU；碱度＝80mg/L；硬度＝141mg/L。</td></tr>
<tr><td colspan="8">数　据　记　录</td></tr>
<tr><td>吸附时间
（min）</td><td>0</td><td>10</td><td>20</td><td>30</td><td>60</td><td>120</td><td>240</td></tr>
<tr><td>污染物浓度
（mg/L）</td><td>0.15</td><td>0.108</td><td>0.097</td><td>0.089</td><td>0.08</td><td>0.066</td><td>0.049</td></tr>
<tr><td>去除率</td><td>0%</td><td>28%</td><td>35%</td><td>41%</td><td>47%</td><td>56%</td><td>67%</td></tr>
</table>

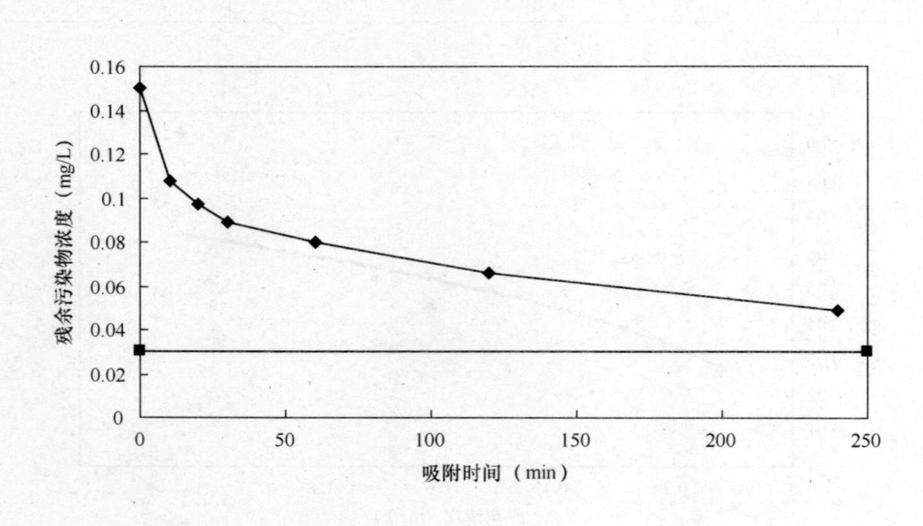

结　论　和　备　注

1. 水源水条件下，粉末活性炭对内吸磷的吸附基本达到平衡的时间为120min以上。

2. 水源水条件下，粉末活性炭对内吸磷的初期吸附速率一般，30min时去除率达到41%，可以发挥吸附能力的61%。

3. 本实验采用磁子搅拌器、密封瓶进行吸附试验，转速为260r/min，最后采用0.45μm的针头过滤器进行过滤。

编号：无锡-内吸磷-2

时间：2006 年 7 月

试验名称	粉末活性炭对内吸磷污染物的吸附速率					
相关水质标准 (mg/L)	国　标		建设部行标			
	卫生部规范	0.03	水源水质标准	0.03		
试验条件	污染物浓度 C_0：0.150mg/L；粉末活性炭投加量：10mg/L； 原水：去离子水；试验水温：27℃；pH=6.2。					

数　据　记　录							
吸附时间 (min)	0	10	20	30	60	120	240
污染物浓度 (mg/L)	0.15	0.098	0.058	0.036	0.021	0.016	0.01
去除率	0%	35%	61%	76%	86%	89%	93%

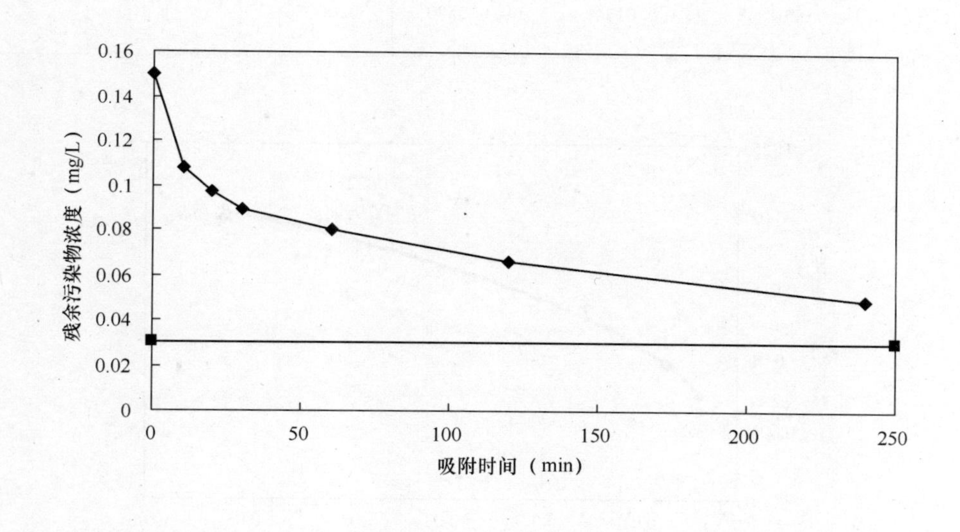

结　论　和　备　注

1. 去离子水条件下，粉末活性炭对内吸磷的吸附基本达到平衡的时间为 120min 以上。

2. 去离子水条件下，粉末活性炭对内吸磷的初期吸附速率较大，30min 时去除率达到 76%，可以发挥吸附能力的 82%。

3. 水源水条件与去离子水条件相比，吸附反应速率有所减缓，吸附去除率有所下降。

编号：无锡-内吸磷-3

时间：2006 年 7 月

试验名称	粉末活性炭对内吸磷污染物的吸附容量					
相关水质标准（mg/L）	国　标		建设部行标			
	卫生部规范	0.03	水源水质标准	0.03		
试验条件	污染物浓度 C_0：0.150mg/L；粉末活性炭投加量：10mg/L；原水：去离子水；水温：27℃；pH＝6.2。					
数　据　记　录						
粉末炭剂量 C_t（mg/L）	5	10	15	20	30	50
平衡浓度 C_e（mg/L）	0.0521	0.0153	0.0071	0.0039	0	0
C_0-C_e	0.0979	0.1347	0.143	0.1461	150	150
$(C_0-C_e)/C_t$	0.01958	0.01347	0.009533	0.007305	5	3

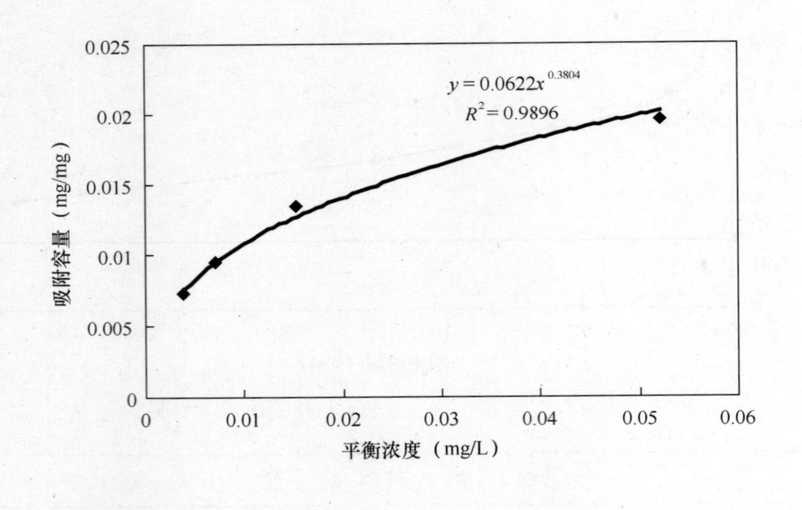

结　论　和　备　注

1. 去离子水条件下，粉末活性炭对马拉硫磷的吸附容量符合 Freundrich 吸附等温线。

2. 可根据上述吸附等温线方程和目标浓度计算理论投炭量。

3. 本实验采用磁子搅拌器、密封瓶进行吸附试验，转速为 260r/min，吸附时间为 2h，最后采用 0.45μm 的针头过滤器进行过滤。

编号：无锡-内吸磷-4

时间：2006 年 7 月

试验名称	粉末活性炭对内吸磷污染物的吸附容量			
相关水质标准（mg/L）	国　标		建设部行标	
	卫生部规范	0.03	水源水质标准	0.03
试验条件	污染物浓度 C_0：0.150mg/L； 原水：滤后水；试验水温：27℃。			
原水水质	COD_{Mn}＝3.12mg/L；TOC＝4.97mg/L（选测项目）；pH＝7.01； 浊度＝0.61NTU；碱度＝72mg/L；硬度＝142mg/L。			

数　据　记　录

粉末炭剂量 C_t（mg/L）	5	10	15	20	30	50
平衡浓度 C_e（mg/L）	0.0996	0.0788	0.0524	0.0237	0.007	0.0039
C_0-C_e	0.0504	0.0712	0.0976	0.1263	0.143	0.1461
$(C_0-C_e)/C_t$	0.01008	0.00712	0.00651	0.006315	0.004767	0.002922

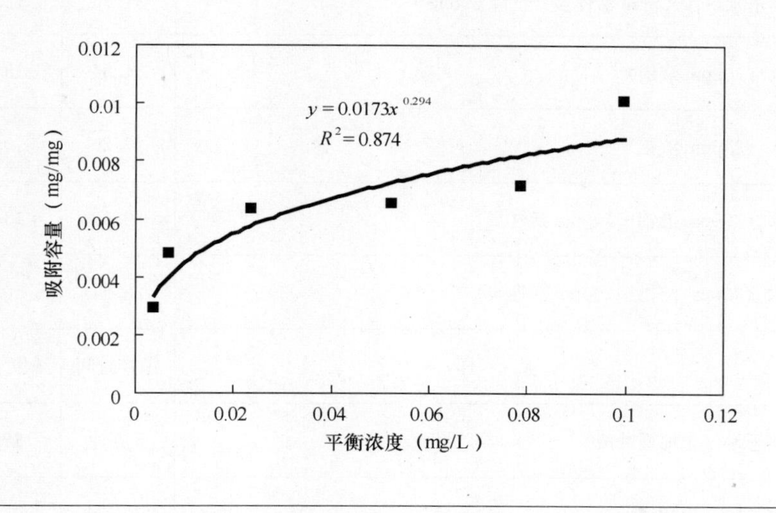

结　论　与　备　注

1. 水源水条件下，粉末活性炭对内吸磷的吸附容量符合 Freundrich 吸附等温线。

2. 可根据上述吸附等温线方程和目标浓度计算投炭量，采用粉末活性炭去除超标 4 倍内吸磷的有效剂量为 30mg/L 以上。

3. 水源水条件下的吸附容量比去离子水条件下有明显降低，在平衡浓度为 0.015mg/L（标准限值的 50%）时，前者是后者的 40%。

4. 本实验采用磁子搅拌器、密封瓶进行吸附试验，转速为 260r/min，吸附时间为 2h，最后采用 0.45μm 的针头过滤器进行过滤。

1.17 溴氰菊酯（敌杀死，Decamethrim，Decis）

编号：无锡-溴氰菊酯-1

名称	水样	测定值 ng	浓度 μg/L	去除率%
摸底试验	去离子水（空白）过滤膜	7.75	3.1	96.9
	去离子水（空白）未过滤膜	112.0	44.8	55.2
	去离子水（20ppm 活性炭）过滤膜	7.05	2.8	97.2
	去离子水（20ppm 活性炭）过滤膜＋50ng 标准	56.70	22.7	回收 99.3
	滤后水过滤膜	38.48	15.4	84.6
	滤后水未过滤膜	114.9	46.0	54.0
	滤后水（20.0ppm 活性炭）过滤膜	18.31	7.3	92.7
	滤后水（20.0ppm 活性炭）过滤膜平行	17.47	7.0	93.0
	去离子水滤膜残留量	103.2		
	去离子水（20.0ppm 活性炭）沉降 20min	31.76	12.7	87.3
工艺搅拌试验	原水（30ppm 液铝）	34.34	13.7	86.3
	原水（35ppm 液铝）	27.20	10.9	89.1
	原水（30ppm 液铝＋10ppm 活性炭）	33.63	13.5	86.5
	原水（30ppm 液铝＋20ppm 活性炭）	25.44	10.2	89.8
	水样	搅拌时间	浓度 μg/L	去除率%
降解试验	去离子水（未加缓冲液）	5 分钟	88.6	11.4
	去离子水（未加缓冲液）	30 分钟	64.6	35.4
	去离子水（未加缓冲液）	60 分钟	55.8	44.2
	去离子水（未加缓冲液）	120 分钟	49.5	50.5
	去离子水（加缓冲液）	120 分钟	44.8	55.2

注：溴氰菊酯加入量为 100μg/L

1.18 2,4-D（2,4-二氯苯氧基乙酸，2,4-D）

编号：上海-2,4-D-1

时间：2006年7月

试验名称	粉末活性炭对2，4-D污染物的吸附速率					
相关水质标准（mg/L）	国　标		建设部行标		0.03	
	卫生部规范	0.03	水源水质标准			
试验条件	污染物浓度 C_0：0.15mg/L；粉末活性炭投加量：10mg/L；原水：长江水源水；试验水温：25℃。					
原水水质	COD_{Mn}=3.0mg/L；TOC=3.3mg/L（选测项目）；pH=8.1；浊度=18NTU；碱度=90mg/L；硬度=122mg/L。					

数　据　记　录

吸附时间（min）	0	10	20	30	60	120	240
污染物浓度（mg/L）	0.15	0.15	0.14	0.12	0.1	0.07	0.06
去除率	0%	0%	7%	20%	33%	53%	60%

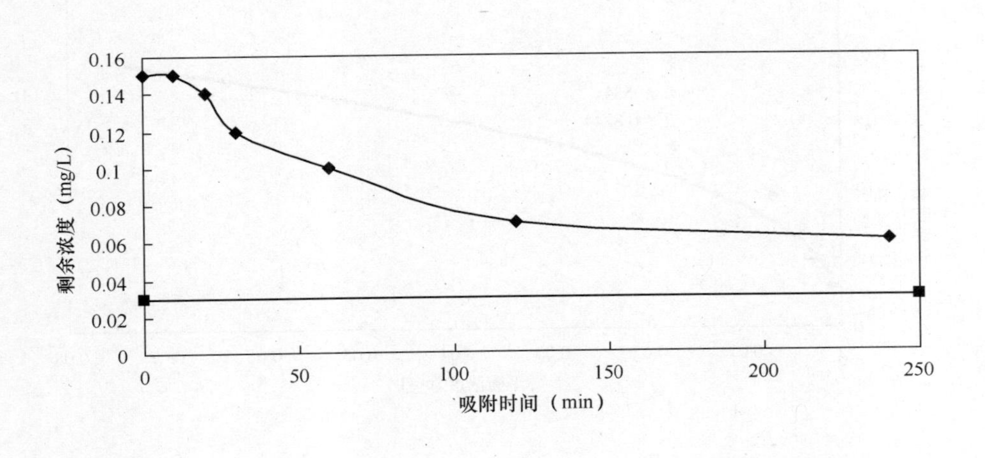

结　论　和　备　注

1. 水源水条件下，粉末活性炭对2，4-D的吸附基本达到平衡的时间为120min以上。

2. 水源水条件下，粉末活性炭对2，4-D的初期吸附速率一般，30min时去除率达到20%，可以发挥吸附能力的33%。

编号：上海-2，4-D-2

时间：2006 年 7 月

试验名称	粉末活性炭对 2，4-D 污染物的吸附容量					
相关水质标准 (mg/L)	国　标		建设部行标		0.03	
	卫生部规范		0.03	水源水质标准		
试验条件	污染物浓度 C_0：0.15mg/L； 原水：去离子水；水温：25℃；pH=8.1。					
数　据　记　录						
粉末炭剂量 C_t (mg/L)	5	10	15	20	30	50
平衡浓度 C_e (mg/L)	0.074	0.017	0.007	0.004	0.003	0.001
C_0-C_e	0.076	0.133	0.143	0.146	0.147	0.149
$(C_0-C_e)/C_t$	0.0152	0.0133	0.009533	0.0073	0.0049	0.00298

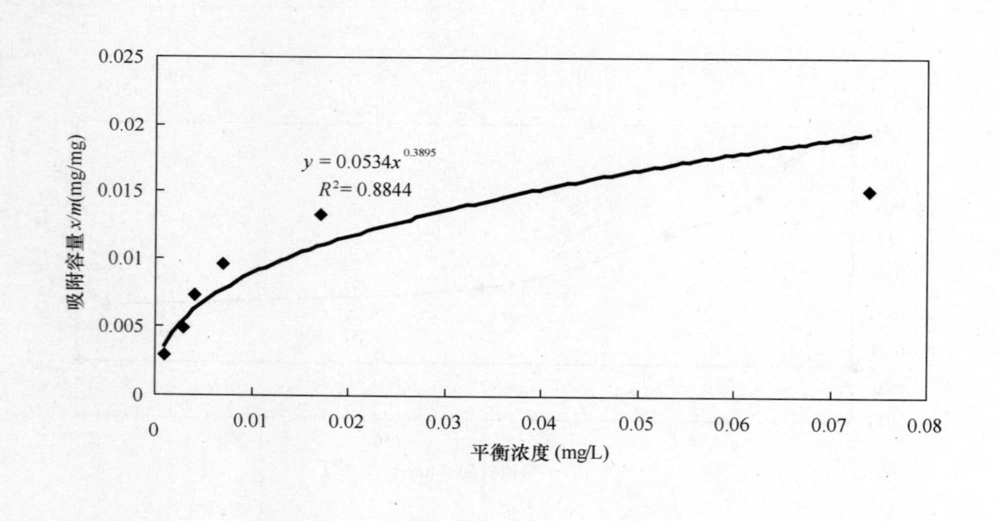

结　论　和　备　注

1. 去离子水条件下，粉末活性炭对 2，4-D 的吸附容量符合 Freundrich 吸附等温线。
2. 可根据上述吸附等温线方程和目标浓度计算理论投炭量。

编号：上海-2，4-D-3

时间：2006 年 7 月

试验名称	粉末活性炭对 2，4-D 污染物的吸附容量				
相关水质标准（mg/L）	国　标		建设部行标	0.03	
	卫生部规范	0.03	水源水质标准		
试验条件	污染物浓度 C_0：0.15mg/L； 原水：长江水源水；试验水温：25℃。				
原水水质	COD_{Mn}＝3.0mg/L；TOC＝3.3mg/L（选测项目）；pH＝8.1； 浊度＝18NTU；碱度＝90mg/L；硬度＝122mg/L。				
数　据　记　录					

粉末炭剂量 C_t（mg/L）	5	10	15	20	30	50
平衡浓度 C_e（mg/L）	0.062	0.058	0.04	0.009	0.008	0.004
C_0-C_e	0.088	0.092	0.11	0.141	0.142	0.146
$(C_0-C_e)/C_t$	0.0176	0.0092	0.007333	0.00705	0.004733	0.00292

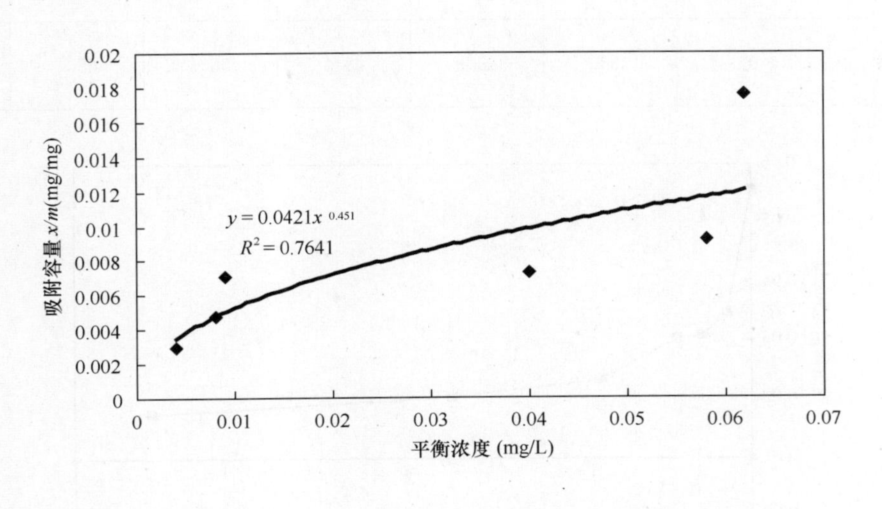

结　论　和　备　注

1. 水源水条件下，粉末活性炭对 2，4-D 的吸附容量符合 Freundrich 吸附等温线。

2. 可根据上述吸附等温线方程和目标浓度计算投炭量，采用粉末活性炭去除超标 4 倍 2，4-D 的有效剂量为 25mg/L 以上。

3. 水源水条件下的吸附容量比去离子水条件下有明显降低，在平衡浓度为 0.015mg/L（标准限值的 50%）时，前者是后者的 61%。

2　芳香族化合物（以汉语拼音为序，共 24 种）

2.1　苯（Bezene）

编号：深圳-苯-1

时间：2006 年 7 月

试验名称	粉末活性炭对苯污染物的吸附速率						
相关水质标准（mg/L）	国　标	0.01		建设部行标	0.01		
	卫生部规范	0.01		水源水质标准	0.01		
试验条件	污染物浓度 C_0：0.0556mg/L；粉末活性炭投加量：10mg/L；原水：水源水；水温：26.2。						
原水水质	TOC＝1.65mg/L；COD_{Mn}＝1.47mg/L；pH＝7.40；浊度＝31.3NTU；碱度＝23.0mg/L；硬度＝18.5mg/L。						
数　据　记　录							
吸附时间（min）	0	10	20	30	60	120	240
污染物浓度（mg/L）	0.0556	0.0347	0.0308	0.0303	0.0233	0.0205	0.0174
去除率	0%	38%	45%	45%	58%	63%	69%

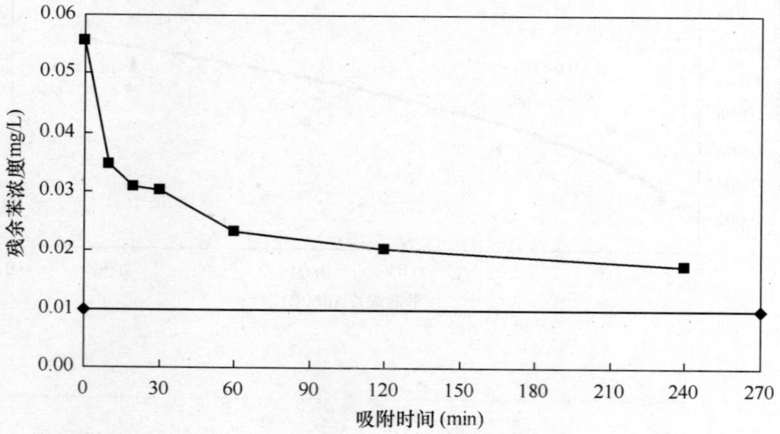

残余苯浓度(mg/L)

吸附时间 (min)

结　论　与　备　注

1. 水源水条件下，粉末活性炭对苯的吸附基本达到平衡的时间为 120min 以上。
2. 水源水条件下，粉末活性炭对苯的初期吸附速率一般，30min 时去除率达到 45%，可以发挥吸附能力的 65%。
3. 本实验采用磁子搅拌器、密封瓶进行吸附试验，转速为 260r/min，最后采用 0.45μm 的针头过滤器进行过滤。

编号：深圳-苯-2

时间：2006 年 7 月

<table>
<tr><td>试验名称</td><td colspan="6">粉末活性炭对苯污染物的吸附容量</td></tr>
<tr><td rowspan="2">相关水质标准
(mg/L)</td><td colspan="2">国　标</td><td>0.01</td><td colspan="2">建设部行标</td><td>0.01</td></tr>
<tr><td colspan="2">卫生部规范</td><td>0.01</td><td colspan="2">水源水质标准</td><td>0.01</td></tr>
<tr><td>试验条件</td><td colspan="6">污染物浓度 C_0：0.0644mg/L；粉末活性炭投加量：10mg/L；
原水：纯水；水温：25.0；pH=6.8。</td></tr>
<tr><td colspan="7">数　据　记　录</td></tr>
<tr><td>粉末炭剂量 C_t
(mg/L)</td><td>5</td><td>10</td><td>15</td><td>20</td><td>30</td><td>50</td></tr>
<tr><td>平衡浓度 C_e
(mg/L)</td><td>0.0338</td><td>0.0167</td><td>0.0097</td><td>0.0063</td><td>0.0067</td><td>0.0022</td></tr>
<tr><td>C_0-C_e</td><td>0.0307</td><td>0.0477</td><td>0.0548</td><td>0.0582</td><td>0.0577</td><td>0.0622</td></tr>
<tr><td>$(C_0-C_e)/C_t$</td><td>0.00613</td><td>0.004771</td><td>0.00365</td><td>0.002908</td><td>0.001923</td><td>0.001244</td></tr>
<tr><td colspan="7">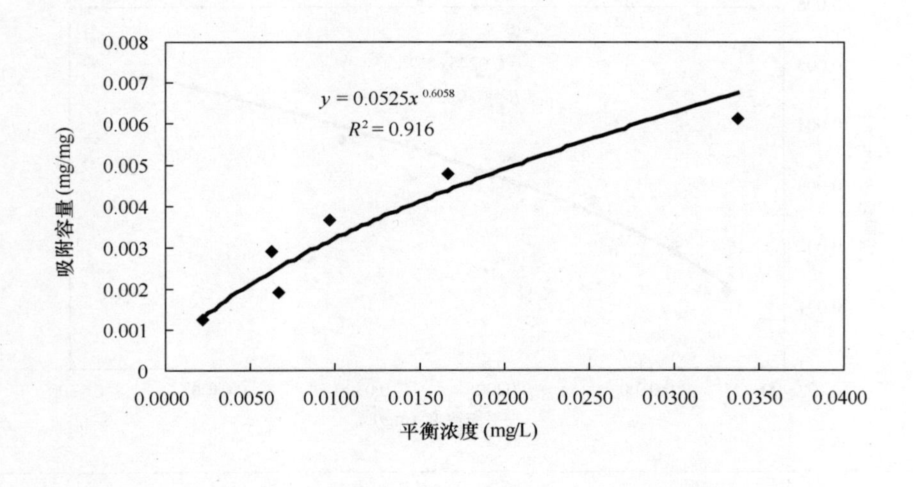
</td></tr>
<tr><td colspan="7">结　论　与　备　注</td></tr>
<tr><td colspan="7">1. 去离子水条件下，粉末活性炭对苯的吸附容量符合 Freundrich 吸附等温线。
2. 可根据上述吸附等温线方程和目标浓度计算理论投炭量。
3. 本实验采用磁子搅拌器、密封瓶进行吸附试验，转速为 260r/min，吸附时间为 2h，最后采用 0.45μm 的针头过滤器进行过滤。</td></tr>
</table>

编号：深圳-苯-3

时间：2006年7月

试验名称	粉末活性炭对苯污染物的吸附容量					
相关水质标准（mg/L）	国　标	0.01		建设部行标	0.01	
	卫生部规范	0.01		水源水质标准	0.01	
试验条件	污染物浓度 C_0：0.0690mg/L； 原水：水源水；水温：26.5。					
原水水质	TOC＝1.69mg/L；COD_{Mn}＝1.66mg/L；pH＝7.40； 浊度＝39.0NTU；碱度＝19.5mg/L；硬度＝18.7mg/L。					
数　据　记　录						
粉末炭剂量 C_t（mg/L）	5	10	15	20	30	50
平衡浓度 C_e（mg/L）	0.0450	0.0310	0.0205	0.0134	0.0077	0.0041
C_0-C_e	0.0240	0.0380	0.0485	0.0556	0.0613	0.0649
$(C_0-C_e)/C_t$	0.004808	0.0038	0.003236	0.002782	0.002043	0.001298

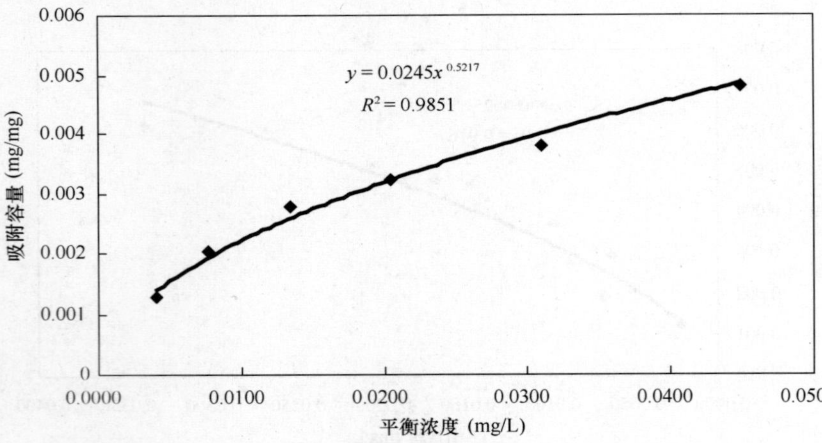

结　论　与　备　注

1. 水源水条件下，粉末活性炭对苯的吸附容量符合Freundrich吸附等温线。

2. 可根据上述吸附等温线方程和目标浓度计算投炭量，采用粉末活性炭去除超标4倍苯的有效剂量为30mg/L以上。

3. 水源水条件下的吸附容量比去离子水条件下有明显降低，在平衡浓度为0.05mg/L（标准限值的50%）时，前者是后者的73%。

4. 本实验采用磁子搅拌器、密封瓶进行吸附试验，转頞为260r/min，吸附时间为2h，最后采用0.45μm的针头过滤器进行过滤。

2.2 苯胺（Aniline）

编号：深圳-苯胺-1
时间：2006 年 7 月

<table>
<tr><td>试验名称</td><td colspan="4">粉末活性炭对苯胺污染物的吸附速率</td></tr>
<tr><td rowspan="2">相关水质标准
(mg/L)</td><td>国　标</td><td></td><td>建设部行标</td><td></td></tr>
<tr><td>卫生部规范</td><td></td><td>水源水质标准</td><td>0.1</td></tr>
<tr><td>试验条件</td><td colspan="4">污染物浓度 C_0：0.58mg/L；粉末活性炭投加量：10mg/L；
原水：水源水；水温：26.2。</td></tr>
<tr><td>原水水质</td><td colspan="4">TOC＝1.9mg/L；COD_{Mn}＝1.45mg/L；pH＝6.55；
浊度＝13.0NTU；碱度＝18.8mg/L；硬度＝20.9mg/L。</td></tr>
</table>

数　据　记　录

吸附时间 (min)	0	10	20	30	60	120	240
污染物浓度 (mg/L)	0.5800	0.4400	0.4300	0.4200	0.4200	0.4200	0.4100
去除率	0%	24%	26%	28%	28%	28%	29%

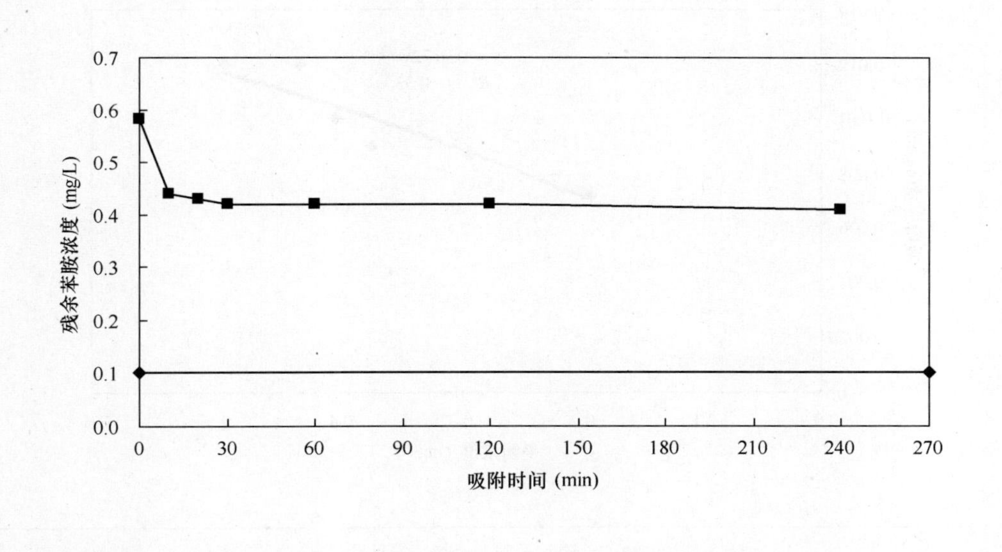

结　论　与　备　注

1. 水源水条件下，粉末活性炭对苯胺的吸附基本达到平衡的时间为 120min 以上。

2. 水源水条件下，粉末活性炭对苯胺的初期吸附速率较差，30min 时去除率达到 28%，可以发挥吸附能力的 99%。

3. 本实验采用磁子搅拌器、密封瓶进行吸附试验，转速为 260r/min，最后采用 0.45μm 的针头过滤器进行过滤。

编号：深圳-苯胺-2

时间：2006 年 7 月

试验名称	粉末活性炭对苯胺污染物的吸附容量					
相关水质标准（mg/L）	国　标			建设部行标		
	卫生部规范			水源水质标准		0.1
试验条件	污染物浓度 C_0：0.55mg/L； 原水：纯水；水温：25.0；pH＝7.54。					
数　据　记　录						
粉末炭剂量 C_t（mg/L）	5	10	15	20	30	50
平衡浓度 C_e（mg/L）	0.4900	0.4300	0.4000	0.3700	0.2900	0.1900
C_0-C_e	0.0600	0.1200	0.1500	0.1800	0.2600	0.3600
$(C_0-C_e)/C_t$	0.012	0.012	0.01	0.009	0.008667	0.0072

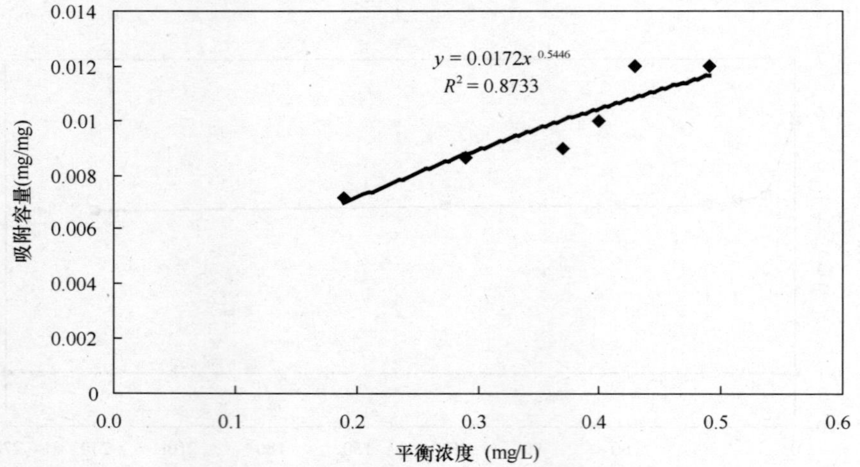

$y = 0.0172x^{0.5446}$

$R^2 = 0.8733$

吸附容量(mg/mg)

平衡浓度（mg/L）

结　论　与　备　注

1. 去离子水条件下，粉末活性炭对苯胺的吸附容量符合 Freundrich 吸附等温线。

2. 可根据上述吸附等温线方程和目标浓度计算理论投炭量。

3. 本实验采用磁子搅拌器、密封瓶进行吸附试验，转速为 260r/min，吸附时间为 2h，最后采用 0.45μm 的针头过滤器进行过滤。

编号：深圳-苯胺-3
时间：2006年7月

试验名称	粉末活性炭对苯胺污染物的吸附容量					
相关水质标准（mg/L）	国　标		建设部行标			
	卫生部规范		水源水质标准	0.1		
试验条件	污染物浓度 C_0：0.58mg/L； 原水：水源水；水温：26.2。					
原水水质	TOC＝1.9mg/L；COD_{Mn}＝1.45mg/L；pH＝6.55； 浊度＝13.0NTU；碱度＝18.8mg/L；硬度＝20.9mg/L。					
数　据　记　录						
粉末炭剂量 C_t（mg/L）	5	10	15	20	30	50
平衡浓度 C_e（mg/L）	0.4800	0.4200	0.4000	0.3600	0.2800	0.2000
C_0-C_e	0.1000	0.1600	0.1800	0.2200	0.3000	0.3800
$(C_0-C_e)/C_t$	0.02	0.016	0.012	0.011	0.01	0.0076

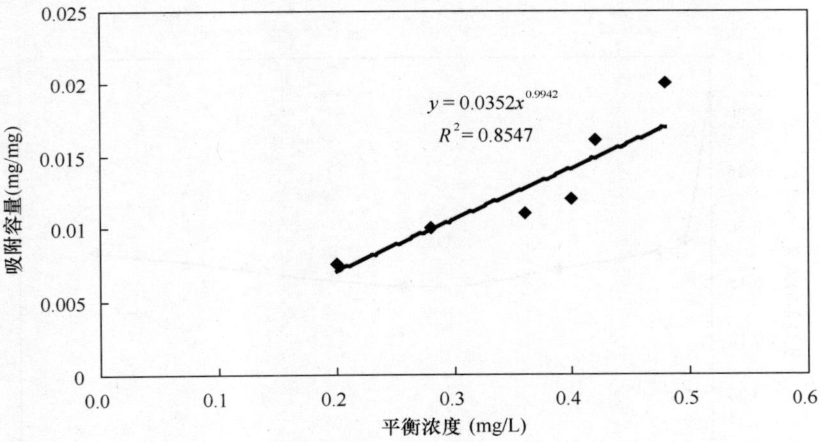

结　论　与　备　注

1. 水源水条件下，粉末活性炭对苯胺的吸附容量符合Freundrich吸附等温线。

2. 可根据上述吸附等温线方程和目标浓度计算投炭量，采用粉末活性炭去除超标4倍苯胺的有效剂量为250mg/L以上。

3. 水源水条件下的吸附容量比去离子水条件下有明显降低，在平衡浓度为0.5mg/L（标准限值的50%）时，前者是后者的53%。

4. 本实验采用磁子搅拌器、密封瓶进行吸附试验，转速为260r/min，吸附时间为2h，最后采用0.45μm的针头过滤器进行过滤。

2.3 苯酚（Phenol）

编号：北京-苯酚-1

时间：2006年7月

<table>
<tr><td>试验名称</td><td colspan="4">粉末活性炭对苯酚污染物的吸附速率</td></tr>
<tr><td rowspan="2">相关水质标准
(mg/L)</td><td>国　标</td><td>0.002</td><td>建设部行标</td><td>0.002</td></tr>
<tr><td>卫生部规范</td><td>0.002</td><td>水源水质标准</td><td>0.005</td></tr>
<tr><td>试验条件</td><td colspan="4">污染物浓度 C_0：0.3138mg/L；粉末活性炭投加量：10mg/L；
原水：水源水；水温：　　。</td></tr>
<tr><td>原水水质</td><td colspan="4">TOC＝mg/L；COD_{Mn}＝mg/L；pH＝　　；
浊度＝NTU；碱度＝mg/L；硬度＝mg/L。</td></tr>
</table>

数　据　记　录

吸附时间 (min)	0	10	20	30	60	120	240
污染物浓度 (mg/L)	0.314	0.186	0.176	0.259	0.16	0.146	0.177
去除率	0%	41%	44%	17%	49%	53%	44%

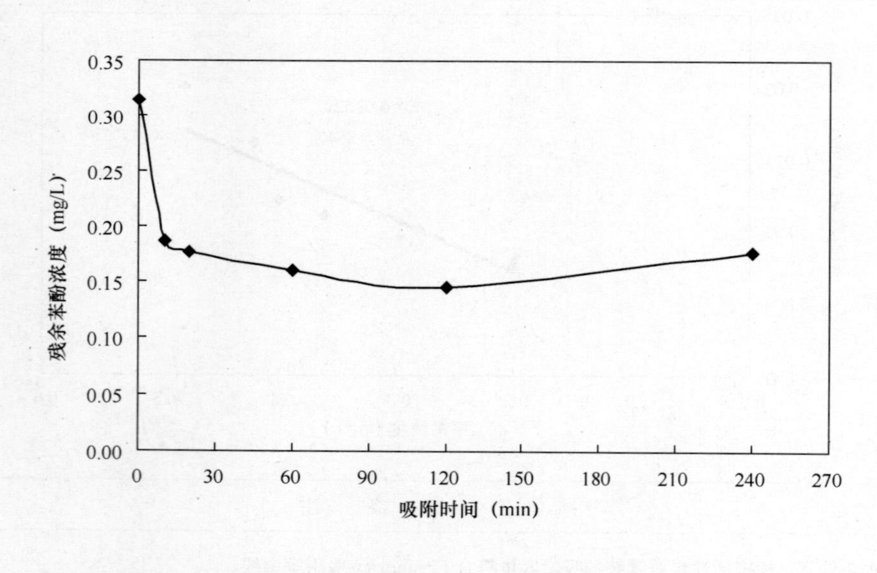

结　论　和　备　注

1. 水源水条件下，粉末活性炭对苯酚的吸附基本达到平衡的时间为120min以上。
2. 水源水条件下，粉末活性炭对苯酚的初期吸附速率较大。
3. 由于试验浓度过高，活性炭相对不足，去除效果不明显。

编号：北京-苯酚-2
时间：2006 年 7 月

试验名称	粉末活性炭对苯酚污染物的吸附容量					
相关水质标准 (mg/L)	国　标	0.002		建设部行标	0.002	
	卫生部规范	0.002		水源水质标准	0.005	
试验条件	污染物浓度 C_0：0.05894mg/L；粉末活性炭投加量：10mg/L；原水：纯水；水温：25.0；pH=6.8。					
数　据　记　录						
粉末炭剂量 C_t (mg/L)	0	10	15	20	30	50
平衡浓度 C_e (mg/L)	0.05894	0.18417	0.0988	0.06093	0.02808	0.02125
C_0-C_e	0	0.10723	0.1926	0.23047	0.26332	0.27015
$(C_0-C_e)/C_t$	—	0.010723	0.01284	0.01152	0.008777	0.005403

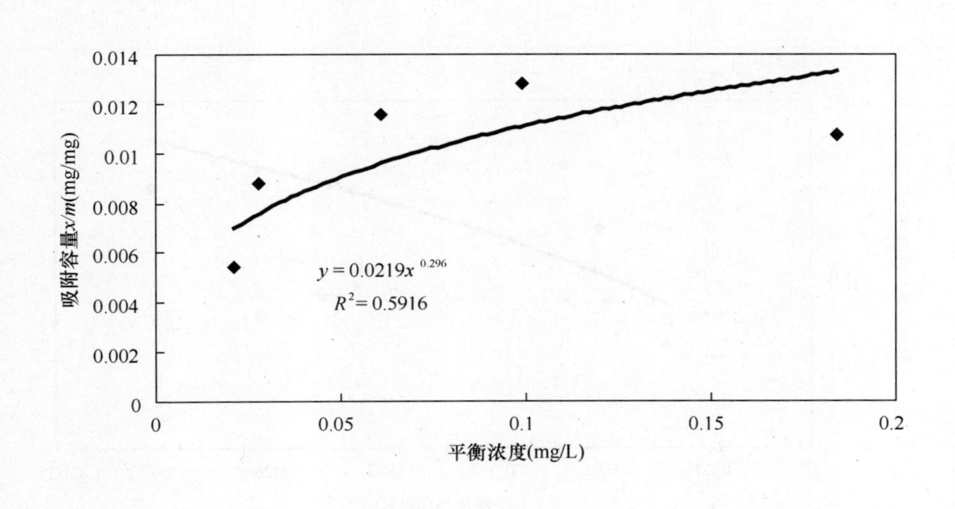

结　论　和　备　注

1. 去离子水条件下，粉末活性炭对苯酚的吸附容量符合 Freundrich 吸附等温线。
2. 可根据上述吸附等温线方程和目标浓度计算理论投炭量。

编号：北京-苯酚-3
时间：2006 年 7 月

试验名称	粉末活性炭对苯酚污染物的吸附容量			
相关水质标准（mg/L）	国　标	0.002	建设部行标	0.002
	卫生部规范	0.002	水源水质标准	0.005
试验条件	污染物浓度 C_0：0.0605mg/L； 原水：水源水；水温：26.5。			
原水水质	TOC=mg/L；COD_{Mn}=mg/L；pH=　； 浊度=NTU；碱度=mg/L；硬度=mg/L。			

数　据　记　录

粉末炭剂量 C_t（mg/L）	0	20	30	40	60	90
平衡浓度 C_e（mg/L）	0.0605	0.0306	0.0114	0.0098	0.0094	0.0067
C_0-C_e	0	0.0299	0.0491	0.0507	0.0511	0.0538
$(C_0-C_e)/C_t$	—	0.001495	0.001637	0.001268	0.000852	0.000598

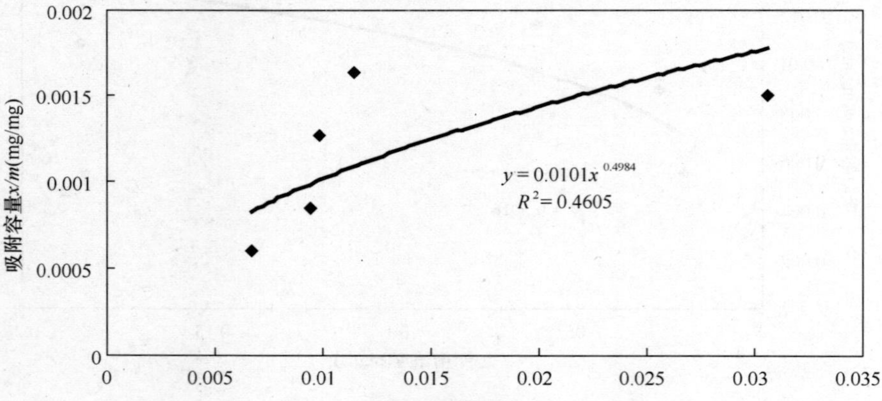

结　论　和　备　注

1. 水源水条件下，粉末活性炭对苯酚的吸附容量符合 Freundrich 吸附等温线。

2. 可根据上述吸附等温线方程和目标浓度计算投炭量，采用粉末活性炭去除超标 4 倍苯酚的有效剂量为 10mg/L 以上。

3. 水源水条件下的吸附容量比去离子水条件下有明显降低，在平衡浓度为 0.01mg/L（标准限值的 50%）时，前者是后者的 80%。

2.4 苯乙烯（Styrene）

编号：深圳-苯乙烯-1

时间：2006年7月

试验名称	粉末活性炭对苯乙烯污染物的吸附速率					
相关水质标准（mg/L）	国标	0.02		建设部行标	0.02	
	卫生部规范	0.02		水源水质标准	0.02	
试验条件	污染物浓度 C_0：0.1219mg/L；粉末活性炭投加量：10mg/L；原水：水源水；水温：26.5。					
原水水质	TOC＝1.69mg/L；COD_{Mn}＝1.66mg/L；pH＝7.40；浊度＝39.0NTU；碱度＝19.5mg/L；硬度＝18.7mg/L。					

数据记录

吸附时间（min）	0	10	20	30	60	120	240
污染物浓度（mg/L）	0.1219	0.0246	0.0225	0.0214	0.0172	0.0107	0.0075
去除率	0%	80%	82%	82%	86%	91%	94%

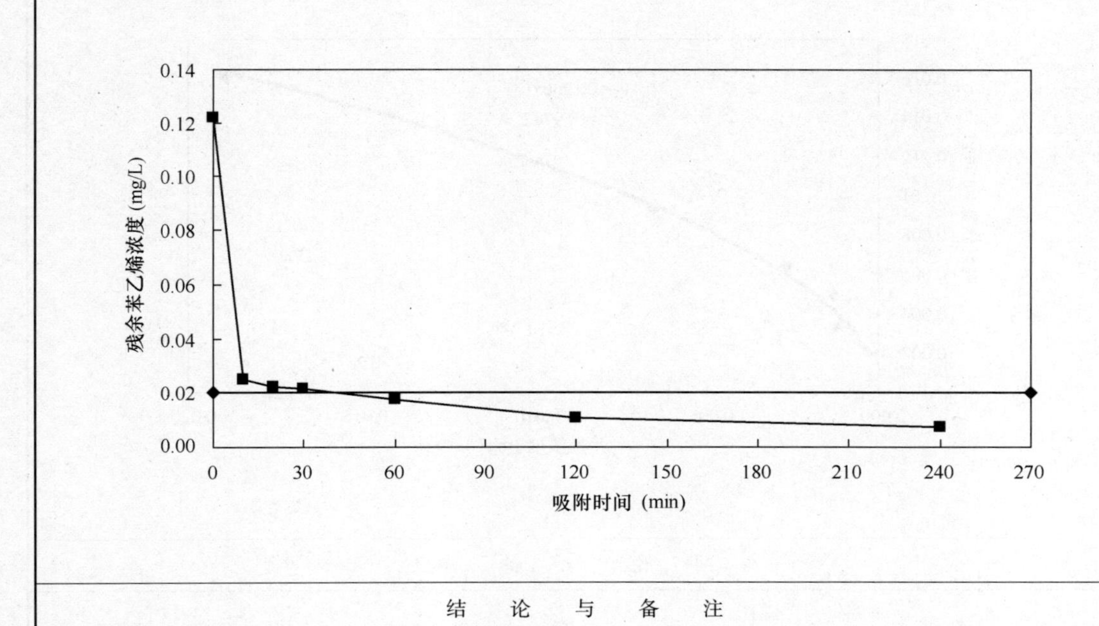

结论与备注

1. 水源水条件下，粉末活性炭对苯乙烯的吸附基本达到平衡的时间为120min以上。

2. 水源水条件下，粉末活性炭对苯乙烯的初期吸附速率较大，30min时去除率达到82%，可以发挥吸附能力的87%。

3. 本实验采用磁子搅拌器、密封瓶进行吸附试验，转速为260r/min，最后采用0.45μm的针头过滤器进行过滤。

编号：深圳-苯乙烯-2

时间：2006 年 7 月

试验名称	粉末活性炭对苯乙烯污染物的吸附容量					
相关水质标准（mg/L）	国　标	0.02		建设部行标	0.02	
	卫生部规范	0.02		水源水质标准	0.02	
试验条件	污染物浓度 C_0：0.0989mg/L；粉末活性炭投加量：10mg/L； 原水：纯水；水温：25.0；pH=6.8。					
数　据　记　录						
粉末炭剂量 C_t（mg/L）	5	10	15	20	30	50
平衡浓度 C_e（mg/L）	0.0189	0.0065	0.0027	0.0013	0.0012	0.0003
C_0-C_e	0.0800	0.0924	0.0962	0.0976	0.0977	0.0986
$(C_0-C_e)/C_t$	0.016008	0.009236	0.006415	0.004881	0.003257	0.001972

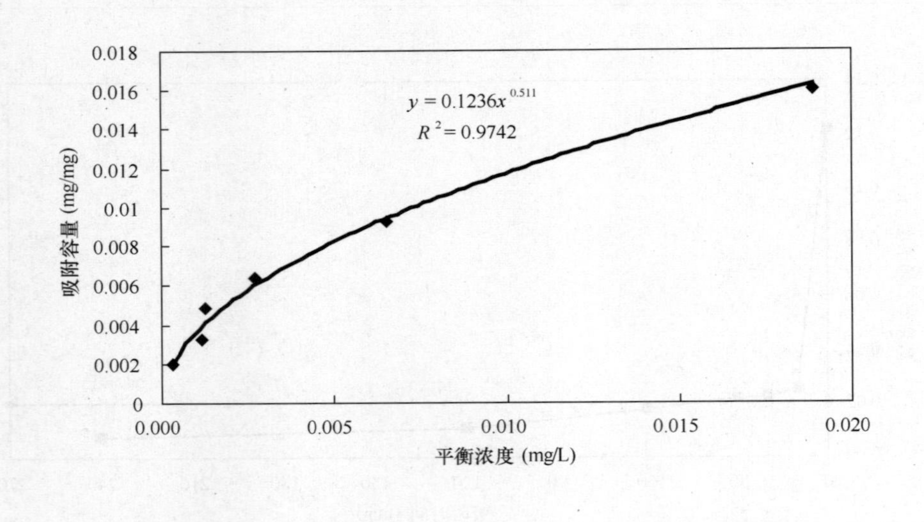

结　论　与　备　注

1. 去离子水条件下，粉末活性炭对苯乙烯的吸附容量符合 Freundrich 吸附等温线。

2. 可根据上述吸附等温线方程和目标浓度计算理论投炭量。

3. 本实验采用磁子搅拌器、密封瓶进行吸附试验，转速为 260r/min，吸附时间为 2h，最后采用 0.45μm 的针头过滤器进行过滤。

编号：深圳-苯乙烯-3

时间：2006 年 7 月

试验名称	粉末活性炭对苯乙烯污染物的吸附容量				
相关水质标准（mg/L）	国　标	0.02	建设部行标	0.02	
	卫生部规范	0.02	水源水质标准	0.02	
试验条件	污染物浓度 C_0：0.1219mg/L； 原水：水源水；水温：26.5。				
原水水质	TOC＝1.69mg/L；COD_{Mn}＝1.66mg/L；pH＝7.40； 浊度＝39.0NTU；碱度＝19.5mg/L；硬度＝18.7mg/L。				

数　据　记　录

粉末炭剂量 C_t（mg/L）	5	10	15	20	30	50
平衡浓度 C_e（mg/L）	0.0335	0.0129	0.0045	0.0037	0.0030	0.0017
C_0-C_e	0.0884	0.1090	0.1174	0.1182	0.1189	0.1202
$(C_0-C_e)/C_t$	0.017672	0.0109	0.007829	0.00591	0.003965	0.002404

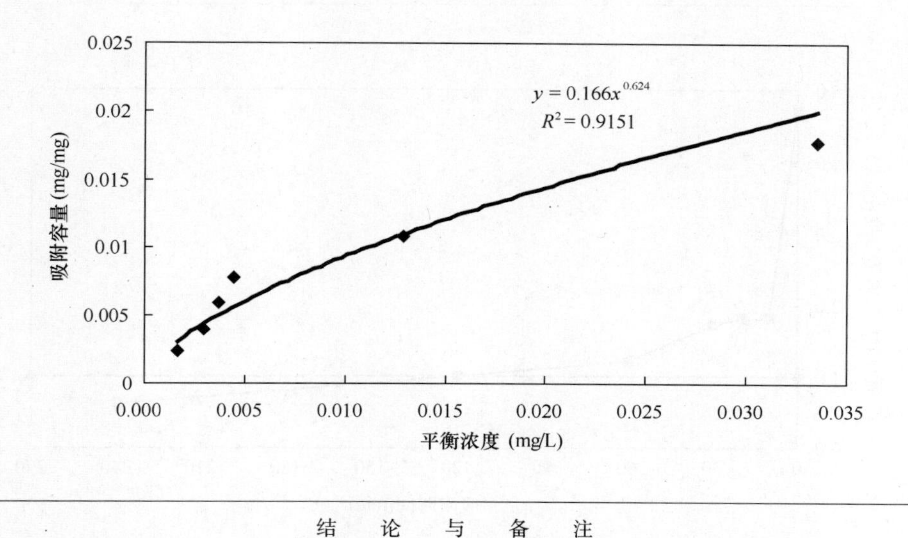

结　论　与　备　注

1. 水源水条件下，粉末活性炭对苯乙烯的吸附容量符合 Freundrich 吸附等温线。

2. 可根据上述吸附等温线方程和目标浓度计算投炭量，采用粉末活性炭去除超标 4 倍苯乙烯的有效剂量为 10mg/L 以上。

3. 水源水条件下的吸附容量比去离子水条件下有明显降低，在平衡浓度为 0.01mg/L（标准限值的 50%）时，前者是后者的 80%。

4. 本实验采用磁子搅拌器、密封瓶进行吸附试验，转速为 260r/min，吸附时间为 2h，最后采用 0.45μm 的针头过滤器进行过滤。

2.5 1,2-二氯苯（1,2-dichlorobenzene，o-dichlorobenzene）

编号：深圳-1,2-二氯苯-1
时间：2006 年 7 月

试验名称	粉末活性炭对 1，2-二氯苯污染物的吸附速率			
相关水质标准（mg/L）	国　　标	1.0	建设部行标	1.0
	卫生部规范	1.0	水源水质标准	
试验条件	污染物浓度 C_0：4.683mg/L；粉末活性炭投加量：10mg/L； 原水：水源水；水温：26.2。			
原水水质	TOC＝1.65mg/L；COD_{Mn}＝1.47mg/L；pH＝7.40； 浊度＝31.3NTU；碱度＝23.0mg/L；硬度＝18.5mg/L。			

数　据　记　录

吸附时间（min）	0	10	20	30	60	120	240
污染物浓度（mg/L）	4.6830	1.8210	1.8156	1.7118	1.2060	0.9996	0.6078
去除率	0%	61%	61%	63%	74%	79%	87%

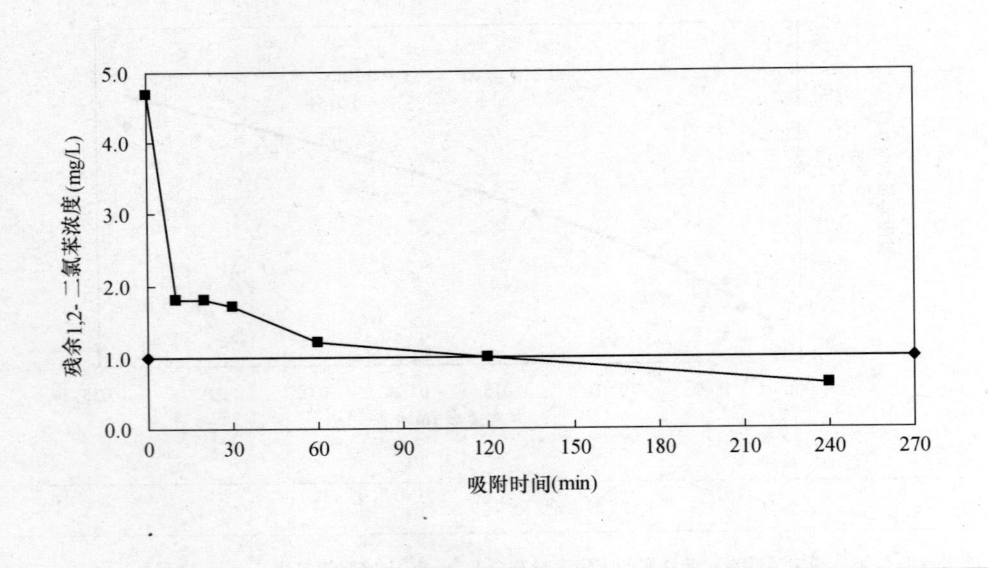

结　论　与　备　注

1. 水源水条件下，粉末活性炭对 1，2-二氯苯的吸附基本达到平衡的时间为 120min 以上。

2. 水源水条件下，粉末活性炭对 1，2-二氯苯的初期吸附速率较大，30min 时去除率达到 63%，可以发挥吸附能力的 72%。

3. 本实验采用磁子搅拌器、密封瓶进行吸附试验，转速为 260r/min，最后采用 0.45μm 的针头过滤器进行过滤。

编号：深圳-1,2-二氯苯-2

时间：2006 年 7 月

试验名称	粉末活性炭对 1，2-二氯苯污染物的吸附容量				
相关水质标准 (mg/L)	国　标	1.0		建设部行标	1.0
	卫生部规范	1.0		水源水质标准	
试验条件	污染物浓度 C_0：4.5605mg/L； 原水：纯水；水温：25.0；pH=6.8。				

数　据　记　录

粉末炭剂量 C_t (mg/L)	5	10	15	20	30	50
平衡浓度 C_e (mg/L)	2.4445	1.3365	0.8135	0.3445	0.1575	0.0755
C_0-C_e	2.1160	3.2240	3.7470	4.2160	4.4030	4.4850
$(C_0-C_e)/C_t$	0.4232	0.3224	0.2498	0.2108	0.146767	0.0897

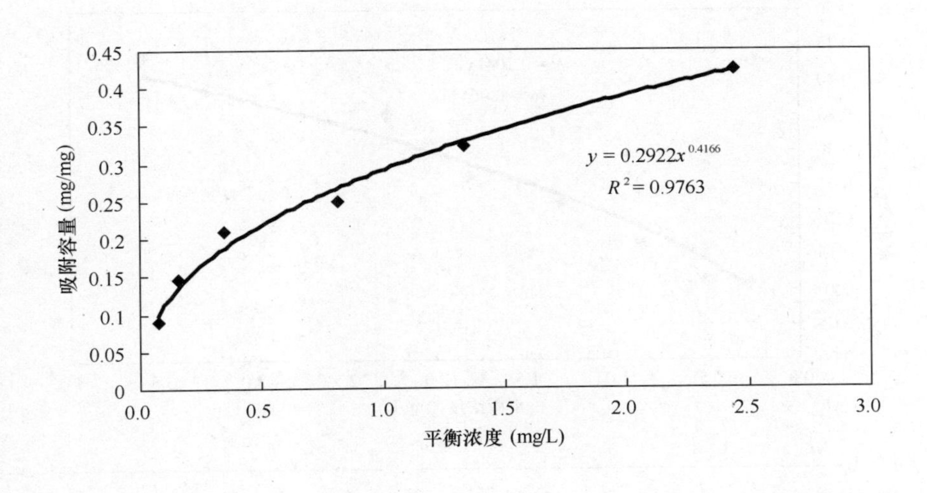

结　论　与　备　注

1. 去离子水条件下，粉末活性炭对 1,2-二氯苯的吸附容量符合 Freundrich 吸附等温线。

2. 可根据上述吸附等温线方程和目标浓度计算理论投炭量。

3. 本实验采用磁子搅拌器、密封瓶进行吸附试验，转速为 260r/min，吸附时间为 2h，最后采用 0.45μm 的针头过滤器进行过滤。

编号：深圳-1,2-二氯苯-3

时间：2006 年 7 月

试验名称	粉末活性炭对 1，2-二氯苯污染物的吸附容量				
相关水质标准（mg/L）	国　标	1.0	建设部行标	1.0	
	卫生部规范	1.0	水源水质标准		
试验条件	污染物浓度 C_0：5.766mg/L； 原水：水源水；水温：26.2。				
原水水质	TOC＝1.65mg/L；COD_{Mn}＝1.47mg/L；pH＝7.40； 浊度＝31.3NTU；碱度＝23.0mg/L；硬度＝18.5mg/L。				

数　据　记　录

粉末炭剂量 C_t（mg/L）	5	10	15	20	30	50
平衡浓度 C_e（mg/L）	3.5960	2.2560	1.8130	1.3030	0.8560	0.2680
C_0-C_e	2.1700	3.5100	3.9530	4.4630	4.9100	5.4980
$(C_0-C_e)/C_t$	0.434	0.351	0.263533	0.22315	0.163667	0.10996

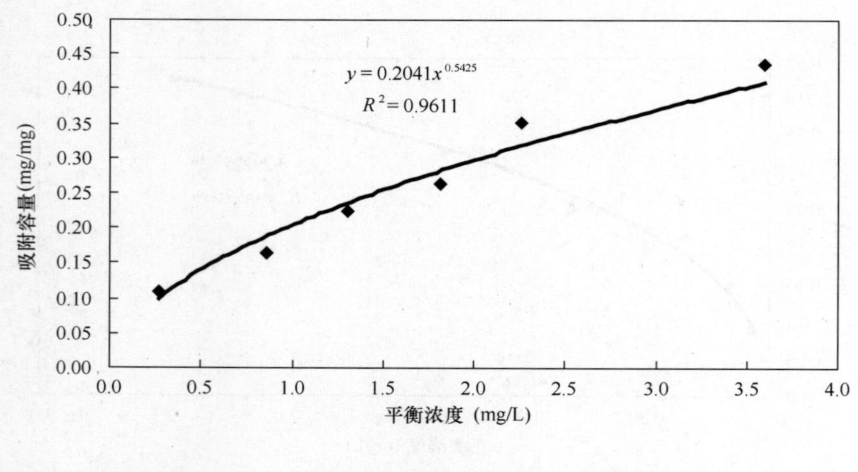

结　论　与　备　注

1. 水源水条件下，粉末活性炭对 1,2-二氯苯的吸附容量符合 Freundrich 吸附等温线。

2. 可根据上述吸附等温线方程和目标浓度计算投炭量，采用粉末活性炭去除超标 4 倍 1,2-二氯苯的有效剂量为 35mg/L 以上。

3. 水源水条件下的吸附容量比去离子水条件下有明显降低，在平衡浓度为 0.5mg/L（标准限值的 50%）时，前者是后者的 64%。

4. 本实验采用磁子搅拌器、密封瓶进行吸附试验，转速为 260r/min，吸附时间为 2h，最后采用 0.45μm 的针头过滤器进行过滤。

2.6 1,4-二氯苯（1,4-dichlorobenzene，p-dichlorobenzene）

编号：深圳-1，4-二氯苯-1

时间：2006 年 7 月

<table>
<tr><td>试验名称</td><td colspan="7">粉末活性炭对 1，4-二氯苯污染物的吸附速率</td></tr>
<tr><td rowspan="2">相关水质标准
(mg/L)</td><td colspan="2">国　　标</td><td colspan="2">0.3</td><td>建设部行标</td><td colspan="2">0.075</td></tr>
<tr><td colspan="2">卫生部规范</td><td colspan="2">0.3</td><td>水源水质标准</td><td colspan="2"></td></tr>
<tr><td>试验条件</td><td colspan="7">污染物浓度 C_0：1.5576mg/L；粉末活性炭投加量：10mg/L；
原水：水源水；水温：26.5。</td></tr>
<tr><td>原水水质</td><td colspan="7">TOC＝1.69mg/L；COD_{Mn}＝1.66mg/L；pH＝7.40；
浊度＝39.0NTU；碱度＝19.5mg/L；硬度＝18.7mg/L。</td></tr>
<tr><td colspan="8">数　据　记　录</td></tr>
<tr><td>吸附时间
(min)</td><td>0</td><td>10</td><td>20</td><td>30</td><td>60</td><td>120</td><td>240</td></tr>
<tr><td>污染物浓度
(mg/L)</td><td>1.5576</td><td>0.6300</td><td>0.4530</td><td>0.4095</td><td>0.3225</td><td>0.1890</td><td>0.1368</td></tr>
<tr><td>去除率</td><td>0%</td><td>60%</td><td>71%</td><td>74%</td><td>79%</td><td>88%</td><td>91%</td></tr>
</table>

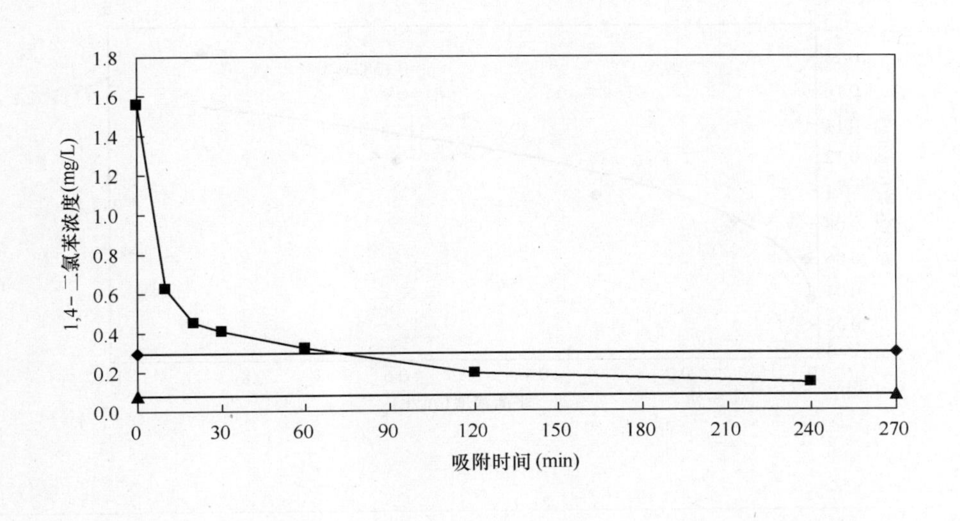

结　论　与　备　注

1. 水源水条件下，粉末活性炭对 1,4-二氯苯的吸附基本达到平衡的时间为 120min 以上。

2. 水源水条件下，粉末活性炭对 1,4-二氯苯的初期吸附速率较大，30min 时去除率达到 74%，可以发挥吸附能力的 81%。

3. 本实验采用磁子搅拌器、密封瓶进行吸附试验，转速为 260r/min，最后采用 0.45μm 的针头过滤器进行过滤。

编号：深圳-1，4-二氯苯-2

时间：2006 年 7 月

试验名称	粉末活性炭对 1，4-二氯苯污染物的吸附容量					
相关水质标准（mg/L）	国　标		0.3	建设部行标		0.075
	卫生部规范		0.3	水源水质标准		
试验条件	污染物浓度 C_0：1.7896mg/L； 原水：纯水；水温：25；pH＝6.8。					
数　据　记　录						
粉末炭剂量 C_t（mg/L）	5	10	15	20	30	50
平衡浓度 C_e（mg/L）	0.8693	0.5951	0.3133	0.1178	0.0184	0.0101
C_0-C_e	0.9203	1.1945	1.4763	1.6718	1.7712	1.7795
$(C_0-C_e)/C_t$	0.18406	0.11945	0.09842	0.08359	0.05904	0.03559

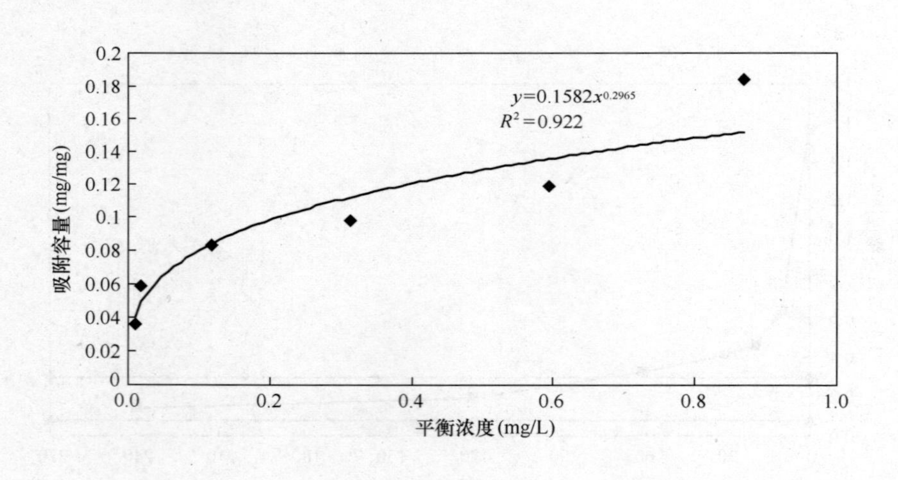

结　论　与　备　注

1. 去离子水条件下，粉末活性炭对 1，4-二氯苯的吸附容量符合 Freundrich 吸附等温线。

2. 可根据上述吸附等温线方程和目标浓度计算理论投炭量。

3. 本实验采用磁子搅拌器、密封瓶进行吸附试验，转速为 260r/min，吸附时间为 2h，最后采用 0.45μm 的针头过滤器进行过滤。

编号：深圳-1，4-二氯苯-3

时间：2006 年 7 月

试验名称	粉末活性炭对 1，4-二氯苯污染物的吸附容量					
相关水质标准 (mg/L)	国　标	0.3		建设部行标	0.075	
	卫生部规范	0.3		水源水质标准		
试验条件	污染物浓度 C_0：1.7111mg/L； 原水：水源水；水温：25.1。					
原水水质	TOC＝1.61mg/L；COD_{Mn}＝1.30mg/L；pH＝7.05； 浊度＝12.2NTU；碱度＝15.3mg/L；硬度＝23.7mg/L。					
数　据　记　录						
粉末炭剂量 C_t (mg/L)	5	10	15	20	30	50
平衡浓度 C_e (mg/L)	0.8898	0.5498	0.3406	0.1591	0.0125	0.0080
C_0-C_e	0.8213	1.1613	1.3705	1.5520	1.6986	1.7031
$(C_0-C_e)/C_t$	0.16426	0.11613	0.091367	0.0776	0.05662	0.034062

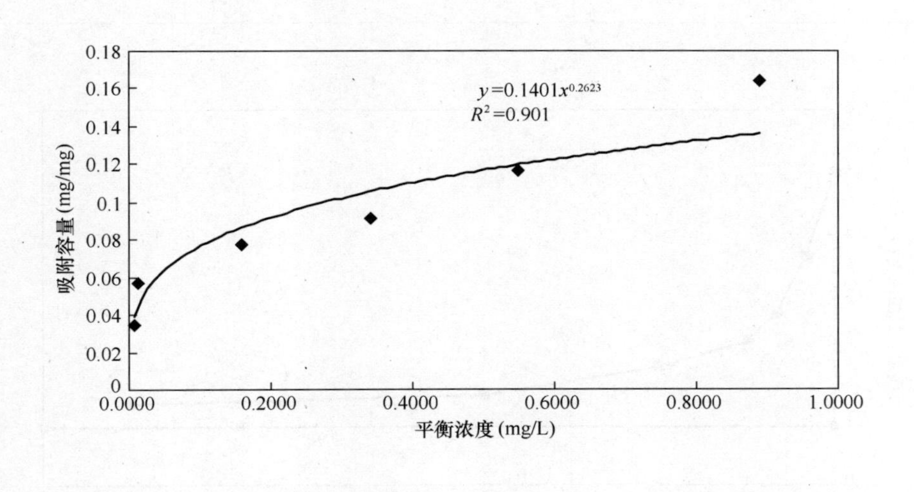

结　论　与　备　注

1. 水源水条件下，粉末活性炭对 1,4-二氯苯的吸附容量符合 Freundrich 吸附等温线。

2. 可根据上述吸附等温线方程和目标浓度计算投炭量，采用粉末活性炭去除超标 4 倍 1,4-二氯苯的有效剂量为 18mg/L 以上。

3. 水源水条件下的吸附容量比去离子水条件下有明显降低，在平衡浓度为 0.15mg/L（标准限值的 50%）时，前者是后者的 94%。

4. 本实验采用磁子搅拌器、密封瓶进行吸附试验，转速为 260r/min，吸附时间为 2h，最后采用 0.45μm 的针头过滤器进行过滤。

2.7 二氯酚（Dichlorophenol）

编号：无锡-二氯酚-1

时间：2007年4月2日

试验名称	粉末活性炭对二氯酚污染物的吸附速率						
相关水质标准（mg/L）	国　标		建设部行标				
	卫生部规范		水源水质标准	0.093			
试验条件	污染物浓度 C_0：0.05mg/L；粉末活性炭投加量：10mg/L；原水：滤后水；试验水温：12℃。						
原水水质	COD_{Mn}=3.76mg/L；TOC=5.46mg/L；浊度=0.46NTU；pH=7.4；碱度=103mg/L；硬度=189mg/L；藻类=670个/mL。						
数　据　记　录							
吸附时间（min）	0	10	20	30	60	120	240
污染物浓度（mg/L）	0.5	0.364	0.274	0.229	0.188	0.143	0.13
去除率	0%	27%	45%	54%	62%	71%	74%

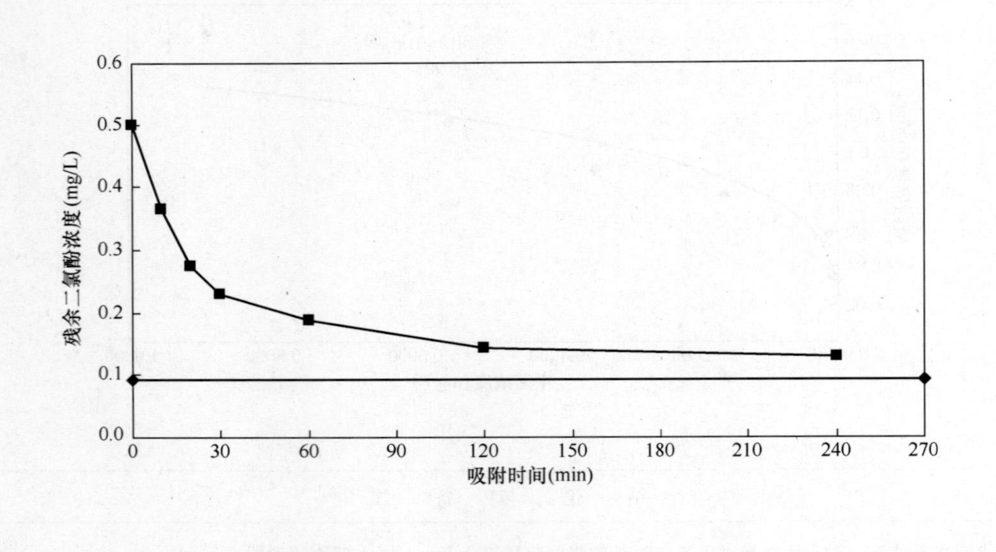

结　论　与　备　注

1. 水源水条件下，粉末活性炭对二氯酚的吸附基本达到平衡的时间为120min以上。

2. 水源水条件下，粉末活性炭对二氯酚的初期吸附速率很大，30min时去除率达到54%，可以发挥吸附能力的73%。

编号：无锡-二氯酚-2

时间：2007 年 4 月 2 日

试验名称	粉末活性炭对二氯酚污染物的吸附速率						
相关水质标准（mg/L）	国　标		建设部行标				
	卫生部规范		水源水质标准	0.093			
试验条件	污染物浓度 C_0：0.05mg/L；粉末活性炭投加量：10mg/L；原水：去离子水；试验水温：12℃；pH＝6.2。						
数　据　记　录							
吸附时间（min）	0	10	20	30	60	120	240
污染物浓度（mg/L）	0.5	0.188	0.127	0.106	0.093	0.07	0.06
去除率	0%	62%	75%	79%	81%	86%	88%

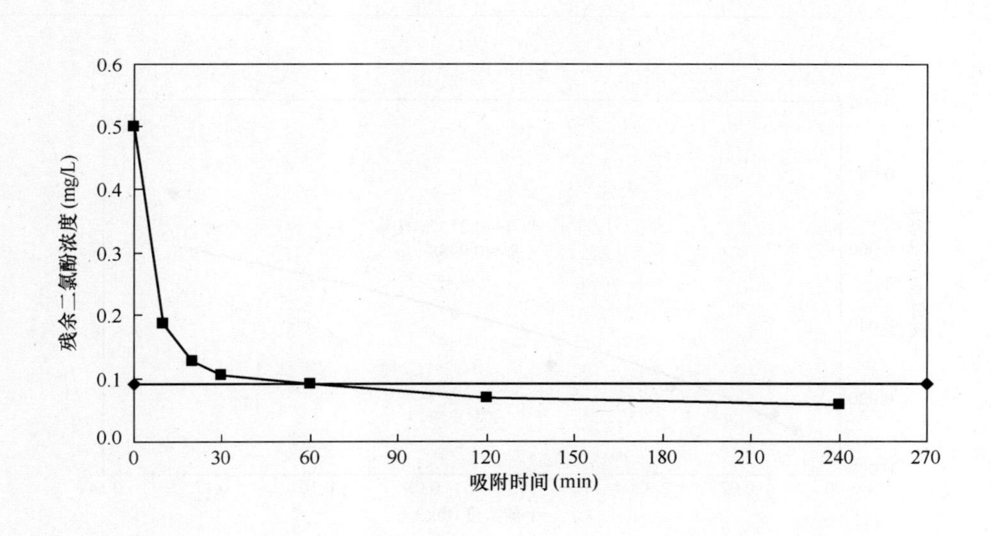

结　论　与　备　注

1. 去离子水条件下，粉末活性炭对二氯酚的吸附基本达到平衡的时间为 60min 以上。

2. 去离子水条件下，粉末活性炭对二氯酚的初期吸附速率很大，30min 时去除率达到 79%，可以发挥吸附能力的 90%。

3. 水源水条件与去离子水条件相比，吸附反应速率有所减缓，吸附去除率有所下降。

编号：无锡-二氯酚-3

时间：2006 年 7 月

试验名称	粉末活性炭对二氯酚污染物的吸附容量				
相关水质标准（mg/L）	国　标			建设部行标	
	卫生部规范			水源水质标准	0.093
试验条件	污染物浓度 C_0：0.05mg/L 原水：去离子水；水温：10℃；pH=　。				
数　据　记　录					
粉末炭剂量 C_t（mg/L）	5	10	15	20	30	40
平衡浓度 C_e（mg/L）	0.127	0.073	0.055	0.032	0.0123	0.0087
C_0-C_e	0.373	0.427	0.445	0.468	0.487	0.4913
$(C_0-C_e)/C_t$	0.075	0.043	0.030	0.023	0.016	0.012

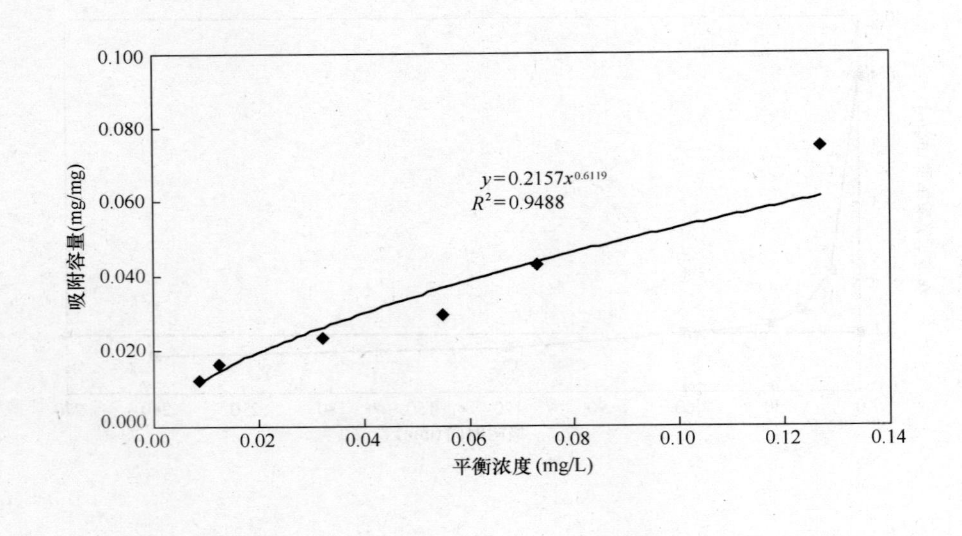

结　论　与　备　注

1. 去离子水条件下，粉末活性炭对二氯酚的吸附容量符合 Freundrich 吸附等温线。

2. 可根据上述吸附等温线方程和目标浓度计算理论投炭量。

3. 本实验采用磁子搅拌器、密封瓶进行吸附试验，转速为 260r/min，吸附时间为 2h，最后采用 0.45μm 的针头过滤器进行过滤。

编号：无锡-二氯酚-4

时间：2006 年 7 月

试验名称	粉末活性炭对二氯酚污染物的吸附容量					
相关水质标准（mg/L）	国　　标		建设部行标			
	卫生部规范		水源水质标准		0.093	
试验条件	污染物浓度 C_0：0.5mg/L； 原水：滤后水；试验水温：10℃。					
原水水质	COD_{Mn}=3.76mg/L；TOC=5.46mg/L；浊度=0.46NTU；pH=7.4；碱度=103mg/L；硬度=189mg/L；藻类=670 个/mL。					
数　据　记　录						
粉末炭剂量 C_t（mg/L）	5	10	15	20	30	40
平衡浓度 C_e（mg/L）	0.311	0.134	0.091	0.062	0.014	0.006
C_0-C_e	0.189	0.366	0.409	0.438	0.486	0.494
$(C_0-C_e)/C_t$	0.0377	0.0366	0.0273	0.0219	0.0162	0.0123

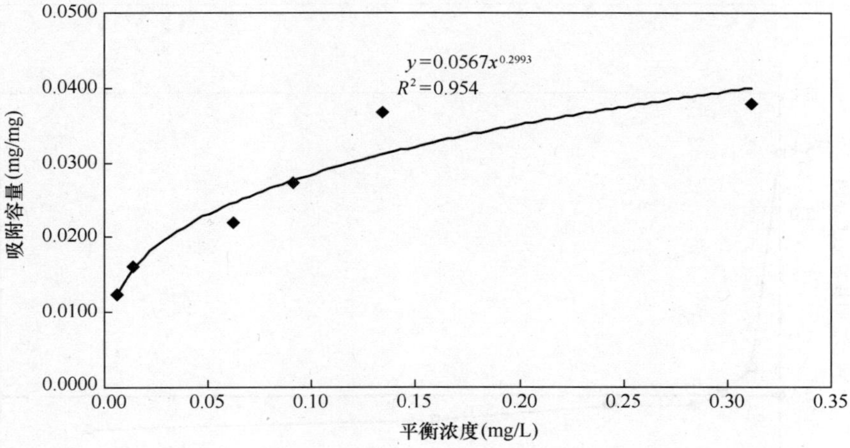

$y=0.0567x^{0.2993}$
$R^2=0.954$

吸附容量(mg/mg)：0.0000、0.0100、0.0200、0.0300、0.0400、0.0500

平衡浓度(mg/L)：0.00、0.05、0.10、0.15、0.20、0.25、0.30、0.35

结　论　与　备　注

1. 水源水条件下，粉末活性炭对二氯酚的吸附容量符合 Freundrich 吸附等温线。

2. 可根据上述吸附等温线方程和目标浓度计算投炭量，采用粉末活性炭去除超标 4 倍二氯酚的有效剂量为 20mg/L 以上。

3. 水源水条件下的吸附容量比去离子水条件下有明显降低，在平衡浓度为 0.0465mg/L（标准限值的 50%）时，前者是后者的 69%。

4. 本实验采用磁子搅拌器、密封瓶进行吸附试验，转速为 260r/min，吸附时间为 2h，最后采用 0.45μm 的针头过滤器进行过滤。

2.8 二硝基苯（Dinitrobenzene）

编号：济南-二硝基苯-1

时间：2007年6月26日

试验名称	粉末活性炭对二硝基苯污染物的吸附速率					
相关水质标准（mg/L）	国　标			建设部行标		
	卫生部规范			水源水质标准		0.5
试验条件	污染物浓度 C_0：2.5mg/L；粉末活性炭投加量：10mg/L；原水：济南黄河水厂水源水；试验水温：20℃。					
原水水质	COD_{Mn}＝2.4mg/L；TOC＝　　mg/L（选测项目）；pH＝8.36；浊度＝0.7NTU；碱度＝166mg/L；硬度＝272mg/L。					
数　据　记　录						

吸附时间（min）	0	10	20	30	60	120	240
污染物浓度（mg/L）	2.5	0.720	0.523	0.421	0.413	0.297	0.237
去除率	0%	71%	79%	83%	83%	88%	91%

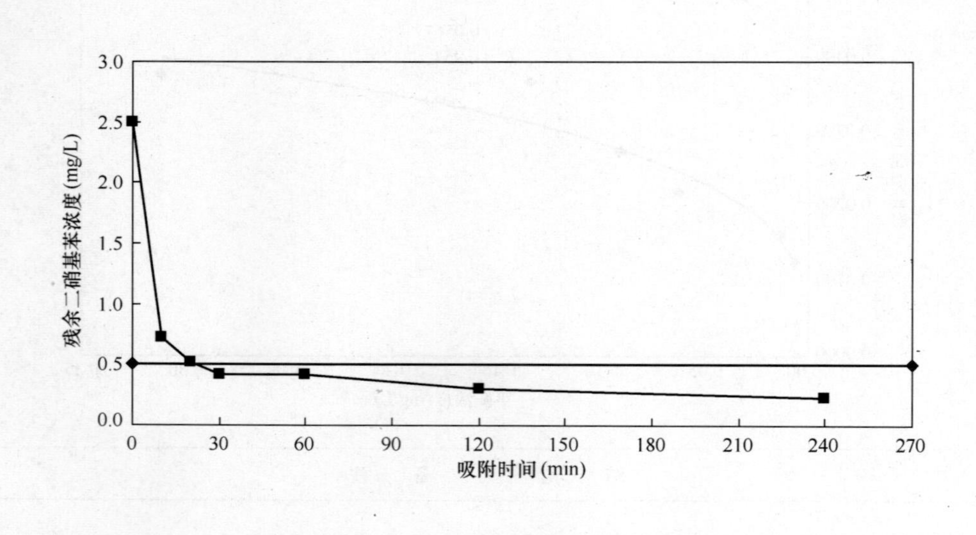

结　论　与　备　注

1. 水源水条件下，粉末活性炭对二硝基苯的吸附基本达到平衡的时间为120min以上。

2. 水源水条件下，粉末活性炭对二硝基苯的初期吸附速率很大，30min时去除率达到83%，可以发挥吸附能力的91%。

编号：济南-二硝基苯-2

时间：2007 年 6 月 26 日

试验名称	粉末活性炭对二硝基苯污染物的吸附容量					
相关水质标准（mg/L）	国　标		建设部行标			
	卫生部规范		水源水质标准	0.5		
试验条件	污染物浓度 C_0：2.5mg/L； 原水：去离子水；水温：20℃；pH=7.75。					
数　据　记　录						
粉末炭剂量 C_t（mg/L）	5	10	15	20	30	50
平衡浓度 C_e（mg/L）	0.557083	0.190312	0.083404	0.051225	0.019042	0.006021
C_0-C_e	1.942917	2.309688	2.416596	2.448775	2.480958	2.493979
$(C_0-C_e)/C_t$	0.388583	0.230969	0.161106	0.122439	0.082699	0.04988

平衡浓度统一设定为 120min 吸附时间的浓度

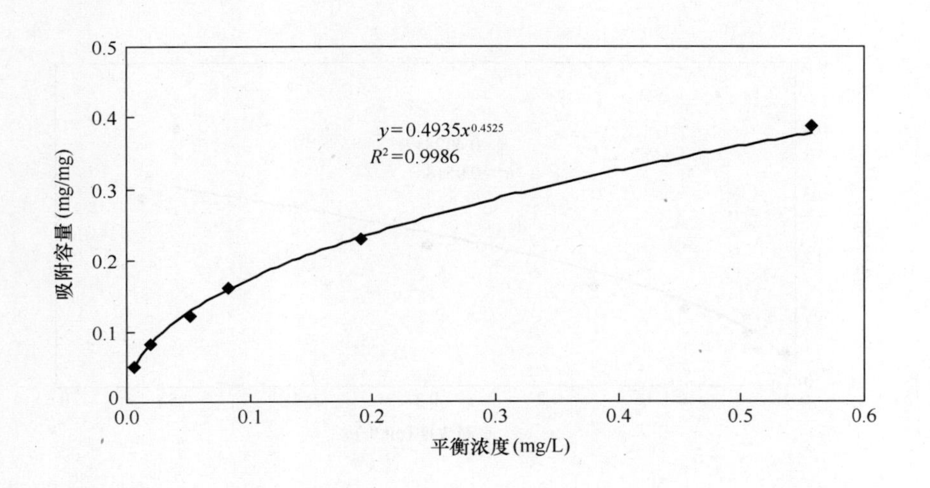

结　论　与　备　注

1. 去离子水条件下，粉末活性炭对二硝基苯的吸附容量符合 Freundrich 吸附等温线。
2. 可根据上述吸附等温线方程和目标浓度计算理论投炭量。

编号：济南-二硝基苯-3

时间：2007 年 6 月 26 日

试验名称	粉末活性炭对二硝基苯污染物的吸附容量			
相关水质标准（mg/L）	国　标		建设部行标	
	卫生部规范		水源水质标准	0.5
试验条件	污染物浓度 C_0：2.5mg/L； 原水：黄河水厂水源水；试验水温：20℃。			
原水水质	COD_{Mn}＝2.4mg/L；TOC＝　　mg/L（选测项目）；pH＝8.36； 浊度＝0.7NTU；碱度＝166mg/L；硬度＝272mg/L。			

数　据　记　录

粉末炭剂量 C_t（mg/L）	5	10	15	20	30	50
平衡浓度 C_e（mg/L）	0.502167	0.299783	0.163669	0.090142	0.04028	0.009112
C_0-C_e	1.997833	2.200217	2.336331	2.409858	2.45972	2.490888
$(C_0-C_e)/C_t$	0.399567	0.220022	0.155755	0.120493	0.081991	0.049818

平衡浓度统一设定为 120min 吸附时间的浓度

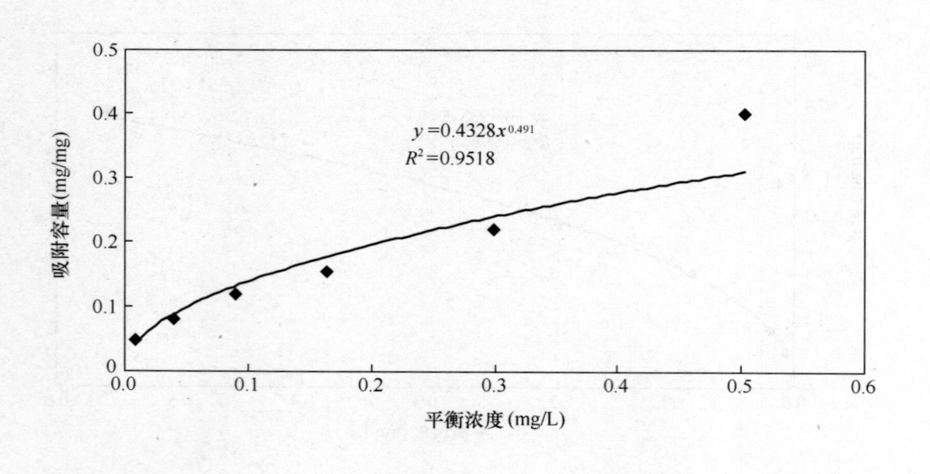

结　论　与　备　注

1. 水源水条件下，粉末活性炭对二硝基苯的吸附容量符合 Freundrich 吸附等温线。

2. 可根据上述吸附等温线方程和目标浓度计算投炭量，采用粉末活性炭去除超标 4 倍二硝基苯的有效剂量为 12mg/L 以上。

3. 水源水条件下的吸附容量比去离子水条件下有所降低，在平衡浓度为 0.25mg/L（标准限值的 50%）时，前者是后者的 83%。

2.9 2,4-二硝基甲苯（2,4-dinitrotoluene）

编号：济南-2，4-二硝基甲苯-1

时间：2007 年 7 月 30 日

试验名称	粉末活性炭对 2,4-二硝基甲苯污染物的吸附速率					
相关水质标准（mg/L）	国　标		建设部行标			
	卫生部规范		水源水质标准	0.0003		
试验条件	污染物浓度 C_0：0.0015mg/L；粉末活性炭投加量：10mg/L；原水：黄河水厂水源水；试验水温：20℃。					
原水水质	COD_{Mn}＝2.2mg/L；TOC＝　mg/L（选测项目）；pH＝8.09；浊度＝0.4NTU；碱度＝175mg/L；硬度＝267mg/L。					

数　据　记　录

吸附时间（min）	0	10	20	30	60	120	240
污染物浓度（mg/L）	0.0015	0.0006	0.0004	0.0003	0.0002	0.00011	6.2E-05
去除率	0%	60%	73%	79%	87%	93%	96%

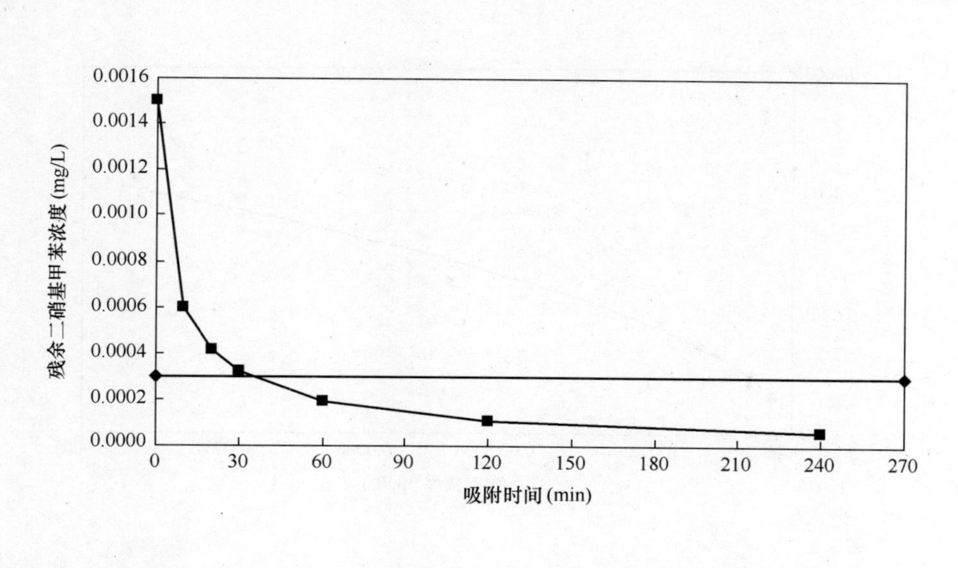

结　论　与　备　注

1. 水源水条件下，粉末活性炭对 2，4-二硝基甲苯的吸附基本达到平衡的时间为 120min 以上。

2. 水源水条件下，粉末活性炭对 2，4-二硝基甲苯的初期吸附速率很大，30min 时去除率达到 79%，可以发挥吸附能力的 82%。

编号：济南-2，4-二硝基甲苯-2

时间：2007 年 7 月 30 日

试验名称	粉末活性炭对 2,4-二硝基甲苯污染物的吸附容量					
相关水质标准 (mg/L)	国　标			建设部行标		
	卫生部规范			水源水质标准		0.0003
试验条件	污染物浓度 C_0：0.0015mg/L； 原水：去离子水；水温：20℃；pH=7.85。					
数　据　记　录						
粉末炭剂量 C_t (mg/L)	5	10	15	20	30	50
平衡浓度 C_e (mg/L)	0.000462	0.000243	9.35E-05	6.54E-05	2.83E-05	1.38E-05
C_0-C_e	0.001038	0.001257	0.001407	0.001435	0.001472	0.001486
$(C_0-C_e)/C_t$	0.000208	0.000126	9.38E-05	7.17E-05	4.91E-05	2.97E-05

#平衡浓度统一设定为 120min 吸附时间的浓度

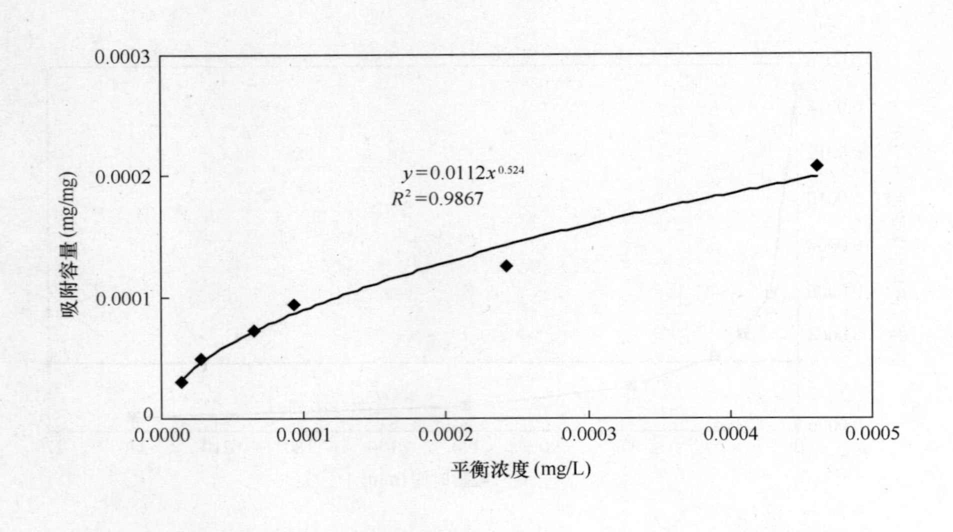

结　论　与　备　注

1. 去离子水条件下，粉末活性炭对 2,4-二硝基甲苯的吸附容量符合 Freundrich 吸附等温线。
2. 可根据上述吸附等温线方程和目标浓度计算理论投炭量。

编号：济南-2，4-二硝基甲苯-3

时间：2007 年 7 月 30 日

试验名称	粉末活性炭对 2,4-二硝基甲苯污染物的吸附容量					
相关水质标准（mg/L）	国　标		建设部行标			
	卫生部规范		水源水质标准	0.0003		
试验条件	污染物浓度 C_0：0.0015mg/L； 原水：黄河水厂水源水；试验水温：20℃。					
原水水质	COD_{Mn}=2.2mg/L；TOC=　　mg/L（选测项目）；pH=8.09； 浊度=0.4NTU；碱度=175mg/L；硬度=267mg/L。					
数　据　记　录						
粉末炭剂量 C_t（mg/L）	5	10	15	20	30	50
平衡浓度 C_e（mg/L）	0.000901	0.000469	0.000321	0.000138	7.65E-05	2.94E-05
C_0-C_e	0.000599	0.001031	0.001179	0.001362	0.001423	0.001471
$(C_0-C_e)/C_t$	0.00012	0.000103	7.86E-05	6.81E-05	4.74E-05	2.94E-05

平衡浓度统一设定为 120min 吸附时间的浓度

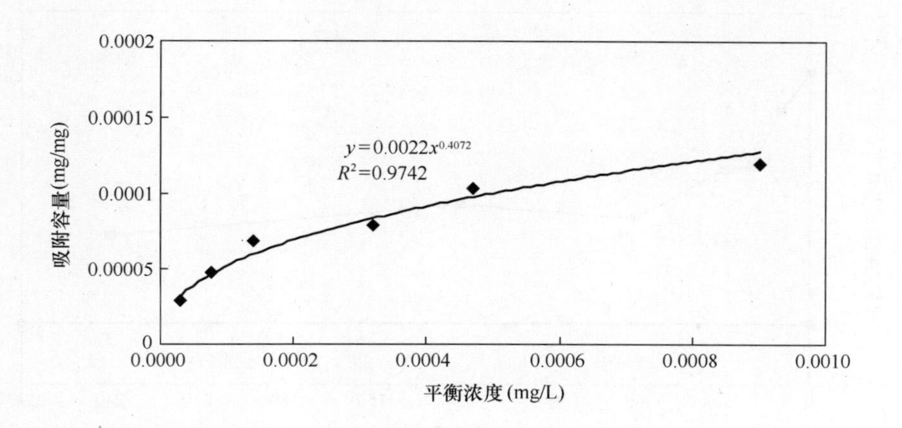

结　论　与　备　注

1. 水源水条件下，粉末活性炭对 2,4-二硝基甲苯的吸附容量符合 Freundrich 吸附等温线。

2. 可根据上述吸附等温线方程和目标浓度计算投炭量，采用粉末活性炭去除超标 4 倍 2，4-二硝基甲苯的有效剂量为 25mg/L 以上。

3. 水源水条件下的吸附容量比去离子水条件下有明显降低，在平衡浓度为 0.00015mg/L（标准限值的 50%）时，前者是后者的 53%。

2.10 二硝基氯苯（Dinitrochlorobenzene）

编号：济南-二硝基氯苯-1

时间：2007年7月10日

试验名称	粉末活性炭对二硝基氯苯污染物的吸附速率			
相关水质标准（mg/L）	国 标		建设部行标	
	卫生部规范		水源水质标准	0.5
试验条件	污染物浓度 C_0：2.5mg/L；粉末活性炭投加量：10mg/L；原水：黄河水厂水源水；试验水温：18℃。			
原水水质	COD_{Mn}=2.2mg/L；TOC= mg/L（选测项目）；pH=8.09；浊度=0.4NTU；碱度=166mg/L；硬度=267mg/L。			

数 据 记 录

吸附时间（min）	0	10	20	30	60	120	240
污染物浓度（mg/L）	2.5	2.21	1.77	1.75	1.34	1.45	1.21
去除率	0%	12%	29%	30%	46%	42%	52%

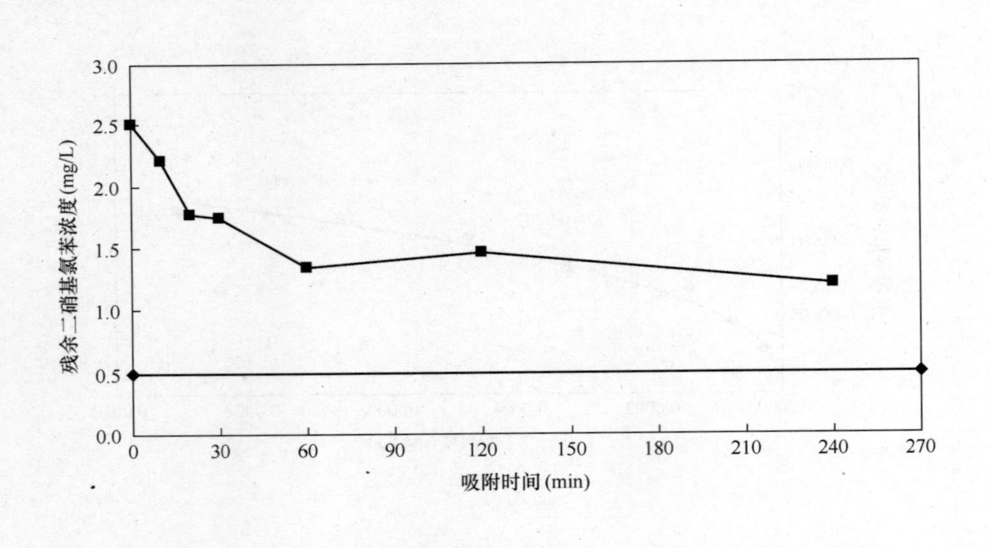

结 论 与 备 注

1. 水源水条件下，粉末活性炭对二硝基氯苯的吸附基本达到平衡的时间为120min以上。

2. 水源水条件下，粉末活性炭对二硝基氯苯的初期吸附速率一般，30min时去除率达到30%，可以发挥吸附能力的58%。

编号：济南-二硝基氯苯-2

时间：2007 年 7 月 10 日

试验名称	粉末活性炭对二硝基氯苯污染物的吸附容量					
相关水质标准 (mg/L)	国　标			建设部行标		
	卫生部规范			水源水质标准		0.5
试验条件	污染物浓度 C_0：2.5mg/L； 原水：去离子水；水温：18℃；pH=7.80。					
数　据　记　录						
粉末炭剂量 C_t (mg/L)	5	10	15	20	30	50
平衡浓度 C_e (mg/L)	2.052894	1.317659	0.747115	0.497499	0.179147	0.043031
C_0-C_e	0.447106	1.182341	1.752885	2.002501	2.320853	2.456969
$(C_0-C_e)/C_t$	0.089421	0.118234	0.116859	0.100125	0.077362	0.049139

平衡浓度统一设定为 120min 吸附时间的浓度

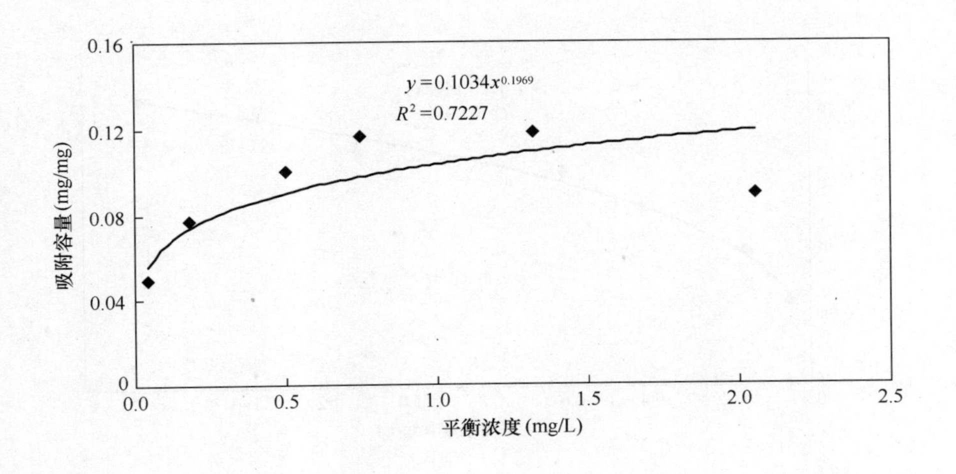

结　论　与　备　注

1. 去离子水条件下，粉末活性炭对二硝基氯苯的吸附容量符合 Freundrich 吸附等温线。
2. 可根据上述吸附等温线方程和目标浓度计算理论投炭量。

编号：济南-二硝基氯苯-3

时间：2007 年 7 月 10 日

试验名称	粉末活性炭对二硝基氯苯污染物的吸附容量			
相关水质标准（mg/L）	国　标		建设部行标	
	卫生部规范		水源水质标准	0.5
试验条件	污染物浓度 C_0：2.5mg/L； 原水：黄河水厂水源水；试验水温：18℃。			
原水水质	COD_{Mn}＝2.2mg/L；TOC＝　　mg/L（选测项目）；pH＝8.09； 浊度＝0.4NTU；碱度＝166mg/L；硬度＝267mg/L。			

数　据　记　录

粉末炭剂量 C_t（mg/L）	5	10	15	20	30	50
平衡浓度 C_e（mg/L）	1.661738	1.118706	0.610226	0.420047	0.158097	0.04901
C_0-C_e	0.838262	1.381294	1.889774	2.079953	2.341903	2.45099
$(C_0-C_e)/C_t$	0.167652	0.138129	0.125985	0.103998	0.078063	0.04902

平衡浓度统一设定为 120min 吸附时间的浓度

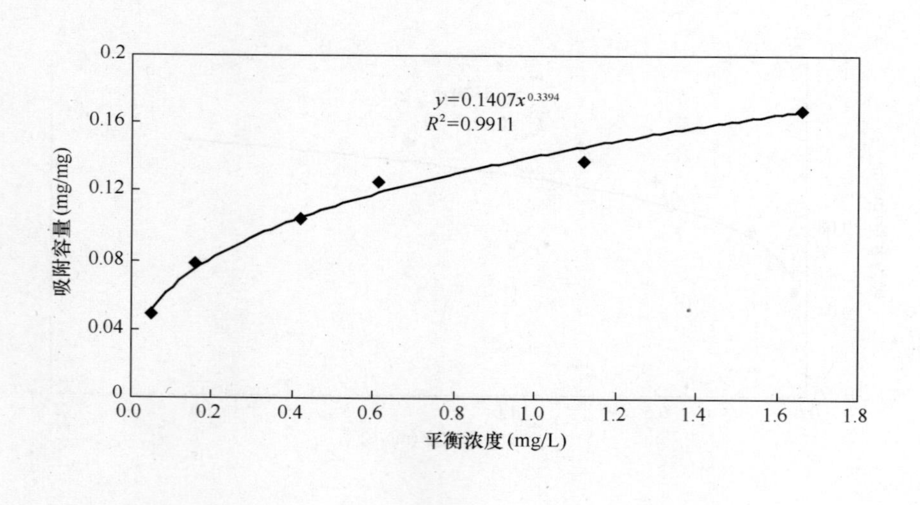

结　论　与　备　注

1. 水源水条件下，粉末活性炭对二硝基氯苯的吸附容量符合 Freundrich 吸附等温线。

2. 可根据上述吸附等温线方程和目标浓度计算投炭量，采用粉末活性炭去除超标 4 倍二硝基氯苯的有效剂量为 30mg/L 以上。

3. 水源水条件下的吸附容量和去离子水条件下相比差别不大。

2.11 甲苯（Toluene）

编号：深圳-甲苯-1

时间：2006年7月

试验名称	粉末活性炭对甲苯污染物的吸附速率					
相关水质标准（mg/L）	国　标	0.7		建设部行标	0.7	
	卫生部规范	0.7		水源水质标准	0.7	
试验条件	污染物浓度 C_0：3.782mg/L；粉末活性炭投加量：10mg/L；原水：水源水；水温：25.3。					
原水水质	TOC＝1.37mg/L；COD_{Mn}＝1.14mg/L；pH＝7.39；浊度＝16.3NTU；碱度＝17.8mg/L；硬度＝24.1mg/L.					

数　据　记　录

吸附时间（min）	0	10	20	30	60	120	240
污染物浓度（mg/L）	3.782	2.078	1.864	1.807	1.718	1.652	1.629
去除率	0%	45%	51%	52%	55%	56%	57%

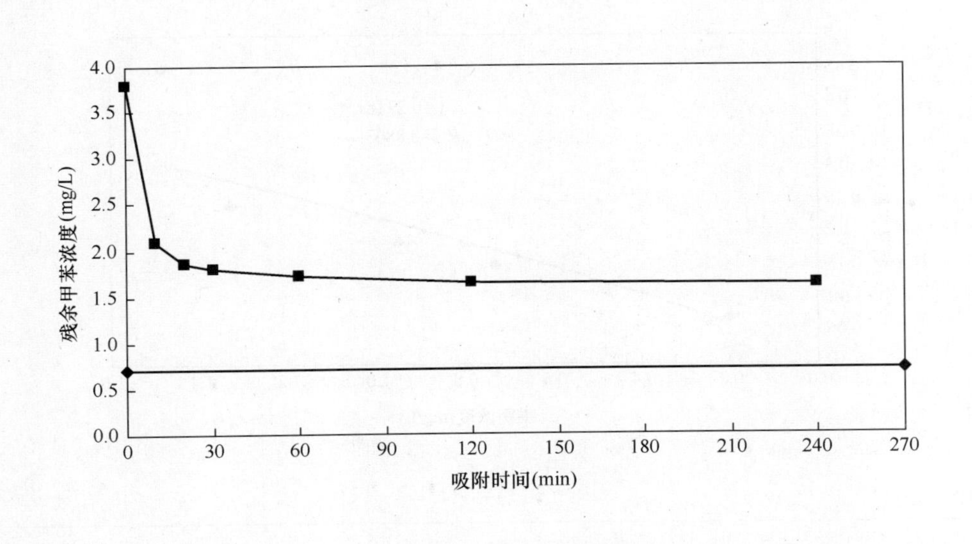

结　论　与　备　注

1. 水源水条件下，粉末活性炭对甲苯的吸附基本达到平衡的时间为120min以上。

2. 水源水条件下，粉末活性炭对甲苯的初期吸附速率一般，30min时去除率达到52%，可以发挥吸附能力的91%。

3. 本实验采用磁子搅拌器、密封瓶进行吸附试验，转速为260r/min，最后采用0.45μm的针头过滤器进行过滤。

编号：深圳-甲苯-2

时间：2006 年 7 月

<table>
<tr><td>试验名称</td><td colspan="6">粉末活性炭对甲苯污染物的吸附容量</td></tr>
<tr><td rowspan="2">相关水质标准
(mg/L)</td><td>国　标</td><td></td><td colspan="2">建设部行标</td><td colspan="2">0.7</td></tr>
<tr><td>卫生部规范</td><td>0.7</td><td colspan="2">水源水质标准</td><td colspan="2">0.7</td></tr>
<tr><td>试验条件</td><td colspan="6">污染物浓度 C_0：3.7278mg/L；
原水：纯水；水温：；pH=6.80。</td></tr>
<tr><td colspan="7">数　据　记　录</td></tr>
<tr><td>粉末炭剂量 C_t (mg/L)</td><td>5</td><td>10</td><td>15</td><td>20</td><td>30</td><td>50</td></tr>
<tr><td>平衡浓度 C_e (mg/L)</td><td>1.4841</td><td>1.3284</td><td>0.9486</td><td>0.7272</td><td>0.4770</td><td>0.1998</td></tr>
<tr><td>C_0-C_e</td><td>2.2437</td><td>2.3994</td><td>2.7792</td><td>3.0006</td><td>3.2508</td><td>3.5280</td></tr>
<tr><td>$(C_0-C_e)/C_t$</td><td>0.44874</td><td>0.23994</td><td>0.18528</td><td>0.15003</td><td>0.10836</td><td>0.07056</td></tr>
</table>

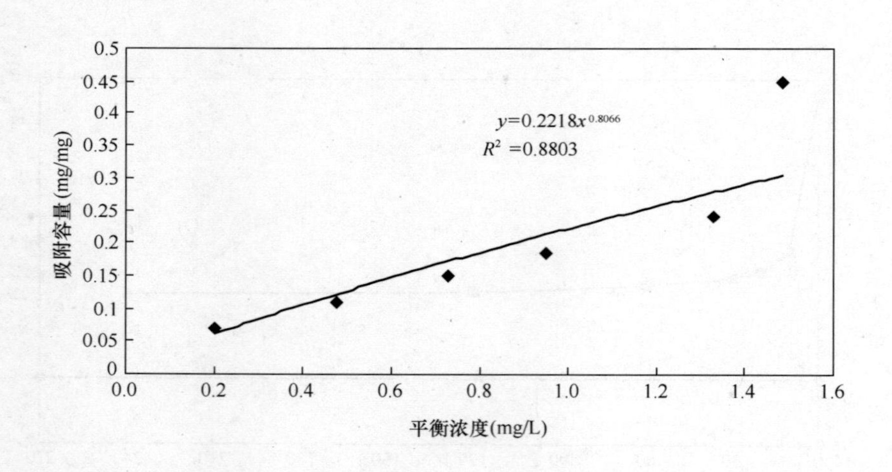

结　论　与　备　注

1. 去离子水条件下，粉末活性炭对甲苯的吸附容量符合 Freundrich 吸附等温线。

2. 可根据上述吸附等温线方程和目标浓度计算理论投炭量。

3. 本实验采用磁子搅拌器、密封瓶进行吸附试验，转速为 260r/min，吸附时间为 2h，最后采用 0.45μm 的针头过滤器进行过滤。

编号：深圳-甲苯-3
时间：2006 年 7 月

试验名称	粉末活性炭对甲苯污染物的吸附容量					
相关水质标准 (mg/L)	国　标		0.7	建设部行标		0.7
	卫生部规范		0.7	水源水质标准		0.7
试验条件	污染物浓度 C_0：3.433mg/L； 原水：水源水；水温：26.2。					
原水水质	TOC＝1.65mg/L；COD_{Mn}＝1.47mg/L；pH＝7.40； 浊度＝31.3NTU；碱度＝23.0mg/L；硬度＝18.5mg/L。					
数　据　记　录						
粉末炭剂量 C_t (mg/L)	5	10	15	20	30	50
平衡浓度 C_e (mg/L)	1.8000	1.1520	0.8090	0.5840	0.3800	0.2210
C_0-C_e	1.6330	2.2810	2.6240	2.8490	3.0530	3.2120
$(C_0-C_e)/C_t$	0.3266	0.2281	0.17493	0.14245	0.10177	0.06424

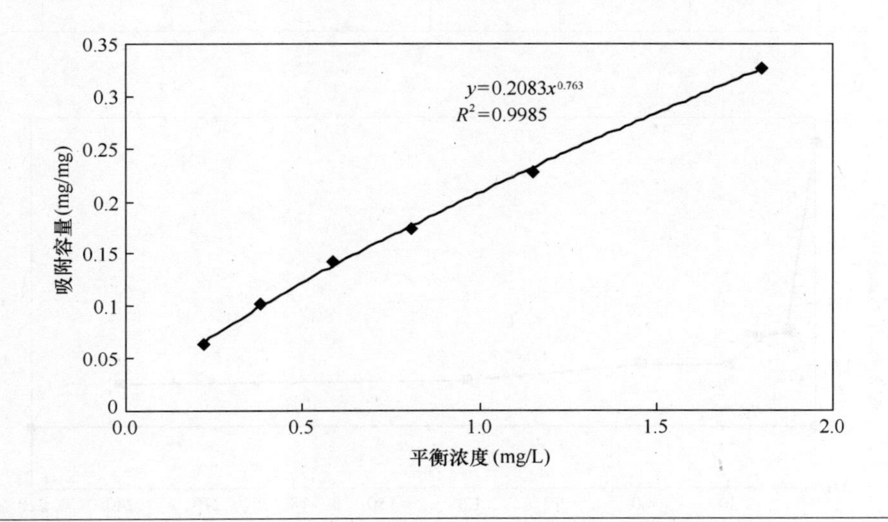

结　论　与　备　注

1. 水源水条件下，粉末活性炭对甲苯的吸附容量符合 Freundrich 吸附等温线。

2. 可根据上述吸附等温线方程和目标浓度计算投炭量，采用粉末活性炭去除超标 4 倍甲苯的有效剂量为 35mg/L 以上。

3. 水源水条件下的吸附容量比去离子水条件下差别不大，在平衡浓度为 0.35mg/L（标准限值的 50％）时，前者是后者的 98％。

4. 本实验采用磁子搅拌器、密封瓶进行吸附试验，转速为 260r/min，吸附时间为 2h，最后采用 0.45μm 的针头过滤器进行过滤。

2.12 间二甲苯（1,3-xylene，p-xylene）

编号：深圳-间二甲苯-1

时间：2006 年 7 月

试验名称	粉末活性炭对间二甲苯污染物的吸附速率					
相关水质标准（mg/L）	国　标	0.5		建设部行标	0.5	
	卫生部规范	0.5		水源水质标准	0.5	
试验条件	污染物浓度 C_0：2.785mg/L；粉末活性炭投加量：10mg/L； 原水：水源水；水温：25.3。					
原水水质	TOC＝1.37mg/L；COD_{Mn}＝1.14mg/L；pH＝7.39； 浊度＝16.3NTU；碱度＝17.8mg/L；硬度＝24.1mg/L。					
数　据　记　录						
吸附时间（min）	0	10	20	30	60	120	240
污染物浓度（mg/L）	2.785	1.270	1.215	0.995	0.990	0.870	0.845
去除率	0%	54%	56%	64%	64%	69%	70%

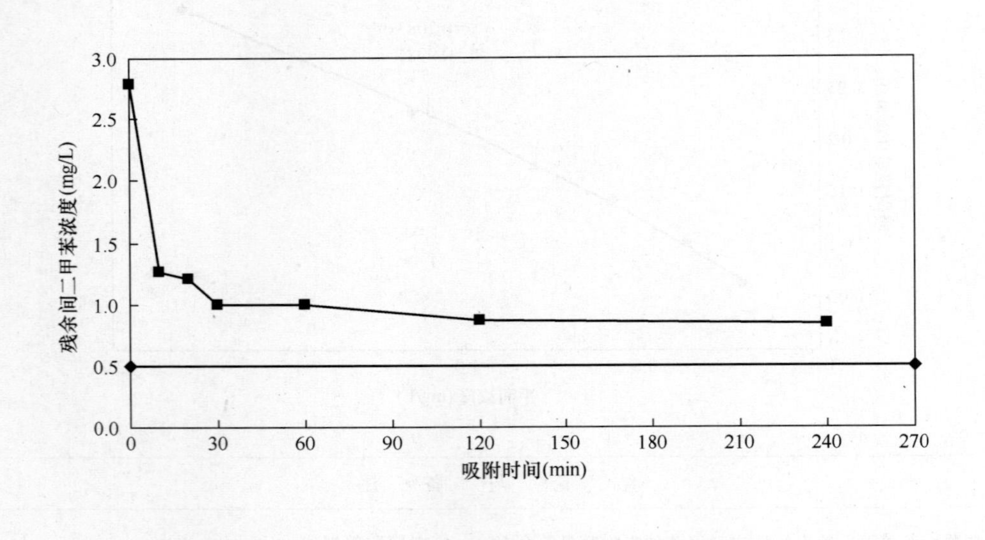

结　论　与　备　注

1. 水源水条件下，粉末活性炭对间二甲苯的吸附基本达到平衡的时间为 120min 以上。

2. 水源水条件下，粉末活性炭对间二甲苯的初期吸附速率较大，30min 时去除率达到 64%，可以发挥吸附能力的 91%。

3. 本实验采用磁子搅拌器、密封瓶进行吸附试验，转速为 260r/min，最后采用 0.45μm 的针头过滤器进行过滤。

编号：深圳-间二甲苯-2

时间：2006 年 7 月

试验名称	粉末活性炭对间二甲苯污染物的吸附容量				
相关水质标准（mg/L）	国　标	0.5		建设部行标	0.5
	卫生部规范	0.5		水源水质标准	0.5
试验条件	污染物浓度 C_0：2.5925mg/L；粉末活性炭投加量：10mg/L；原水：纯水；水温：25.0；pH=6.80。				
数　据　记　录					
粉末炭剂量 C_t（mg/L）	5	10	15	20	30	50
平衡浓度 C_e（mg/L）	0.9420	0.6300	0.4700	0.3225	0.1725	0.0505
C_0-C_e	1.6505	1.9625	2.1225	2.2700	2.4200	2.5420
$(C_0-C_e)/C_t$	0.3301	0.19625	0.1415	0.1135	0.080667	0.05084

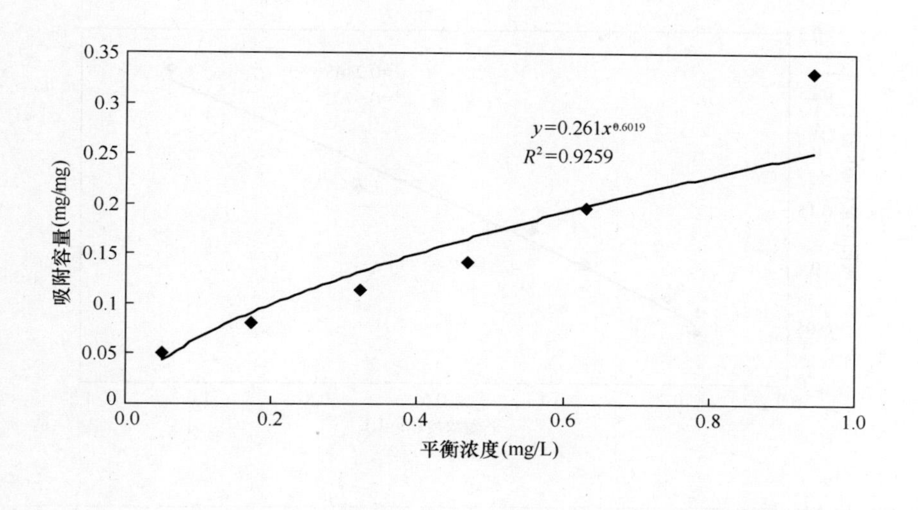

结　论　与　备　注

1. 去离子水条件下，粉末活性炭对阿特拉津的吸附容量符合 Freundrich 吸附等温线。

2. 可根据上述吸附等温线方程和目标浓度计算理论投炭量。

3. 本实验采用磁子搅拌器、密封瓶进行吸附试验，转速为 260r/min，吸附时间为 2h，最后采用 0.45μm 的针头过滤器进行过滤。

编号：深圳-间二甲苯-3

时间：2006年7月

试验名称	粉末活性炭对间二甲苯污染物的吸附容量			
相关水质标准（mg/L）	国　标	0.5	建设部行标	0.5
	卫生部规范	0.5	水源水质标准	0.5
试验条件	污染物浓度 C_0：2.385mg/L； 原水：水源水；水温：25.3。			
原水水质	TOC＝1.37mg/L；COD_{Mn}＝1.14mg/L；pH＝7.39； 浊度＝16.3NTU；碱度＝17.8mg/L；硬度＝24.1mg/L。			

数　据　记　录

粉末炭剂量 C_t（mg/L）	5	10	15	20	30	50
平衡浓度 C_e（mg/L）	1.0500	0.7275	0.4340	0.3460	0.2030	0.1565
C_0-C_e	1.3350	1.6575	1.9510	2.0390	2.1820	2.2285
（C_0-C_e）/C_t	0.267	0.16575	0.130067	0.10195	0.072733	0.04457

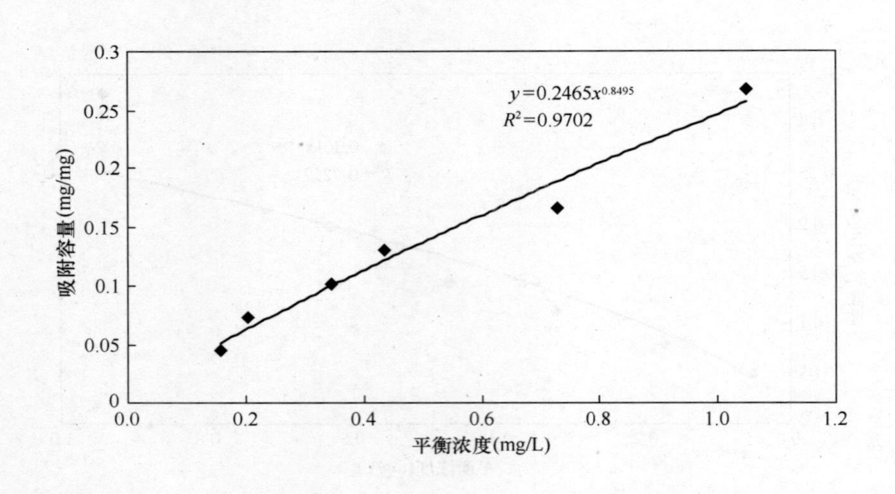

结　论　与　备　注

1. 水源水条件下，粉末活性炭对间二甲苯的吸附容量符合Freundrich吸附等温线。

2. 可根据上述吸附等温线方程和目标浓度计算投炭量，采用粉末活性炭去除超标4倍间二甲苯的有效剂量为30mg/L以上。

3. 水源水条件下的吸附容量比去离子水条件下有明显降低，在平衡浓度为0.25mg/L（标准限值的50%）时，前者是后者的65%。

4. 本实验采用磁子搅拌器、密封瓶进行吸附试验，转速为260r/min，吸附时间为2h，最后采用0.45μm的针头过滤器进行过滤。

2.13 联苯胺（4,4′-二氨基联苯，Benzidine）

编号：济南-联苯胺-1

时间：2007年6月1日

试验名称	粉末活性炭对联苯胺污染物的吸附速率					
相关水质标准(mg/L)	国　标			建设部行标		
	卫生部规范			水源水质标准	0.0002	
试验条件	污染物浓度 C_0：0.001mg/L；粉末活性炭投加量：10mg/L；原水：黄河水厂水源水；试验水温：20℃。					
原水水质	COD_{Mn}=2.4mg/L；TOC=　mg/L（选测项目）；pH=8.36；浊度=0.7NTU；碱度=166mg/L；硬度=272mg/L。					
数　据　记　录						

吸附时间(min)	0	10	20	30	60	120	240
污染物浓度(mg/L)	0.0010	0.0005	0.0004	0.0004	0.0003	0.0003	0.0002
去除率	0%	46%	57%	58%	71%	71%	78%

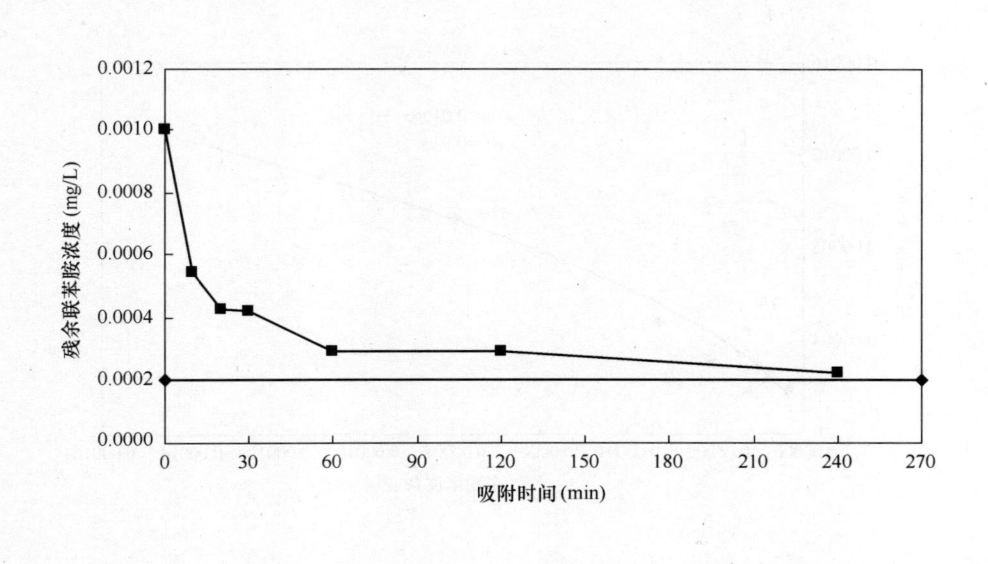

结　论　与　备　注

1. 水源水条件下，粉末活性炭对联苯胺的吸附基本达到平衡的时间为120min以上。

2. 水源水条件下，粉末活性炭对联苯胺的初期吸附速率较大，30min时去除率达到58%，可以发挥吸附能力的74%。

编号：济南-联苯胺-2

时间：2007 年 6 月 1 日

试验名称	粉末活性炭对联苯胺污染物的吸附容量					
相关水质标准（mg/L）	国　标			建设部行标		
	卫生部规范			水源水质标准		0.0002
试验条件	污染物浓度 C_0：0.001mg/L； 原水：去离子水；水温：20℃；pH＝7.70。					
数　据　记　录						
粉末炭剂量 C_t（mg/L）	5	10	15	20	30	50
平衡浓度 C_e（mg/L）	0.000143	7.91E-05	5.00E-05	3.26E-05	2.09E-05	3.49E-06
C_0-C_e	0.00086	0.00092	0.00095	0.00097	0.00098	0.00100
$(C_0-C_e)/C_t$	0.00017	9.21E-05	6.33E-05	4.84E-05	3.26E-05	1.99E-05

平衡浓度统一设定为 120min 吸附时间的浓度

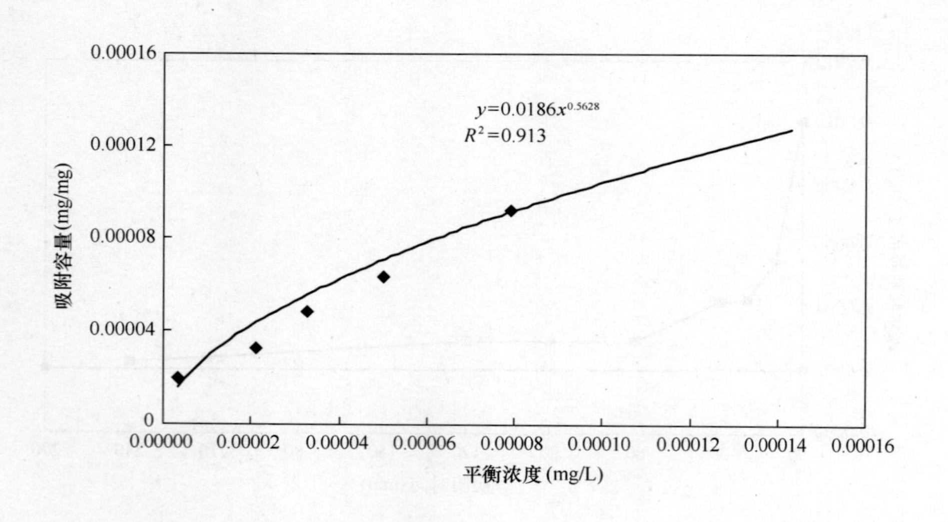

结　论　与　备　注

1. 去离子水条件下，粉末活性炭对联苯胺的吸附容量符合 Freundrich 吸附等温线。
2. 可根据上述吸附等温线方程和目标浓度计算理论投炭量。

编号：济南-联苯胺-3

时间：2007 年 6 月 1 日

<table>
<tr><td>试验名称</td><td colspan="6">粉末活性炭对联苯胺污染物的吸附容量</td></tr>
<tr><td rowspan="2">相关水质标准
(mg/L)</td><td>国　标</td><td></td><td colspan="2">建设部行标</td><td colspan="2"></td></tr>
<tr><td>卫生部规范</td><td></td><td colspan="2">水源水质标准</td><td colspan="2">0.0002</td></tr>
<tr><td>试验条件</td><td colspan="6">污染物浓度 C_0：0.001mg/L；
原水：黄河水厂水源水；试验水温：20℃。</td></tr>
<tr><td>原水水质</td><td colspan="6">COD_{Mn}＝2.4mg/L；TOC＝　　mg/L（选测项目）；pH＝8.36；
浊度＝0.7NTU；碱度＝166mg/L；硬度＝272mg/L。</td></tr>
<tr><td colspan="7">数　据　记　录</td></tr>
<tr><td>粉末炭剂量 C_t
(mg/L)</td><td>5</td><td>10</td><td>15</td><td>20</td><td>30</td><td>50</td></tr>
<tr><td>平衡浓度 C_e
(mg/L)</td><td>0.00040</td><td>0.00025</td><td>0.00021</td><td>0.00017</td><td>0.00012</td><td>6.17E-05</td></tr>
<tr><td>C_0-C_e</td><td>0.00060</td><td>0.00075</td><td>0.00079</td><td>0.00083</td><td>0.00088</td><td>0.00094</td></tr>
<tr><td>$(C_0-C_e)/C_t$</td><td>0.00012</td><td>7.52E-05</td><td>5.25E-05</td><td>4.14E-05</td><td>2.93E-05</td><td>1.88E-05</td></tr>
</table>

\# 平衡浓度统一设定为 120min 吸附时间的浓度

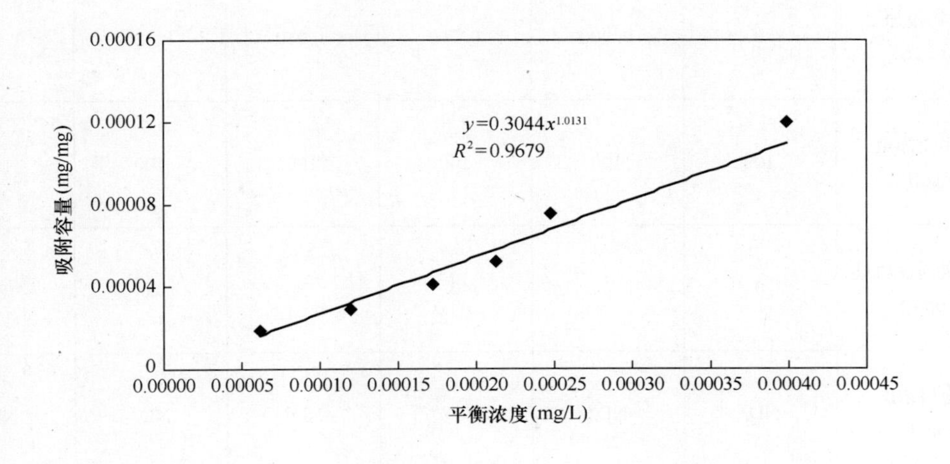

结　论　与　备　注

1. 水源水条件下，粉末活性炭对联苯胺的吸附容量符合 Freundrich 吸附等温线。

2. 可根据上述吸附等温线方程和目标浓度计算投炭量，采用粉末活性炭去除超标 4 倍联苯胺的有效剂量为 35mg/L 以上。

3. 水源水条件下的吸附容量比去离子水条件下有明显降低，在平衡浓度为 0.0001mg/L（标准限值的 50%）时，前者是后者的 26%。

2.14 六氯苯（Hexachlorobezene）

编号：无锡-六氯苯-1

时间：2007年7月3日

试验名称	六氯苯污染物的粉末活性炭吸附去除测试					
相关水质标准（mg/L）	国　标		建设部行标		0.001	
	卫生部规范		水源水质标准		0.05	
试验条件	原水：中桥水厂水源水试验水温：20℃； 按水厂工艺对应的搅拌及沉淀时间及转速： 1.70s　250r/min；2.70s　180r/min；3.70s　100r/min； 4.2min　30s　80r/min；5. 静置沉降15min。					
原水水质	COD_{Mn}＝3.60mg/L；TOC＝7.79mg/L；pH＝7.4； 浊度＝40NTU；碱度＝71mg/L；硬度＝132mg/L；藻类＝1.1×10^{4}个/L					
序　号	1	2	3	4	5	6
水样类型	水源水	水源水	水源水	水源水	水源水	水源水
污染物投加量（mg/L）	0	0.900	0.700	1.050	1.300	1.050
液铝投加量（mg/L）	100	100	100	100	100	100
粉末炭剂投加量（ppm）	0	0	0	20	20	20
吸附后浓度（mg/L）	ND/	ND/	ND/	ND/	ND/	ND/
去除率（%）	—	>99	>99	>99	>99	>99
技术可行性评价	因不溶于水，易吸附于水中颗粒物上，可通过水厂工艺直接去除。					
备　注	由于该标准污染物无法溶于水，因此直接用称取固体标物进行试验。加标回收率108%。					

2.15 1,2,4-三氯苯（1,2,4-trichlorobenzene）

编号：深圳-1，2，4-三氯苯-1

时间：2006年7月

试验名称	粉末活性炭对1，2，4-三氯苯污染物的吸附速率						
相关水质标准（mg/L）	国　标	0.02		建设部行标		0.02	
	卫生部规范	0.02		水源水质标准		0.02	
试验条件	污染物浓度 C_0：0.1138mg/L；粉末活性炭投加量：10mg/L； 原水：水源水；水温：25.1。						
原水水质	TOC＝1.61mg/L；COD_{Mn}＝1.30mg/L；pH＝7.05； 浊度＝12.2NTU；碱度＝15.3mg/L；硬度＝23.7mg/L。						
数　据　记　录							
吸附时间（min）	0	10	20	30	60	120	240
污染物浓度（mg/L）	0.1138	0.0231	0.0125	0.0089	0.0045	0.0022	0.0016
去除率	0%	80%	89%	92%	96%	98%	99%

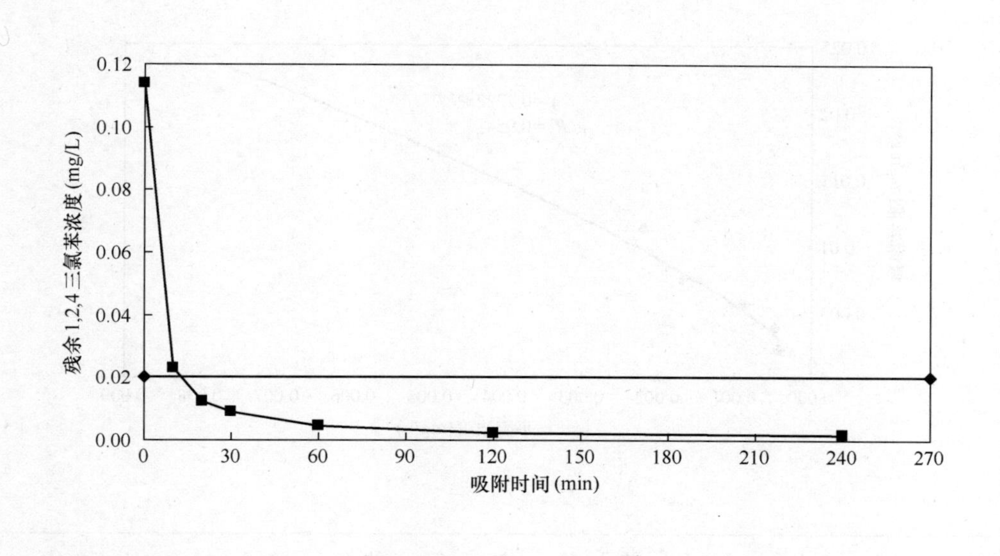

结　论　与　备　注

1. 水源水条件下，粉末炭对1,2,4-三氯苯的吸附基本达到平衡的时间为120min以上。

2. 水源水条件下，粉末活性炭对1,2,4-三氯苯的初期吸附速率一般，30min时去除率达到92%，可以发挥吸附能力的93%。

3. 本实验采用磁子搅拌器、密封瓶进行吸附试验，转速为260r/min，最后采用0.45μm的针头过滤器进行过滤。

编号：深圳-1，2，4-三氯苯-2

时间：2006年7月

试验名称	粉末活性炭对1，2，4-三氯苯污染物的吸附容量					
相关水质标准（mg/L）	国　标	0.02		建设部行标	0.02	
	卫生部规范	0.02		水源水质标准	0.02	
试验条件	污染物浓度 C_0：0.1149mg/L； 原水：纯水；水温：25.0；pH=6.8。					
数　据　记　录						
粉末炭剂量 C_t（mg/L）	5	10	15	20	30	50
平衡浓度 C_e（mg/L）	0.0078	0.0022	0.0017	0.0009	0.0005	0.0004
C_0-C_e	0.1071	0.1127	0.1132	0.1140	0.1144	0.1145
$(C_0-C_e)/C_t$	0.021422	0.01127	0.007547	0.005701	0.003814	0.00229

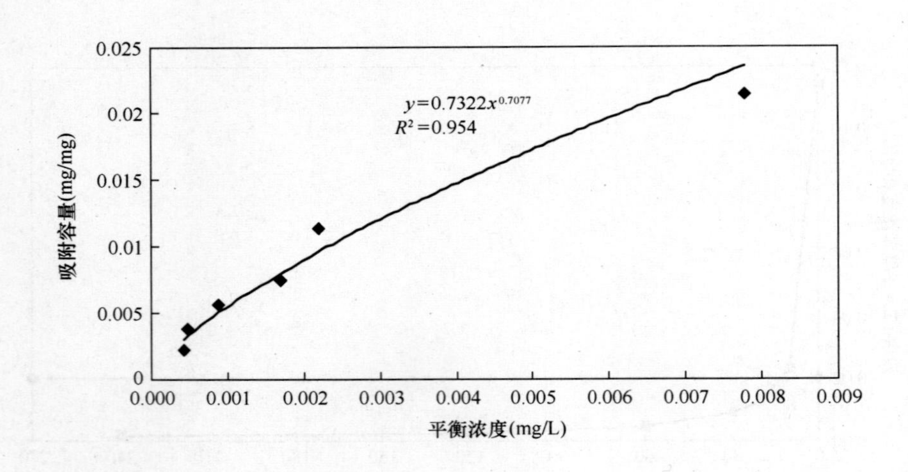

结　论　与　备　注

1. 去离子水条件下，粉末活性炭对1,2,4-三氯苯的吸附容量符合Freundrich吸附等温线。

2. 可根据上述吸附等温线方程和目标浓度计算理论投炭量。

3. 本实验采用磁子搅拌器、密封瓶进行吸附试验，转速为260r/min，吸附时间为2h，最后采用0.45μm的针头过滤器进行过滤。

编号：深圳-1，2，4-三氯苯-3
时间：2006年7月

试验名称	粉末活性炭对1，2，4-三氯苯污染物的吸附容量				
相关水质标准(mg/L)	国标	0.02	建设部行标	0.02	
	卫生部规范	0.02	水源水质标准	0.02	
试验条件	污染物浓度 C_0：0.1138mg/L； 原水：水源水；水温：25.1。				
原水水质	TOC=1.61mg/L；COD_{Mn}=1.30mg/L；pH=7.05； 浊度=12.2NTU；碱度=15.3mg/L；硬度=23.7mg/L。				
数据记录					

粉末炭剂量 C_t (mg/L)	5	10	15	20	30	50
平衡浓度 C_e (mg/L)	0.0136	0.0029	0.0015	0.0011	0.0006	0.0003
C_0-C_e	0.1002	0.1109	0.1123	0.1127	0.1132	0.1135
$(C_0-C_e)/C_t$	0.020048	0.011089	0.007489	0.005637	0.003773	0.00227

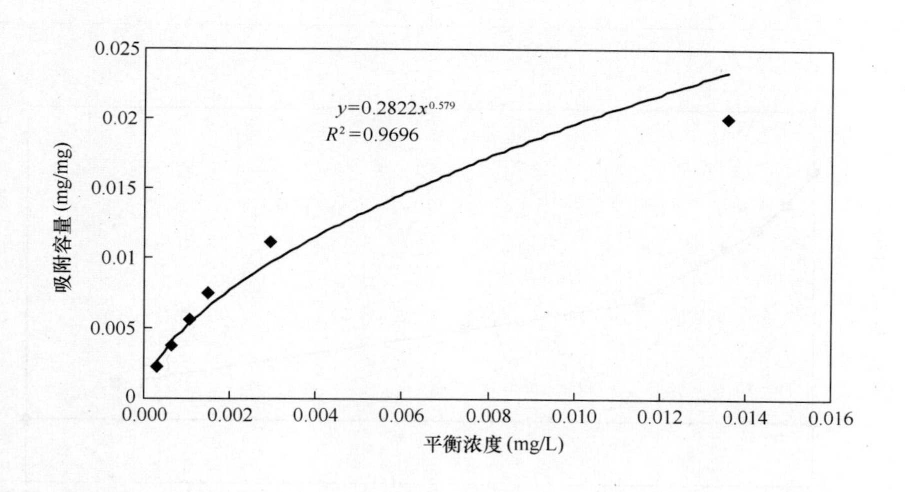

结论与备注

1. 水源水条件下，粉末活性炭对1,2,4-三氯苯的吸附容量符合Freundrich吸附等温线。

2. 可根据上述吸附等温线方程和目标浓度计算投炭量，采用粉末活性炭去除超标4倍1,2,4-三氯苯的有效剂量为6mg/L以上。

3. 水源水条件下的吸附容量比去离子水条件下有明显降低，在平衡浓度为0.01mg/L（标准限值的50%）时，前者是后者的70%。

4. 本实验采用磁子搅拌器、密封瓶进行吸附试验，转速为260r/min，吸附时间为2h，最后采用0.45μm的针头过滤器进行过滤。

2.16 三氯酚（Trichlorophenol）

编号：无锡-三氯酚-1

时间：2007 年 4 月 24 日

试验名称	粉末活性炭对三氯酚污染物的吸附速率						
相关水质标准（mg/L）	国　标			建设部行标			
	卫生部规范			水源水质标准		0.2	
试验条件	污染物浓度 C_0：1.0mg/L；粉末活性炭投加量：10mg/L；原水：滤后水；试验水温：15℃。						
原水水质	COD_{Mn}=3.68mg/L；TOC=5.50mg/L；pH=7.5；浊度=0.84NTU；碱度=85mg/L；硬度=186mg/L；藻类=710 个/L。						
数　据　记　录							
吸附时间（min）	0	10	20	30	60	120	240
污染物浓度（mg/L）	1.000	0.893	0.809	0.751	0.582	0.488	0.309
去除率	0%	11%	19%	25%	42%	51%	69%

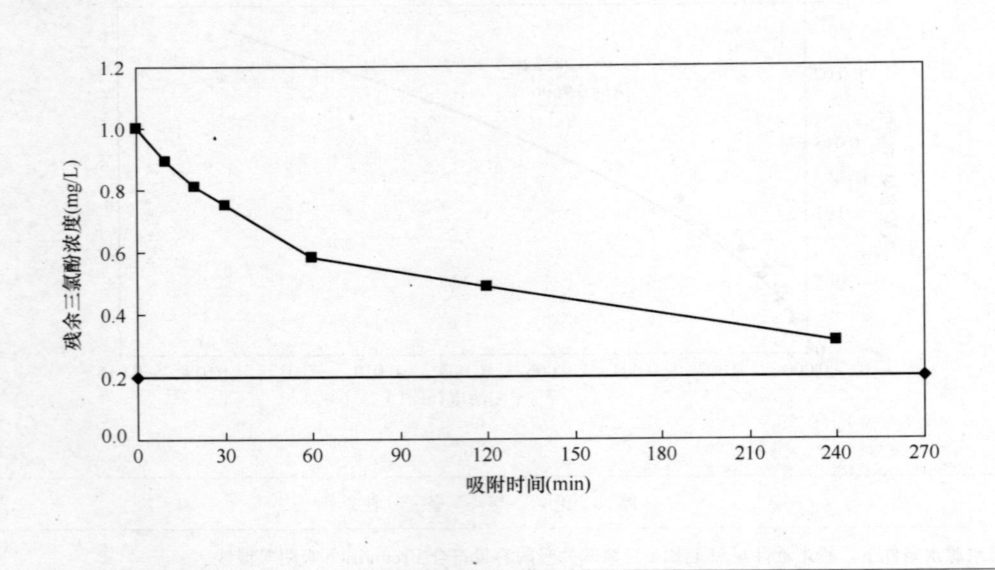

结　论　和　备　注

1. 水源水条件下，粉末活性炭对三氯酚的吸附基本达到平衡的时间为 240min 以上。

2. 水源水条件下，粉末活性炭对三氯酚的初期吸附速率较差，30min 时去除率达到 25%，可以发挥吸附能力的 36%。

编号：无锡-三氯酚-2

时间：2007 年 4 月 24 日

试验名称	粉末活性炭对三氯酚污染物的吸附速率						
相关水质标准(mg/L)	国　标		建设部行标				
	卫生部规范		水源水质标准	0.2			
试验条件	污染物浓度 C_0：0.25mg/L；粉末活性炭投加量：10mg/L；原水：去离子水；试验水温：15℃；pH=6.2。						
数　据　记　录							
吸附时间(min)	0	10	20	30	60	120	240
污染物浓度(mg/L)	1.000	0.250	0.158	0.114	0.094	0.069	0.032
去除率	0%	75%	84%	89%	91%	93%	97%

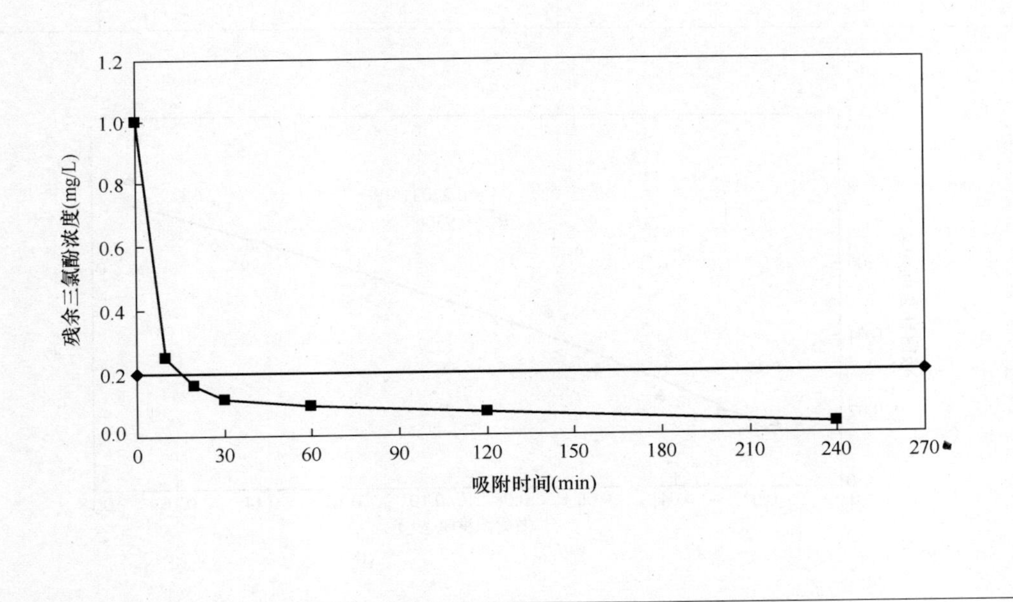

结　论　和　备　注

1. 去离子水条件下，粉末活性炭对三氯酚的吸附基本达到平衡的时间为 240min 以上。

2. 去离子水条件下，粉末活性炭对三氯酚的初期吸附速率较大，30min 时去除率达到 89%，可以发挥吸附能力的 92%。

编号：无锡-三氯酚-3

时间：2007 年 4 月 24 日

试验名称	粉末活性炭对三氯酚污染物的吸附容量					
相关水质标准（mg/L）	国　标		建设部行标			
	卫生部规范		水源水质标准		0.2	
试验条件	污染物浓度 C_0：1.0mg/L；原水：去离子水；水温：15℃；pH=6.4。					
数　据　记　录						
粉末炭剂量 C_t（mg/L）	10	20	30	40	50	60
平衡浓度 C_e（mg/L）	0.1709	0.07016	0.0584	0.04337	0.02897	0.0155
C_0-C_e	0.8291	0.92984	0.9416	0.95663	0.97103	0.9845
$(C_0-C_e)/C_t$	0.08291	0.046492	0.031387	0.023916	0.019421	0.016408

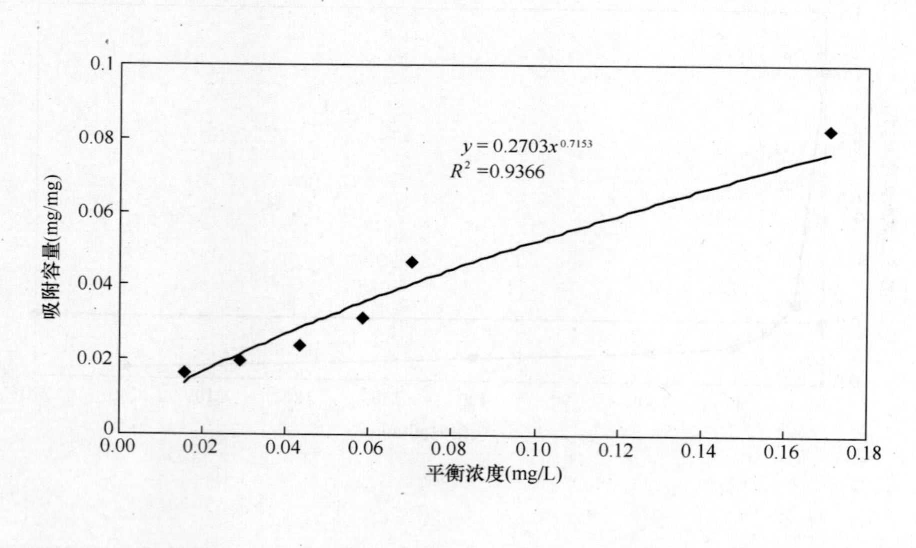

结　论　和　备　注

1. 去离子水条件下，粉末活性炭对三氯酚的吸附容量符合 Freundrich 吸附等温线。

2. 可根据上述吸附等温线方程和目标浓度计算理论投炭量。

3. 本实验采用磁子搅拌器、密封瓶进行吸附试验，转速为 260r/min，吸附时间为 2h，最后采用 0.45μm 的针头过滤器进行过滤。

编号：无锡-三氯酚-4

时间：2006年7月

试验名称	粉末活性炭对三氯酚污染物的吸附容量					
相关水质标准（mg/L）	国　标		建设部行标			
	卫生部规范		水源水质标准		0.2	
试验条件	污染物浓度 C_0：0.25mg/L； 原水：滤后水；试验水温：10℃。					
原水水质	COD_{Mn}=3.80mg/L；TOC=5.41mg/L；浊度=0.61NTU；pH=7.5； 碱度=96mg/L；硬度=189mg/L；藻类=750个/mL。					
数　据　记　录						
粉末炭剂量 C_t（mg/L）	10	20	30	40	50	60
平衡浓度 C_e（mg/L）	0.79042	0.49236	0.24871	0.12768	0.08121	0.04598
C_0-C_e	0.20958	0.50764	0.75129	0.87232	0.91879	0.95402
$(C_0-C_e)/C_t$	0.021	0.025	0.025	0.022	0.018	0.016

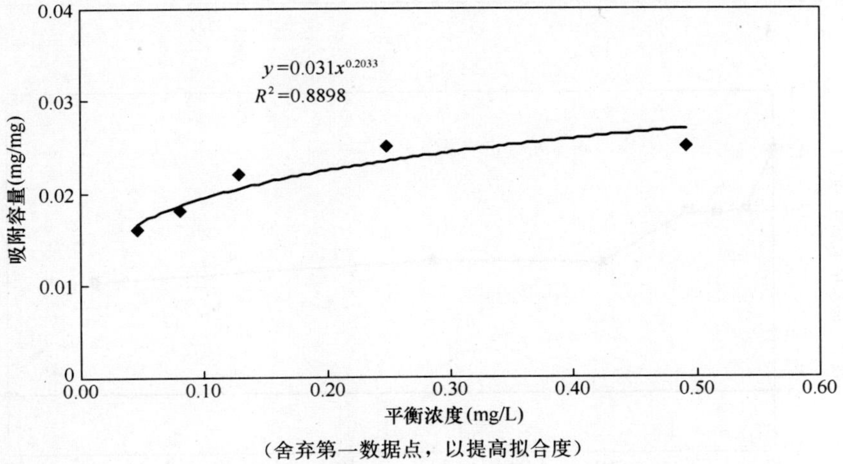

$y=0.031x^{0.2033}$

$R^2=0.8898$

纵轴：吸附容量(mg/mg)；横轴：平衡浓度(mg/L)

（舍弃第一数据点，以提高拟合度）

结　论　和　备　注

1. 水源水条件下，粉末活性炭对三氯酚的吸附容量符合Freundrich吸附等温线。

2. 可根据上述吸附等温线方程和目标浓度计算投炭量，采用粉末活性炭去除超标4倍三氯酚的有效剂量为50mg/L以上。

3. 水源水条件下的吸附容量比去离子水条件下有明显降低，在平衡浓度为0.1mg/L（标准限值的50%）时，前者是后者的15%。

4. 本实验采用磁子搅拌器、密封瓶进行吸附试验，转速为260r/min，吸附时间为2h，最后采用0.45μm的针头过滤器进行过滤。

2.17　2,4,6-三硝基甲苯（2,4,6-Trinitrotoluene，TNT）

编号：济南-2，4，6-三硝基甲苯-1

时间：2007 年 7 月 23 日

<table>
<tr><td>试验名称</td><td colspan="7">粉末活性炭对 2,4,6-三硝基甲苯污染物的吸附速率</td></tr>
<tr><td rowspan="2">相关水质标准
（mg/L）</td><td colspan="2">国　标</td><td colspan="2"></td><td colspan="2">建设部行标</td><td></td></tr>
<tr><td colspan="2">卫生部规范</td><td colspan="2"></td><td colspan="2">水源水质标准</td><td>0.5</td></tr>
<tr><td>试验条件</td><td colspan="7">污染物浓度 C_0：2.5mg/L；粉末活性炭投加量：10mg/L；
原水：黄河水厂水源水；试验水温：20℃。</td></tr>
<tr><td>原水水质</td><td colspan="7">COD_{Mn}＝2.2mg/L；TOC＝mg/L（选测项目）；pH＝8.09；
浊度＝0.4NTU；碱度＝175mg/L；硬度＝267mg/L。</td></tr>
<tr><td colspan="8">数　据　记　录</td></tr>
<tr><td>吸附时间
（min）</td><td>0</td><td>10</td><td>20</td><td>30</td><td>60</td><td>120</td><td>240</td></tr>
<tr><td>污染物浓度
（mg/L）</td><td>2.5</td><td>2.01</td><td>1.98</td><td>2.01</td><td>1.58</td><td>1.60</td><td>1.42</td></tr>
<tr><td>去除率</td><td>0%</td><td>20%</td><td>21%</td><td>20%</td><td>37%</td><td>36%</td><td>43%</td></tr>
</table>

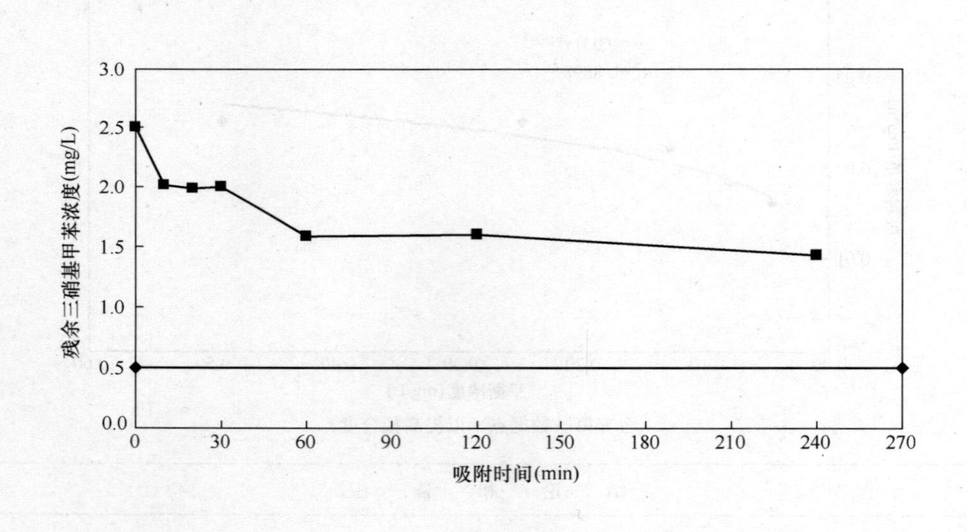

结　论　与　备　注

1. 水源水条件下，粉末活性炭对 2,4,6-三硝基甲苯的吸附基本达到平衡的时间为 120min 以上。

2. 水源水条件下，粉末活性炭对 2,4,6-三硝基甲苯的初期吸附速率较差，30min 时去除率达到 20%，可以发挥吸附能力的 47%。

编号：济南-2,4,6-三硝基甲苯-2

时间：2007 年 7 月 23 日

试验名称	粉末活性炭对 2,4,6-三硝基甲苯污染物的吸附容量				
相关水质标准（mg/L）	国　标			建设部行标	
	卫生部规范			水源水质标准	0.5
试验条件	污染物浓度 C_0：2.5mg/L； 原水：去离子水；水温：20℃；pH=7.85。				
数　据　记　录					
粉末炭剂量 C_t（mg/L）	5	10	15	20	30	50
平衡浓度 C_e（mg/L）	1.987026	1.451139	0.943791	0.49322	0.172203	0.034069
C_0-C_e	0.512974	1.048861	1.556209	2.00678	2.327797	2.465931
$(C_0-C_e)/C_t$	0.102595	0.104886	0.103747	0.100339	0.077593	0.049319

平衡浓度统一设定为 120min 吸附时间的浓度

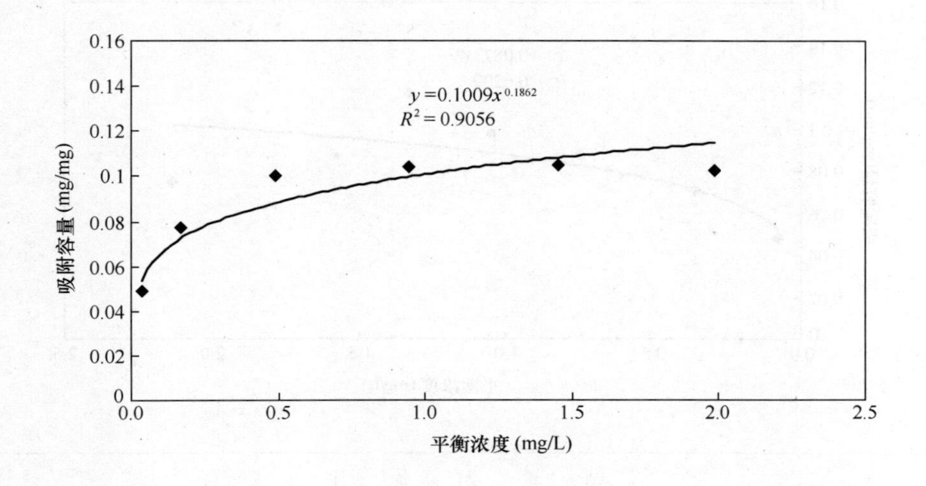

结　论　与　备　注

1. 去离子水条件下，粉末活性炭对 2,4,6-三硝基甲苯的吸附容量符合 Freundrich 吸附等温线。
2. 可根据上述吸附等温线方程和目标浓度计算理论投炭量。

编号：济南-2,4,6-三硝基甲苯-3

时间：2007 年 7 月 23 日

试验名称	粉末活性炭对 2,4,6-三硝基甲苯污染物的吸附容量			
相关水质标准（mg/L）	国　标		建设部行标	
	卫生部规范		水源水质标准	0.5
试验条件	污染物浓度 C_0：2.5mg/L； 原水：黄河水厂水源水；试验水温：20℃。			
原水水质	COD_{Mn}＝2.2mg/L；TOC＝mg/L（选测项目）；pH＝8.09； 浊度＝0.4NTU；碱度＝175mg/L；硬度＝267mg/L。			

数　据　记　录

粉末炭剂量 C_t（mg/L）	5	10	15	20	30	50
平衡浓度 C_e（mg/L）	2.130321	1.330981	1.048438	0.746198	0.361152	0.075903
C_0-C_e	0.369679	1.169019	1.451562	1.753802	2.138848	2.424097
$(C_0-C_e)/C_t$	0.073936	0.116902	0.096771	0.08769	0.071295	0.048482

平衡浓度统一设定为 120min 吸附时间的浓度

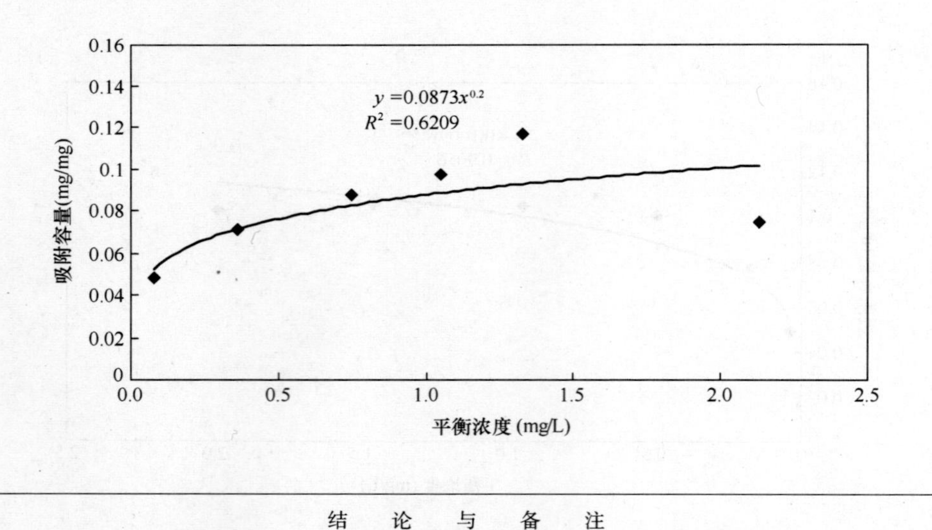

结　论　与　备　注

1. 水源水条件下，粉末活性炭对 2,4,6-三硝基甲苯的吸附容量符合 Freundrich 吸附等温线。

2. 可根据上述吸附等温线方程和目标浓度计算投炭量，采用粉末活性炭去除超标 4 倍 2,4,6-三硝基甲苯的有效剂量为 35mg/L 以上。

3. 水源水条件下的吸附容量比去离子水条件下有所降低，在平衡浓度为 0.25mg/L（标准限值的 50%）时，前者是后者的 85%。

2.18 四氯苯（Tetrachlorobezene）

编号：无锡-四氯苯-1

时间：2007年3月28日

试验名称	四氯苯污染物的粉末活性炭吸附去除测试					
相关水质标准（mg/L）	国标		建设部行标			
	卫生部规范		水源水质标准		0.02	
试验条件	原水：中桥水厂滤后水、去离子水；试验水温：10℃； 硫代硫酸钠＝100g/L；脱氯用量＝0.15ml。					
原水水质	COD_{Mn}＝7.3mg/L；TOC＝5.46mg/L；pH＝7.3； 浊度＝0.48NTU；碱度＝110mg/L；硬度＝199mg/L；藻类＝7.1×10^2个/L。					
序号	1	2	3	4	5	6
水样类型	去离子水	去离子水	去离子水	滤后水	滤后水	滤后水
污染物投加量（mg/L）	0.1	0.1	0.1	0.1	0.1	0.1
粉末炭剂投加量（mg/L）	0	20	20	0	20	20
搅拌时间（min）	120	120	120	120	120	120
搅拌转速（rpm）	120	120	120	120	120	120
沉淀时间（min）	0	0	0	0	0	0
吸附后浓度（mg/L）		0.000236	0.00178		0.000786	0.000235
去除率（%）		99.76	98.22		99.21	99.76
技术可行性评价	粉末活性炭对四氯苯的吸附效果很好，20mg/L的投炭量条件下可以将超标4倍的四氯苯去除99%以上。					
备注	待补充吸附速率和吸附容量试验。					

2.19 五氯酚（Pentachlorophenol）

编号：无锡-五氯酚-1

时间：2006 年 9 月 4 日

试验名称	粉末活性炭对五氯酚污染物的吸附速率					
相关水质标准（mg/L）	国 标			建设部行标		
	卫生部规范	0.009		水源水质标准		0.009
试验条件	污染物浓度：0.100mg/L；粉末活性炭投加量：10mg/L； 原水：滤后水；试验水温：26℃。					
原水水质	COD_{Mn}＝2.72mg/L；TOC＝4.72mg/L（选测项目）；pH＝7.08； 浊度＝1.2NTU；碱度＝72mg/L；硬度＝154mg/L。					
数 据 记 录						
吸附时间（min）	0	10	20	30	60	120	180
污染物浓度（mg/L）	0.100	0.086	0.080	0.063	0.049	0.045	0.040
去除率	0.0%	14.4%	20.1%	37.0%	50.7%	55.2%	60.5%

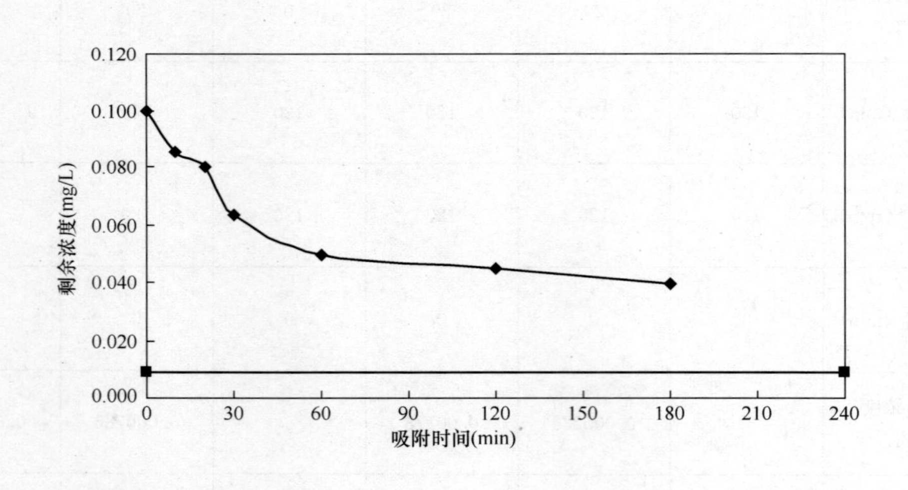

结 论 和 备 注

1. 水源水条件下，粉末活性炭对五氯酚的吸附基本达到平衡的时间为 120min 以上。

2. 水源水条件下，粉末活性炭对五氯酚的初期吸附速率较差，30min 时去除率达到 37%，可以发挥吸附能力的 61%。

编号：无锡-五氯酚-2

时间：2006 年 9 月 4 日

试验名称	粉末活性炭对五氯酚污染物的吸附速率						
相关水质标准 (mg/L)	国　标				建设部行标		
	卫生部规范		0.009		水源水质标准		0.009
试验条件	污染物浓度：0.100mg/L；粉末活性炭投加量：10mg/L；原水：去离子水；试验水温：26℃。						
数　据　记　录							
吸附时间 (min)	0	10	20	30	60	120	180
污染物浓度 (mg/L)	0.1000	0.0113	0.0052	0.0049	0.0045	0.0040	0.0025
去除率	0.0%	88.7%	94.8%	95.1%	95.5%	96.0%	97.5%

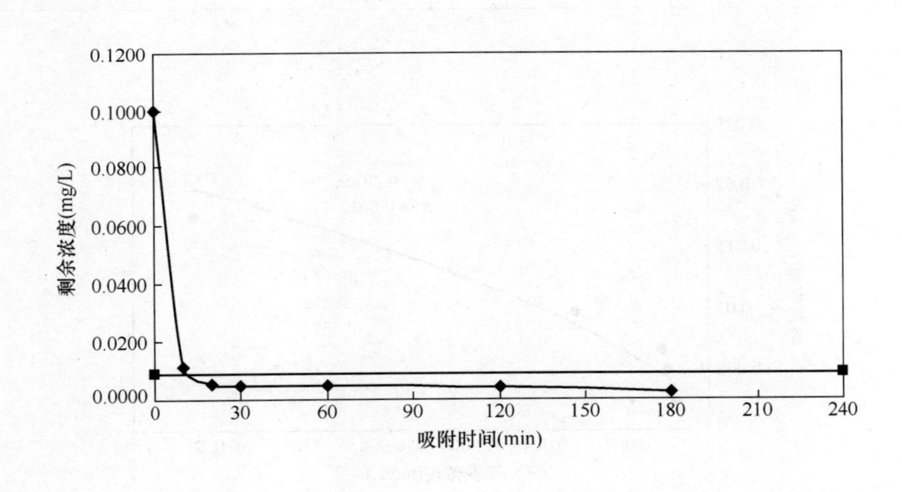

结　论　和　备　注

1. 去离子水条件下，粉末活性炭对五氯酚的吸附基本达到平衡的时间为 60min 以上。

2. 去离子水条件下，粉末活性炭对五氯酚的初期吸附速率很好，30min 时去除率达到 95.1%，可以发挥吸附能力的 97%。

编号：无锡-五氯酚-3
时间：2006 年 9 月 4 日

试验名称	粉末活性炭对五氯酚污染物的吸附容量					
相关水质标准（mg/L）	国　标			建设部行标		
	卫生部规范	0.009		水源水质标准	0.009	
试验条件	污染物浓度 C_0：0.100mg/L； 原水：去离子水；水温：15℃；pH=6.4。					
数　据　记　录						
粉末炭剂量 C_t（mg/L）	5	10	15	20	30	40
平衡浓度 C_e（mg/L）	0.01253	0.00321	0.00114	0.001	0.00088	0.00077
C_0-C_e	0.08747	0.09679	0.09886	0.099	0.09912	0.09923
$(C_0-C_e)/C_t$	0.017494	0.009679	0.006591	0.00495	0.003304	0.002481

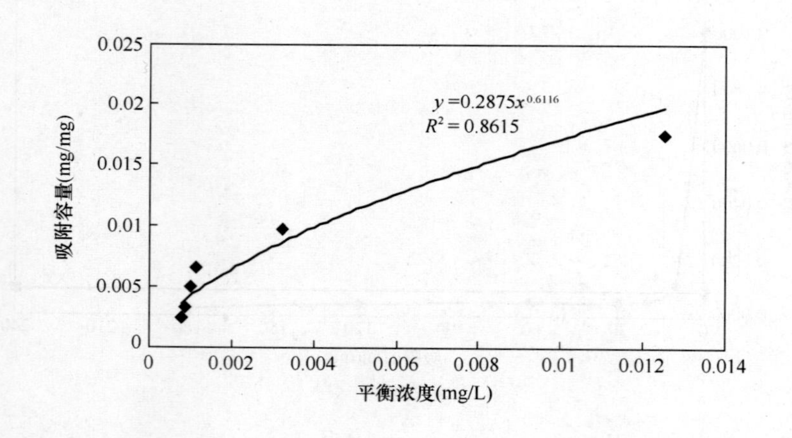

结　论　和　备　注

1. 去离子水条件下，粉末活性炭对五氯酚的吸附容量符合 Freundrich 吸附等温线。
2. 可根据上述吸附等温线方程和目标浓度计算理论投炭量。
3. 本实验采用磁子搅拌器、密封瓶进行吸附试验，转速为 260r/min，吸附时间为 2h，最后采用 0.45μm 的针头过滤器进行过滤。

编号：无锡-五氯酚-4

时间：2006 年 9 月 4 日

试验名称	粉末活性炭对五氯酚污染物的吸附容量			
相关水质标准（mg/L）	国　标		建设部行标	
	卫生部规范	0.009	水源水质标准	0.009
试验条件	污染物浓度 C_0：0.100mg/L； 原水：滤后水；试验水温：25℃。			
原水水质	COD_{Mn}＝2.90mg/L；TOC＝4.4mg/L（选测项目）；pH＝6.90； 浊度＝0.46NTU；碱度＝80mg/L；硬度＝152mg/L。			

数　据　记　录

粉末炭剂量 C_t（mg/L）	5	10	15	20	30	40
平衡浓度 C_e（mg/L）	75.96	29.40	13.65	9.01	2.19	1.59
C_0-C_e	数据异常不统计	70.60	86.35	90.99	97.81	98.41
$(C_0-C_e)/C_t$		0.0071	0.0058	0.0045	0.0033	0.0025

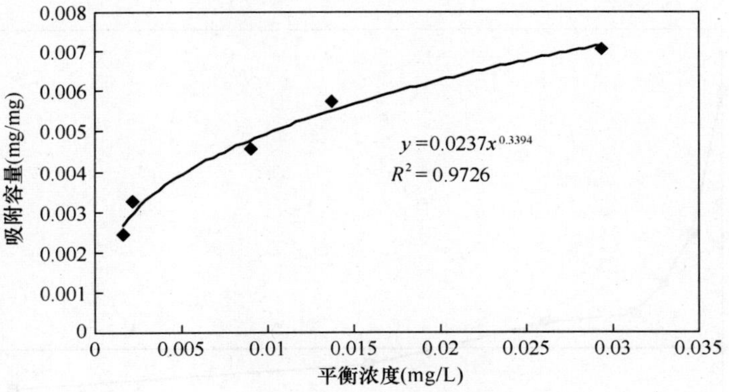

结　论　和　备　注

1. 水源水条件下，粉末活性炭对五氯酚的吸附容量符合 Freundrich 吸附等温线。

2. 可根据上述吸附等温线方程和目标浓度计算投炭量，采用粉末活性炭去除超标 4 倍五氯酚的有效剂量为 11mg/L 以上。

3. 水源水条件下的吸附容量比去离子水条件下有明显降低，在平衡浓度为 0.1mg/L（标准限值的 50%）时，前者是后者的 35%。

4. 本实验采用磁子搅拌器、密封瓶进行吸附试验，转速为 260r/min，吸附时间为 2h，最后采用 0.45μm 的针头过滤器进行过滤。

2.20 硝基苯（Nitrobenzene）

编号：哈尔滨、清华-硝基苯-1

时间：2006 年 5 月 2 日

试验名称	粉末活性炭对硝基苯污染物的吸附速率					
相关水质标准（mg/L）	国　标	0.017		建设部行标		
	卫生部规范			水源水质标准	0.017	
试验条件	污染物浓度 C_0：0.25mg/L；粉末活性炭投加量：10mg/L；原水：黄河水厂水源水；试验水温：20℃。					
原水水质	COD_{Mn}=2.2mg/L；TOC=mg/L（选测项目）；pH=8.09；浊度=0.4NTU；碱度=160mg/L；硬度=267mg/L。					
数　据　记　录						
吸附时间（min）	0	10	20	30	60	120	240
污染物浓度（mg/L）	0.25	0.139	0.100	0.077	0.070	0.037	0.019
去除率	0%	44%	60%	69%	72%	85%	92%

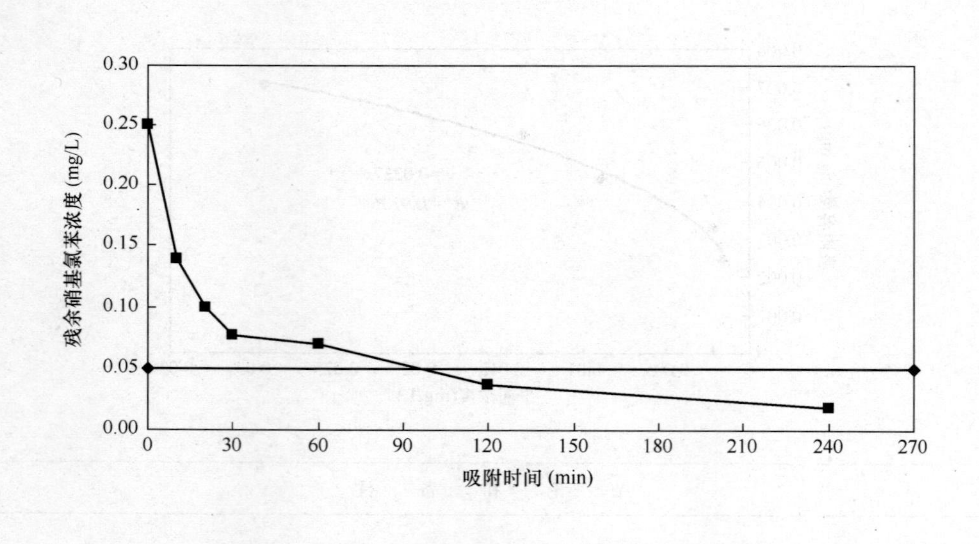

结　论　与　备　注

1. 水源水条件下，粉末活性炭对硝基氯苯的吸附基本达到平衡的时间为 120min 以上。

2. 水源水条件下，粉末活性炭对硝基氯苯的初期吸附速率较大，30min 时去除率达到 69%，可以发挥吸附能力的 75%。

编号：哈尔滨、清华-硝基苯-2

时间：2006 年 5 月 2 日

试验名称	粉末活性炭对硝基苯污染物的吸附速率						
相关水质标准 (mg/L)	国　标		建设部行标				
	卫生部规范		水源水质标准	0.05			
试验条件	污染物浓度 C_0：0.25mg/L；粉末活性炭投加量：10mg/L； 原水：黄河水厂水源水；试验水温：20℃。						
原水水质	COD_{Mn}=2.2mg/L；TOC=mg/L（选测项目）；pH=8.09； 浊度=0.4NTU；碱度=160mg/L；硬度=267mg/L。						
数　据　记　录							
吸附时间 (min)	0	10	20	30	60	120	240
污染物浓度 (mg/L)	0.25	0.139	0.100	0.077	0.070	0.037	0.019
去除率	0%	44%	60%	69%	72%	85%	92%

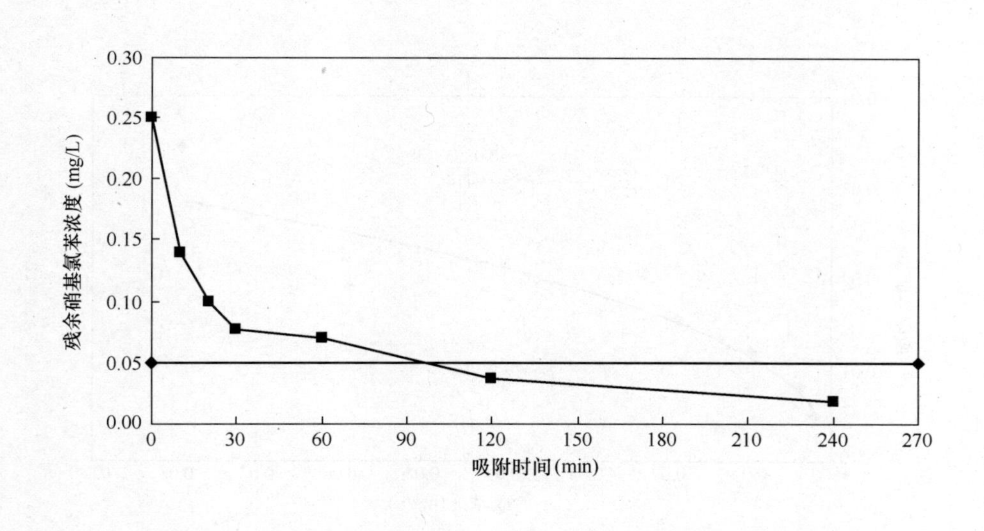

结　论　与　备　注

1. 水源水条件下，粉末活性炭对硝基氯苯的吸附基本达到平衡的时间为 120min 以上。

2. 水源水条件下，粉末活性炭对硝基氯苯的初期吸附速率较大，30min 时去除率达到 69%，可以发挥吸附能力的 75%。

编号：哈尔滨、清华-硝基苯-3

时间：2007年7月2日

试验名称	粉末活性炭对硝基氯苯污染物的吸附容量					
相关水质标准（mg/L）	国　标		建设部行标			
	卫生部规范		水源水质标准	0.05		
试验条件	污染物浓度 C_0：0.25mg/L； 原水：去离子水；水温：20℃；pH=7.60。					
数　据　记　录						
粉末炭剂量 C_t（mg/L）	5	10	15	20	30	50
平衡浓度 C_e（mg/L）	0.078977	0.058741	0.018633	0.009837	0.003642	0.001903
C_0-C_e	0.171023	0.191259	0.231367	0.240163	0.246358	0.248097
$(C_0-C_e)/C_t$	0.034205	0.019126	0.015424	0.012008	0.008212	0.004962

#平衡浓度统一设定为120min吸附时间的浓度

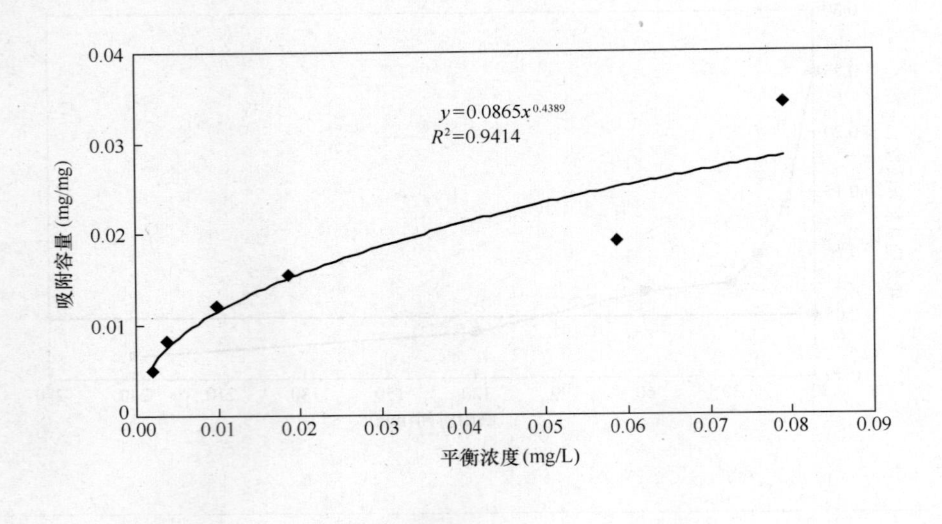

结　论　与　备　注

1. 去离子水条件下，粉末活性炭对硝基氯苯的吸附容量符合Freundrich吸附等温线。
2. 可根据上述吸附等温线方程和目标浓度计算理论投炭量。

编号：哈尔滨、清华-硝基苯-4

时间：2007 年 7 月 2 日

试验名称	粉末活性炭对硝基氯苯污染物的吸附容量					
相关水质标准 (mg/L)	国　　标		建设部行标			
	卫生部规范		水源水质标准		0.05	
试验条件	污染物浓度 C_0：0.25mg/L； 原水：黄河水厂水源水；试验水温：20℃。					
原水水质	COD_{Mn}＝2.2mg/L；TOC＝　　mg/L（选测项目）；pH＝8.09； 浊度＝0.4NTU；碱度＝160mg/L；硬度＝267mg/L。					
数　据　记　录						
粉末炭剂量 C_t (mg/L)	5	10	15	20	30	50
平衡浓度 C_e (mg/L)	0.11344	0.053996	0.02405	0.014326	0.005288	0.002212
C_0-C_e	0.13656	0.196004	0.22595	0.235674	0.244712	0.247788
$(C_0-C_e)/C_t$	0.027312	0.0196	0.015063	0.011784	0.008157	0.004956

平衡浓度统一设定为 120min 吸附时间的浓度

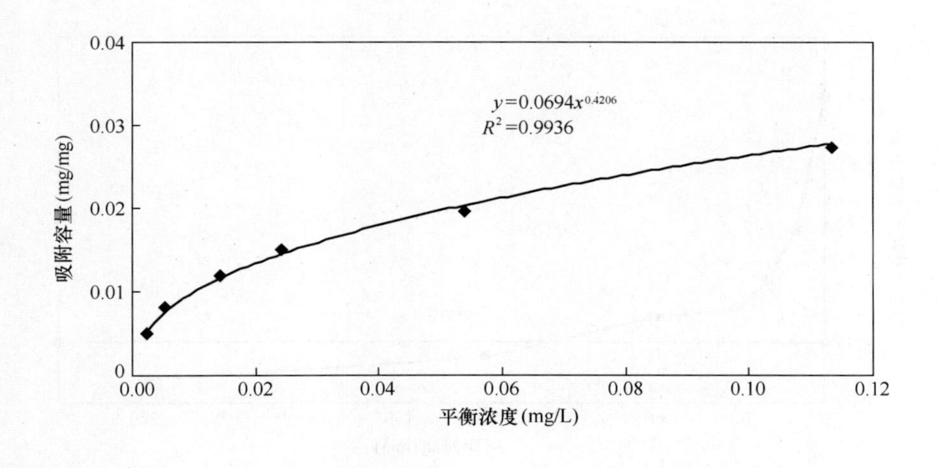

结　论　与　备　注

1. 水源水条件下，粉末活性炭对硝基氯苯的吸附容量符合 Freundrich 吸附等温线。

2. 可根据上述吸附等温线方程和目标浓度计算投炭量，采用粉末活性炭去除超标 4 倍硝基氯苯的有效剂量为 40mg/L 以上。

3. 水源水条件下的吸附容量比去离子水条件下有明显降低，在平衡浓度为 0.125mg/L（标准限值的 50%）时，前者是后者的 83%。

2.21 硝基氯苯（Nitrochlorobenzene）

编号：济南-硝基氯苯-1

时间：2007 年 7 月 2 日

试验名称	粉末活性炭对硝基氯苯污染物的吸附速率					
相关水质标准（mg/L）	国 标		建设部行标			
	卫生部规范		水源水质标准	0.05		
试验条件	污染物浓度 C_0：0.25mg/L；粉末活性炭投加量：10mg/L；原水：黄河水厂水源水；试验水温：20℃。					
原水水质	COD_{Mn}=2.2mg/L；TOC=　　mg/L（选测项目）；pH=8.09；浊度=0.4NTU；碱度=160mg/L；硬度=267mg/L。					

数 据 记 录

吸附时间（min）	0	10	20	30	60	120	240
污染物浓度（mg/L）	0.25	0.139	0.100	0.077	0.070	0.037	0.019
去除率	0%	44%	60%	69%	72%	85%	92%

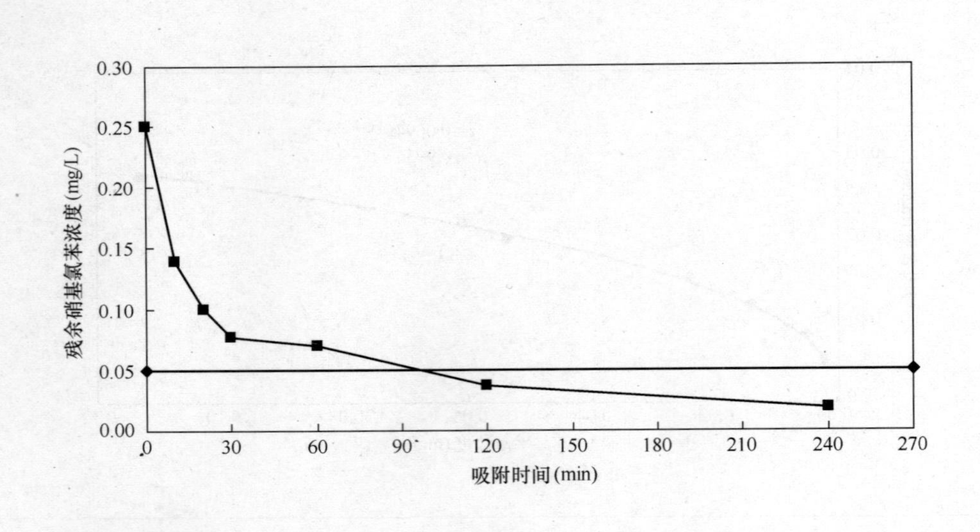

结 论 与 备 注

1. 水源水条件下，粉末活性炭对硝基氯苯的吸附基本达到平衡的时间为 120min 以上。

2. 水源水条件下，粉末活性炭对硝基氯苯的初期吸附速率较大，30min 时去除率达到 69%，可以发挥吸附能力的 75%。

编号：济南-硝基氯苯-2

时间：2007年7月2日

试验名称	粉末活性炭对硝基氯苯污染物的吸附容量				
相关水质标准（mg/L）	国　标		建设部行标		
	卫生部规范		水源水质标准	0.05	
试验条件	污染物浓度 C_0：0.25mg/L； 原水：去离子水；水温：20℃；pH＝7.60。				
数　据　记　录					
粉末炭剂量 C_t（mg/L）	5	10	15	20	30	50
平衡浓度 C_e（mg/L）	0.078977	0.058741	0.018633	0.009837	0.003642	0.001903
C_0-C_e	0.171023	0.191259	0.231367	0.240163	0.246358	0.248097
$(C_0-C_e)/C_t$	0.034205	0.019126	0.015424	0.012008	0.008212	0.004962

#平衡浓度统一设定为120min吸附时间的浓度

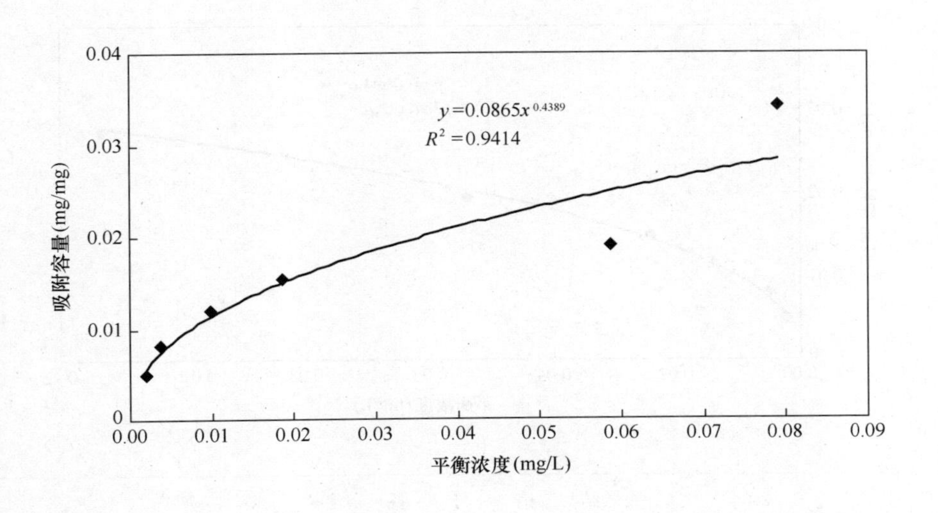

结　论　与　备　注

1. 去离子水条件下，粉末活性炭对硝基氯苯的吸附容量符合Freundrich吸附等温线。
2. 可根据上述吸附等温线方程和目标浓度计算理论投炭量。

编号：济南-硝基氯苯-3

时间：2007年7月2日

试验名称	粉末活性炭对硝基氯苯污染物的吸附容量					
相关水质标准（mg/L）	国　标			建设部行标		
	卫生部规范			水源水质标准		0.05
试验条件	污染物浓度 C_0：0.25mg/L； 原水：黄河水厂水源水；试验水温：20℃。					
原水水质	COD_{Mn}＝2.2mg/L；TOC＝　　mg/L（选测项目）；pH＝8.09； 浊度＝0.4NTU；碱度＝160mg/L；硬度＝267mg/L。					
数　据　记　录						
粉末炭剂量 C_t（mg/L）	5	10	15	20	30	50
平衡浓度 C_e（mg/L）	0.11344	0.053996	0.02405	0.014326	0.005288	0.002212
C_0-C_e	0.13656	0.196004	0.22595	0.235674	0.244712	0.247788
$(C_0-C_e)/C_t$	0.027312	0.0196	0.015063	0.011784	0.008157	0.004956

平衡浓度统一设定为120min吸附时间的浓度

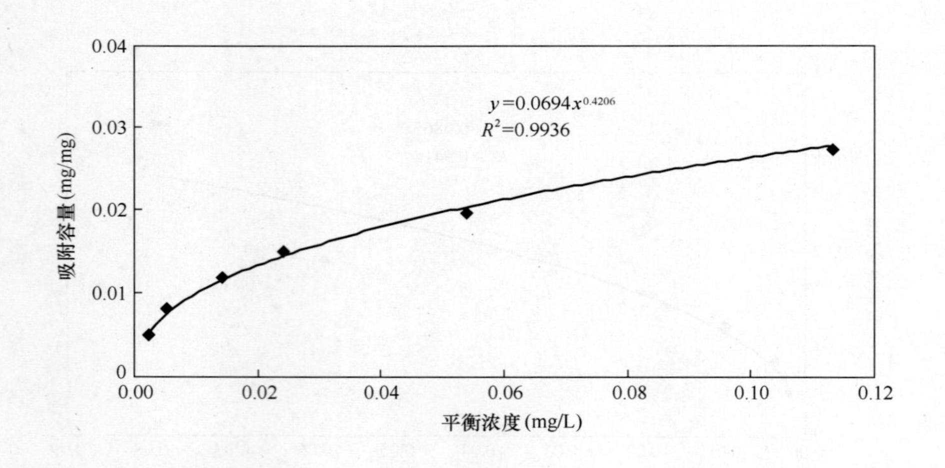

结　论　与　备　注

1. 水源水条件下，粉末活性炭对硝基氯苯的吸附容量符合Freundrich吸附等温线。

2. 可根据上述吸附等温线方程和目标浓度计算投炭量，采用粉末活性炭去除超标4倍硝基氯苯的有效剂量为40mg/L以上。

3. 水源水条件下的吸附容量比去离子水条件下有明显降低，在平衡浓度为0.125mg/L（标准限值的50%）时，前者是后者的83%。

2.22 一氯苯（Chlorlbenzene，Monochlorobenzene）

编号：深圳-一氯苯-1

时间：2006 年 7 月

<table>
<tr><td>试验名称</td><td colspan="7">粉末活性炭对一氯苯污染物的吸附速率</td></tr>
<tr><td rowspan="2">相关水质标准
(mg/L)</td><td colspan="2">国　标</td><td colspan="2">0.3</td><td>建设部行标</td><td colspan="2">0.3</td></tr>
<tr><td colspan="2">卫生部规范</td><td colspan="2">0.3</td><td>水源水质标准</td><td colspan="2"></td></tr>
<tr><td>试验条件</td><td colspan="7">污染物浓度 C_0：1.5737mg/L；粉末活性炭投加量：10mg/L；原水：水源水；水温：26.5。</td></tr>
<tr><td>原水水质</td><td colspan="7">TOC＝1.69mg/L；COD_{Mn}＝1.66mg/L；pH＝7.40；
浊度＝39.0NTU；碱度＝19.5mg/L；硬度＝18.7mg/L。</td></tr>
<tr><td colspan="8">数　据　记　录</td></tr>
<tr><td>吸附时间
(min)</td><td>0</td><td>10</td><td>20</td><td>30</td><td>60</td><td>120</td><td>240</td></tr>
<tr><td>污染物浓度
(mg/L)</td><td>1.5737</td><td>0.4832</td><td>0.4812</td><td>0.4092</td><td>0.3857</td><td>0.3341</td><td>0.2728</td></tr>
<tr><td>去除率</td><td>0%</td><td>69%</td><td>69%</td><td>74%</td><td>75%</td><td>79%</td><td>83%</td></tr>
</table>

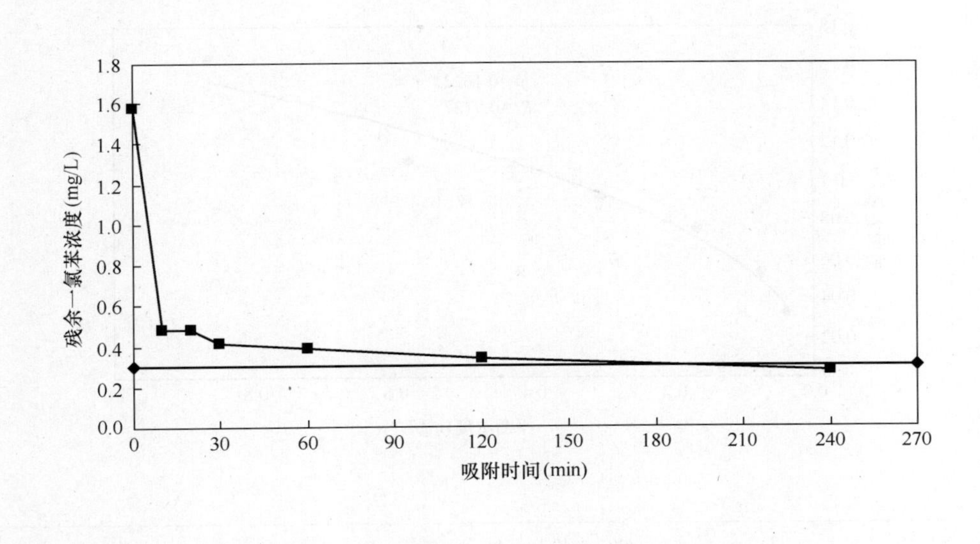

结　论　与　备　注

1. 水源水条件下，粉末活性炭对一氯苯的吸附基本达到平衡的时间为 120min 以上。

2. 水源水条件下，粉末活性炭对一氯苯的初期吸附速率较大，30min 时去除率达到 74%，可以发挥吸附能力的 89%。

3. 本实验采用磁子搅拌器、密封瓶进行吸附试验，转速为 260r/min，最后采用 0.45μm 的针头过滤器进行过滤。

编号：深圳-一氯苯-2

时间：2006 年 7 月

<table>
<tr><td>试验名称</td><td colspan="6">粉末活性炭对一氯苯污染物的吸附容量</td></tr>
<tr><td rowspan="2">相关水质标准
(mg/L)</td><td colspan="2">国　　标</td><td>0.3</td><td colspan="2">建设部行标</td><td>0.3</td></tr>
<tr><td colspan="2">卫生部规范</td><td>0.3</td><td colspan="2">水源水质标准</td><td></td></tr>
<tr><td>试验条件</td><td colspan="6">污染物浓度 C_0：1.6819mg/L；
原水：纯水；水温：25.0；pH=6.8。</td></tr>
<tr><td colspan="7">数　据　记　录</td></tr>
<tr><td>粉末炭剂量 C_t (mg/L)</td><td>5</td><td>10</td><td>15</td><td>20</td><td>30</td><td>50</td></tr>
<tr><td>平衡浓度 C_e (mg/L)</td><td>0.8647</td><td>0.5772</td><td>0.3041</td><td>0.1676</td><td>0.0740</td><td>0.0380</td></tr>
<tr><td>C_0-C_e</td><td>0.8172</td><td>1.1047</td><td>1.3778</td><td>1.5143</td><td>1.6079</td><td>1.6439</td></tr>
<tr><td>$(C_0-C_e)/C_t$</td><td>0.16344</td><td>0.11047</td><td>0.091853</td><td>0.075715</td><td>0.053597</td><td>0.032878</td></tr>
</table>

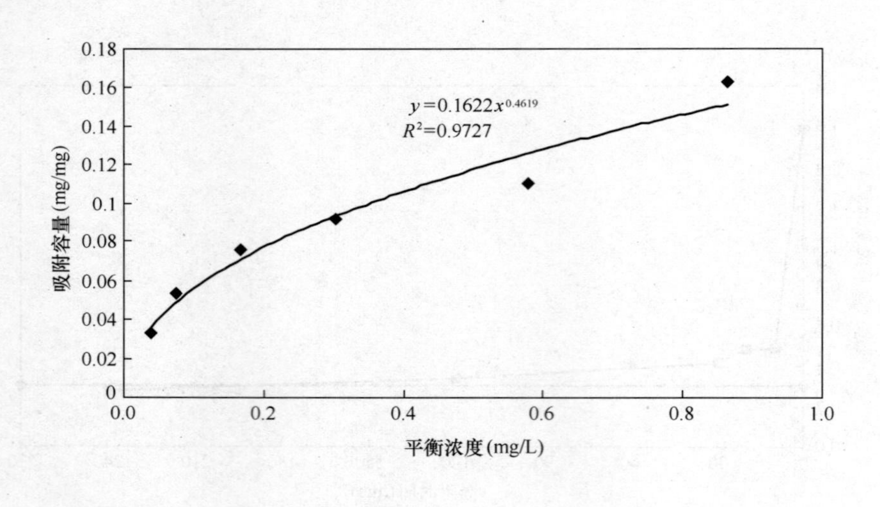

结　论　与　备　注

1. 去离子水条件下，粉末活性炭对一氯苯的吸附容量符合 Freundrich 吸附等温线。

2. 可根据上述吸附等温线方程和目标浓度计算理论投炭量。

3. 本实验采用磁子搅拌器、密封瓶进行吸附试验，转速为 260r/min，吸附时间为 2h，最后采用 0.45μm 的针头过滤器进行过滤。

编号：深圳—一氯苯-3

时间：2006年7月

试验名称	粉末活性炭对一氯苯污染物的吸附容量					
相关水质标准（mg/L）	国　　标	0.3		建设部行标		0.3
	卫生部规范	0.3		水源水质标准		
试验条件	污染物浓度 C_0：1.3481mg/L； 原水：水源水；水温：25.1。					
原水水质	TOC＝1.61mg/L；COD_{Mn}＝1.30mg/L；pH＝7.05； 浊度＝12.2NTU；碱度＝15.3mg/L；硬度＝23.7mg/L。					
数　据　记　录						
粉末炭剂量 C_t（mg/L）	5	10	15	20	30	50
平衡浓度 C_e（mg/L）	0.8062	0.5195	0.2811	0.2302	0.1292	0.0486
C_0-C_e	0.5419	0.8286	1.0670	1.1179	1.2189	1.2995
$(C_0-C_e)/C_t$	0.10838	0.08286	0.071133	0.055895	0.04063	0.02599

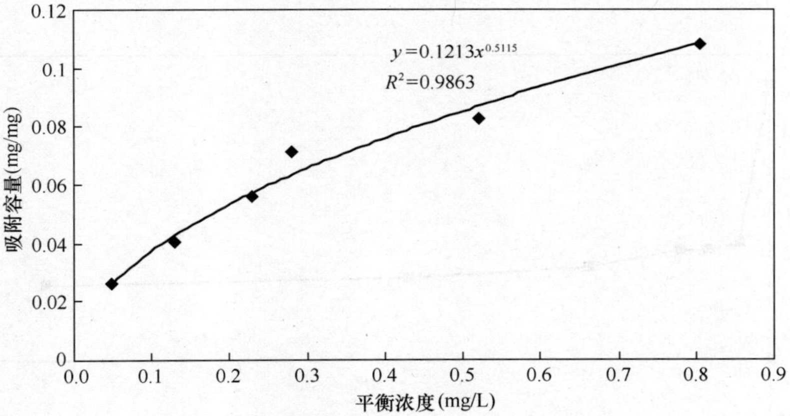

结　论　与　备　注

1. 水源水条件下，粉末活性炭对一氯苯的吸附容量符合Freundrich吸附等温线。

2. 可根据上述吸附等温线方程和目标浓度计算投炭量，采用粉末活性炭去除超标4倍一氯苯的有效剂量为30mg/L以上。

3. 水源水条件下的吸附容量比去离子水条件下有明显降低，在平衡浓度为0.15mg/L（标准限值的50%）时，前者是后者的68%。

4. 本实验采用磁子搅拌器、密封瓶进行吸附试验，转速为260r/min，吸附时间为2h，最后采用0.45μm的针头过滤器进行过滤。

2.23 乙苯（Ethylbenzene）

编号：深圳-乙苯-1
时间：2006 年 7 月

试验名称	粉末活性炭对乙苯污染物的吸附速率					
相关水质标准（mg/L）	国　标	0.3		建设部行标	0.3	
	卫生部规范	0.3		水源水质标准	0.3	
试验条件	污染物浓度 C_0：1.65mg/L；粉末活性炭投加量：10mg/L；原水：水源水；水温：26.5。					
原水水质	TOC＝1.69mg/L；COD_{Mn}＝1.66mg/L；pH＝7.40； 浊度＝39.0NTU；碱度＝19.5mg/L；硬度＝18.7mg/L。					
数　据　记　录						
吸附时间（min）	0	10	20	30	60	120	240
污染物浓度（mg/L）	3.78	2.08	1.86	1.81	1.72	1.65	1.63
去除率	0%	47%	49%	49%	54%	57%	60%

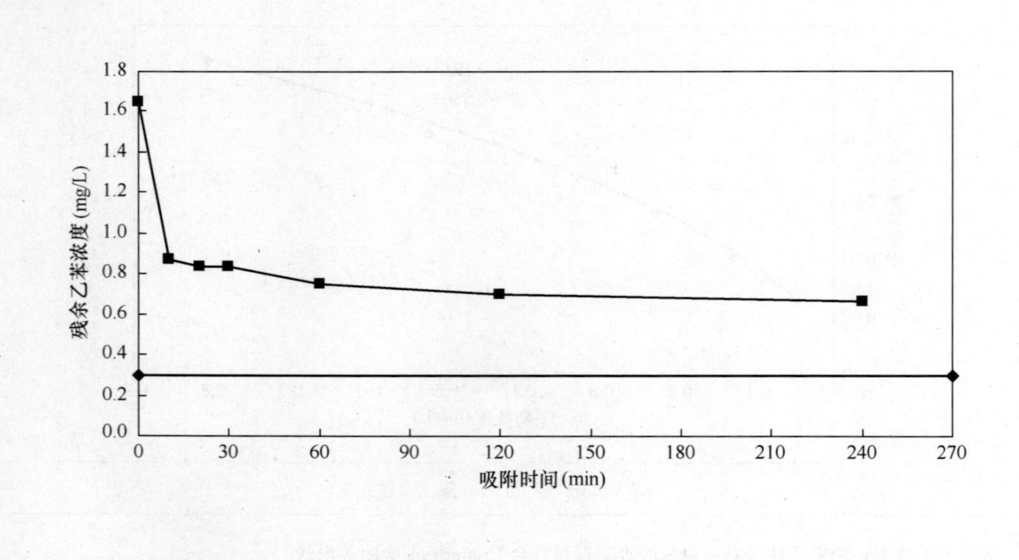

结　论　与　备　注

1. 水源水条件下，粉末活性炭对乙苯的吸附基本达到平衡的时间为 120min 以上。

2. 水源水条件下，粉末活性炭对乙苯的初期吸附速率一般，30min 时去除率达到 49%，可以发挥吸附能力的 82%。

3. 本实验采用磁子搅拌器、密封瓶进行吸附试验，转速为 260r/min，最后采用 0.45μm 的针头过滤器进行过滤。

编号：深圳-乙苯-2

时间：2006 年 7 月

试验名称	粉末活性炭对乙苯污染物的吸附容量				
相关水质标准（mg/L）	国　标	0.3	建设部行标	0.3	
	卫生部规范	0.3	水源水质标准	0.3	
试验条件	污染物浓度 C_0：1.1255mg/L；粉末活性炭投加量：10mg/L；原水：纯水；水温：25.0；pH=6.8。				

数　据　记　录

粉末炭剂量 C_t（mg/L）	5	10	15	20	30	50
平衡浓度 C_e（mg/L）	0.4610	0.3350	0.2340	0.1765	0.0785	0.0285
C_0-C_e	0.6645	0.7905	0.8915	0.9490	1.0470	1.0970
$(C_0-C_e)/C_t$	0.1329	0.07905	0.059433	0.04745	0.0349	0.02194

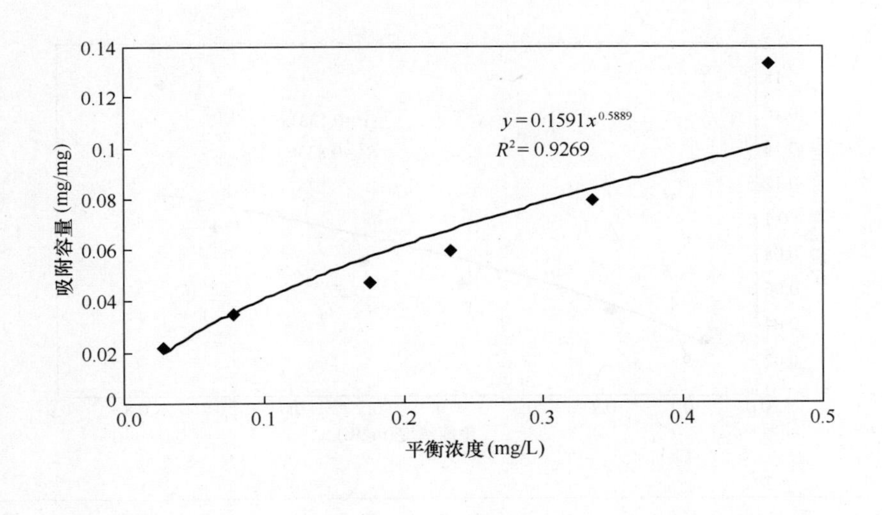

结　论　与　备　注

1. 去离子水条件下，粉末活性炭对乙苯的吸附容量符合 Freundrich 吸附等温线。

2. 可根据上述吸附等温线方程和目标浓度计算理论投炭量。

3. 本实验采用磁子搅拌器、密封瓶进行吸附试验，转速为 260r/min，吸附时间为 2h，最后采用 0.45μm 的针头过滤器进行过滤。

编号：深圳-乙苯-3

时间：2006 年 7 月

试验名称	粉末活性炭对乙苯污染物的吸附容量				
相关水质标准（mg/L）	国　标	0.3	建设部行标	0.3	
	卫生部规范	0.3	水源水质标准	0.3	
试验条件	污染物浓度 C_0：1.6459mg/L； 原水：水源水；水温：26.5。				
原水水质	TOC＝1.69mg/L；COD_{Mn}＝1.66mg/L；pH＝7.40； 浊度＝39.0NTU；碱度＝19.5mg/L；硬度＝18.7mg/L。				

数　据　记　录

粉末炭剂量 C_t（mg/L）	5	10	15	20	30	50
平衡浓度 C_e（mg/L）	0.7660	0.6955	0.5066	0.3793	0.1863	0.0646
C_0-C_e	0.8799	0.9504	1.1393	1.2666	1.4596	1.5813
$(C_0-C_e)/C_t$	0.17598	0.09504	0.075953	0.06333	0.048653	0.031626

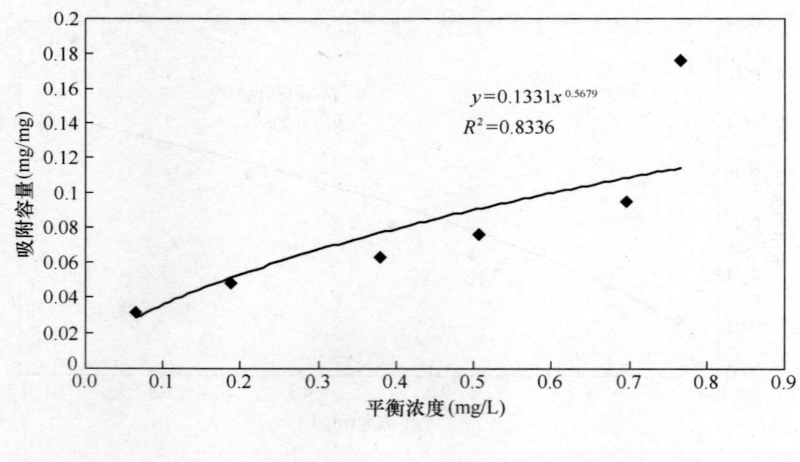

结　论　与　备　注

1. 水源水条件下，粉末活性炭对乙苯的吸附容量符合 Freundrich 吸附等温线。

2. 可根据上述吸附等温线方程和目标浓度计算投炭量，采用粉末活性炭去除超标 4 倍乙苯的有效剂量为 30mg/L 以上。

3. 水源水条件下的吸附容量和去离子水条件下差别不大，在平衡浓度为 0.15mg/L（标准限值的 50%）时，前者是后者的 96%。

4. 本实验采用磁子搅拌器、密封瓶进行吸附试验，转速为 260r/min，吸附时间为 2h，最后采用 0.45μm 的针头过滤器进行过滤。

2.24 异丙苯（Cymenebezene）

编号：无锡-异丙苯-1

时间：2007年7月3日

<table>
<tr><td>试验名称</td><td colspan="6">异丙苯污染物的粉末活性炭吸附去除测试</td></tr>
<tr><td rowspan="2">相关水质标准（mg/L）</td><td>国　标</td><td colspan="2"></td><td colspan="2">建设部行标</td><td></td></tr>
<tr><td>卫生部规范</td><td colspan="2"></td><td colspan="2">水源水质标准</td><td>0.25</td></tr>
<tr><td>试验条件</td><td colspan="6">原水：中桥水厂水源水试验水温：20℃；
按水厂工艺对应的搅拌及沉淀时间及转速：
1. 70s　250r/min；2. 70s　180r/min；3. 70s　100r/min；4. 2min30s　80r/min；5. 静置沉降15min。</td></tr>
<tr><td>原水水质</td><td colspan="6">COD_{Mn}＝3.60mg/L；TOC＝7.79mg/L；pH＝7.4；
浊度＝40NTU；碱度＝71mg/L；硬度＝132mg/L；
藻类＝1.1×10^4 个/L。</td></tr>
<tr><td>序号</td><td>1</td><td>2</td><td>3</td><td>4</td><td>5</td><td>6</td></tr>
<tr><td>水样类型</td><td>水源水</td><td>水源水</td><td>水源水</td><td>水源水</td><td>水源水</td><td>去离子水加标回收</td></tr>
<tr><td>污染物投加量（mg/L）</td><td>1.250</td><td>1.250</td><td>2.500</td><td>2.500</td><td>2.500</td><td>1.880</td></tr>
<tr><td>液铝投加量（mg/L）</td><td>40</td><td>40</td><td>40</td><td>40</td><td>40</td><td>0</td></tr>
<tr><td>粉末炭剂投加量（ppm）</td><td>0</td><td>20</td><td>0</td><td>20</td><td>20</td><td>0</td></tr>
<tr><td>吸附后浓度（mg/L）</td><td>0.382</td><td>0.226</td><td>0.591</td><td>0.479</td><td>0.475</td><td>1.920</td></tr>
<tr><td>去除率（%）</td><td>69.44</td><td>81.92</td><td>76.36</td><td>80.84</td><td>81.00</td><td>—</td></tr>
<tr><td>技术可行性评价</td><td colspan="6">常规工艺对异丙苯有一定的去除效果，粉末活性炭对异丙苯的吸附效果较好，20mg/L的投炭量条件下可以将超标4倍的异丙苯去除80%以上。</td></tr>
<tr><td>备注</td><td colspan="6">待补充吸附速率和吸附容量试验。</td></tr>
</table>

3 氯代烃（以汉语拼音为序，共6种）

3.1 1,1-二氯乙烯（偏二氯乙烯，1,1-dichloroethylene，Vinylidenechloride）

编号：上海-1，1-二氯乙烯-1

时间：2006年 月 日

试验名称	粉末活性炭对1,1-二氯乙烯污染物的吸附速率					
相关水质标准（mg/L）	国标		建设部行标		0.007	
	卫生部规范	0.03	水源水质标准		0.03	
试验条件	污染物浓度 C_0：0.15mg/L；粉末活性炭投加量：10mg/L；原水：长江水源水；试验水温：25℃。					
原水水质	COD_{Mn}=3.0mg/L；TOC=3.3mg/L（选测项目）；pH=8.1；浊度=18NTU；碱度=90mg/L；硬度=122mg/L。					
数据记录						
吸附时间（min）	0	10	20	30	60	120	240
污染物浓度（mg/L）	0.15	0.106	0.084	0.088	0.1	0.105	0.09
去除率	0%	29%	44%	41%	33%	30%	40%

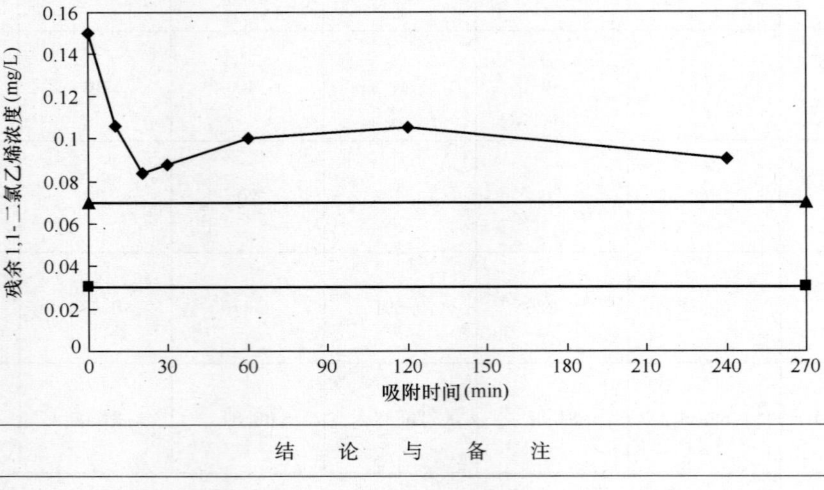

结论与备注

1. 水源水条件下，粉末活性炭对1,1-二氯乙烯的吸附基本达到平衡的时间为120min以上。

2. 水源水条件下，粉末活性炭对1,1-二氯乙烯的初期吸附速率一般，30min时去除率达到41%，可以发挥吸附能力的100%。

3. 本实验采用磁子搅拌器、密封瓶进行吸附试验，转速为260r/min，最后采用0.45μm的针头过滤器进行过滤。

编号：上海-1，1-二氯乙烯-2

时间：2006 年 7 月　日

试验名称	粉末活性炭对 1,1-二氯乙烯污染物的吸附容量					
相关水质标准 (mg/L)	国　标		建设部行标		0.007	
	卫生部规范	0.03	水源水质标准		0.03	
试验条件	污染物浓度 C_0：0.15mg/L； 原水：去离子水；水温：25℃；pH＝8.1。					
数　据　记　录						
粉末炭剂量 C_t (mg/L)	5	10	15	20	30	50
平衡浓度 C_e (mg/L)	0.116	0.11	0.106	0.1	0.073	0.058
C_0-C_e	0.034	0.04	0.044	0.05	0.077	0.092
$(C_0-C_e)/C_t$	0.0068	0.0040	0.0029	0.0025	0.0026	0.0018

#平衡浓度统一设定为 120min 吸附时间的浓度

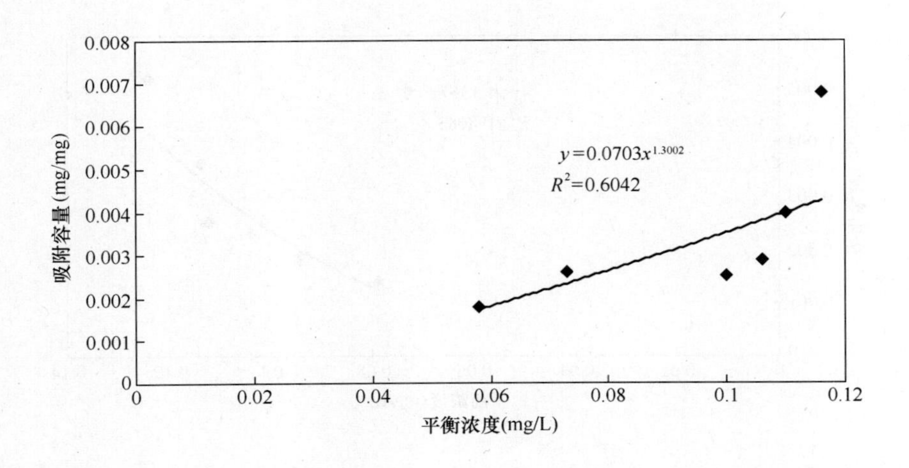

结　论　与　备　注

1. 去离子水条件下，粉末活性炭对 1,1-二氯乙烯的吸附容量符合 Freundrich 吸附等温线。

2. 根据上述吸附等温线方程和目标浓度计算理论投炭量，采用粉末活性炭去除超标 4 倍 1,1-二氯乙烯的理论投炭量为 452mg/L 以上，在工程上无法实现。

3. 粉末活性炭不能有效处理 1,1-二氯乙烯。

编号：上海-1，1-二氯乙烯-3

时间：2006 年 7 月　日

试验名称	粉末活性炭对 1,1-二氯乙烯污染物的吸附容量				
相关水质标准（mg/L）	国　标		建设部行标	0.007	
	卫生部规范	0.03	水源水质标准	0.03	
试验条件	污染物浓度 C_0：0.15mg/L； 原水：长江水源水；试验水温：25℃；				
原水水质	COD_{Mn}＝3.0mg/L；TOC＝3.3mg/L（选测项目）；pH＝8.1； 浊度＝18NTU；碱度＝90mg/L；硬度＝122mg/L。				

数　据　记　录

粉末炭剂量 C_t（mg/L）	5	10	15	20	30	50
平衡浓度 C_e（mg/L）	0.124	0.114	0.112	0.104	0.094	0.079
C_0-C_e	0.026	0.036	0.038	0.046	0.056	0.071
$(C_0-C_e)/C_t$	0.0052	0.0036	0.0025	0.0023	0.0019	0.0014

平衡浓度统一设定为 120min 吸附时间的浓度

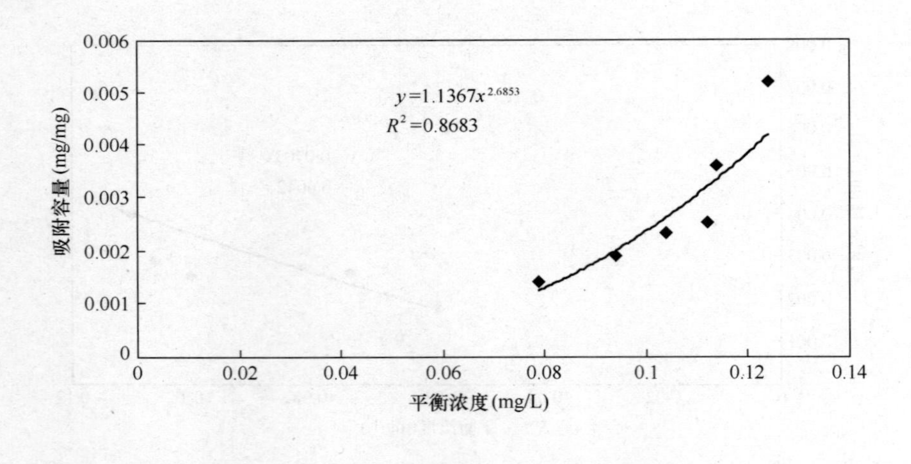

结　论　与　备　注

1. 水源水条件下，粉末活性炭对 1,1-二氯乙烯的吸附容量符合 Freundrich 吸附等温线。

2. 根据上述吸附等温线方程和目标浓度计算投炭量，采用粉末活性炭去除超标 4 倍 1,1-二氯乙烯的有效剂量为 9385mg/L 以上，在工程上无法实现。

3. 水源水条件下的吸附容量比去离子水条件下有明显降低，在平衡浓度为 0.00015mg/L（标准限值的 50％）时，前者是后者的 53％。

4. 粉末活性炭不能有效处理 1,1-二氯乙烯。

3.2 1,2-二氯乙烯（均二氯乙烯，1,2-dichloroethylene）

编号：上海-1,2-二氯乙烯-1

时间：2006 年 月 日

试验名称	粉末活性炭对 1,2-二氯乙烯污染物的吸附速率					
相关水质标准 (mg/L)	国标			建设部行标		0.05
	卫生部规范	0.05		水源水质标准		0.05
试验条件	污染物浓度 C_0：0.25mg/L；粉末活性炭投加量：10mg/L； 原水：长江水源水；试验水温：25℃。					
原水水质	COD_{Mn}=3.0mg/L；TOC=3.3mg/L（选测项目）；pH=8.1； 浊度=18NTU；碱度=90mg/L；硬度=122mg/L。					

数　据　记　录

吸附时间 (min)	0	10	20	30	60	120	240
污染物浓度 (mg/L)	0.25	0.115	0.0997	0.1076	0.0782	0.1126	0.1107
去除率	0%	54%	60%	57%	69%	55%	56%

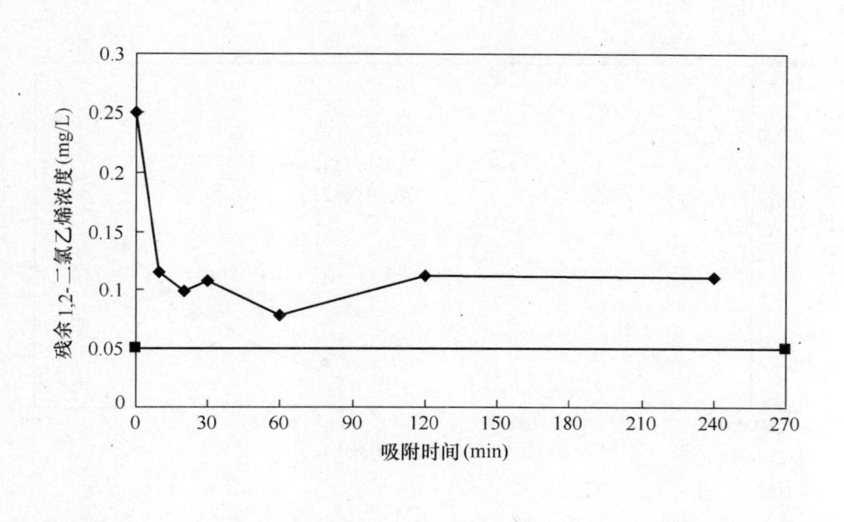

结　论　与　备　注

1. 水源水条件下，粉末活性炭对 1,2-二氯乙烯的吸附基本达到平衡的时间为 120min 以上。

2. 水源水条件下，粉末活性炭对 1,2-二氯乙烯的初期吸附速率较大，30min 时去除率达到 57%，可以发挥吸附能力的 100%。

3. 本实验采用磁子搅拌器、密封瓶进行吸附试验，转速为 260r/min，最后采用 0.45μm 的针头过滤器进行过滤。

编号：上海-1，2-二氯乙烯-2
时间：2006 年 7 月　日

试验名称	粉末活性炭对 1，2-二氯乙烯污染物的吸附容量					
相关水质标准（mg/L）	国标		建设部行标		0.05	
	卫生部规范	0.05	水源水质标准		0.05	
试验条件	污染物浓度 C_0：0.25mg/L； 原水：去离子水；水温：25℃；pH=8.1。					
数据记录						
粉末炭剂量 C_t（mg/L）	5	10	15	20	30	50
平衡浓度 C_e（mg/L）	0.145	0.131	0.123	0.117	0.112	0.089
C_0-C_e	0.105	0.119	0.127	0.133	0.138	0.161
$(C_0-C_e)/C_t$	0.0210	0.0119	0.0085	0.0067	0.0046	0.0032

#平衡浓度统一设定为 120min 吸附时间的浓度

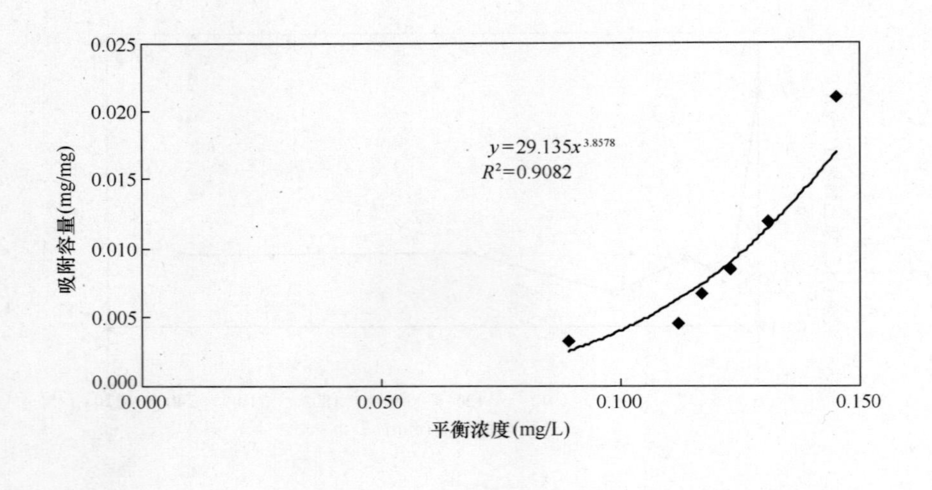

结　论　与　备　注

1. 去离子水条件下，粉末活性炭对 1,2-二氯乙烯的吸附容量符合 Freundrich 吸附等温线。

2. 根据上述吸附等温线方程和目标浓度计算理论投炭量，采用粉末活性炭去除超标 4 倍 1,2-二氯乙烯的理论投炭量为 11700mg/L 以上，在工程上无法实现。

3. 粉末活性炭不能有效处理 1,2-二氯乙烯。

编号：上海-1，2-二氯乙烯-3

时间：2006 年 7 月　日

试验名称	粉末活性炭对 1，2-二氯乙烯污染物的吸附容量				
相关水质标准（mg/L）	国　标		建设部行标	0.05	
	卫生部规范	0.05	水源水质标准	0.05	
试验条件	污染物浓度 C_0：0.25mg/L； 原水：长江水源水；试验水温：25℃。				
原水水质	COD_{Mn}=3.0mg/L；TOC=3.3mg/L（选测项目）；pH=8.1； 浊度=18NTU；碱度=90mg/L；硬度=122mg/L。				

数　据　记　录

粉末炭剂量 C_t（mg/L）	5	10	15	20	30	50
平衡浓度 C_e（mg/L）	0.136	0.131	0.132	0.128	0.108	0.08
C_0-C_e	0.114	0.119	0.118	0.122	0.142	0.17
$(C_0-C_e)/C_t$	0.0228	0.0119	0.0079	0.0061	0.0047	0.0034

#平衡浓度统一设定为 120min 吸附时间的浓度

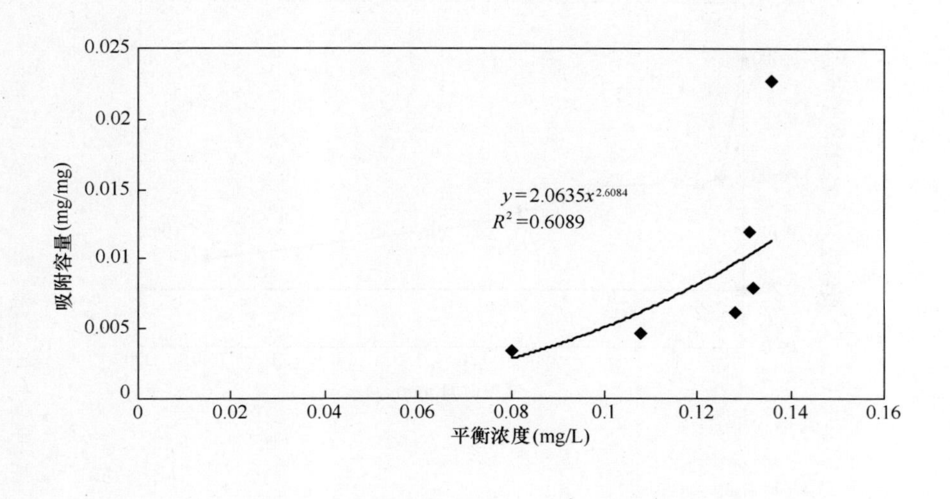

结　论　与　备　注

1. 水源水条件下，粉末活性炭对 1，2-二氯乙烯的吸附容量符合 Freundrich 吸附等温线。

2. 根据上述吸附等温线方程和目标浓度计算投炭量，采用粉末活性炭去除超标 4 倍 1，2-二氯乙烯的有效剂量为 1646mg/L 以上，工程上无法实现。

3. 粉末活性炭不能有效处理 1，2-二氯乙烯。

3.3 1,1,1-三氯乙烷（甲基氯仿，1,1,1-trichloroethane，methyl chloroform）

编号：上海-1,1,1-三氯乙烷-1

时间：2006 年 8 月　日

试验名称	粉末活性炭对 1,1,1-三氯乙烷污染物的吸附速率						
相关水质标准（mg/L）	国　标			建设部行标		0.2	
	卫生部规范		0.2	水源水质标准			
试验条件	污染物浓度 C_0：1mg/L；粉末活性炭投加量：20mg/L； 原水：长江水源水；试验水温：25℃。						
原水水质	COD_{Mn}＝3.0mg/L；TOC＝3.3mg/L（选测项目）；pH＝8.1； 浊度＝18NTU；碱度＝90mg/L；硬度＝122mg/L。						
数　据　记　录							
吸附时间（min）	0	10	20	30	60	120	240
污染物浓度（mg/L）	1.000	0.599	0.561	0.578	0.562	0.429	0.305
去除率	0%	40%	44%	42%	44%	57%	69%

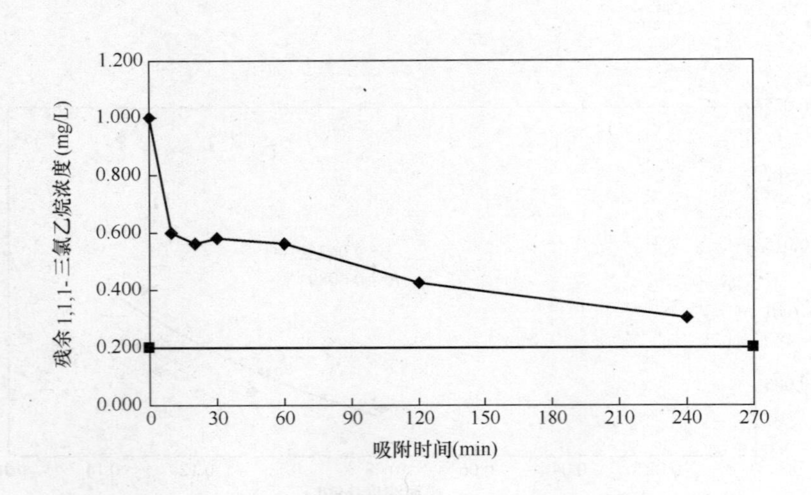

结　论　与　备　注

1. 水源水条件下，粉末活性炭对 1,1,1-三氯乙烷的吸附基本达到平衡的时间为 120min 以上。

2. 水源水条件下，粉末活性炭对 1,1,1-三氯乙烷的初期吸附速率一般，30min 时去除率达到 42%，可以发挥吸附能力的 61%。

3. 本实验采用磁子搅拌器、密封瓶进行吸附试验，转速为 260r/min，最后采用 0.45μm 的针头过滤器进行过滤。

编号：上海-1，1，1-三氯乙烷-2

时间：2006 年 8 月　日

<table>
<tr><td>试验名称</td><td colspan="6">粉末活性炭对 1，1，1-三氯乙烷污染物的吸附容量</td></tr>
<tr><td rowspan="2">相关水质标准
（mg/L）</td><td colspan="2">国　标</td><td></td><td colspan="2">建设部行标</td><td>0.2</td></tr>
<tr><td colspan="2">卫生部规范</td><td>0.2</td><td colspan="2">水源水质标准</td><td></td></tr>
<tr><td>试验条件</td><td colspan="6">污染物浓度 C_0：1.0mg/L；
原水：去离子水；水温：25℃；pH=8.1。</td></tr>
<tr><td colspan="7">数　据　记　录</td></tr>
<tr><td>粉末炭剂量
C_t（mg/L）</td><td>5</td><td>10</td><td>15</td><td>20</td><td>30</td><td>50</td></tr>
<tr><td>平衡浓度 C_e
（mg/L）</td><td>0.1806</td><td>0.1932</td><td>0.2808</td><td>0.2884</td><td>0.2576</td><td>0.2354</td></tr>
<tr><td>C_0-C_e</td><td>0.8194</td><td>0.8068</td><td>0.7192</td><td>0.7116</td><td>0.7424</td><td>0.7646</td></tr>
<tr><td>（C_0-C_e）/C_t</td><td>0.1639</td><td>0.0807</td><td>0.0479</td><td>0.0356</td><td>0.0247</td><td>0.0153</td></tr>
</table>

#平衡浓度统一设定为 120min 吸附时间的浓度

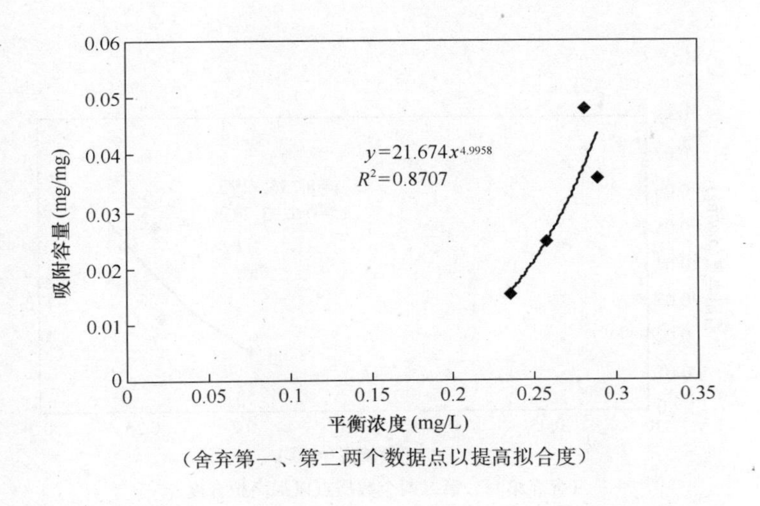

（舍弃第一、第二两个数据点以提高拟合度）

结　论　与　备　注

1. 去离子水条件下，粉末活性炭对 1，1，1-三氯乙烷的吸附容量符合 Freundrich 吸附等温线。

2. 根据上述吸附等温线方程和目标浓度计算理论投炭量，采用粉末活性炭去除超标 4 倍 1，1，1-三氯乙烷的理论投炭量为 741mg/L 以上，在工程上无法实现。

3. 粉末活性炭不能有效处理 1，1，1-三氯乙烷。

编号：上海-1，1，1-三氯乙烷-3
时间：2006 年 8 月 日

<table>
<tr><td>试验名称</td><td colspan="6">粉末活性炭对 1，1，1-三氯乙烷污染物的吸附容量</td></tr>
<tr><td rowspan="2">相关水质标准 (mg/L)</td><td>国 标</td><td></td><td>建设部行标</td><td colspan="3">0.2</td></tr>
<tr><td>卫生部规范</td><td>0.2</td><td>水源水质标准</td><td colspan="3"></td></tr>
<tr><td>试验条件</td><td colspan="6">污染物浓度 C_0：1mg/L；
原水：长江水源水；试验水温：25℃。</td></tr>
<tr><td>原水水质</td><td colspan="6">COD_{Mn}＝3.0mg/L；TOC＝3.3mg/L（选测项目）；pH＝8.1；
浊度＝18NTU；碱度＝90mg/L；硬度＝122mg/L。</td></tr>
<tr><td colspan="7">数 据 记 录</td></tr>
<tr><td>粉末炭剂量 C_t（mg/L）</td><td>5</td><td>10</td><td>15</td><td>20</td><td>30</td><td>50</td></tr>
<tr><td>平衡浓度 C_e (mg/L)</td><td>0.2652</td><td>0.2608</td><td>0.2424</td><td>0.2664</td><td>0.24</td><td>0.1958</td></tr>
<tr><td>C_0-C_e</td><td>0.7348</td><td>0.7392</td><td>0.7576</td><td>0.7336</td><td>0.76</td><td>0.8042</td></tr>
<tr><td>$(C_0-C_e)/C_t$</td><td>0.1470</td><td>0.0739</td><td>0.0505</td><td>0.0367</td><td>0.0253</td><td>0.0161</td></tr>
<tr><td colspan="7">#平衡浓度统一设定为 120min 吸附时间的浓度
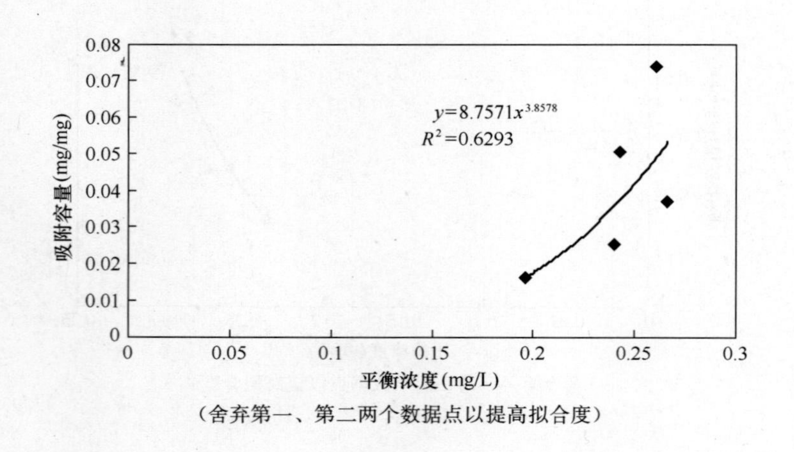
（舍弃第一、第二两个数据点以提高拟合度）</td></tr>
<tr><td colspan="7">结 论 与 备 注</td></tr>
<tr><td colspan="7">1. 原水条件下，粉末活性炭对 1，1，1-三氯乙烷的吸附容量符合 Freundrich 吸附等温线。
2. 根据上述吸附等温线方程和目标浓度计算理论投炭量，采用粉末活性炭去除超标 4 倍 1，1，1-三氯乙烷的理论投炭量为 4113mg/L 以上，在工程上无法实现。
3. 粉末活性炭不能有效处理 1，1，1-三氯乙烷。</td></tr>
</table>

3.4 三氯乙烯（Trichloroethylene，TCE）

编号：上海-三氯乙烯-1

时间：2006 年　月　日

试验名称	粉末活性炭对三氯乙烯污染物的吸附速率					
相关水质标准（mg/L）	国　标		建设部行标	0.005		
	卫生部规范	0.07	水源水质标准	0.07		
试验条件	污染物浓度 C_0：0.35mg/L；粉末活性炭投加量：10mg/L；原水：长江水源水；试验水温：25℃。					
原水水质	COD_{Mn}=3.0mg/L；TOC=3.3mg/L（选测项目）；pH=8.1；浊度=18NTU；碱度=90mg/L；硬度=122mg/L。					

数　据　记　录

吸附时间（min）	0	10	20	30	60	120	240
污染物浓度（mg/L）	0.35	0.162	0.164	0.150	0.148	0.152	0.147
去除率	0%	54%	53%	57%	58%	56%	58%

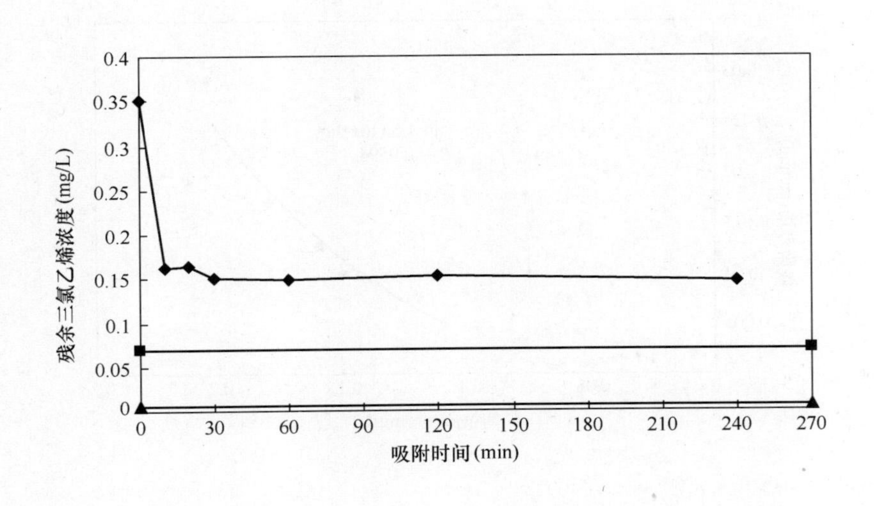

结　论　与　备　注

1. 水源水条件下，粉末活性炭对三氯乙烯的吸附基本达到平衡的时间为 120min 以上。

2. 水源水条件下，粉末活性炭对三氯乙烯的初期吸附速率较大，30min 时去除率达到 57%，可以发挥吸附能力的 98%。

3. 本实验采用磁子搅拌器、密封瓶进行吸附试验，转速为 260r/min，最后采用 0.45μm 的针头过滤器进行过滤。

编号：上海-三氯乙烯-2
时间：2006 年 7 月　日

试验名称	粉末活性炭对三氯乙烯污染物的吸附容量				
相关水质标准 (mg/L)	国　标		建设部行标		0.005
	卫生部规范	0.07	水源水质标准		0.07
试验条件	污染物浓度 C_0：0.35mg/L； 原水：去离子水；水温：25℃；pH=8.1。				

数　据　记　录

粉末炭剂量 C_t (mg/L)	5	10	15	20	30	50
平衡浓度 C_e (mg/L)	0.205	0.18	0.16	0.15	0.12	0.11
C_0-C_e	0.145	0.17	0.19	0.2	0.23	0.24
$(C_0-C_e)/C_t$	0.0290	0.0170	0.0127	0.0100	0.0077	0.0048

#平衡浓度统一设定为 120min 吸附时间的浓度

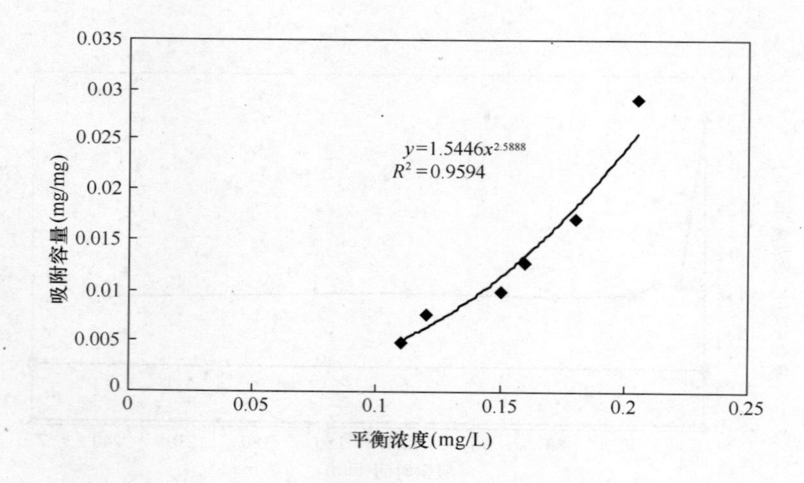

结　论　与　备　注

1. 去离子水条件下，粉末活性炭对三氯乙烯的吸附容量符合 Freundrich 吸附等温线。

2. 根据上述吸附等温线方程和目标浓度计算理论投炭量，采用粉末活性炭去除超标 4 倍三氯乙烯的理论投炭量为 314mg/L 以上，在工程上无法实现。

3. 粉末活性炭不能有效处理三氯乙烯。

编号：上海-三氯乙烯-3

时间：2006 年 7 月　日

<table>
<tr><td>试验名称</td><td colspan="6">粉末活性炭对三氯乙烯污染物的吸附容量</td></tr>
<tr><td rowspan="2">相关水质标准
(mg/L)</td><td>国　　标</td><td></td><td colspan="2">建设部行标</td><td colspan="2">0.005</td></tr>
<tr><td>卫生部规范</td><td>0.07</td><td colspan="2">水源水质标准</td><td colspan="2">0.07</td></tr>
<tr><td>试验条件</td><td colspan="6">污染物浓度 C_0：0.35mg/L；
原水：长江水源水；试验水温：25℃。</td></tr>
<tr><td>原水水质</td><td colspan="6">COD_{Mn}＝3.0mg/L；TOC＝3.3mg/L（选测项目）；pH＝8.1；
浊度＝18NTU；碱度＝90mg/L；硬度＝122mg/L。</td></tr>
<tr><td colspan="7">数　据　记　录</td></tr>
<tr><td>粉末炭剂量
C_t（mg/L）</td><td>5</td><td>10</td><td>15</td><td>20</td><td>30</td><td>50</td></tr>
<tr><td>平衡浓度 C_e
(mg/L)</td><td>0.235</td><td>0.23</td><td>0.2</td><td>0.15</td><td>0.14</td><td>0.105</td></tr>
<tr><td>C_0-C_e</td><td>0.115</td><td>0.12</td><td>0.15</td><td>0.2</td><td>0.21</td><td>0.245</td></tr>
<tr><td>$(C_0-C_e)/C_t$</td><td>0.0230</td><td>0.0120</td><td>0.0100</td><td>0.0100</td><td>0.0070</td><td>0.0049</td></tr>
</table>

＃平衡浓度统一设定为 120min 吸附时间的浓度

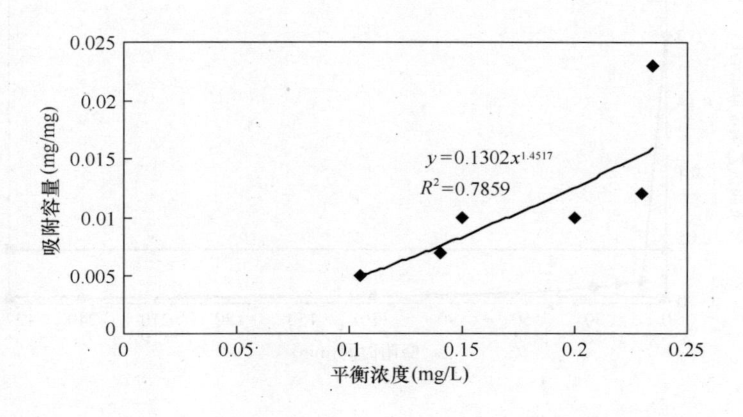

结　论　与　备　注

1. 原水水条件下，粉末活性炭对三氯乙烯的吸附容量符合 Freundrich 吸附等温线。

2. 根据上述吸附等温线方程和目标浓度计算理论投炭量，采用粉末活性炭去除超标 4 倍三氯乙烯的理论投炭量为 1198mg/L 以上，在工程上无法实现。

3. 粉末活性炭不能有效处理三氯乙烯。

3.5 四氯乙烯（Tetrachloroethylene）

编号：上海-四氯乙烯-1

时间：2006 年 8 月　日

试验名称	粉末活性炭对四氯乙烯污染物的吸附速率					
相关水质标准 (mg/L)	国　标		建设部行标		0.005	
	卫生部规范	0.04	水源水质标准		0.04	
试验条件	污染物浓度 C_0：0.2mg/L；粉末活性炭投加量：10mg/L；原水：长江水源水；试验水温：25℃。					
原水水质	COD_{Mn}=3.0mg/L；TOC=3.3mg/L（选测项目）；pH=8.1；浊度=18NTU；碱度=90mg/L；硬度=122mg/L。					
数　据　记　录						
吸附时间（min）	0	10	20	30	60	120	240
污染物浓度 (mg/L)	0.2	0.017	0.015	0.012	0.007	0.005	0.003
去除率	0%	91%	93%	94%	96%	98%	98%

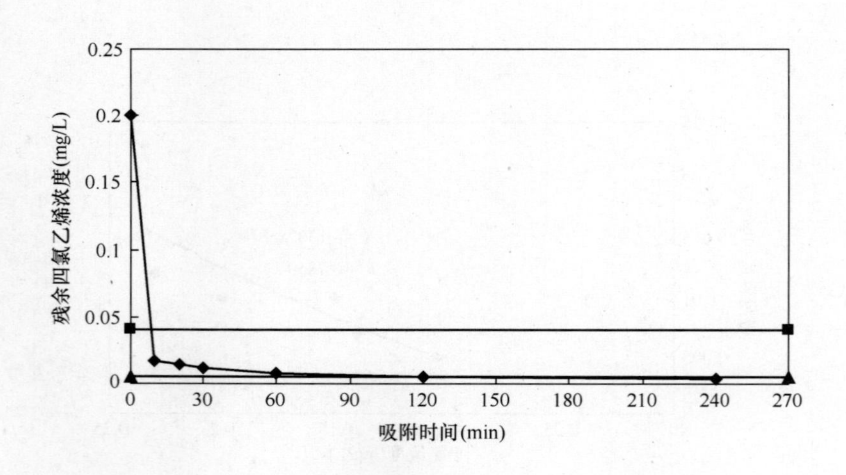

结　论　与　备　注

1. 水源水条件下，粉末活性炭对四氯乙烯的吸附基本达到平衡的时间为 120min 以上。

2. 水源水条件下，粉末活性炭对四氯乙烯的初期吸附速率很大，30min 时去除率达到 94%，可以发挥吸附能力的 96%。

3. 本实验采用磁子搅拌器、密封瓶进行吸附试验，转速为 260r/min，最后采用 0.45μm 的针头过滤器进行过滤。

编号：上海-四氯乙烯-2

时间：2006 年 8 月　日

试验名称	粉末活性炭对四氯乙烯污染物的吸附容量					
相关水质标准 (mg/L)	国　标		建设部行标		0.005	
	卫生部规范	0.04	水源水质标准		0.04	
试验条件	污染物浓度 C_0：0.2mg/L； 原水：去离子水；水温：25℃；pH＝8.1。					
数　据　记　录						
粉末炭剂量 C_t（mg/L）	5	10	15	20	30	50
平衡浓度 C_e (mg/L)	0.062	0.045	0.055	0.045	0.039	0.037
C_0-C_e	0.138	0.155	0.145	0.155	0.161	0.163
（C_0-C_e）/C_t	0.0276	0.0155	0.0097	0.0078	0.0054	0.0033

＃平衡浓度统一设定为 120min 吸附时间的浓度

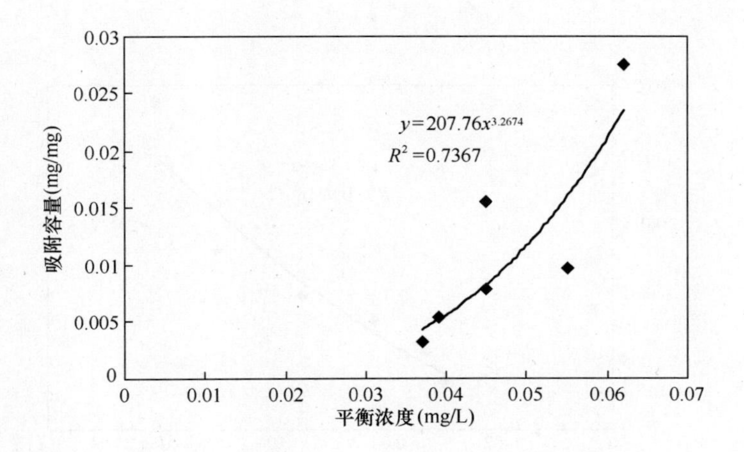

结　论　与　备　注

1. 去离子水条件下，粉末活性炭对四氯乙烯的吸附容量符合 Freundrich 吸附等温线。

2. 根据上述吸附等温线方程和目标浓度计算理论投炭量，采用粉末活性炭去除超标 4 倍四氯乙烯的理论投炭量为 90mg/L 以上，在工程上无法实现。

3. 粉末活性炭不能有效处理四氯乙烯。

编号：上海-四氯乙烯-3

时间：2006 年 8 月　日

试验名称	粉末活性炭对四氯乙烯污染物的吸附容量			
相关水质标准 (mg/L)	国　标		建设部行标	0.005
	卫生部规范	0.04	水源水质标准	0.04
试验条件	污染物浓度 C_0：0.2mg/L； 原水：长江水源水；试验水温：25℃。			
原水水质	COD_{Mn}=3.0mg/L；TOC=3.3mg/L（选测项目）；pH=8.1； 浊度=18NTU；碱度=90mg/L；硬度=122mg/L。			

数　据　记　录

粉末炭剂量 C_t (mg/L)	5	10	15	20	30	50
平衡浓度 C_e (mg/L)	0.081	0.07	0.055	0.042	0.033	0.03
C_0-C_e	0.119	0.13	0.145	0.158	0.167	0.17
$(C_0-C_e)/C_t$	0.0238	0.0130	0.0097	0.0079	0.0056	0.0034

平衡浓度统一设定为 120min 吸附时间的浓度

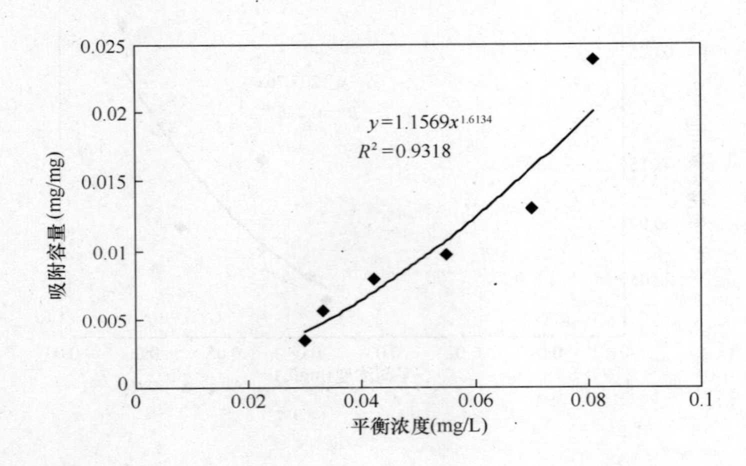

结　论　与　备　注

1. 原水条件下，粉末活性炭对四氯乙烯的吸附容量符合 Freundrich 吸附等温线。

2. 根据上述吸附等温线方程和目标浓度计算理论投炭量，采用粉末活性炭去除超标 4 倍四氯乙烯的理论投炭量为 308mg/L 以上，在工程上无法实现。

3. 粉末活性炭不能有效处理四氯乙烯。

3.6 四氯化碳（Carbon tetrachloride，Tetrachloromethane）

编号：上海-四氯化碳-1

时间：2006 年 8 月　日

试验名称	粉末活性炭对四氯化碳污染物的吸附速率					
相关水质标准（mg/L）	国　标		建设部行标		0.002	
	卫生部规范	0.002	水源水质标准		0.002	
试验条件	污染物浓度 C_0：0.01mg/L；粉末活性炭投加量：20mg/L； 原水：长江水源水；试验水温：25℃。					
原水水质	COD_{Mn}=3.0mg/L；TOC=3.3mg/L（选测项目）；pH=8.1； 浊度=18NTU；碱度=90mg/L；硬度=122mg/L。					

数　据　记　录

吸附时间（min）	0	10	20	30	60	120	240
污染物浓度（mg/L）	0.01	0.0040	0.0041	0.0040	0.0033	0.0025	0.0023
去除率	0%	60%	59%	60%	67%	75%	77%

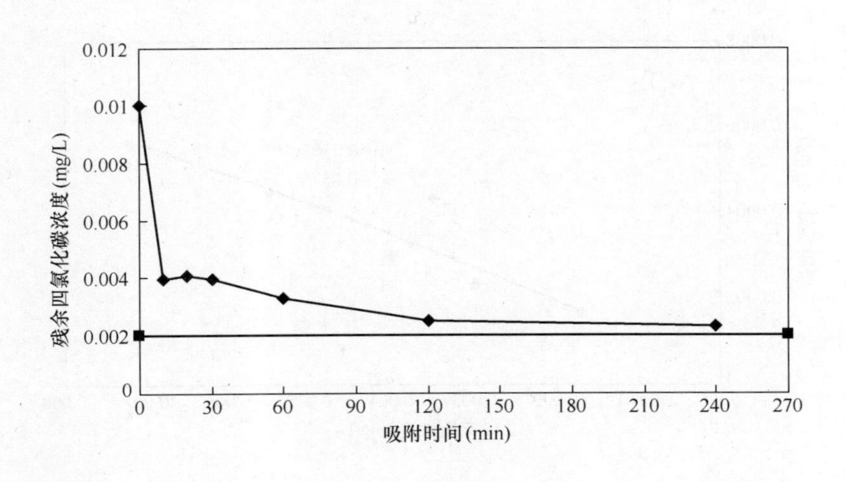

结　论　与　备　注

1. 水源水条件下，粉末活性炭对四氯化碳的吸附基本达到平衡的时间为 120min 以上。

2. 水源水条件下，粉末活性炭对四氯化碳的初期吸附速率较高，30min 时去除率达到 60%，可以发挥吸附能力的 78%。

3. 本实验采用磁子搅拌器、密封瓶进行吸附试验，转速为 260r/min，最后采用 0.45μm 的针头过滤器进行过滤。

编号：上海-四氯化碳-2

时间：2006 年 8 月　日

试验名称	粉末活性炭对四氯化碳污染物的吸附容量					
相关水质标准（mg/L）	国　标		建设部行标		0.002	
	卫生部规范	0.002	水源水质标准		0.002	
试验条件	污染物浓度 C_0：0.01mg/L； 原水：去离子水；水温：25℃；pH=8.1。					
数　据　记　录						
粉末炭剂量 C_t（mg/L）	5	10	15	20	30	50
平衡浓度 C_e（mg/L）	0.0072	0.0055	0.0035	0.004	0.003	0.0017
C_0-C_e	0.0028	0.0045	0.0065	0.006	0.007	0.0083
$(C_0-C_e)/C_t$	0.0006	0.0005	0.0004	0.0003	0.0002	0.0002

＃平衡浓度统一设定为 120min 吸附时间的浓度

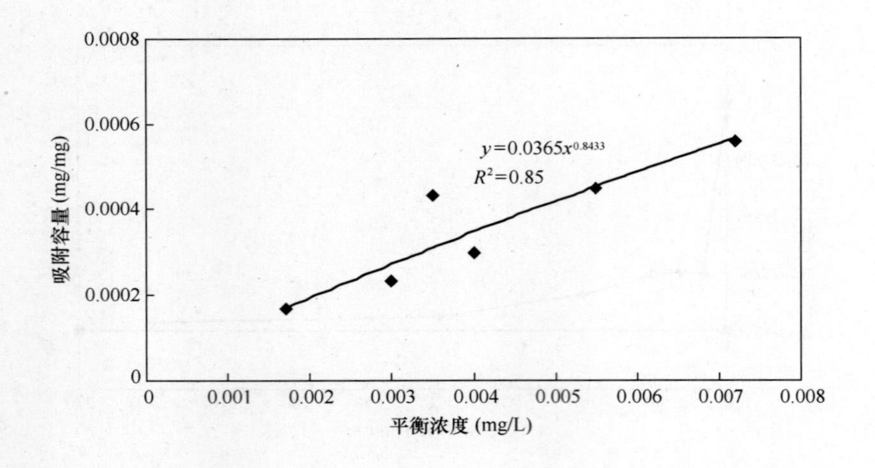

结　论　与　备　注

1. 去离子水条件下，粉末活性炭对四氯化碳的吸附容量符合 Freundrich 吸附等温线。

2. 根据上述吸附等温线方程和目标浓度计算理论投炭量，采用粉末活性炭去除超标 4 倍四氯化碳的理论投炭量为 84mg/L 以上，在工程上无法实现。

3. 粉末活性炭不能有效处理四氯化碳。

编号：上海-四氯化碳-3

时间：2006 年 8 月　日

试验名称	粉末活性炭对四氯化碳污染物的吸附容量					
相关水质标准 (mg/L)	国　标		建设部行标		0.002	
	卫生部规范	0.002	水源水质标准		0.002	
试验条件	污染物浓度 C_0：0.01mg/L； 原水：长江水源水；试验水温：25℃。					
原水水质	COD_{Mn}=3.0mg/L；TOC=3.3mg/L（选测项目）；pH=8.1； 浊度=18NTU；碱度=90mg/L；硬度=122mg/L。					
数　据　记　录						
粉末炭剂量 C_t (mg/L)	5	10	15	20	30	50
平衡浓度 C_e (mg/L)	0.006	0.005	0.005	0.0048	0.0034	0.0023
C_0-C_e	0.004	0.005	0.005	0.0052	0.0066	0.0077
$(C_0-C_e)/C_t$	0.0008	0.0005	0.0003	0.0003	0.0002	0.0002

#平衡浓度统一设定为 120min 吸附时间的浓度

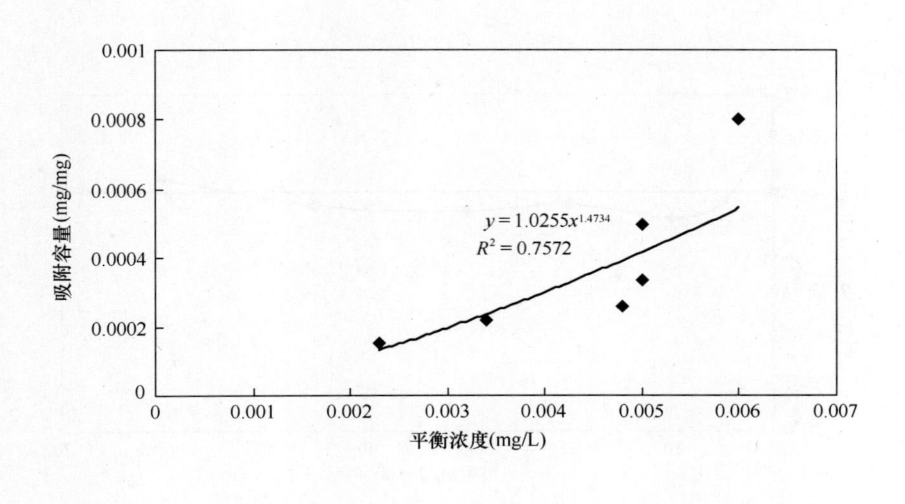

结　论　与　备　注

1. 原水条件下，粉末活性炭对四氯化碳的吸附容量符合 Freundrich 吸附等温线。

2. 根据上述吸附等温线方程和目标浓度计算理论投炭量，采用粉末活性炭去除超标 4 倍四氯化碳的理论投炭量为 231mg/L 以上，在工程上无法实现。

3. 粉末活性炭不能有效处理四氯化碳。

4. 消毒副产物（以汉语拼音为序，共3种）

4.1 二氯乙酸（Dichloroaceticacid，DCAA）

编号：北京、清华-二氯乙酸-1

时间：2006年8月　日

试验名称	粉末活性炭对二氯乙酸污染物的吸附速率					
相关水质标准（mg/L）	国　标	0.05		建设部行标	0.05	
	卫生部规范	0.05		水源水质标准	0.05	
试验条件	污染物浓度 C_0：0.0618mg/L；粉末活性炭投加量：20mg/L；原水：密云水库水；试验水温：25℃。					
原水水质						
数　据　记　录						
吸附时间（min）	0	5	10	20	30	45	60
污染物浓度（mg/L）	0.0618	0.0477	0.0443	0.0475	0.0461	0.0471	0.0524
去除率	—	23%	28%	23%	25%	24%	15%

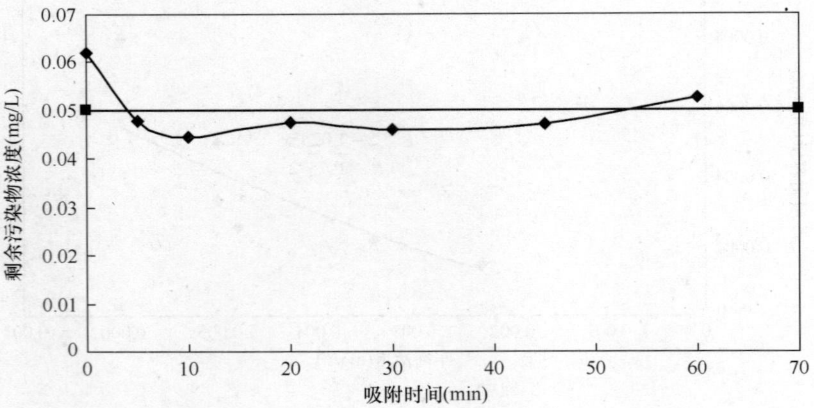

结　论　与　备　注

1. 水源水条件下，粉末活性炭对二氯乙酸的吸附基本达到平衡的时间为60min以上。

2. 水源水条件下，粉末活性炭对二氯乙酸的初期吸附速率一般，30min时去除率达到25%，可以发挥吸附能力的100%。

编号：北京、清华-二氯乙酸-2

时间：2006年8月　日

试验名称	粉末活性炭对二氯乙酸污染物的吸附容量					
相关水质标准（mg/L）	国　标	0.05		建设部行标	0.05	
	卫生部规范	0.05		水源水质标准	0.05	
试验条件	污染物浓度 C_0：0.05mg/L； 原水：去离子水；水温：20℃；pH=7.0。					
数　据　记　录						
粉末炭剂量 C_t（mg/L）	0	10	15	20	30	50
平衡浓度 C_e（mg/L）	0.72	0.7084	0.3057	0.3293	0.2037	0.0659
C_0-C_e	0	0.0116	0.4143	0.3907	0.5163	0.6541
$(C_0-C_e)/C_t^*$		0.00116	0.02762	0.01954	0.01721	0.01308

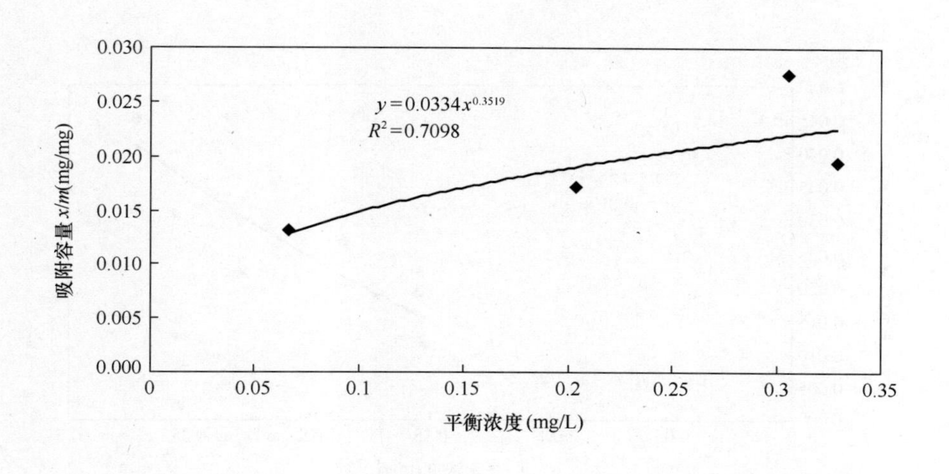

结　论　与　备　注

1. 去离子水条件下，粉末活性炭对二氯乙酸的吸附容量符合Freundrich吸附等温线。

2. 根据上述吸附等温线方程和目标浓度计算理论投炭量，采用粉末活性炭去除超标4倍二氯乙酸的理论投炭量为25mg/L以上。

编号：北京、清华-二氯乙酸-3

时间：2006 年 8 月　日

试验名称	粉末活性炭对二氯乙酸污染物的吸附容量					
相关水质标准（mg/L）	国　标	0.05		建设部行标	0.05	
	卫生部规范	0.05		水源水质标准	0.05	
试验条件	污染物浓度 C_0：0.05mg/L； 原水：密云水库水；试验水温：20℃。					
原水水质	COD_{Mn}=2.5mg/L；TOC=2.2mg/L（选测项目）；pH=8.1； 浊度=22NTU；碱度=88mg/L；硬度=144mg/L。					
数　据　记　录						
粉末炭剂量 C_t（mg/L）	0	10	15	20	30	50
平衡浓度 C_e（mg/L）	0.1898	0.2724	0.2563	0.1865	0.1554	0.1522
C_0-C_e	0.5302	0.4476	0.4637	0.5335	0.5646	0.5678
$(C_0-C_e)/C_t$		0.04476	0.0309133	0.026675	0.01882	0.011356

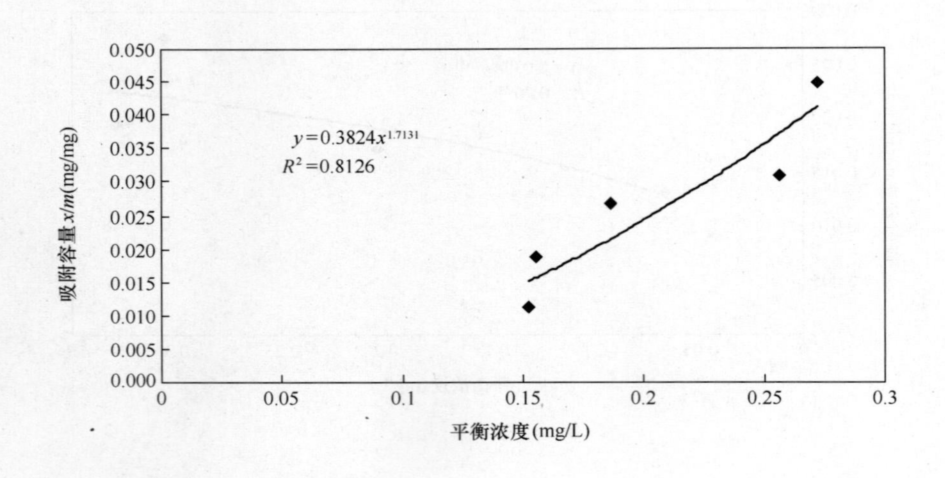

结　论　与　备　注

1. 原水条件下，粉末活性炭对二氯乙酸的吸附容量符合 Freundrich 吸附等温线。

2. 根据上述吸附等温线方程和目标浓度计算理论投炭量，采用粉末活性炭去除超标 4 倍二氯乙酸的理论投炭量为 328mg/L 以上，在工程上无法实现。

3. 粉末活性炭不能有效处理二氯乙酸。

4.2 三氯甲烷（氯仿，Trichloromethane，Chloroform）

编号：深圳-三氯甲烷-1

时间：2006 年 8 月　日

试验名称	粉末活性炭对三氯甲烷污染物的吸附速率						
相关水质标准（mg/L）	国　标	0.06		建设部行标		0.06	
	卫生部规范	0.06		水源水质标准		0.06	
试验条件	污染物浓度 C_0：0.383mg/L；粉末活性炭投加量：10mg/L；原水：水源水；水温：26.2。						
原水水质	TOC＝1.95mg/L；COD_{Mn}＝1.45mg/L；pH＝6.55；浊度＝13.0NTU；碱度＝18.8mg/L；硬度＝20.9mg/L。						
数　据　记　录							
吸附时间（min）	0	10	20	30	60	120	240
污染物浓度（mg/L）	0.383	0.2537	0.2306	0.2292	0.2158	0.201	0.1777
去除率	0%	34%	40%	40%	44%	48%	54%

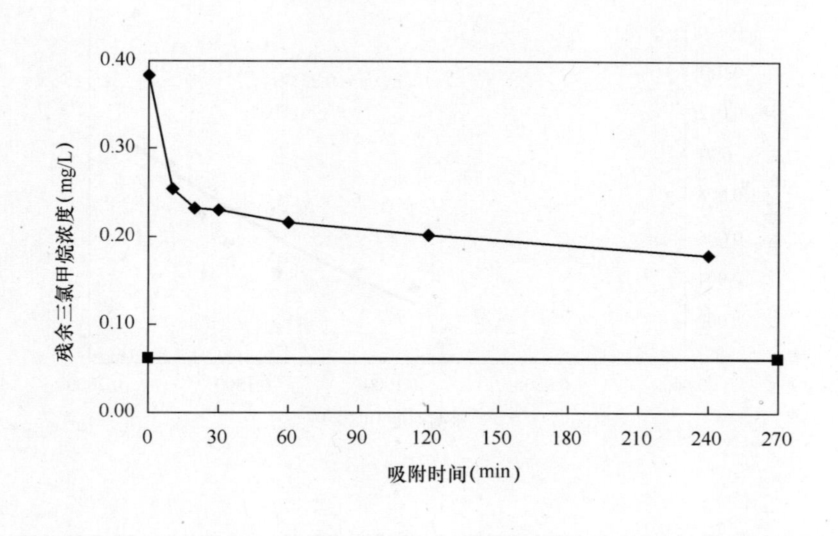

结　论　与　备　注

1. 源水条件下，粉末活性炭对三氯甲烷的吸附基本达到平衡的时间为 120min 以上。

2. 水源水条件下，粉末活性炭对三氯甲烷的初期吸附速率一般，30min 时去除率达到 40%，可以发挥吸附能力的 74%。

3. 本实验采用磁子搅拌器、密封瓶进行吸附试验，转速为 260r/min，最后采用 0.45μm 的针头过滤器进行过滤。

编号：深圳-三氯甲烷-2

时间：2006 年 8 月　日

试验名称	粉末活性炭对三氯甲烷污染物的吸附容量						
相关水质标准（mg/L）	国　标		0.06		建设部行标		0.06
	卫生部规范		0.06		水源水质标准		0.06
试验条件	污染物浓度 C_0：0.2685mg/L； 原水：纯水；水温：25.0；pH=7.54。						
数　据　记　录							
粉末炭剂量 C_t（mg/L）	0	5	10	15	20	30	50
平衡浓度 C_e（mg/L）	0.2685	0.1846	0.1729	0.1623	0.1536	0.1368	0.0908
C_0-C_e	—	0.0839	0.0956	0.1062	0.1149	0.1317	0.1777
$(C_0-C_e)/C_t$	—	0.01678	0.00956	0.00708	0.00575	0.00439	0.00355

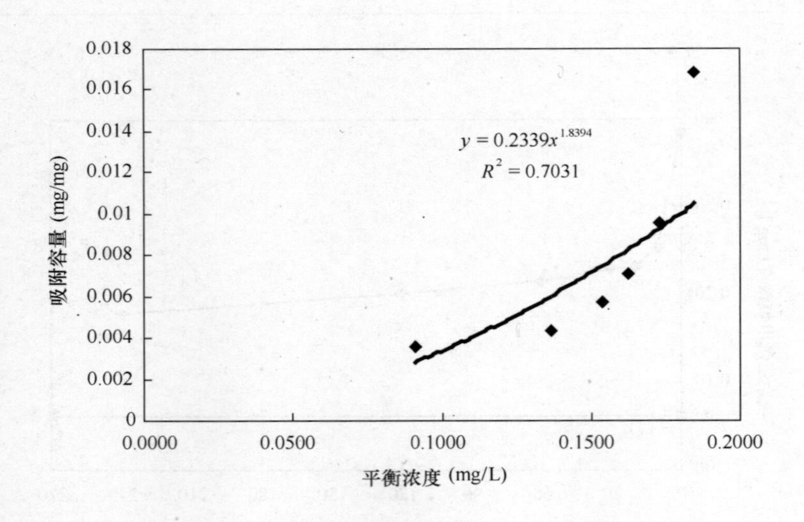

结　论　与　备　注

1. 去离子水条件下，粉末活性炭对三氯甲烷的吸附容量符合 Freundrich 吸附等温线。

2. 根据上述吸附等温线方程和目标浓度计算理论投炭量，采用粉末活性炭去除超标 4 倍三氯甲烷的理论投炭量为 730mg/L 以上，在工程上无法实现。

3. 粉末活性炭不能有效处理三氯甲烷。

4. 本实验采用磁子搅拌器、密封瓶进行吸附试验，转速为 260r/min，吸附时间为 2h，最后采用 0.45μm 的针头过滤器进行过滤。

编号：深圳-三氯甲烷-3

时间：2006年8月　日

<table>
<tr><td>试验名称</td><td colspan="6">粉末活性炭对三氯甲烷污染物的吸附容量</td></tr>
<tr><td rowspan="2">相关水质标准
(mg/L)</td><td>国　标</td><td colspan="2">0.06</td><td colspan="2">建设部行标</td><td>0.06</td></tr>
<tr><td>卫生部规范</td><td colspan="2">0.06</td><td colspan="2">水源水质标准</td><td>0.06</td></tr>
<tr><td>试验条件</td><td colspan="6">污染物浓度 C_0：0.2360mg/L；
原水：水源水；水温：26.2。</td></tr>
<tr><td>原水水质</td><td colspan="6">TOC＝1.95mg/L；COD_{Mn}＝1.45mg/L；pH＝6.55；
浊度＝13.0NTU；碱度＝18.8mg/L；硬度＝20.9mg/L。</td></tr>
<tr><td colspan="7">数　据　记　录</td></tr>
<tr><td>粉末炭剂量
C_t (mg/L)</td><td>5</td><td>10</td><td>15</td><td>20</td><td>30</td><td>50</td></tr>
<tr><td>平衡浓度 C_e
(mg/L)</td><td>0.1790</td><td>0.1536</td><td>0.1468</td><td>0.1363</td><td>0.1264</td><td>0.0897</td></tr>
<tr><td>C_0-C_e</td><td>0.0570</td><td>0.0824</td><td>0.0892</td><td>0.0997</td><td>0.1096</td><td>0.1463</td></tr>
<tr><td>$(C_0-C_e)/C_t$</td><td>0.0114</td><td>0.00824</td><td>0.005947</td><td>0.004985</td><td>0.003653</td><td>0.002926</td></tr>
</table>

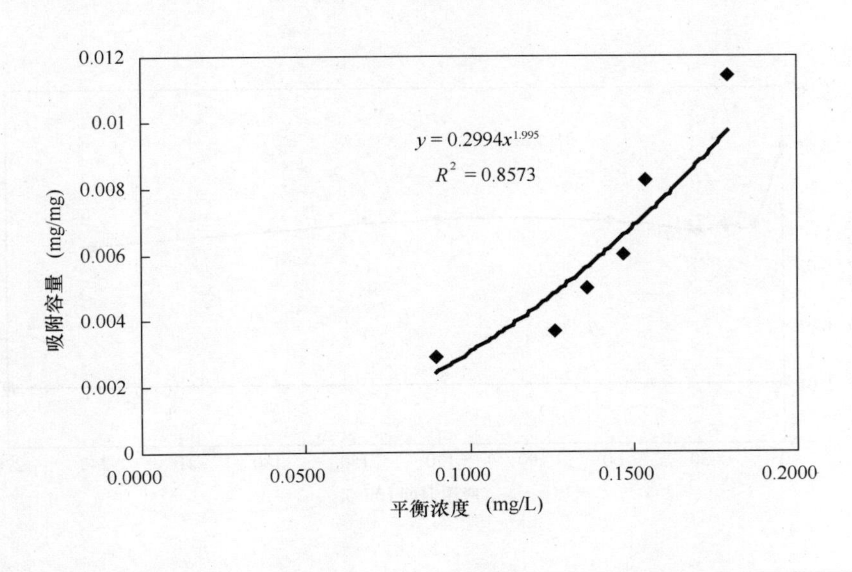

结　论　与　备　注

1. 原水条件下，粉末活性炭对三氯甲烷的吸附容量符合 Freundrich 吸附等温线。

2. 根据上述吸附等温线方程和目标浓度计算理论投炭量，采用粉末活性炭去除超标4倍三氯甲烷的理论投炭量为985mg/L以上，在工程上无法实现。

3. 粉末活性炭不能有效处理三氯甲烷。

4.3 三氯乙醛（Trichloroacetaldehyde）

编号：上海-三氯乙醛-1

时间：2006年8月 日

<table>
<tr><td>试验名称</td><td colspan="7">粉末活性炭对三氯乙醛污染物的吸附速率</td></tr>
<tr><td rowspan="2">相关水质标准（mg/L）</td><td colspan="2">国　标</td><td colspan="2">0.01</td><td>建设部行标</td><td colspan="2">0.01</td></tr>
<tr><td colspan="2">卫生部规范</td><td colspan="2">0.01</td><td>水源水质标准</td><td colspan="2"></td></tr>
<tr><td>试验条件</td><td colspan="7">污染物浓度：0.05mg/L；粉末活性炭投加量：10mg/L；
原水：长江水源水；试验水温：20℃。</td></tr>
<tr><td>原水水质</td><td colspan="7">COD_{Mn}＝2.5mg/L；TOC＝2.2mg/L（选测项目）；pH＝8.1；
浊度＝22NTU；碱度＝88mg/L；硬度＝144mg/L。</td></tr>
<tr><td colspan="8">数　据　记　录</td></tr>
<tr><td>吸附时间（min）</td><td>0</td><td>10</td><td>20</td><td>30</td><td>60</td><td>120</td><td>240</td></tr>
<tr><td>污染物浓度（mg/L）</td><td>0.05</td><td>0.0369</td><td>0.0367</td><td>0.0355</td><td>0.0374</td><td>0.0378</td><td>0.0336</td></tr>
<tr><td>去除率</td><td>0</td><td>26%</td><td>27%</td><td>29%</td><td>25%</td><td>24%</td><td>33%</td></tr>
</table>

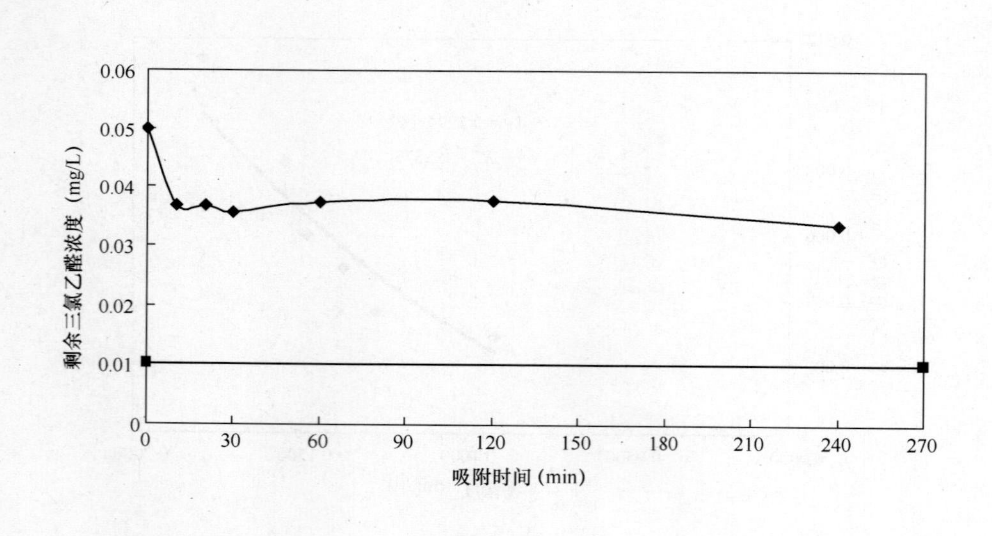

结　论　与　备　注

1. 源水条件下，粉末活性炭对三氯乙醛的吸附基本达到平衡的时间为120min以上。

2. 水源水条件下，粉末活性炭对三氯乙醛的初期吸附速率一般，30min时去除率达到29%，可以发挥吸附能力的100%。

编号：上海-三氯乙醛-2
时间：2006年8月 日

<table>
<tr><td>试验名称</td><td colspan="7">粉末活性炭对三氯乙醛污染物的吸附容量</td></tr>
<tr><td rowspan="2">相关水质标准
(mg/L)</td><td colspan="2">0.01</td><td colspan="2">0.01</td><td colspan="2">0.01</td><td>0.01</td></tr>
<tr><td colspan="2">0.01</td><td colspan="2">0.01</td><td colspan="2">0.01</td><td>0.01</td></tr>
<tr><td>试验条件</td><td colspan="7">污染物浓度 C_0：0.05mg/L；
原水：去离子水；水温：20℃；pH=7.0。</td></tr>
<tr><td colspan="8">数　据　记　录</td></tr>
<tr><td>粉末炭剂量 C_t (mg/L)</td><td>5</td><td>10</td><td>15</td><td>20</td><td>30</td><td>50</td><td>5</td></tr>
<tr><td>平衡浓度 C_e (mg/L)</td><td>0.0371</td><td>0.0349</td><td>0.0337</td><td>0.0324</td><td>0.0295</td><td>0.0277</td><td>0.0371</td></tr>
<tr><td>C_0-C_e</td><td>0.0129</td><td>0.0151</td><td>0.0163</td><td>0.0176</td><td>0.0205</td><td>0.0223</td><td>0.0129</td></tr>
<tr><td>$(C_0-C_e)/C_t$</td><td>0.00258</td><td>0.00151</td><td>0.00109</td><td>0.00088</td><td>0.00068</td><td>0.00045</td><td>0.00258</td></tr>
</table>

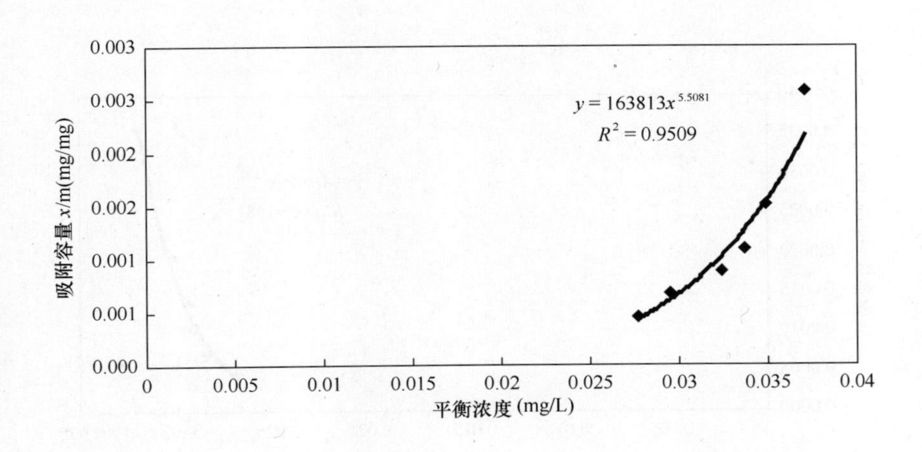

结　论　与　备　注

1. 去离子水条件下，粉末活性炭对三氯乙醛的吸附容量符合 Freundrich 吸附等温线。

2. 根据上述吸附等温线方程和目标浓度计算理论投炭量，采用粉末活性炭去除超标 4 倍三氯乙醛的理论投炭量为 730mg/L 以上，在工程上无法实现。

3. 粉末活性炭不能有效处理三氯乙醛。

编号：上海-三氯乙醛-3
时间：2006 年 8 月 日

试验名称	粉末活性炭对三氯乙醛污染物的吸附容量					
相关水质标准（mg/L）	国标		国标		国标	国标
	卫生部规范		卫生部规范		卫生部规范	卫生部规范
试验条件	污染物浓度 C_0：0.05mg/L； 原水：长江水源水；试验水温：20℃。					
原水水质	COD_{Mn}＝2.5mg/L；TOC＝2.2mg/L（选测项目）；pH＝8.1； 浊度＝22NTU；碱度＝88mg/L；硬度＝144mg/L。					
数据记录						
粉末炭剂量 C_t（mg/L）	5	10	15	20	30	50
平衡浓度 C_e（mg/L）	0.032	0.0303	0.0295	0.0292	0.0286	0.027
C_0-C_e	0.018	0.0197	0.0205	0.0208	0.0214	0.023
$(C_0-C_e)/C_t$	0.0036	0.00197	0.00137	0.00104	0.00071	0.00046

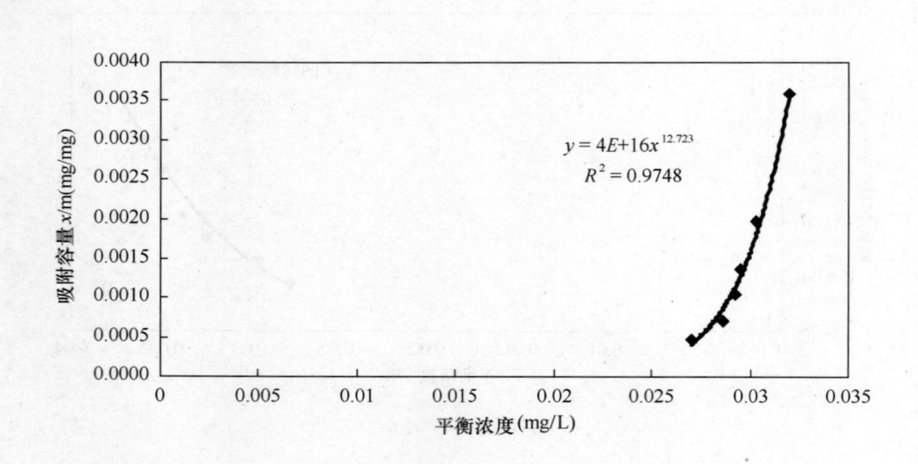

结论与备注

1. 原水条件下，粉末活性炭对三氯乙醛的吸附容量符合 Freundrich 吸附等温线。

2. 根据上述吸附等温线方程和目标浓度计算理论投炭量，采用粉末活性炭去除超标 4 倍三氯乙醛的理论投炭量为 985mg/L 以上，在工程上无法实现。

3. 粉末活性炭不能有效处理三氯乙醛。

5. 人工合成及其他有机物（以汉语拼音为序，共5种）

5.1 环氧氯丙烷（3-氯-1,2-环氧丙烷，Epichlorohydrin）

编号：济南-环氧氯丙烷-1

时间：2007年6月13日

试验名称	粉末活性炭对环氧氯丙烷污染物的吸附速率						
相关水质标准（mg/L）	国　标	0.0004		建设部行标		0.0004	
	卫生部规范			水源水质标准		0.0004	
试验条件	污染物浓度 C_0：0.008mg/L；粉末活性炭投加量：10mg/L；原水：黄河水厂水源水；试验水温：20℃。						
原水水质	COD_{Mn}=2.4mg/L；TOC=　　mg/L（选测项目）；pH=8.36；浊度=0.7NTU；碱度=160mg/L；硬度=272mg/L。						
数　据　记　录							
吸附时间（min）	0	10	20	30	60	120	240
污染物浓度（mg/L）	0.0080	0.0032	0.0030	0.0023	0.0020	0.0018	0.0010
去除率	0%	60%	62%	71%	76%	77%	87%

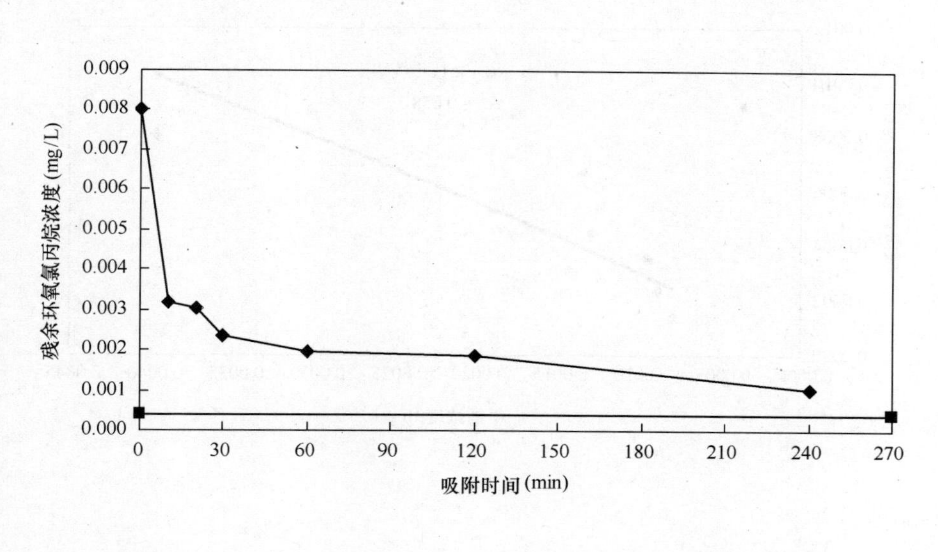

结　论　与　备　注

1. 水源水条件下，粉末活性炭对环氧氯丙烷的吸附基本达到平衡的时间为120min以上。

2. 水源水条件下，粉末活性炭对环氧氯丙烷的初期吸附速率较高，30min时去除率达到71%，可以发挥吸附能力的82%。

编号：济南-环氧氯丙烷-2
时间：2007年6月13日

<table>
<tr><td>试验名称</td><td colspan="6">粉末活性炭对环氧氯丙烷污染物的吸附容量</td></tr>
<tr><td rowspan="2">相关水质标准
(mg/L)</td><td>国　　标</td><td colspan="2">0.0004</td><td colspan="2">建设部行标</td><td>0.0004</td></tr>
<tr><td>卫生部规范</td><td colspan="2"></td><td colspan="2">水源水质标准</td><td>0.0004</td></tr>
<tr><td>试验条件</td><td colspan="6">污染物浓度 C_0：0.008mg/L；
原水：去离子水；水温：20℃；pH=7.80。</td></tr>
<tr><td colspan="7">数　据　记　录</td></tr>
<tr><td>粉末炭剂量
C_t (mg/L)</td><td>5</td><td>10</td><td>15</td><td>20</td><td>30</td><td>50</td></tr>
<tr><td>平衡浓度 C_e
(mg/L)</td><td>0.00396</td><td>0.00134</td><td>0.00128</td><td>0.00094</td><td>0.00088</td><td>0.00079</td></tr>
<tr><td>C_0-C_e</td><td>0.00404</td><td>0.00666</td><td>0.00672</td><td>0.00706</td><td>0.00712</td><td>0.00721</td></tr>
<tr><td>$(C_0-C_e)/C_t$</td><td>0.00081</td><td>0.00067</td><td>0.00045</td><td>0.00035</td><td>0.00024</td><td>0.00014</td></tr>
</table>

#平衡浓度统一设定为120min吸附时间的浓度

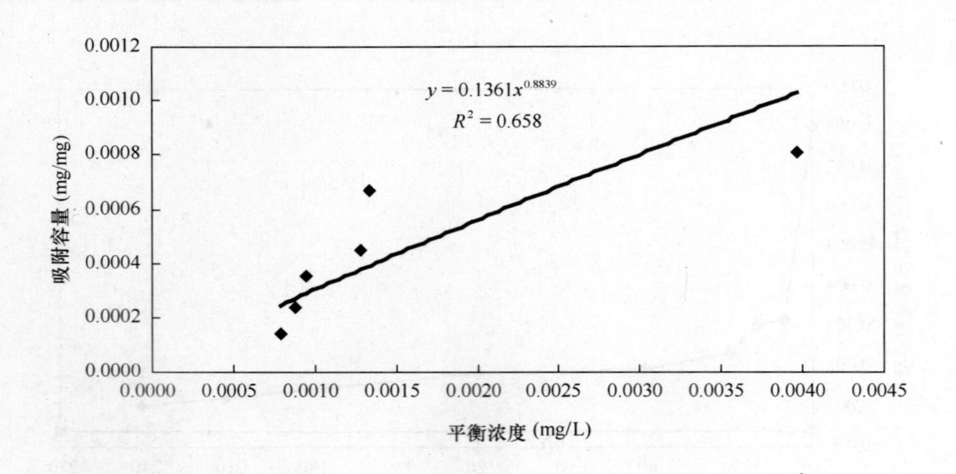

结　论　与　备　注

1. 去离子水条件下，粉末活性炭对环氧氯丙烷的吸附容量符合 Freundrich 吸附等温线。
2. 可根据上述吸附等温线方程和目标浓度计算理论投炭量。

编号：济南-环氧氯丙烷-3
时间：2007年6月13日

试验名称	粉末活性炭对环氧氯丙烷污染物的吸附容量					
相关水质标准（mg/L）	国　标	0.0004		建设部行标	0.0004	
	卫生部规范			水源水质标准	0.0004	
试验条件	污染物浓度 C_0：0.008mg/L； 原水：黄河水厂水源水；试验水温：20℃。					
原水水质	COD_{Mn}=2.4mg/L；TOC=　　mg/L（选测项目）；pH=8.36； 浊度=0.7NTU；碱度=160mg/L；硬度=272mg/L。					
数　据　记　录						
粉末炭剂量 C_t（mg/L）	5	10	15	20	30	50
平衡浓度 C_e（mg/L）	0.00378	0.00173	0.00132	0.00105	0.00095	0.00076
C_0-C_e	0.00422	0.00627	0.00668	0.00695	0.00705	0.00724
$(C_0-C_e)/C_t$	0.00084	0.00063	0.00045	0.00035	0.00024	0.00014

#平衡浓度统一设定为120min吸附时间的浓度

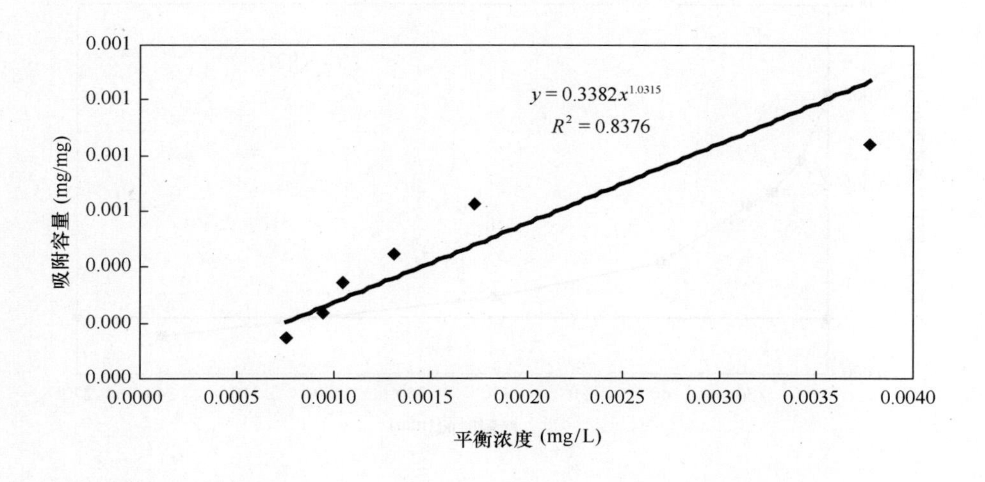

结　论　与　备　注

1. 水源水条件下，粉末活性炭对环氧氯丙烷的吸附容量符合Freundrich吸附等温线。

2. 可根据上述吸附等温线方程和目标浓度计算投炭量，采用粉末活性炭去除超标4倍环氧氯丙烷的有效剂量为35mg/L以上。

3. 水源水条件下的吸附容量比去离子水条件下有明显降低，在平衡浓度为0.0002mg/L（标准限值的50%）时，前者是后者的71%。

5.2 六氯丁二烯（Hexachloro-1,3-butadiene）

编号：济南-六氯丁二烯-1
时间：2007年4月10日

试验名称	粉末活性炭对六氯丁二烯污染物的吸附速率					
相关水质标准（mg/L）	国　标		0.0006		建设部行标	
	卫生部规范				水源水质标准	0.0006
试验条件	污染物浓度 C_0：0.003mg/L；粉末活性炭投加量：10mg/L； 原水：黄河水厂水源水；试验水温：18℃。					
原水水质	COD_{Mn}=2.5mg/L；TOC=　　mg/L（选测项目）；pH=8.24； 浊度=0.5NTU；碱度=170mg/L；硬度=266mg/L。					

数　据　记　录

吸附时间（min）	0	10	20	30	60	120	240
污染物浓度（mg/L）	0.003	0.0023	0.0020	0.0018	0.0012	0.0008	0.0004
去除率	0%	24%	35%	40%	60%	73%	86%

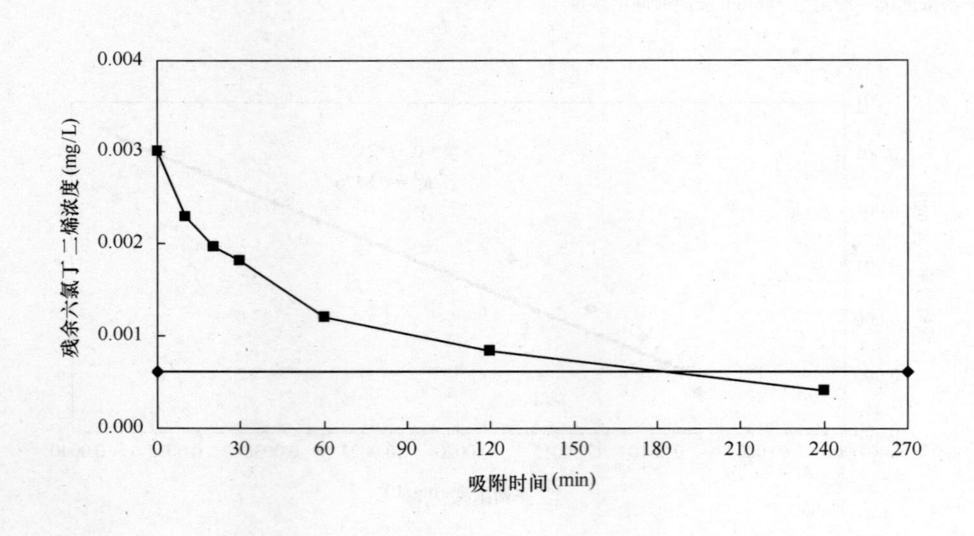

结　论　与　备　注

1. 水源水条件下，粉末活性炭对六氯丁二烯的吸附基本达到平衡的时间为120min以上。

2. 水源水条件下，粉末活性炭对六氯丁二烯的初期吸附速率一般，30min时去除率达到40%，可以发挥吸附能力的47%。

3. 本实验采用磁子搅拌器、密封瓶进行吸附试验，转速为260r/min，最后采用0.45μm的针头过滤器进行过滤。

编号：济南-六氯丁二烯-2

时间：2007 年 4 月 10 日

试验名称	粉末活性炭对六氯丁二烯污染物的吸附容量					
相关水质标准（mg/L）	国　　标	0.0006		建设部行标		
	卫生部规范			水源水质标准		0.0006
试验条件	污染物浓度 C_0：0.003mg/L； 原水：去离子水；水温：18℃；pH＝7.70。					
数　据　记　录						
粉末炭剂量 C_t（mg/L）	5	10	15	20	30	50
平衡浓度 C_e（mg/L）	0.000389	0.000165	0.000136	7.56E-05	5.98E-05	4.46E-05
C_0-C_e	0.002611	0.002835	0.002864	0.002924	0.00294	0.002955
$(C_0-C_e)/C_t$	0.000522	0.000283	0.000191	0.000146	9.80E-05	5.91E-05

＃平衡浓度统一设定为 120min 吸附时间的浓度

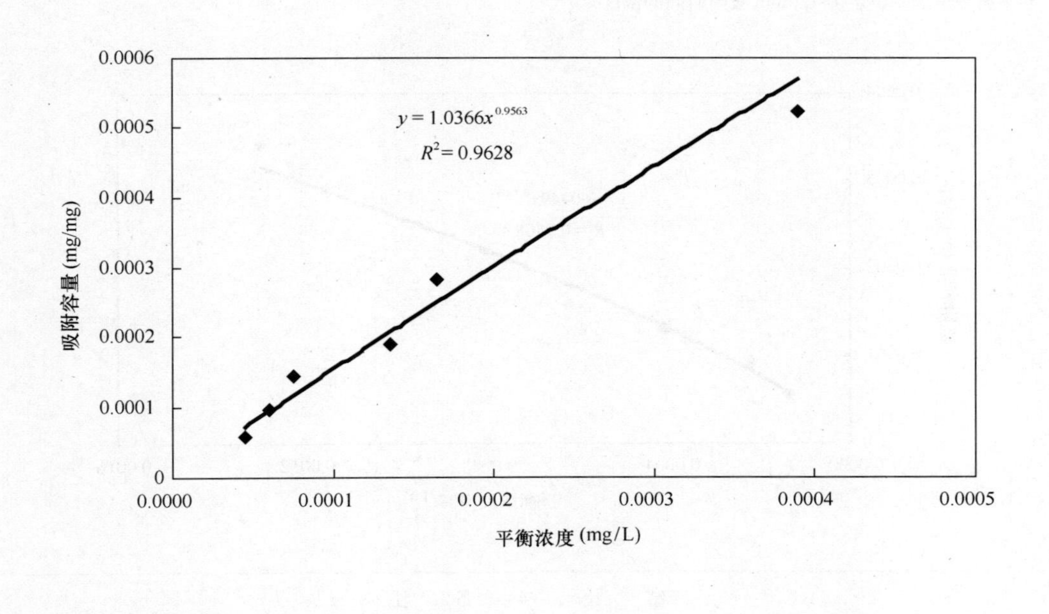

结　论　与　备　注

1. 去离子水条件下，粉末活性炭对六氯丁二烯的吸附容量符合 Freundrich 吸附等温线。
2. 可根据上述吸附等温线方程和目标浓度计算理论投炭量。

编号：济南-六氯丁二烯-3

时间：2007 年 4 月 10 日

试验名称	粉末活性炭对六氯丁二烯污染物的吸附容量					
相关水质标准（mg/L）	国　标		0.0006	建设部行标		
	卫生部规范			水源水质标准		0.0006
试验条件	污染物浓度 C_0：0.003mg/L； 原水：黄河水厂水源水；试验水温：18℃。					
原水水质	COD_{Mn}＝2.5mg/L；TOC＝　　mg/L（选测项目）；pH＝8.24； 浊度＝0.5NTU；碱度＝170mg/L；硬度＝266mg/L。					
数　据　记　录						
粉末炭剂量 C_t（mg/L）	5	10	15	20	30	50
平衡浓度 C_e（mg/L）	0.001289	0.000798	0.000619	0.000407	0.000217	0.000136
C_0-C_e	0.001711	0.002202	0.002381	0.002593	0.002783	0.002864
$(C_0-C_e)/C_t$	0.000342	0.00022	0.000159	0.00013	9.28E-05	5.73E-05

＃平衡浓度统一设定为 120min 吸附时间的浓度

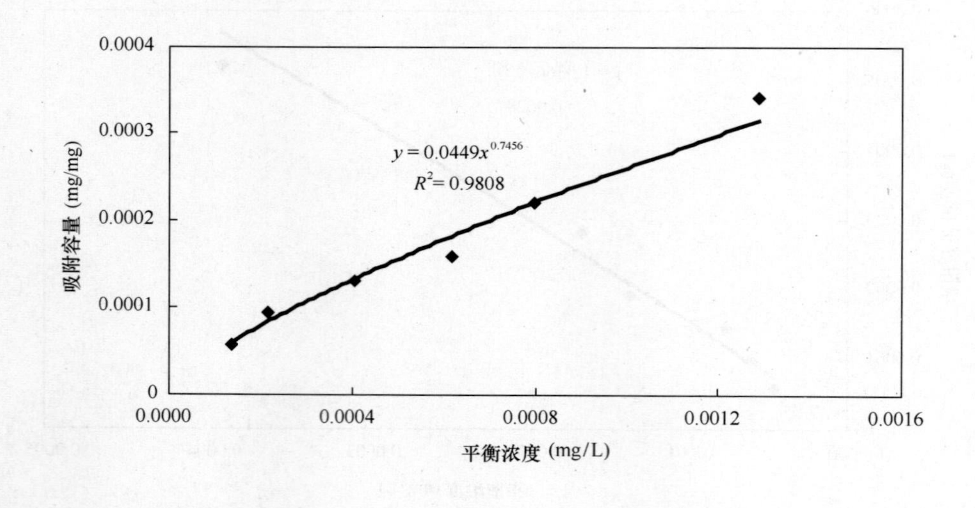

结　论　与　备　注

1. 水源水条件下，粉末活性炭对六氯丁二烯的吸附容量符合 Freundrich 吸附等温线。

2. 可根据上述吸附等温线方程和目标浓度计算投炭量，采用粉末活性炭去除超标 4 倍六氯丁二烯的有效剂量为 30mg/L 以上。

3. 水源水条件下的吸附容量比去离子水条件下有所降低，在平衡浓度为 0.0003mg/L（标准限值的 50%）时，前者是后者的 24%。

5.3 邻苯二甲酸二丁酯（Di-n-butyl phthalate）

编号：北京-邻苯二甲酸二丁酯-1

时间：2007年4月10日

<table>
<tr><td>试验名称</td><td colspan="7">粉末活性炭对邻苯二甲酸二丁酯污染物的吸附速率</td></tr>
<tr><td rowspan="2">相关水质标准
(mg/L)</td><td colspan="2">国　标</td><td colspan="2"></td><td>建设部行标</td><td colspan="2">0.003</td></tr>
<tr><td colspan="2">卫生部规范</td><td colspan="2">0.003</td><td>水源水质标准</td><td colspan="2"></td></tr>
<tr><td>试验条件</td><td colspan="7">污染物浓度 C_0：0.0211mg/L；粉末活性炭投加量：10mg/L；
原水：第九水厂水源水；试验水温：　℃。</td></tr>
<tr><td>原水水质</td><td colspan="7">COD_{Mn}=2.5mg/L；TOC=　　mg/L（选测项目）；pH=8.24；
浊度=0.5NTU；碱度=170mg/L；硬度=266mg/L。</td></tr>
<tr><td colspan="8">数　据　记　录</td></tr>
<tr><td>吸附时间（min）</td><td>0</td><td>10</td><td>20</td><td>30</td><td>60</td><td>120</td><td>240</td></tr>
<tr><td>污染物浓度
(mg/L)</td><td>0.0211</td><td>0.0116</td><td>0.0259</td><td>0.0068</td><td>0.0057</td><td>0.0039</td><td>0.0044</td></tr>
<tr><td>去除率</td><td>0</td><td>45%</td><td>剔除</td><td>68%</td><td>73%</td><td>82%</td><td>79%</td></tr>
</table>

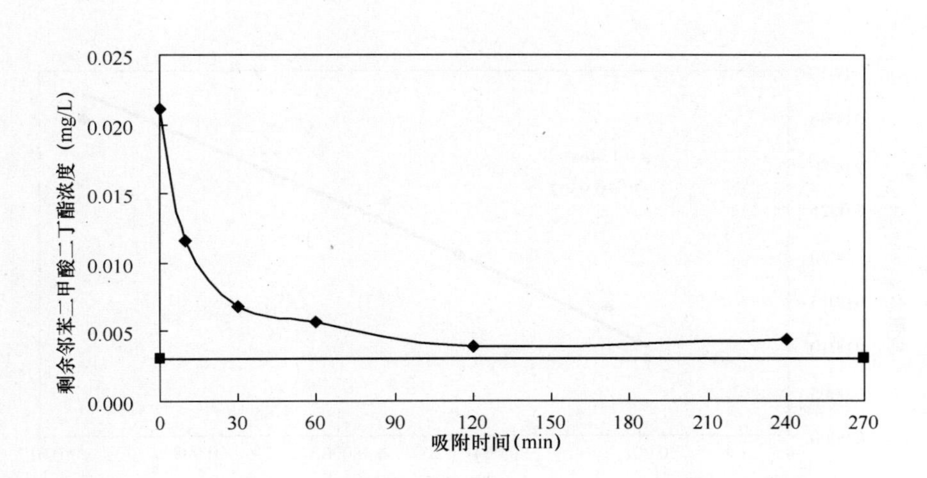

结　论　与　备　注

1. 水源水条件下，粉末活性炭对邻苯二甲酸二丁酯的吸附基本达到平衡的时间为120min以上。

2. 水源水条件下，粉末活性炭对邻苯二甲酸二丁酯的初期吸附速率较高，30min时去除率达到68%，可以发挥吸附能力的83%。

编号：北京-邻苯二甲酸二丁酯-2

时间：2007 年 4 月 10 日

试验名称	粉末活性炭对邻苯二甲酸二丁酯污染物的吸附容量				
相关水质标准（mg/L）	国　标		建设部行标	0.003	
	卫生部规范	0.003	水源水质标准		
试验条件	污染物浓度 C_0：0.705mg/L； 原水：去离子水；水温：23℃；pH=7.5。				

数　据　记　录

粉末炭剂量 C_t（mg/L）	0	10	15	20	30	50
平衡浓度 C_e（mg/L）	0.044	0.0094	0.0054	0.0044	0.0024	0.0019
C_0-C_e	0	0.0346	0.0386	0.0396	0.0416	0.0421
$(C_0-C_e)/C_t$	—	0.00346	0.00257	0.00198	0.001387	0.000842

＃平衡浓度统一设定为 120min 吸附时间的浓度

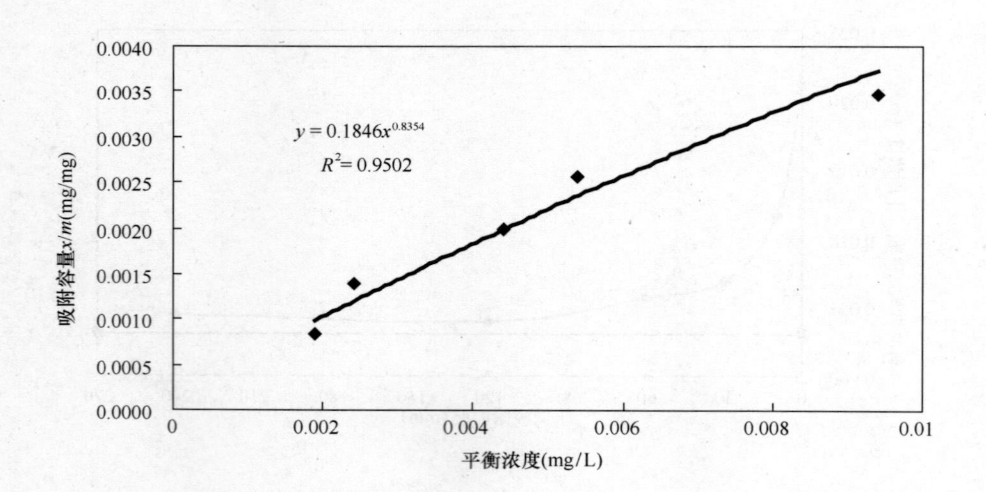

结　论　与　备　注

1. 去离子水条件下，粉末活性炭对邻苯二甲酸二丁酯的吸附容量符合 Freundrich 吸附等温线。
2. 可根据上述吸附等温线方程和目标浓度计算理论投炭量。

编号：北京-邻苯二甲酸二丁酯-3

时间：2006年6月24日

试验名称	粉末活性炭对邻苯二甲酸二丁酯污染物的吸附容量				
相关水质标准（mg/L）	国　标		建设部行标	0.003	
	卫生部规范	0.003	水源水质标准		
试验条件	污染物浓度 C_0：0.299mg/L； 原水：第九水厂水源水；试验水温：23℃。				
原水水质	COD_{Mn}=2.5mg/L；TOC=　　mg/L（选测项目）；pH=8.24； 浊度=0.5NTU；碱度=170mg/L；硬度=266mg/L。				

数　据　记　录

粉末炭剂量 C_t（mg/L）	0	10	15	20	30	50
平衡浓度 C_e（mg/L）	0.0211	0.0084	0.0062	0.0141	0.0038	0.0024
C_0-C_e	0	0.0127	0.0149	0.007	0.0173	0.0187
$(C_0-C_e)/C_t$	—	0.00127	0.000993	（剔除）	0.000577	0.000374

#平衡浓度统一设定为120min吸附时间的浓度

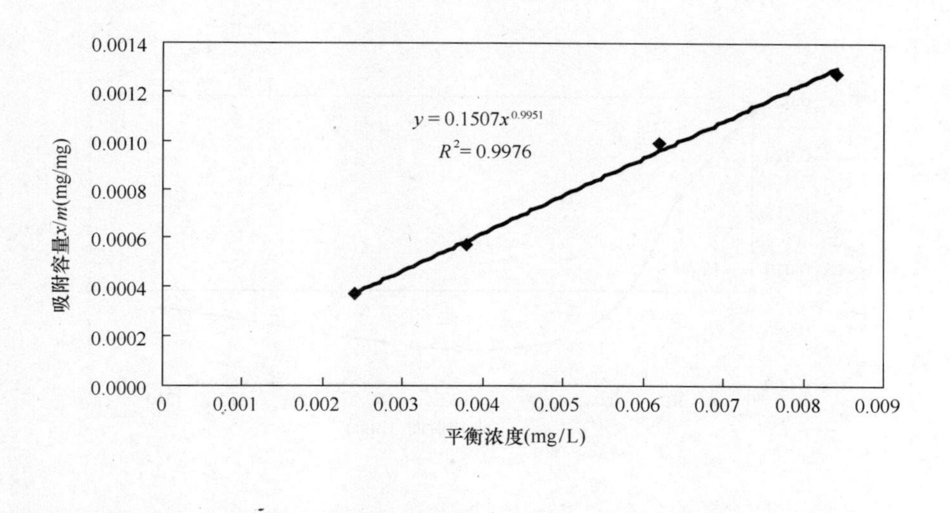

结　论　与　备　注

1. 水源水条件下，粉末活性炭对邻苯二甲酸二丁酯的吸附容量符合Freundrich吸附等温线。

2. 可根据上述吸附等温线方程和目标浓度计算投炭量，采用粉末活性炭去除超标4倍邻苯二甲酸二丁酯的有效剂量为60mg/L以上。

3. 水源水条件下的吸附容量比去离子水条件下有所降低，在平衡浓度为0.0015mg/L（标准限值的50%）时，前者是后者的29%。

5.4 邻苯二甲酸二（2-乙基已基）酯（Di-Sec-octylphthalate）

编号：北京-邻苯二甲酸二（2-乙基已基）酯-1

时间：2007 年 6 月 9 日

试验名称	粉末活性炭对邻苯二甲酸二（2-乙基已基）酯污染物的吸附速率			
相关水质标准（mg/L）	国　标	0.008	建设部行标	0.008
	卫生部规范	0.008	水源水质标准	0.008
试验条件	污染物浓度 C_0：0.0238mg/L；粉末活性炭投加量：10mg/L； 原水：第九水厂水源水；试验水温：18℃。			
原水水质	COD_{Mn}＝2.5mg/L；TOC＝　　mg/L（选测项目）；pH＝8.24；浊度＝0.5NTU；碱度＝170mg/L；硬度＝266mg/L。			

数　据　记　录

吸附时间（min）	0	10	20	30	60	120	240
污染物浓度（mg/L）	0.0238	0.0214	0.0244	0.0162	0.0058	0.003	0.0065
去除率	0%	10%	剔除	32%	76%	87%	73%

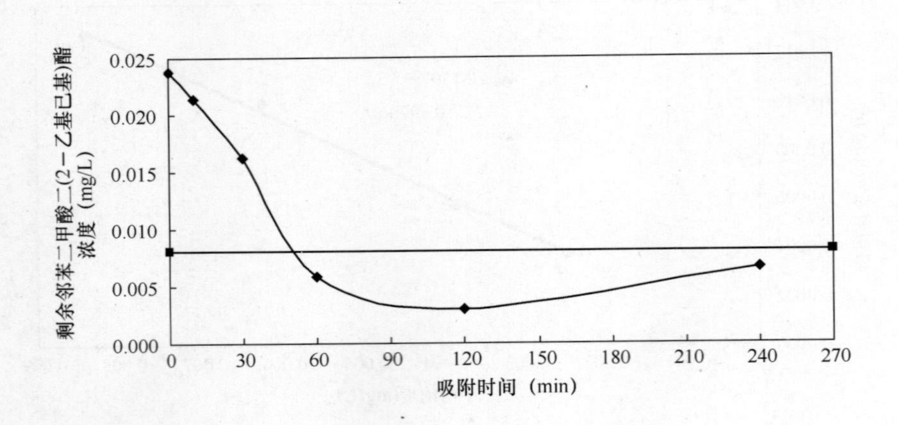

结　论　与　备　注

1. 水源水条件下，粉末活性炭对邻苯二甲酸二（2-乙基已基）酯的吸附基本达到平衡的时间为 120min 以上。

2. 水源水条件下，粉末活性炭对邻苯二甲酸二（2-乙基已基）酯的初期吸附速率一般，30min 时去除率达到 32%，可以发挥吸附能力的 44%。

编号：北京-邻苯二甲酸二（2-乙基已基）酯-2

时间：2007 年 4 月 10 日

试验名称	粉末活性炭对邻苯二甲酸二（2-乙基已基）酯污染物的吸附容量					
相关水质标准（mg/L）	国　标	0.008		建设部行标	0.008	
	卫生部规范	0.008		水源水质标准	0.008	
试验条件	污染物浓度 C_0：0.003mg/L；原水：去离子水；水温：18℃；pH＝7.70。					
数　据　记　录						
粉末炭剂量 C_t（mg/L）	0	10	15	20	30	50
平衡浓度 C_e（mg/L）	0.0178	0.0166	0.0035	0.0015	0.0014	0.0013
C_0-C_e	0	0.0012	0.0143	0.0163	0.0164	0.0165
$(C_0-C_e)/C_t$	—	剔除	0.00095	0.000815	0.000547	0.00033

＃平衡浓度统一设定为 120min 吸附时间的浓度

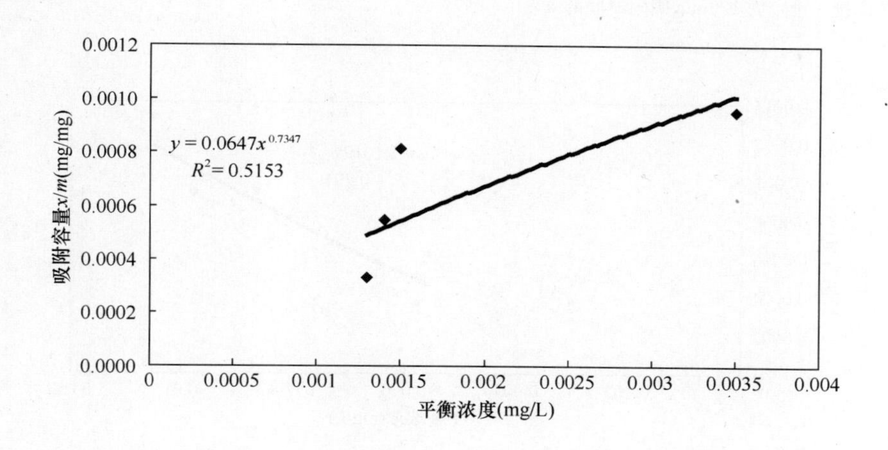

结　论　与　备　注

1. 去离子水条件下，粉末活性炭对邻苯二甲酸二（2-乙基已基）酯的吸附容量符合 Freundrich 吸附等温线。
2. 可根据上述吸附等温线方程和目标浓度计算理论投炭量。
3. 加标空白搅拌 2h 后出水浓度：0.0025mg/L。

编号：北京-邻苯二甲酸二（2-乙基己基）酯-3

时间：2007 年 4 月 10 日

试验名称	粉末活性炭对邻苯二甲酸二（2-乙基己基）酯污染物的吸附容量				
相关水质标准（mg/L）	国　标	0.008	建设部行标	0.008	
	卫生部规范	0.008	水源水质标准	0.008	
试验条件	污染物浓度 C_0：0.0238mg/L；原水：第九水厂水源水；试验水温：18℃。				
原水水质	COD_{Mn}＝　mg/L；TOC＝　mg/L（选测项目）；pH＝　；浊度＝　NTU；碱度＝　mg/L；硬度＝　mg/L。				
数据记录					
粉末炭剂量 C_t（mg/L）	0	10	15	20	30	50
平衡浓度 C_e（mg/L）	0.0238	0.0105	0.0098	0.0048	0.0056	0.0058
C_0-C_e	0	0.0133	0.014	0.019	0.0182	0.018
（C_0-C_e）/C_t		0.00133	0.000933	剔除	0.000607	0.00036

＃平衡浓度统一设定为 120min 吸附时间的浓度

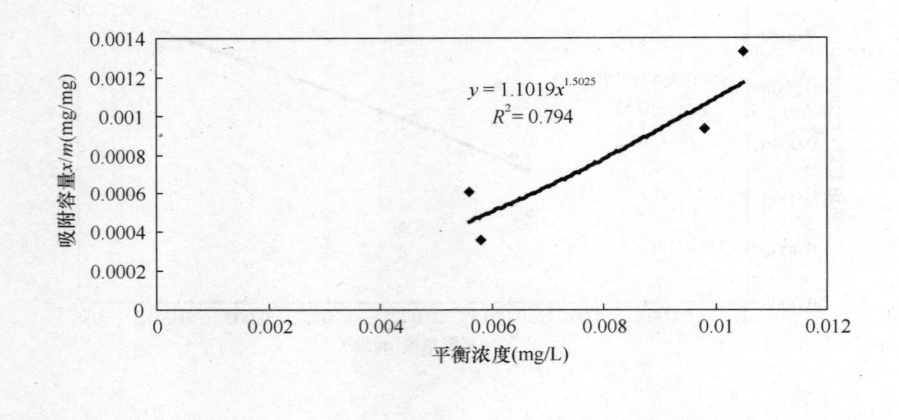

结　论　与　备　注

1. 水源水条件下，粉末活性炭对邻苯二甲酸二（2-乙基己基）酯的吸附容量符合 Freundrich 吸附等温线。

2. 可根据上述吸附等温线方程和目标浓度计算投炭量，采用粉末活性炭去除超标 4 倍邻苯二甲酸二（2-乙基己基）酯的有效剂量为 135mg/L 以上。

3. 水源水条件下的吸附容量比去离子水条件下有所降低，在平衡浓度为 0.004mg/L（标准限值的 50%）时，前者是后者的 25%。

5.5 阴离子合成洗涤剂（Linear Alklybezene Sulfonates）

编号：北京-阴离子合成洗涤剂-1

时间：2007年6月9日

<table>
<tr><td>试验名称</td><td colspan="7">粉末活性炭对阴离子合成洗涤剂污染物的吸附速率</td></tr>
<tr><td rowspan="2">相关水质标准
(mg/L)</td><td colspan="2">国　标</td><td>0.300</td><td colspan="2">建设部行标</td><td colspan="2">0.300</td></tr>
<tr><td colspan="2">卫生部规范</td><td>0.300</td><td colspan="2">水源水质标准</td><td colspan="2">0.300</td></tr>
<tr><td>试验条件</td><td colspan="7">污染物浓度 C_0：1.7mg/L；粉末活性炭投加量：10mg/L；原水：第九水厂水源水；试验水温：18℃。</td></tr>
<tr><td>原水水质</td><td colspan="7">COD_{Mn}＝　mg/L；TOC＝　mg/L（选测项目）；pH＝　；浊度＝　NTU；碱度＝　mg/L；硬度＝　mg/L。</td></tr>
<tr><td colspan="8">数　据　记　录</td></tr>
<tr><td>吸附时间
(min)</td><td>0</td><td>10</td><td>20</td><td>30</td><td>60</td><td>120</td><td>240</td></tr>
<tr><td>污染物浓度
(mg/L)</td><td>1.7</td><td>0.05</td><td>0.03</td><td>0.03</td><td>0.03</td><td>0.03</td><td>0.03</td></tr>
<tr><td>去除率</td><td>0%</td><td>97%</td><td>98%</td><td>98%</td><td>98%</td><td>98%</td><td>98%</td></tr>
</table>

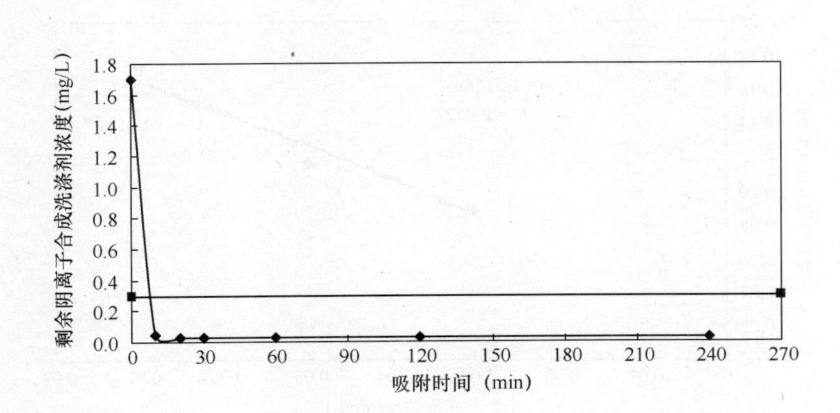

结　论　与　备　注

1. 水源水条件下，粉末活性炭对阴离子合成洗涤剂的吸附基本达到平衡的时间为10min以上。

2. 水源水条件下，粉末活性炭对阴离子合成洗涤剂的初期吸附速率很大，30min时去除率达到98%，可以发挥吸附能力的100%。

编号：北京-阴离子合成洗涤剂-2

时间：2006 年 6 月 20 日

试验名称	粉末活性炭对阴离子合成洗涤剂污染物的吸附容量					
相关水质标准（mg/L）	国　标	0.300		建设部行标		0.300
	卫生部规范	0.300		水源水质标准		0.300
试验条件	污染物浓度 C_0：0.003mg/L；原水：去离子水；水温：18℃；pH=7.70。					
数　据　记　录						
粉末炭剂量 C_t（mg/L）	0	10	15	20	30	50
平衡浓度 C_e（mg/L）	1.8	0.07	0.05	0.03	0.03	0.03
C_0-C_e	0	1.73	1.75	1.77	1.77	1.77
$(C_0-C_e)/C_t$	—	0.173	0.11667	0.0885	0.059	0.0354

#平衡浓度统一设定为 120min 吸附时间的浓度

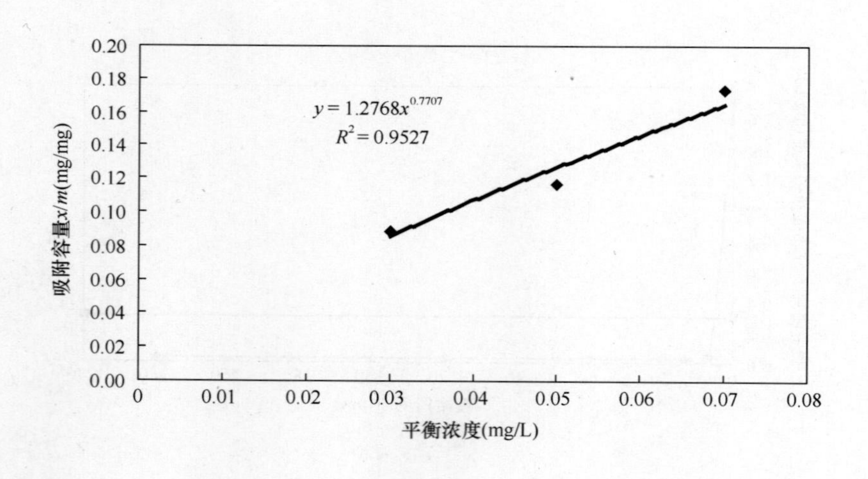

结　论　与　备　注

1. 去离子水条件下，粉末活性炭对阴离子合成洗涤剂的吸附容量符合 Freundrich 吸附等温线。
2. 可根据上述吸附等温线方程和目标浓度计算理论投炭量。

编号：北京-阴离子合成洗涤剂-3

时间：2006年6月24日

<table>
<tr><td>试验名称</td><td colspan="6">粉末活性炭对阴离子合成洗涤剂污染物的吸附容量</td></tr>
<tr><td rowspan="2">相关水质标准
(mg/L)</td><td>国　　标</td><td>0.300</td><td colspan="2">建设部行标</td><td colspan="2">0.300</td></tr>
<tr><td>卫生部规范</td><td>0.300</td><td colspan="2">水源水质标准</td><td colspan="2">0.300</td></tr>
<tr><td>试验条件</td><td colspan="6">污染物浓度 C_0：1.7mg/L；原水：第九水厂水源水；试验水温：18℃。</td></tr>
<tr><td>原水水质</td><td colspan="6">COD_{Mn}＝　　mg/L；TOC＝　　mg/L（选测项目）；pH＝　　；浊度＝　　NTU；碱度＝　　mg/L；硬度＝　　mg/L。</td></tr>
<tr><td colspan="7">数　据　记　录</td></tr>
<tr><td>粉末炭剂量 C_t
(mg/L)</td><td>0</td><td>10</td><td>15</td><td>20</td><td>30</td><td>50</td></tr>
<tr><td>平衡浓度 C_e
(mg/L)</td><td>1.7</td><td>0.73</td><td>0.58</td><td>0.34</td><td>0.05</td><td>0.03</td></tr>
<tr><td>C_0-C_e</td><td>0</td><td>0.97</td><td>1.12</td><td>1.36</td><td>1.65</td><td>1.67</td></tr>
<tr><td>$(C_0-C_e)/C_t$</td><td>—</td><td>0.097</td><td>0.074667</td><td>0.068</td><td>0.055</td><td>0.0334</td></tr>
</table>

＃平衡浓度统一设定为120min吸附时间的浓度

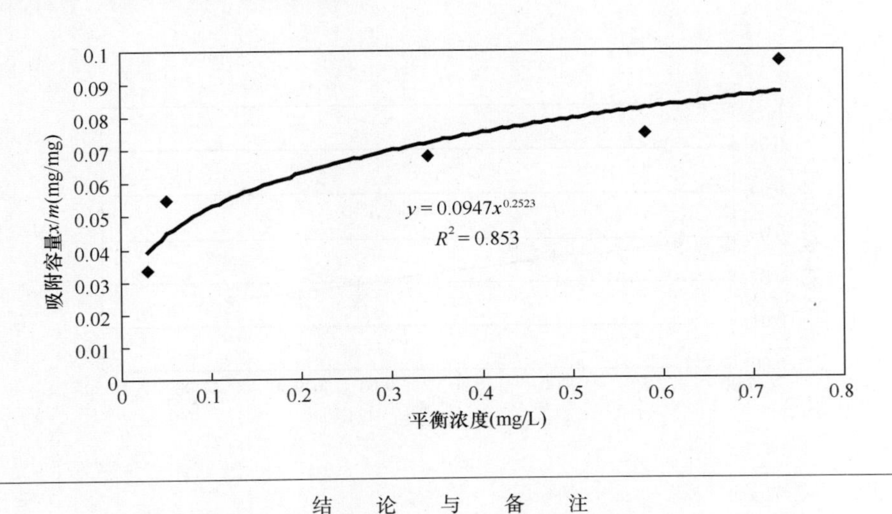

结　论　与　备　注

1. 水源水条件下，粉末活性炭对阴离子合成洗涤剂的吸附容量符合Freundrich吸附等温线。

2. 可根据上述吸附等温线方程和目标浓度计算投炭量，采用粉末活性炭去除超标4倍阴离子合成洗涤剂的有效剂量为135mg/L以上。

3. 水源水条件下的吸附容量比去离子水条件下有所降低，在平衡浓度为0.004mg/L（标准限值的50%）时，前者是后者的25%。

6. 碱性化学沉淀法（以元素符号为序）

6.1 银（Ag）

编号：广州-银-1

时间：2006年8月3日

实验名称	pH值对铁盐混凝剂去除银污染物效果的影响					
相关水质标准（mg/L）	国　标	0.05		建设部行标	0.05	
	卫生部规范	0.05		水源水质标准	0.05	
实验条件	污染物浓度：0.26mg/L；混凝剂种类：三氯化铁；投加量10mg/L（以Fe计）；原水：西村水厂自来水；实验水温：24.5℃。					
原水水质	浊度＝4.0NTU；碱度＝43.7mg/L；硬度＝103.9mg/L；pH值＝7.0；总溶解性总固体＝215mg/L。					
数　据　记　录						
反应前pH值	7.50	8.02	8.49	8.99	9.49	10.00
反应后pH值	7.41	7.57	7.76	8.37	9.20	9.81
污染物浓度（mg/L）	0.020	0.018	0.019	0.018	0.019	0.019

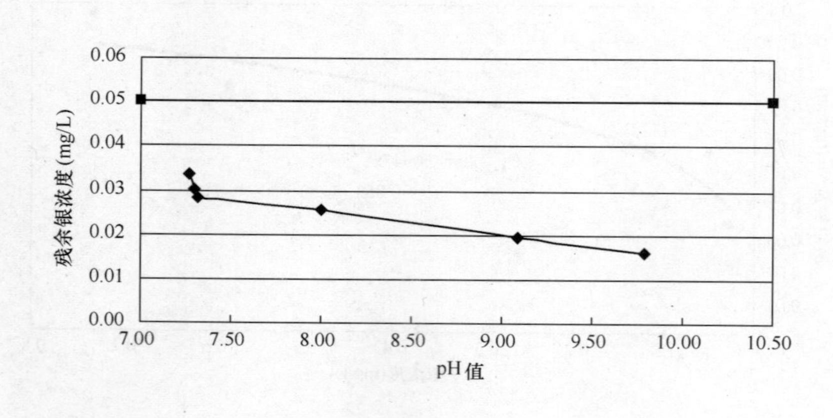

结　论　与　备　注

1. 在通常pH值范围内，采用三氯化铁可以有效去除银离子，因此不必调节pH值。
2. 三氯化铁除银的机理是生成了氯化银沉淀，因而不受pH值影响。
3. 研究采用的银污染物采用硝酸银配制。

编号：广州-银-2

时间：2006 年 5 月 15 日

实验名称	pH 值对铝盐混凝剂去除银污染物效果的影响			
相关水质标准（mg/L）	国　　标	0.05	建设部行标	0.05
	卫生部规范	0.05	水源水质标准	0.05
实验条件	污染物浓度：0.26mg/L；混凝剂种类：聚氯化铝（广东顺德佳净）；投加量 20mg/L（商品重）；原水：西村水厂自来水；实验水温：24.5℃。			
原水水质	浊度＝4.0NTU；碱度＝43.7mg/L；硬度＝103.9mg/L；pH 值＝7.0；总溶解性总固体＝215mg/L。			

数　　据　　记　　录

反应前 pH 值	7.00	7.50	8.02	8.49	8.99	9.49
反应后 pH 值	6.90	7.35	7.52	7.74	8.40	9.19
污染物浓度（mg/L）	0.0226	0.0227	0.0208	0.0202	0.0201	0.0174

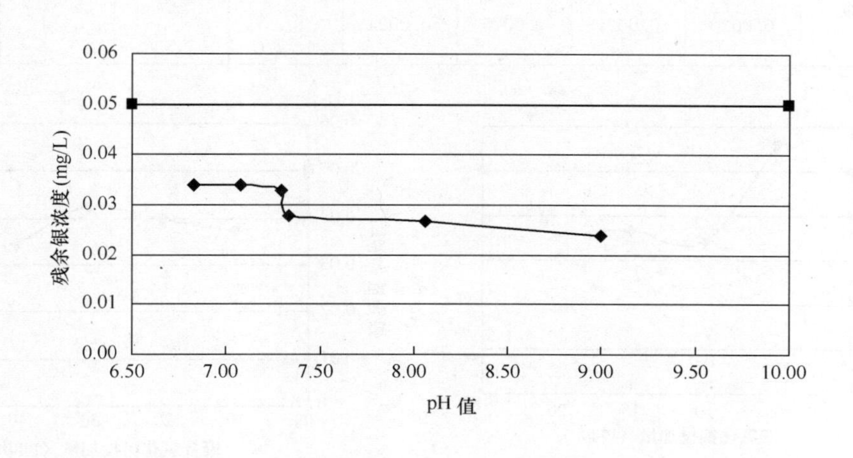

结　　论　　与　　备　　注

1. 在通常 pH 值范围内，采用聚氯化铝可以有效去除银离子，因此不必调节 pH 值。
2. 聚氯化铝除银的机理是生成了氯化银沉淀，因而不受 pH 值影响。
3. 研究采用的银污染物采用硝酸银配制。
4. 聚氯化铝产自广东顺德佳净（Al_2O_3 含量约 35%），下同。

编号：广州-银-3

时间：2006 年 5 月 16 日

实验名称	混凝剂投加量对银污染物去除效果的影响			
相关水质标准（mg/L）	国　标	0.05	建设部行标	0.05
	卫生部规范	0.05	水源水质标准	0.05
实验条件	污染物浓度：0.26mg/L；混凝剂种类：三氯化铁、聚氯化铝原水：西村水厂自来水；实验水温：24.5℃。			
原水水质	浊度＝4.0NTU；碱度＝43.7mg/L；硬度＝103.9mg/L；pH 值＝7.0；总溶解性总固体＝215mg/L。			

数　据　记　录

混凝剂种类	三氯化铁				聚氯化铝			
混凝剂投加量（mg/L）	5	10	15	20	10	20	30	40
反应前 pH 值	7.51	7.51	7.51	7.51	7.02	7.02	7.02	7.02
反应后 pH 值	7.42	7.29	7.11	7.00	7.25	7.18	7.12	7.05
污染物浓度（mg/L）	0.0145	0.0128	0.0125	0.0122	0.0184	0.0219	0.0192	0.0182
残余铝浓度（mg/L）					0.253	0.575	0.42	0.153
残余铁浓度（mg/L）	0.0030	0.0021	0.0025	0.0024				

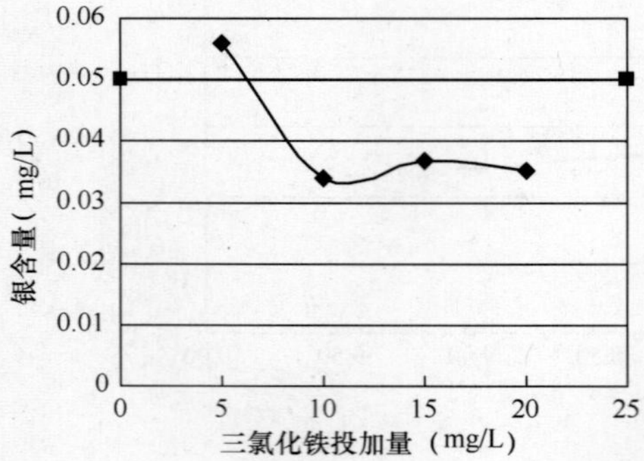

银含量（mg/L）

三氯化铁投加量（mg/L）

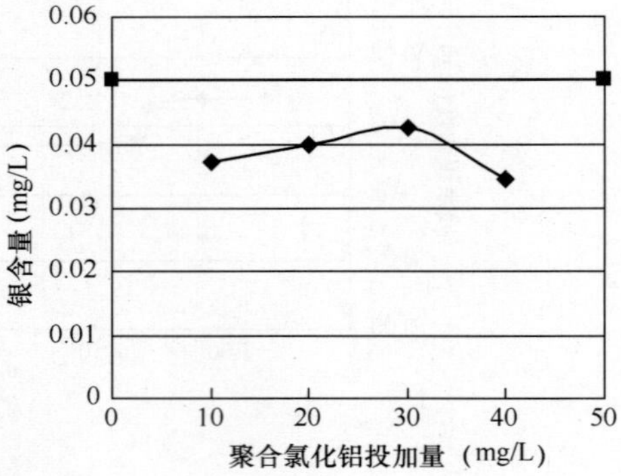

银含量(mg/L)

聚合氯化铝投加量（mg/L）

结　论　与　备　注

1. 采用三氯化铁去除超标 4 倍银的有效剂量为 10mg/L（以 Fe 计）以上。

2. 采用聚氯化铝去除超标 4 倍银的有效剂量为 10mg/L（以商品重计）以上。

3. 平行样 1：pH7.49，$FeCl_3$ 投加量 15mg/L，反应后 pH6.91，Ag：0.0355mg/L，Fe：0.00625mg/L；平行样 2：pH7.49，$FeCl_3$ 投加量 20mg/L，反应后 pH6.81，Ag：0.036mg/L，Fe：0.00618mg/L；平行样 3：pH6.99，聚氯化铝投加量 30mg/L，反应后 pH6.8，Ag：0.0368mg/L，Al：0.128mg/L；平行样 4：pH6.99，聚氯化铝投加量 40mg/L，反应后 pH6.75，Ag：0.0348mg/L，Al：0.0179mg/L。

6.2 铍（Be）

编号：广州-铍-1

时间：2006 年 8 月 8 日

实验名称	pH 值对铁盐混凝剂去除铍污染物效果的影响					
相关水质标准（mg/L）	国　标	0.002		建设部行标	0.002	
	卫生部规范	0.002		水源水质标准	0.002	
实验条件 1	污染物浓度：0.009558mg/L；混凝剂种类：三氯化铁，投加量 10mg/L（以 Fe 计）；原水：西村水厂自来水；实验水温：27℃。					
原水水质 1	浊度＝0.2NTU；碱度＝47.8mg/L；硬度＝74.5mg/L；pH 值＝7.1；总溶解性总固体＝220mg/L。					
实验条件 2	污染物浓度：0.01055mg/L；混凝剂种类：三氯化铁，投加量 10mg/L（以 Fe 计）；原水：西村水厂自来水；实验水温：25℃。					
原水水质 2	浊度＝0.4NTU；碱度＝46.6mg/L；硬度＝67.1mg/L；pH 值＝7.1；总溶解性总固体＝102mg/L。					
数　据　记　录						
反应前 pH 值 1	5.00	5.49	5.99	6.51	7.00	7.50
反应后 pH 值 1	4.38	4.29	4.38	5.99	6.82	7.06
污染物浓度（mg/L）	0.00853	0.0083	0.00832	0.00685	0.00345	0.00271
反应前 pH 值 2	7.52	7.99	8.52	8.99	9.48	9.98
反应后 pH 值 2	7.03	7.16	7.35	7.76	9.05	9.07
污染物浓度（mg/L）	0.00341	0.00282	0.00213	0.00114	0.000829	0.000598

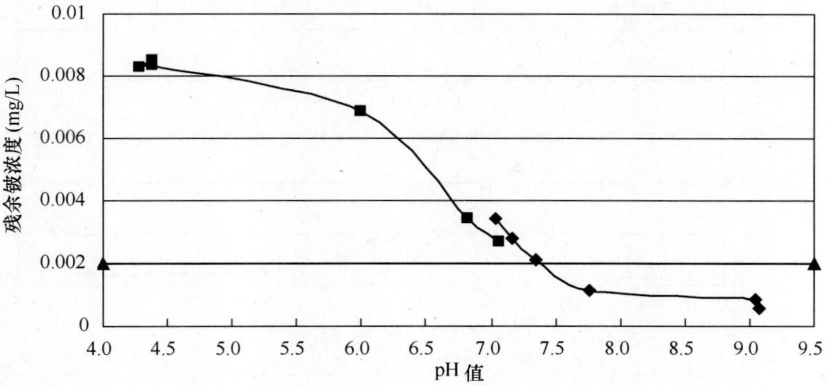

结　论　与　备　注

1. 调节反应前 pH＞8.5（控制反应后 pH＞7.5），采用三氯化铁可以有效去除铍离子。
2. 除铍的机理是调节 pH 值，使铍生成氢氧化铍沉淀，因而受 pH 值影响明显。
3. 研究采用的铍污染物采用（$Be_4O(CH_3CO_2)_6$）配制。

编号：广州-铍-2

时间：2006 年 8 月 8 日

实验名称	pH 值对铝盐混凝剂去除铍污染物效果的影响					
相关水质标准（mg/L）	国　标	0.002	建设部行标	0.002		
	卫生部规范	0.002	水源水质标准	0.002		
实验条件 1	污染物浓度：0.009558mg/L；混凝剂种类：聚氯化铝（广东顺德佳净），投加量 20mg/L（商品重）；原水：西村水厂自来水；实验水温：27℃。					
原水水质 1	浊度＝0.2NTU；碱度＝47.8mg/L；硬度＝74.5mg/L；pH 值＝pH＝7.1；总溶解性总固体＝220mg/L。					
实验条件 2	污染物浓度：0.01055mg/L；混凝剂种类：聚氯化铝（广东顺德佳净），投加量 20mg/L（商品计）；原水：西村水厂自来水；实验水温：25℃。					
原水水质 2	浊度＝0.4NTU；碱度＝46.6mg/L；硬度＝67.1mg/L；pH 值＝7.1；总溶解性总固体＝102mg/L。					
数　据　记　录						
反应前 pH 值 1	5.00	5.49	5.99	6.51	7.00	7.50
反应后 pH 值 1	5.70	5.36	5.61	6.32	6.98	7.16
污染物浓度（mg/L）	0.00544	0.00553	0.00516	0.00235	0.000606	0.000363
反应前 pH 值 2	6.99	7.52	7.99	8.52	8.99	9.48
反应后 pH 值 2	6.64	7.08	7.25	7.46	7.94	9.05
污染物浓度（mg/L）	0.00402	0.00095	0.000839	0.000491	0.000278	0.000178

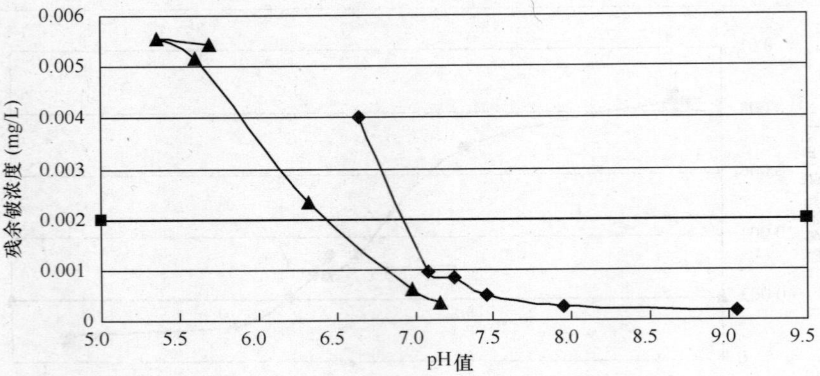

结　论　与　备　注

1. 调节反应前 pH＞7.0（控制反应后 pH＞7.0），采用聚氯化铝可以有效去除铍离子。
2. 除铍的机理是调节 pH 值，使铍生成氢氧化铍沉淀，因而受 pH 值影响明显。
3. 研究采用的铍污染物采用（$Be_4O(CH_3CO_2)_6$）配制。

编号：广州-铍-3

时间：2006 年 8 月 8 日

实验名称	混凝剂投加量对铍污染物去除效果的影响							
相关水质标准（mg/L）	国　　标		0.002		建设部行标		0.002	
	卫生部规范		0.002		水源水质标准		0.002	
实验条件	污染物浓度：0.01055mg/L；混凝剂种类：三氯化铁、聚氯化铝；原水：西村水厂自来水；实验水温：25℃。							
原水水质	浊度＝0.4NTU；碱度＝46.6mg/L；硬度＝67.1mg/L；pH 值＝7.1；总溶解性总固体＝102mg/L。							
数　据　记　录								
混凝剂种类	三氯化铁				聚氯化铝			
混凝剂投量（mg/L）	5	10	15	20	10	20	30	40
反应前 pH 值	8.99	8.99	8.99	8.99	7.50	7.50	7.50	7.50
反应后 pH 值	8.42	7.99	7.61	7.37	7.34	7.29	7.15	7.07
污染物浓度（mg/L）	0.00012	0.00009	0.00136	0.00162	0.00153	0.00112	0.00074	0.00077
残余铝浓度（mg/L）	0.003	0.0167	0.00432	0.00175	0.0309	0.0361	0.0127	0.0286
残余铁浓度（mg/L）	0.00566	0.00208	0.00161	0.00101	0.00202	0.00349	0.00152	0.00178

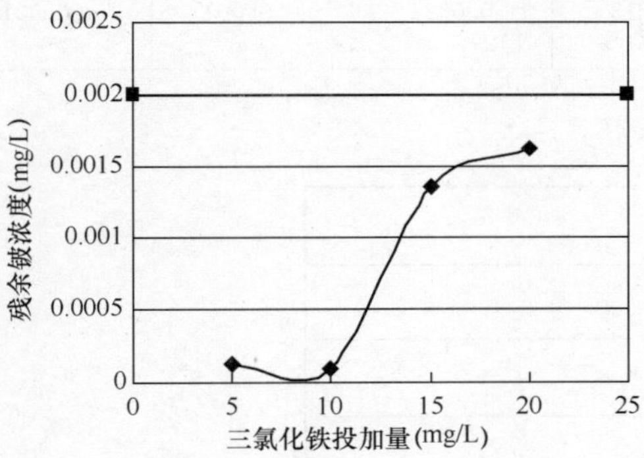

残余铍浓度(mg/L)

三氯化铁投加量(mg/L)

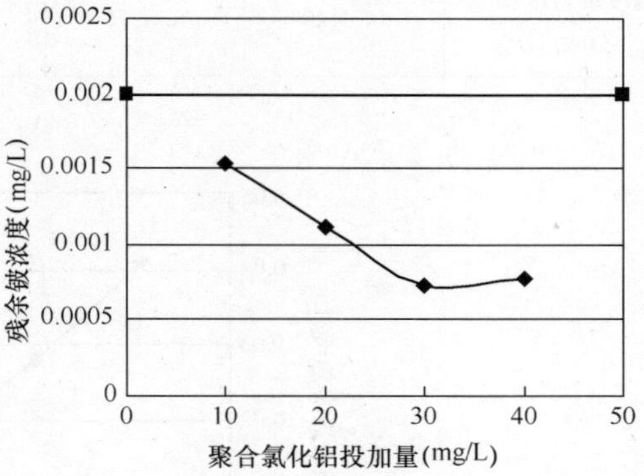

残余铍浓度(mg/L)

聚合氯化铝投加量(mg/L)

结　论　与　备　注								
混凝剂投量（mg/L）					10	20	30	40
反应前 pH 值					7.00	7.00	7.00	7.00
反应后 pH 值					6.94	6.88	6.81	6.72
污染物浓度（mg/L）					0.0019	0.00118	0.0013	0.00089
残余铝浓度（mg/L）					0.00154	0.00136	0.00114	0.0009
残余铁浓度（mg/L）					0.00057	0.00127	0.00281	0.00391

1. 采用三氯化铁去除超标 4 倍铍的有效剂量为 5～10mg/L（以 Fe 计），关键是控制反应后 pH>7.5。
2. 采用聚氯化铝去除超标 4 倍铍的有效剂量为 10mg/L（以商品重计）以上，关键是控制反应后 pH>7.0。

6.3 镉（Cd）

编号：清华-镉-1

时间：2005 年 12 月 21 日

实验名称	pH 值对铁盐混凝剂去除镉污染物效果的影响					
相关水质标准（mg/L）	国　标	0.005		建设部行标	0.005	
	卫生部规范	0.005		水源水质标准	0.005	
实验条件	污染物浓度：0.42mg/L；混凝剂种类：三氯化铁，投加量 20mg/L（以 $FeCl_3$ 计）；原水：清华自来水；实验水温：14.5℃。					
原水水质	浊度＝0.3NTU；碱度＝120mg/L；硬度＝　　mg/L；pH 值＝7.52；总溶解性总固体＝325mg/L。					
数　据　记　录						
反应前 pH 值	6.00	7.00	8.00	9.00	10.00	11.00
反应后 pH 值	5.81	6.83	7.44	8.49	9.59	10.61
污染物浓度（mg/L）	0.0409	0.0279	0.0213	0.0027	＜0.001	＜0.001

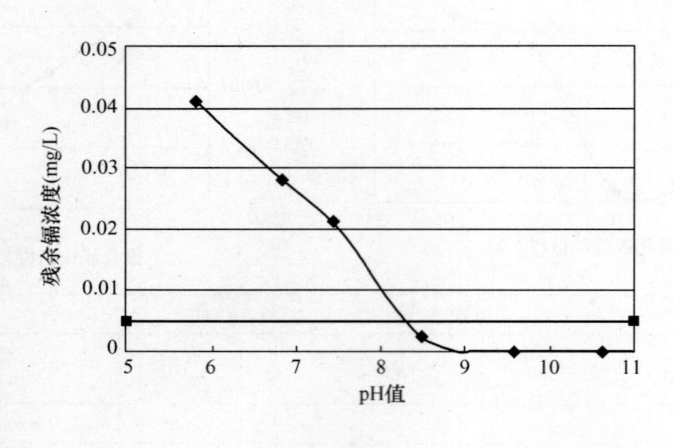

结　论　与　备　注

1. 调节反应前 pH＞9（控制反应后 pH＞8.5），采用三氯化铁可以有效去除镉离子。

2. 除镉的机理是调节 pH 值，使镉离子与水中的碳酸盐、氢氧根生成碳酸镉、氢氧化镉沉淀，因而受 pH 值影响明显。

3. 研究采用的镉污染物采用硝酸镉配制。

编号：清华-镉-2

时间：2005 年 12 月 21 日

<table>
<tr><td>实验名称</td><td colspan="6">pH 值对铁盐混凝剂去除镉污染物效果的影响</td></tr>
<tr><td rowspan="2">相关水质标准
(mg/L)</td><td>国　　标</td><td>0.005</td><td colspan="2">建设部行标</td><td colspan="2">0.005</td></tr>
<tr><td>卫生部规范</td><td>0.005</td><td colspan="2">水源水质标准</td><td colspan="2">0.005</td></tr>
<tr><td>实验条件</td><td colspan="6">污染物浓度：0.42mg/L；混凝剂种类：聚合氯化铝，投加量 50mg/L（以商品重计）；原水：清华自来水；实验水温：14.5℃</td></tr>
<tr><td>原水水质</td><td colspan="6">浊度＝0.3NTU；碱度＝120mg/L；硬度＝　　mg/L；pH 值＝7.52；总溶解性总固体＝325mg/L</td></tr>
<tr><td colspan="7">数　据　记　录</td></tr>
<tr><td>反应前 pH 值</td><td>7.00</td><td>7.50</td><td>8.00</td><td>8.50</td><td>9.00</td><td>9.50</td></tr>
<tr><td>反应后 pH 值</td><td>6.08</td><td>6.64</td><td>7.05</td><td>7.71</td><td>8.0</td><td>8.81</td></tr>
<tr><td>污染物浓度
(mg/L)</td><td>0.038</td><td>0.0294</td><td>0.024</td><td>0.0103</td><td>0.0053</td><td><0.001</td></tr>
</table>

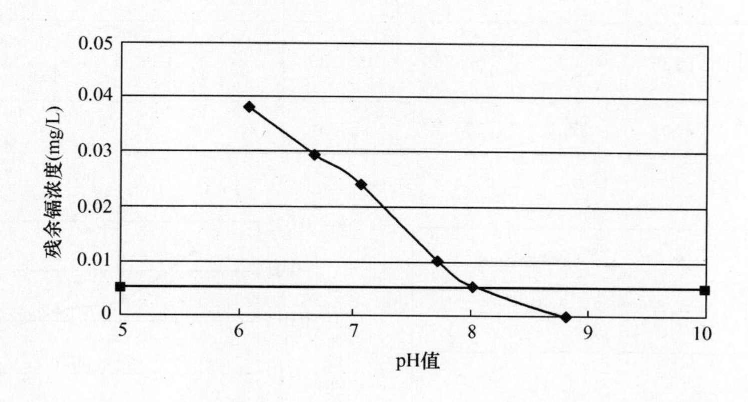

结　论　与　备　注

1. 调节反应前 pH>9.5（控制反应后 pH>8.5），采用聚合氯化铝可以有效去除镉离子。

2. 除镉的机理是调节 pH 值，使镉离子与水中的碳酸盐、氢氧根生成碳酸镉、氢氧化镉沉淀，因而受 pH 值影响明显。

3. 研究采用的镉污染物采用硝酸镉配制。

编号：清华-镉-3

时间：2005 年 12 月 21 日

实验名称	常规 pH 条件下混凝剂投加量对镉污染物去除效果的影响			
相关水质标准（mg/L）	国　标	0.005	建设部行标	0.005
	卫生部规范	0.005	水源水质标准	0.005
实验条件	污染物浓度：0.42mg/L；混凝剂种类：三氯化铁（以 $FeCl_3$ 计）、聚氯化铝（以商品重计）、硫酸铝（以 $Al_2(SO_4)_3$ 计）			
原水水质	原水：清华自来水；实验水温：15℃　pH 值=7.7			

数　据　记　录

混凝剂种类	三氯化铁				聚氯化铝			
混凝剂投量（mg/L）	10	20	30	40	10	20	30	40
污染物浓度（mg/L）	0.0176	0.0169	0.0176	0.0175	0.022	0.0172	0.0159	0.0136
去除率（%）	58.1	59.8	58.1	58.3	47.6	59	62.1	67.6
混凝剂种类	硫酸铝							
混凝剂投量（mg/L）	10	20	30	40				
污染物浓度（mg/L）	0.0286	0.0262	0.0266	0.0283				
去除率（%）	31.9	37.6	36.7	32.6				

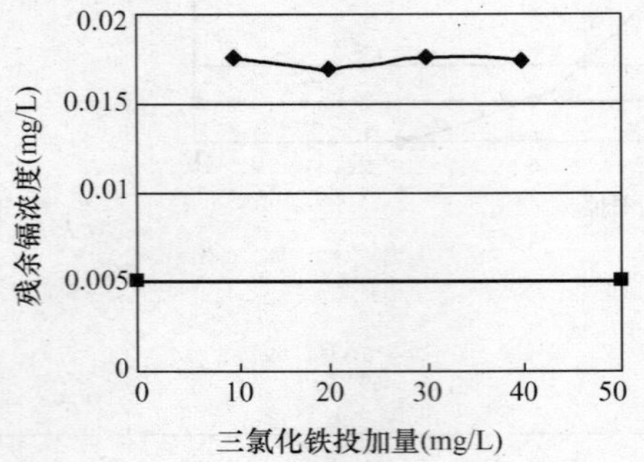

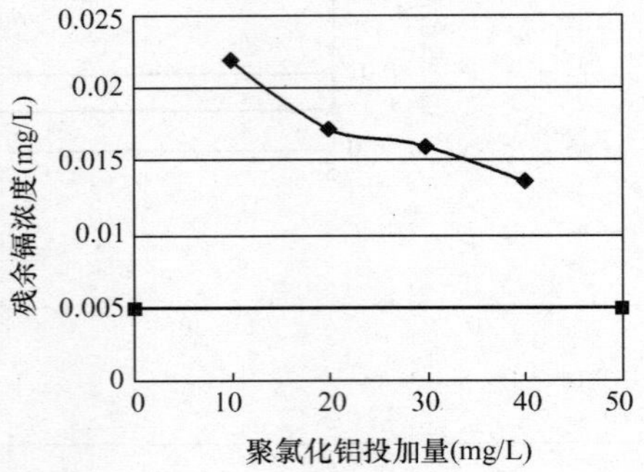

结　论　与　备　注

1. pH 值是使水中镉离子生成不溶性物质的关键参数。

2. 在常规的 pH 值条件下，混凝剂对溶解性镉离子的去除是通过吸附方式进行，效果较为有限。混凝剂投加量的增加对镉离子的吸附去除效果没有影响。

6.4 铜（Cu）

编号：广州-铜-1

时间：2006 年 5 月 15 日

实验名称	pH 值对铁盐混凝剂去除铜污染物效果的影响			
相关水质标准（mg/L）	国　标	1	建设部行标	1
	卫生部规范	1	水源水质标准	1
实验条件	污染物浓度：5.23mg/L；混凝剂种类：三氯化铁，投加量 10mg/L（以 Fe 计）；原水：西村水厂自来水；实验水温：24.5℃。			
原水水质	浊度＝4.0NTU；碱度＝43.7mg/L；硬度＝103.9mg/L；pH 值＝7.0；总溶解性总固体＝215mg/L。			

数　据　记　录

反应前 pH 值	7.52	8.01	8.49	8.98	9.48	10.00
反应后 pH 值	7.00	7.32	7.52	8.41	9.18	9.82
污染物浓度（mg/L）	1.72	0.919	0.73	0.175	0.00964	0.00309

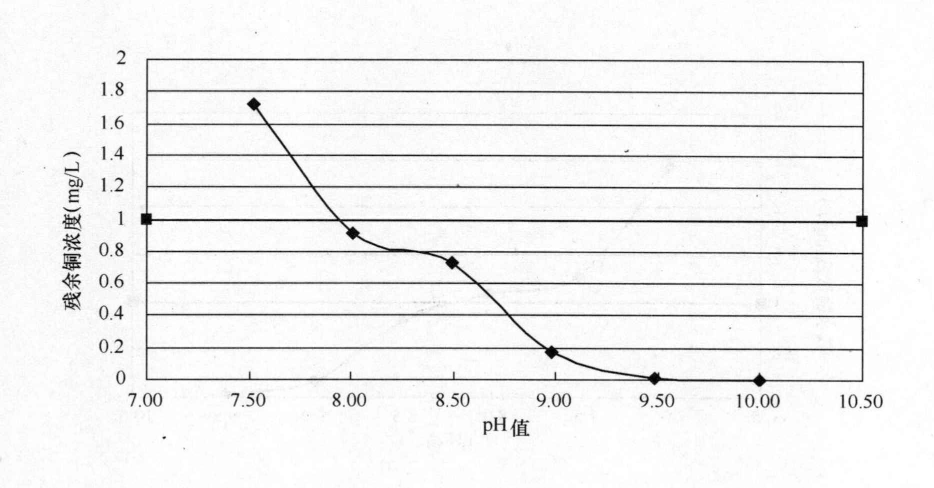

结　论　与　备　注

1. 调节反应前 pH＞8.5（控制反应后 pH＞7.5），采用三氯化铁可以有效去除铜离子。
2. 除铜的机理是调节 pH 值，使铜生成氢氧化铜、碳酸铜沉淀，因而受 pH 值影响明显。
3. 研究采用的铜污染物采用硫酸铜配制。

编号：广州-铜-2

时间：2006 年 5 月 15 日

实验名称	pH 值对铝盐混凝剂去除铜污染物效果的影响					
相关水质标准（mg/L）	国　标	1	建设部行标	1		
	卫生部规范	1	水源水质标准	1		
实验条件	污染物浓度：5.23mg/L；混凝剂种类：聚氯化铝 20mg/L（广东顺德佳净），投加量 20mg/L（商品重）；原水：西村水厂自来水；实验水温：24.5℃。					
原水水质	浊度＝4.0NTU；碱度＝43.7mg/L；硬度＝103.9mg/L；pH 值＝7.0；总溶解性总固体＝215mg/L。					
数　据　记　录						
反应前 pH 值	7.00	7.52	8.01	8.49	8.98	9.48
反应后 pH 值	7.01	7.30	7.51	7.76	8.52	9.22
污染物浓度（mg/L）	2.43	1.28	1.09	0.81	0.161	0.0463
反应前 pH 值	重复试验				9.00	9.50
反应后 pH 值	重复试验				8.53	9.20
污染物浓度（mg/L）	重复试验				0.119	0.096

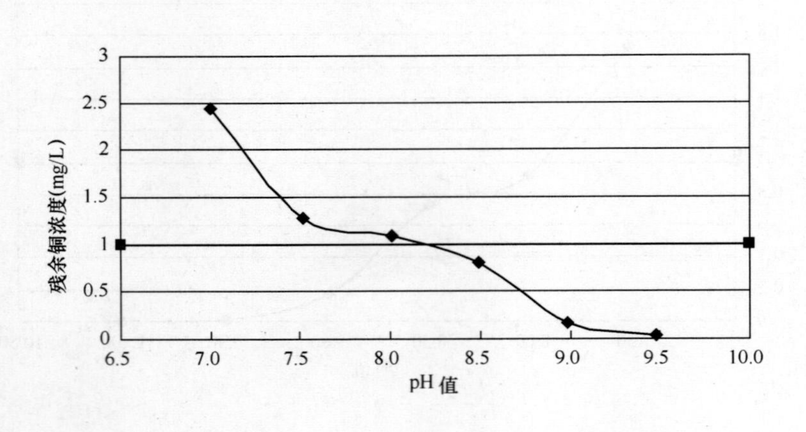

结　论　与　备　注

1. 调节反应前 pH>8.5（控制反应后 pH>7.8），采用聚氯化铝可以有效去除铜离子。
2. 除铜的机理是调节 pH 值，使铜生成氢氧化铜、碳酸铜沉淀，因而受 pH 值影响明显。
3. 研究采用的铜污染物采用配制。

编号：广州-铜-3

时间：2006年5月15日

实验名称	混凝剂投加量对铜污染物去除效果的影响			
相关水质标准（mg/L）	国　　标	1	建设部行标	1
	卫生部规范	1	水源水质标准	1
实验条件	污染物浓度：5.23mg/L；混凝剂种类：三氯化铁、聚氯化铝原水：西村水厂自来水；实验水温：25℃。			
原水水质	浊度＝4.0NTU；碱度＝43.7mg/L；硬度＝103.9mg/L；pH值＝7.0；总溶解性总固体＝215mg/L。			

数　据　记　录

混凝剂种类	三氯化铁				聚氯化铝			
混凝剂投量（mg/L）	5	10	15	20	10	20	30	40
反应前pH值	8.00	8.00	8.00	8.00	8.50	8.50	8.50	8.50
反应后pH值	7.57	7.40	7.44	7.26	8.00	7.88	7.68	7.56
污染物浓度（mg/L）	0.518	0.709	0.647	0.637	0.414	0.295	0.379	0.407
残余铝浓度（mg/L）	0.0107	0.0028	0.0044	0.0032	0.0691	0.0789	0.0561	0.0519
残余铁浓度（mg/L）	0.0091	0.0036	0.0041	0.0039	0.0036	0.0025	0.0017	0.0030

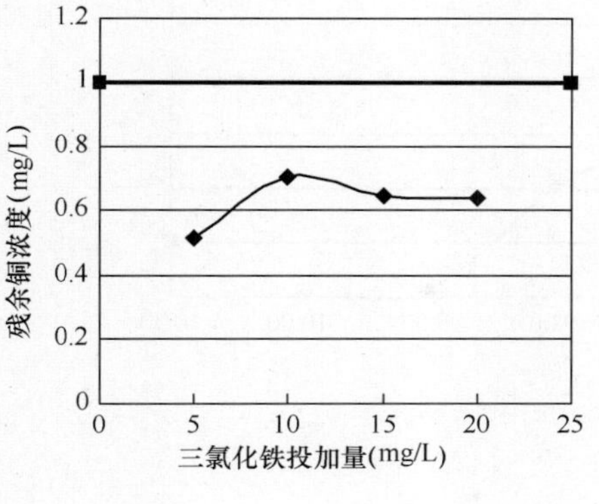

残余铜浓度(mg/L)
三氯化铁投加量(mg/L)

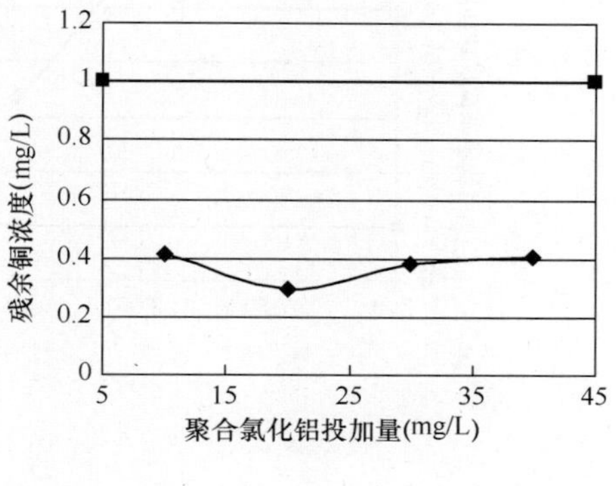

残余铜浓度(mg/L)
聚合氯化铝投加量(mg/L)

结　论　与　备　注

1. 采用三氯化铁去除超标4倍铜的有效剂量为5mg/L（以Fe计）以上，关键是控制反应后pH>7.5。

2. 采用聚氯化铝去除超标4倍铜的有效剂量为10mg/L（以商品重计）以上，关键是控制反应后pH>7.5。

3. 平行样1：pH8.0，$FeCl_3$投加量15mg/L，反应后pH7.28，Cu：0.647mg/L，Fe：0.0097mg/L；平行样2：pH8.0，$FeCl_3$投加量20mg/L，反应后pH7.23，Cu：0.648mg/L，Fe：0.0039mg/L。

6.5 钴（Co）

编号：广州-钴-1

时间：2007 年 3 月 12 日

实验名称	pH 值对铁盐混凝剂去除钴污染物效果的影响					
相关水质标准（mg/L）	国　标		建设部行标			
	卫生部规范		水源水质标准	1		
实验条件	污染物浓度：5.98mg/L；混凝剂种类：三氯化铁，投加量 10mg/L（以 Fe 计）；原水：西村水厂自来水；实验水温：23.5℃。					
原水水质	浊度＝0.39NTU；碱度＝106.3mg/L；硬度＝56.0mg/L；pH 值＝7.44；总溶解性总固体＝215.7mg/L。					
数　据　记　录						
反应前 pH 值	7.48	7.99	8.49	8.99	9.49	9.99
反应后 pH 值	6.87	6.97	7.08	7.44	8.75	9.49
污染物浓度（mg/L）	5.9	5.89	3.34	2.03	0.11	0.01

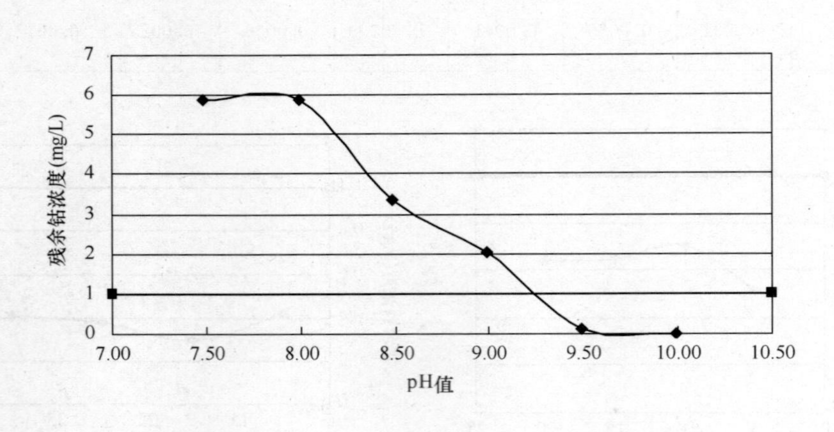

结　论　与　备　注

1. 调节反应前 pH＞9.5（控制反应后 pH＞8.5），采用三氯化铁可以有效去除钴离子。
2. 除钴的机理是调节 pH 值，使钴生成氢氧化钴、碳酸钴沉淀，因而受 pH 值影响明显。
3. 研究采用的钴污染物采用硝酸钴配制。

编号：广州-钴-2

时间：2007年3月12日

实验名称	pH值对铝盐混凝剂去除钴污染物效果的影响				
相关水质标准（mg/L）	国　标		建设部行标		
	卫生部规范		水源水质标准	1	
实验条件	污染物浓度：5.98mg/L；混凝剂种类：聚氯化铝（广东顺德佳净），投加量20mg/L（商品重）；原水：西村水厂自来水；实验水温：23.5℃。				
原水水质	浊度＝0.39NTU；碱度＝106.3mg/L；硬度＝56.0mg/L；pH值＝7.44；总溶解性总固体＝215.7mg/L。				

数　据　记　录

反应前pH值	7.00	7.48	7.99	8.49	8.99	9.49
反应后pH值	7.10	7.41	7.66	8.04	8.58	9.26
污染物浓度（mg/L）	5.88	5.86	4.76	3.24	0.39	0.06

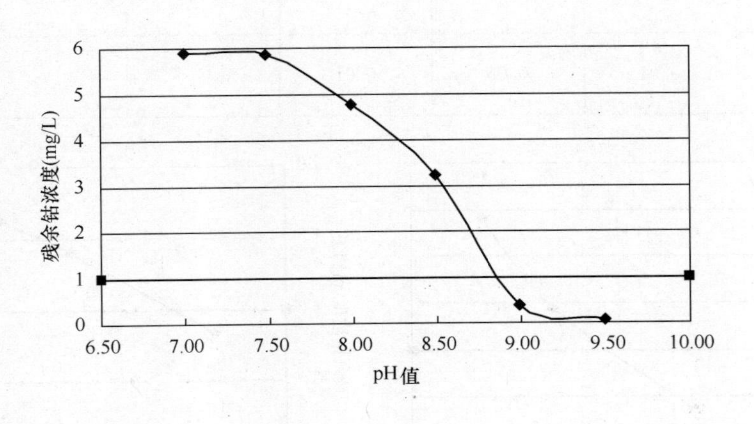

结　论　与　备　注

1. 调节反应前pH＞9.0（控制反应后pH＞8.5），采用聚氯化铝可以有效去除钴离子。
2. 除钴的机理是调节pH值，使钴生成氢氧化钴、碳酸钴沉淀，因而受pH值影响明显。
3. 研究采用的钴污染物采用配制。

编号：广州-钴-3

时间：2007 年 3 月 12 日

实验名称	混凝剂投加量对钴污染物去除效果的影响					
相关水质标准（mg/L）	国　标		建设部行标			
	卫生部规范		水源水质标准		1	
实验条件	污染物浓度：5.0mg/L；混凝剂种类：三氯化铁、聚氯化铝原水：西村水厂自来水；实验水温：23℃。					
原水水质	浊度＝0.2NTU；碱度＝64.5mg/L；硬度＝100.9mg/L；pH 值＝7.0；总溶解性总固体＝220mg/L。					
数据记录						
混凝剂种类	三氯化铁			聚氯化铝		
混凝剂投量（mg/L）	5	15	20	10	30	40
反应前 pH 值	9.50	9.50	9.50	9.00	9.00	9.00
反应后 pH 值	9.08	7.83	7.25	8.72	8.56	8.44
污染物浓度（mg/L）	0.36	1.44	2.41	0.83	1.39	1.64
残余铝浓度（mg/L）				0.127	0.166	0.149
残余铁浓度（mg/L）	0.01	0.05	0.01			

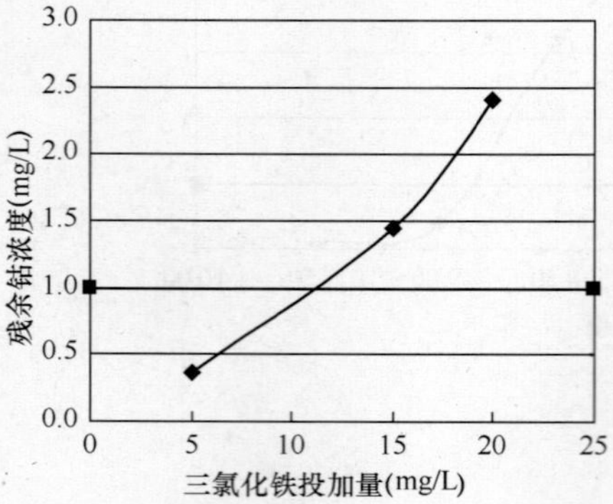

残余钴浓度(mg/L)

三氯化铁投加量(mg/L)

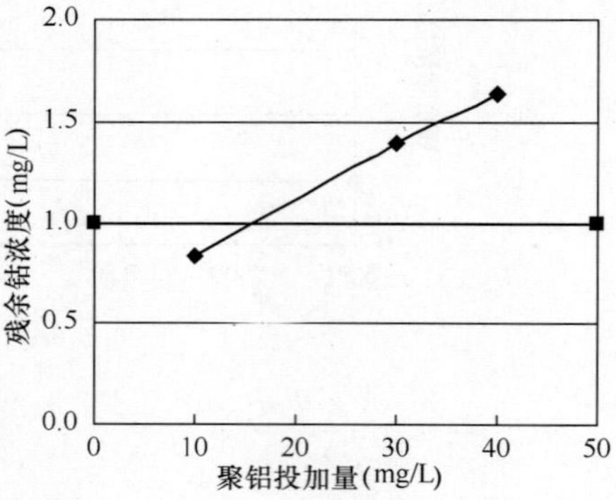

残余钴浓度(mg/L)

聚铝投加量(mg/L)

结　论　与　备　注

1. 采用三氯化铁去除超标 4 倍钴的有效剂量为 5mg/L（以 Fe 计），关键是控制反应后 pH＞8.5。

2. 采用聚氯化铝去除超标 4 倍钴的有效剂量为 10mg/L（以商品重计）以上，关键是控制反应后 pH＞8.7（试验 2 结论为 pH＞8.5，略有差别，估计是试验原水的碱度差异所致）。

3. 平行样 1：pH：9.5，$FeCl_3$ 投加量 10mg/L；反应后 pH：8.65，Co：0.52mg/L；平行样 2：pH：9.0，PAC 投加量 20mg/L，反应后 pH：8.64，Co：1.04mg/L。

6.6 汞（Hg）

编号：广州-汞-1

时间：2006 年 5 月 22 日

实验名称	pH 值对铁盐混凝剂去除汞污染物效果的影响					
相关水质标准（mg/L）	国　标	0.001		建设部行标	0.001	
	卫生部规范	0.001		水源水质标准	0.001	
实验条件	污染物浓度：0.0052mg/L；混凝剂种类：三氯化铁，10mg/L（以 Fe 计）；原水：西村水厂自来水；实验水温：22℃。					
原水水质	浊度＝0.2NTU；碱度＝64.5mg/L；硬度＝100.9mg/L；pH 值＝7.0；总溶解性总固体＝220mg/L。					
数　据　记　录						
反应前 pH 值	7.52	8.00	8.50	8.99	9.49	10.00
反应后 pH 值	7.44	7.56	7.88	8.66	9.32	9.86
污染物浓度（mg/L）	0.0037	0.0034	0.0034	0.0026	0.0015	0.0006

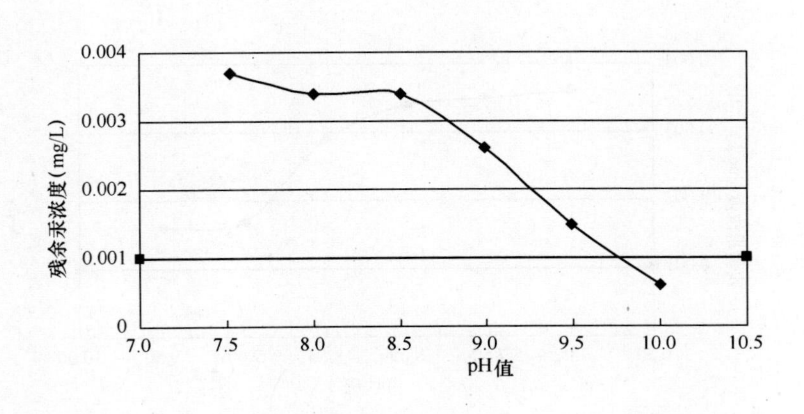

结　论　与　备　注

1. 调节反应前 pH＞10（控制反应后 pH＞9.8），采用三氯化铁可以有效去除汞离子。
2. 除汞的机理是调节 pH 值，使汞生成氢氧化汞，随即生成氧化汞沉淀，因而受 pH 值影响明显。
3. 研究采用的汞污染物采用硝酸汞配制。

编号：广州-汞-2

时间：2006年5月22日

实验名称	pH值对铝盐混凝剂去除汞污染物效果的影响					
相关水质标准（mg/L）	国　标	0.001		建设部行标		0.001
	卫生部规范	0.001		水源水质标准		0.001
实验条件	污染物浓度：0.0052mg/L；混凝剂种类：聚氯化铝（广东顺德佳净），20mg/L，以商品重计。原水：西村水厂自来水；实验水温：22℃。					
原水水质	浊度＝0.2NTU；碱度＝64.5mg/L；硬度＝100.9mg/L；pH值＝7.0；总溶解性总固体＝220mg/L。					
数　据　记　录						
反应前pH值	7.00	7.52	8.00	8.50	8.99	9.49
反应后pH值	7.11	7.43	7.61	8.02	8.70	9.29
污染物浓度（mg/L）	0.0036	0.0035	0.0034	0.0029	0.0017	0.0016

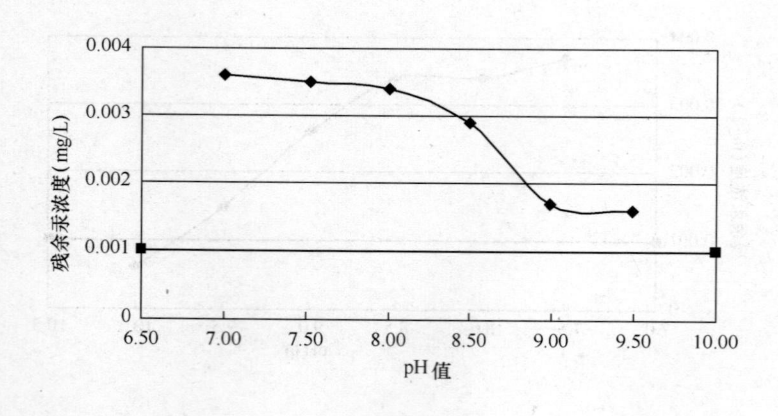

结　论　与　备　注

1. 调节反应到使用铝盐的极限pH＝9.5时（控制反应后pH＝9.3），采用聚氯化铝仍不能有效去除汞离子，说明铝盐不能用于除汞。

2. 研究采用的汞污染物采用硝酸汞配制。

编号：广州-汞-3

时间：2006年5月22日

实验名称	混凝剂投加量对汞污染物去除效果的影响							
相关水质标准（mg/L）	国标		0.001		建设部行标		0.001	
	卫生部规范		0.001		水源水质标准		0.001	
实验条件	污染物浓度：0.0052mg/L；混凝剂种类：三氯化铁、聚氯化铝原水：西村水厂自来水；实验水温：22℃。							
原水水质	浊度=0.2NTU；碱度=64.5mg/L；硬度=100.9mg/L；pH值=7.0；总溶解性总固体=220mg/L。							
数据记录								
混凝剂种类	三氯化铁				聚氯化铝			
混凝剂投量（mg/L）	5	10	15	20	10	20	30	40
反应前pH值	10.00	10.00	10.00	10.00	9.49	9.49	9.49	9.49
反应后pH值	9.83	9.81	9.79	9.75	9.37	9.31	9.24	9.16
污染物浓度（mg/L）	0.0006	0.0006	0.0007	0.0006	0.0017	0.0016	0.0017	0.0017
残余铝浓度（mg/L）	0.0627	0.034	0.0501	0.0331	0.419	0.462	0.575	0.625
残余铁浓度（mg/L）	0.0111	0.0037	0.0146	0.0025	0.0040	0.0025	0.0035	0.0023

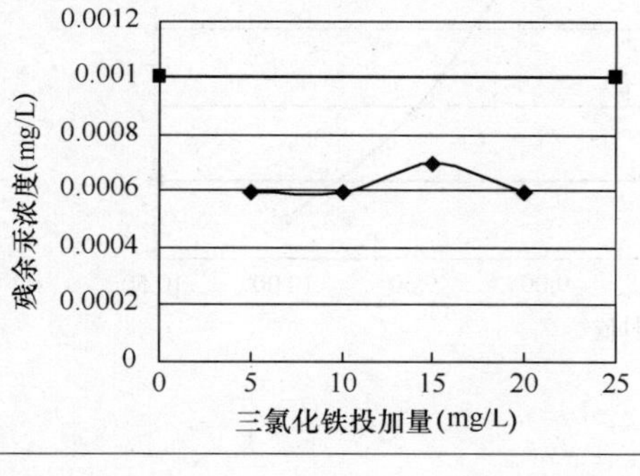

残余汞浓度(mg/L)
0.0012
0.001
0.0008
0.0006
0.0004
0.0002
0
0 5 10 15 20 25
三氯化铁投加量(mg/L)

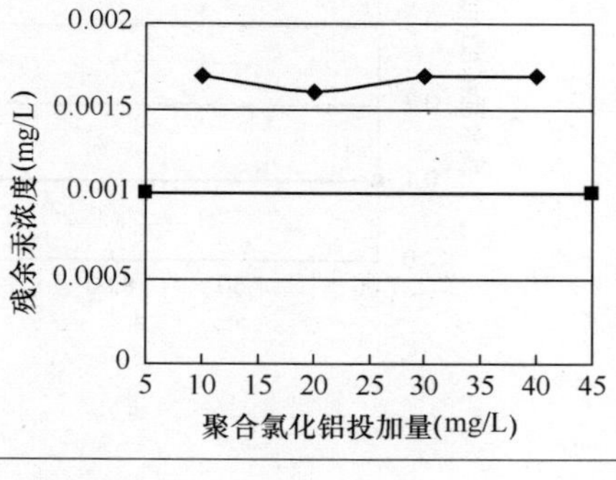

残余汞浓度(mg/L)
0.002
0.0015
0.001
0.0005
0
5 10 15 20 25 30 35 40 45
聚合氯化铝投加量(mg/L)

结论与备注

1. 采用三氯化铁去除超标4倍汞的有效剂量为5mg/L（以Fe计）以上，关键是控制反应后pH>9.5。

2. 聚氯化铝不能有效除汞。

3. 平行样1：pH10.0，$FeCl_3$投加量15mg/L，反应后pH9.79，Hg：0.0006mg/L，Fe：0.0042mg/L；平行样2：pH10.0，$FeCl_3$投加量20mg/L，反应后pH9.25，Hg：0.0007mg/L，Fe：0.0168mg/L；平行样3：pH9.5，聚氯化铝投加量30mg/L，反应后pH9.24，Hg：0.0017mg/L，Al：0.53mg/L；平行样4：pH9.5，聚氯化铝投加量40mg/L，反应后pH9.16，Hg：0.0017mg/L，Al：0.592mg/L。

6.7 锰（Mn）

编号：广州-锰-1

时间：2007年3月21日

实验名称	pH值对铁盐混凝剂去除锰污染物效果的影响				
相关水质标准（mg/L）	国　标	0.1	建设部行标	0.1	
	卫生部规范	0.1	水源水质标准	0.1	
实验条件	污染物浓度：0.5mg/L；混凝剂种类：三氯化铁，10mg/L（以Fe计）原水：西村水厂自来水；实验水温：23.5℃。				
原水水质	浊度＝0.57NTU；碱度＝92.0mg/L；硬度＝117.7mg/L；pH值＝7.44；总溶解性总固体＝205.3mg/L。				
数　据　记　录					
反应前pH值	7.51	8.03	8.47	8.98	9.51	10.00
反应后pH值	6.69	6.79	6.93	7.23	8.59	9.46
污染物浓度（mg/L）	0.47	0.47	0.44	0.43	0.19	0.05

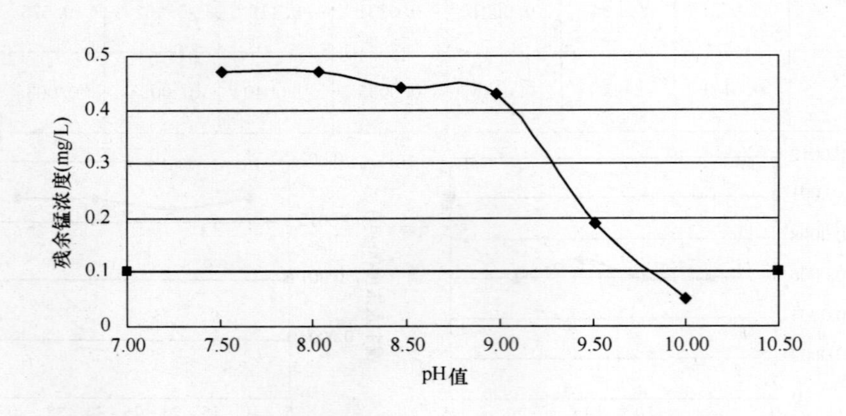

结　论　与　备　注

1. 调节反应前pH＞10.0（控制反应后pH＞9.5），采用三氯化铁可以有效去除锰离子。
2. 除锰的机理是调节pH值，使锰生成氢氧化锰沉淀，因而受pH值影响明显。
3. 研究采用的锰污染物采用硫酸锰配制。

编号：广州-锰-2

时间：2007年3月21日

实验名称	pH值对铝盐混凝剂去除锰污染物效果的影响					
相关水质标准（mg/L）	国　标	0.1		建设部行标	0.1	
	卫生部规范	0.1		水源水质标准	0.1	
实验条件	污染物浓度：0.52mg/L；混凝剂种类：聚氯化铝（广东顺德佳净），20mg/L（以商品重计）；原水：西村水厂自来水；实验水温：23.5℃。					
原水水质	浊度＝0.57NTU；碱度＝92.0mg/L；硬度＝117.7mg/L；pH值＝7.44；总溶解性总固体＝205.3mg/L。					
数　据　记　录						
反应前pH值	7.01	7.51	8.03	8.47	8.98	9.51
反应后pH值	6.83	7.08	7.30	7.34	8.06	9.00
污染物浓度（mg/L）	0.45	0.46	0.44	0.46	0.41	0.21

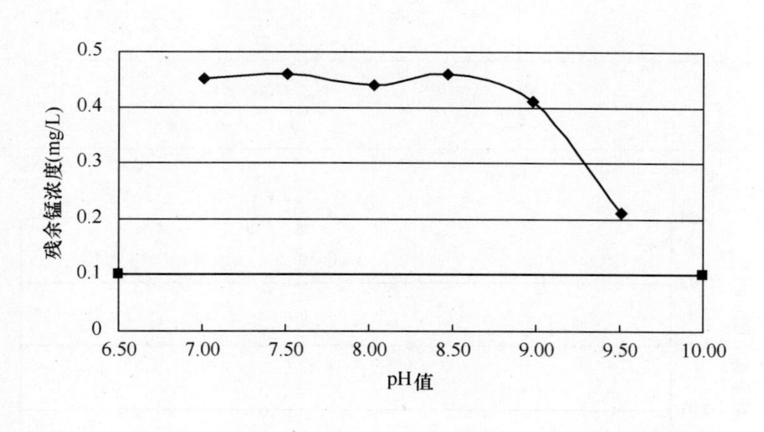

结　论　与　备　注

1. 调节反应到使用铝盐的极限pH＝9.5时（控制反应后pH＝9.0），采用聚氯化铝仍不能有效去除锰离子，说明铝盐不能用于除锰。

2. 研究采用的锰污染物采用硫酸锰配制。

编号：广州-锰-3

时间：2007年3月21日

<table>
<tr><td>实验名称</td><td colspan="4">混凝剂投加量对锰污染物去除效果的影响</td></tr>
<tr><td rowspan="2">相关水质标准（mg/L）</td><td>国　标</td><td>0.1</td><td>建设部行标</td><td>0.1</td></tr>
<tr><td>卫生部规范</td><td>0.1</td><td>水源水质标准</td><td>0.1</td></tr>
<tr><td>实验条件</td><td colspan="4">污染物浓度：0.52mg/L；混凝剂种类：三氯化铁原水：西村水厂自来水；实验水温：23℃。</td></tr>
<tr><td>原水水质</td><td colspan="4">浊度＝0.77NTU；碱度＝109.9mg/L；硬度＝46.3mg/L；pH值＝7.56；总溶解性总固体＝200mg/L。</td></tr>
<tr><td colspan="5">数　据　记　录</td></tr>
<tr><td>混凝剂种类</td><td colspan="4">三氯化铁</td></tr>
<tr><td>混凝剂投量（mg/L）</td><td>5</td><td>10</td><td>15</td><td>20</td></tr>
<tr><td>反应前pH值</td><td>9.99</td><td>9.99</td><td>9.99</td><td>9.99</td></tr>
<tr><td>反应后pH值</td><td>9.58</td><td>9.40</td><td>9.17</td><td>8.84</td></tr>
<tr><td>污染物浓度（mg/L）</td><td>0</td><td>0.02</td><td>0</td><td>0.03</td></tr>
<tr><td>残余铁浓度（mg/L）</td><td>0</td><td>0</td><td>0</td><td>0.03</td></tr>
</table>

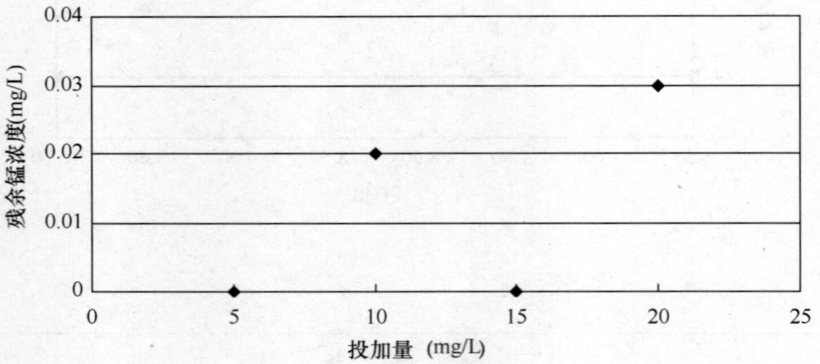

结　论　与　备　注

1. 采用三氯化铁去除超标4倍锰的有效剂量为5mg/L（以Fe计）以上，关键是控制反应后pH＞9.0。
2. 聚氯化铝不能有效除锰。

6.8 钼（Mo）

编号：广州-钼-1

时间：2006年6月8日

实验名称	pH值对铁盐混凝剂去除钼污染物效果的影响					
相关水质标准（mg/L）	国　标	0.07		建设部行标	0.07	
	卫生部规范	0.07		水源水质标准	0.07	
实验条件1	污染物浓度：0.364mg/L；混凝剂种类：三氯化铁，10mg/L（以Fe计）；原水：西村水厂自来水；实验水温：26.2℃。					
原水水质1	浊度＝0.4NTU；碱度＝48.7mg/L；硬度＝68.9mg/L；pH值＝7.2；总溶解性总固体＝164mg/L。					
实验条件2	污染物浓度：0.364mg/L；混凝剂种类：三氯化铁，10mg/L（以Fe计）原水：西村水厂自来水；实验水温：26.2℃。					
原水水质2	浊度＝0.3NTU；碱度＝44.2mg/L；硬度＝67.8mg/L；pH值＝7.3；总溶解性总固体＝119mg/L。					
数　据　记　录						
反应前pH值1	7.51	8.01	8.49	9.00	9.50	10.00
反应后pH值1	7.00	7.13	7.31	8.09	9.09	9.77
污染物浓度（mg/L）	0.336	0.308	0.348	0.352	0.344	0.337
反应前pH值2	9.00	9.50	10.00	10.50	11.00	11.49
反应后pH值2	7.39	7.97	9.05	10.20	10.79	11.38
污染物浓度（mg/L）	0.272	0.288	0.293	0.3	0.284	0.279

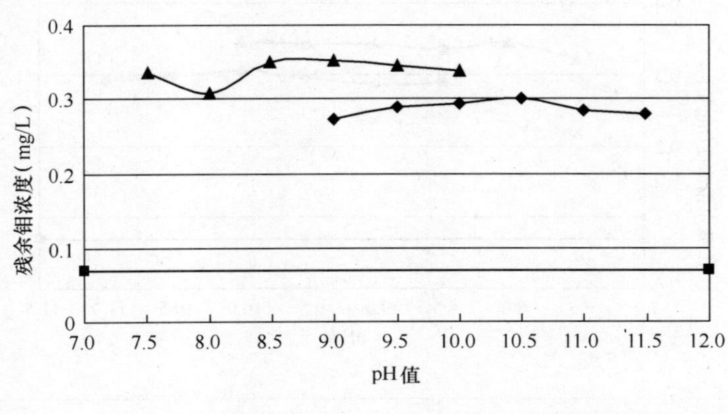

结　论　与　备　注

1. 钼无法通过采用铁盐混凝剂进行混凝沉淀去除，需研究其他去除技术。
2. 研究采用的钼污染物采用钼酸铵配制。

编号：广州-钼-2

时间：2006 年 6 月 8 日

实验名称	pH 值对铝盐混凝剂去除钼污染物效果的影响				
相关水质标准（mg/L）	国　标	0.07	建设部行标	0.07	
	卫生部规范	0.07	水源水质标准	0.07	
实验条件	污染物浓度：0.364mg/L；混凝剂种类：聚氯化铝（广东顺德佳净），20mg/L（以商品重计）；原水：西村水厂自来水；实验水温：25℃。				
原水水质	浊度＝0.3NTU；碱度＝44.2mg/L；硬度＝67.8mg/L；pH 值＝7.3；总溶解性总固体＝119mg/L。				
实验条件	污染物浓度：0.364mg/L；混凝剂种类：聚氯化铝（广东顺德佳净），20mg/L（以商品重计）；原水：西村水厂自来水；实验水温：25℃。				
原水水质	浊度＝0.3NTU；碱度＝44.2mg/L；硬度＝67.8mg/L；pH 值＝7.3；总溶解性总固体＝119mg/L。				

数　据　记　录

反应前 pH 值 1	7.51	8.01	8.49	9.00	9.50	10.00
反应后 pH 值 1	6.98	7.25	7.31	7.55	8.25	9.12
污染物浓度（mg/L）	0.32	0.344	0.336	0.342	0.342	0.344
反应前 pH 值 2	8.50	9.00	9.52	9.99	10.49	11.00
反应后 pH 值 2	8.01	7.25	7.31	7.55	8.25	9.12
污染物浓度（mg/L）	0.287	0.284	0.295	0.305	0.296	0.289

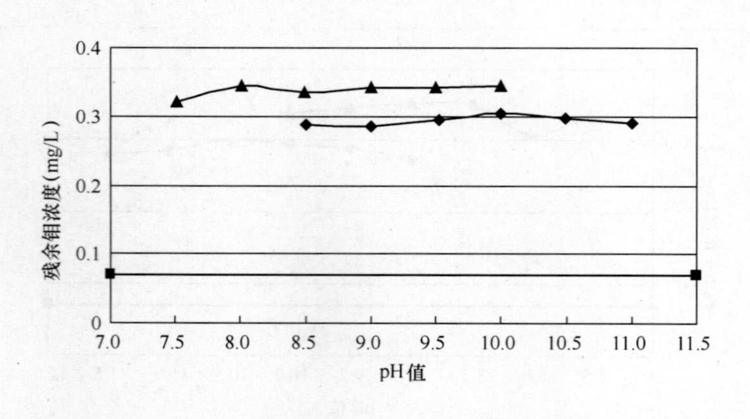

结　论　与　备　注

1. 钼无法通过采用铝盐混凝剂进行混凝沉淀去除，需研究其他去除技术。
2. 研究采用的钼污染物采用钼酸铵配制。

6.9 镍（Ni）

编号：广州-镍-1

时间：2006 年 5 月 11 日

实验名称	pH 值对铁盐混凝剂去除镍污染物效果的影响			
相关水质标准（mg/L）	国　标	0.02	建设部行标	0.02
	卫生部规范	0.02	水源水质标准	0.02
实验条件	污染物浓度：0.12mg/L；混凝剂种类：三氯化铁，10mg/L（以 Fe 计）；原水：西村水厂自来水；实验水温：25℃。			
原水水质	浊度=2.0NTU；碱度=55.6mg/L；硬度=102.3mg/L；pH 值=7.0；总溶解性总固体=168mg/L。			

数　据　记　录

反应前 pH 值	7.48	8.00	8.49	9.00	9.52	10.00
反应后 pH 值	7.32	7.44	7.60	8.36	9.30	9.81
污染物浓度（mg/L）	0.1028	0.0976	0.0932	0.0565	0.029	0.0112

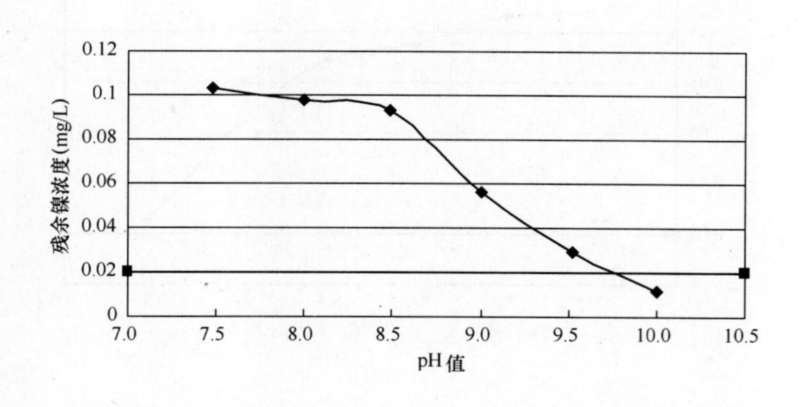

结　论　与　备　注

1. 调节反应前 pH>10.0（控制反应后 pH>9.8），采用三氯化铁可以有效去除镍离子。
2. 除镍的机理是调节 pH 值，使镍生成氢氧化镍沉淀，因而受 pH 值影响明显。
3. 研究采用的镍污染物采用硝酸镍配制。

编号：广州-镍-2
时间：2006年5月11日

<table>
<tr><td>实验名称</td><td colspan="6">pH值对铝盐混凝剂去除镍污染物效果的影响</td></tr>
<tr><td rowspan="2">相关水质标准
(mg/L)</td><td>国　标</td><td>0.02</td><td colspan="2">建设部行标</td><td colspan="2">0.02</td></tr>
<tr><td>卫生部规范</td><td>0.02</td><td colspan="2">水源水质标准</td><td colspan="2">0.02</td></tr>
<tr><td>实验条件</td><td colspan="6">污染物浓度：0.12mg/L；混凝剂种类：聚氯化铝（广东顺德佳净），20mg/L（以商品重计）；原水：西村水厂自来水；实验水温：25℃。</td></tr>
<tr><td>原水水质</td><td colspan="6">浊度＝2.0NTU；碱度＝55.6mg/L；硬度＝102.3mg/L；pH值＝7.0；总溶解性总固体＝168mg/L。</td></tr>
<tr><td colspan="7"></td></tr>
<tr><td colspan="7">数　据　记　录</td></tr>
<tr><td>反应前pH值</td><td>7.00</td><td>7.48</td><td>8.00</td><td>8.49</td><td>9.00</td><td>9.52</td></tr>
<tr><td>反应后pH值</td><td>7.16</td><td>7.33</td><td>7.49</td><td>7.68</td><td>8.33</td><td>9.29</td></tr>
<tr><td>污染物浓度
(mg/L)</td><td>0.1078</td><td>0.1062</td><td>0.0956</td><td>0.0892</td><td>0.0637</td><td>0.0249</td></tr>
</table>

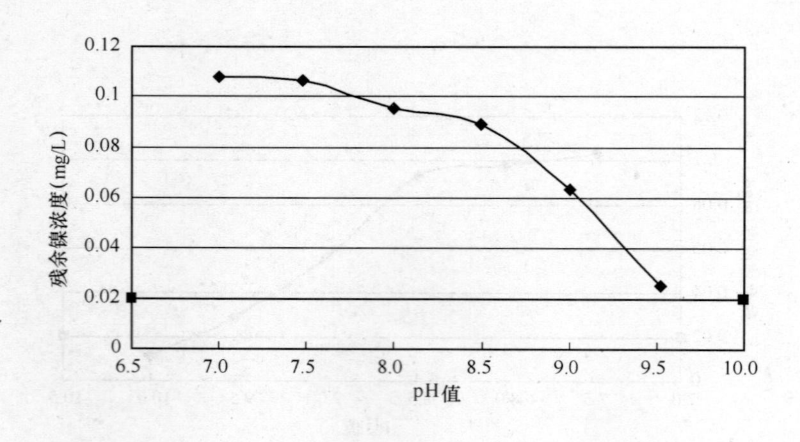

结　论　与　备　注

1. 调节反应到使用铝盐的极限pH＝9.5时（控制反应后pH＝9.3），采用聚氯化铝仍不能有效去除镍离子，说明铝盐不能用于除镍。

2. 研究采用的镍污染物采用硝酸镍配制。

编号：广州-镍-3

时间：2006 年 5 月 11 日

实验名称	混凝剂投加量对镍污染物去除效果的影响							
相关水质标准（mg/L）	国　标		0.02		建设部行标		0.02	
	卫生部规范		0.02		水源水质标准		0.02	
实验条件	污染物浓度：0.12mg/L；混凝剂种类：三氯化铁原水：西村水厂自来水；实验水温：25℃。							
原水水质	浊度＝2.0NTU；碱度＝55.6mg/L；硬度＝102.3mg/L；pH 值＝7.0；总溶解性总固体＝168mg/L。							
数　据　记　录								
混凝剂种类	三氯化铁				聚氯化铝			
混凝剂投量（mg/L）	5	10	15	20	10	20	30	40
反应前 pH 值	9.99	9.99	9.99	9.99	9.49	9.49	9.49	9.49
反应后 pH 值	9.83	9.77	9.69	9.64	9.27	9.20	9.08	8.94
污染物浓度（mg/L）	0.01441	0.01266	0.01112	0.01018	0.04454	0.03395	0.03044	0.02804
残余铝浓度（mg/L）	0.01435	0.01348	0.01412	0.01342	0.2223	0.2158	0.2455	0.2413
残余铁浓度（mg/L）	0.00303	0.00653	0.00394	0.0037	0.00258	0.00083	0.00218	0.00372

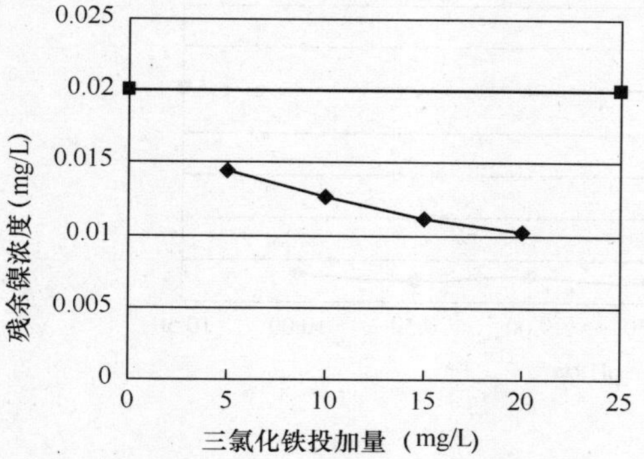

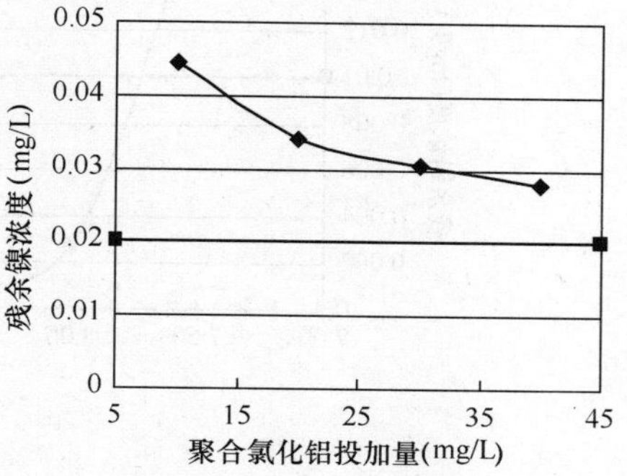

结　论　与　备　注

1. 采用三氯化铁去除超标 4 倍镍的有效剂量为 5mg/L（以 Fe 计）以上，关键是控制反应后 pH>9.5。
2. 聚氯化铝不能有效除镍。
3. 平行样 1：pH10.0，$FeCl_3$ 投加量 15mg/L，反应后 pH9.69，Ni：0.0011mg/L，Fe：0.0037mg/L；
   平行样 2：pH10.0，$FeCl_3$ 投加量 20mg/L，反应后 pH9.64，Ni：0.0010mg/L，Fe：0.0039mg/L；
   平行样 3：pH9.5，聚氯化铝投加量 40mg/L，反应后 pH8.96，Ni：0.028mg/L，Al：0.24mg/L。

6.10 铅（Pb）

编号：广州-铅-1

时间：2006年5月11日

实验名称	pH值对铁盐混凝剂去除铅污染物效果的影响					
相关水质标准（mg/L）	国标		0.01	建设部行标		0.01
	卫生部规范		0.01	水源水质标准		0.05
实验条件	污染物浓度：0.25mg/L；混凝剂种类：三氯化铁，10mg/L（以Fe计）原水：西村水厂自来水；实验水温：25℃。					
原水水质	浊度＝1.7NTU；碱度＝55.6mg/L；硬度＝102.3mg/L；pH值＝6.98；总溶解性总固体＝174mg/L。					
数据记录						
反应前pH值	7.51	8.00	8.49	8.99	9.49	10.00
反应后pH值	7.20	7.43	7.56	8.37	9.23	9.79
污染物浓度（mg/L）	0.0169	0.00264	0.000945	0.00117	0.000998	0.00129

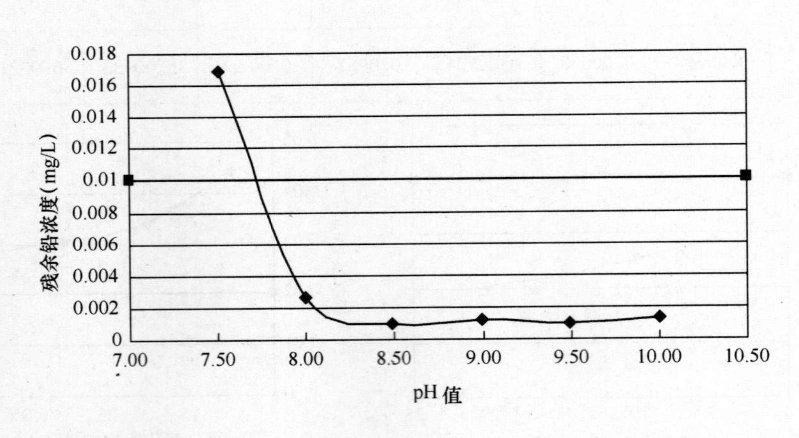

结论与备注

1. 调节反应前pH>8.5（控制反应后pH>7.5），采用三氯化铁可以有效去除铅离子。
2. 除铅的机理是调节pH值，使铅生成碳酸铅、氢氧化铅沉淀，因而受pH值影响明显。
3. 研究采用的铅污染物采用硝酸铅配制。

编号：广州-铅-2

时间：2006 年 5 月 11 日

实验名称	pH 值对铝盐混凝剂去除铅污染物效果的影响					
相关水质标准(mg/L)	国　标	0.01		建设部行标	0.01	
	卫生部规范	0.01		水源水质标准	0.05	
实验条件	污染物浓度：0.25mg/L；混凝剂种类：聚氯化铝（广东顺德佳净），20mg/L（以商品重计）原水：西村水厂自来水；实验水温：25℃。					
原水水质	浊度＝1.7NTU；碱度＝55.6mg/L；硬度＝102.3mg/L；pH 值＝6.98；总溶解性总固体＝174mg/L。					
数　据　记　录						
反应前 pH 值	6.99	7.51	8.00	8.49	8.99	9.49
反应后 pH 值	6.97	7.29	7.48	7.78	8.55	9.19
污染物浓度(mg/L)	0.0196	0.0145	0.0124	0.0108	0.0116	0.00381

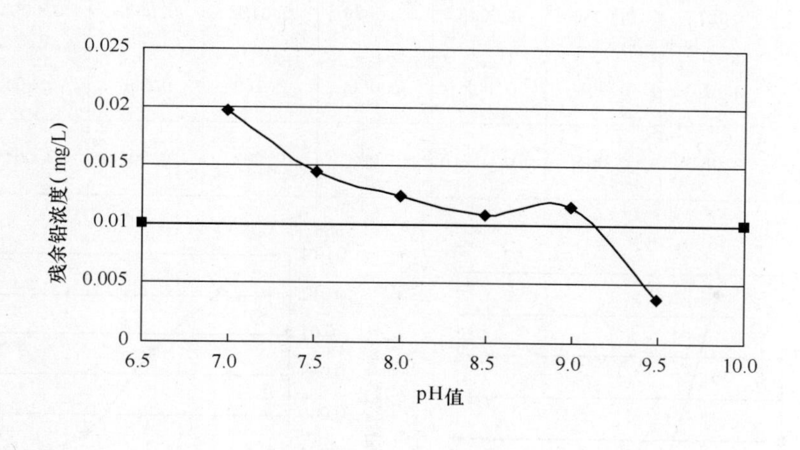

结　论　与　备　注

1. 调节反应前 pH＞9.5（控制反应后 pH＞9.2），采用聚氯化铝可以去除铅离子，但由于接近铝盐水解的 pH 值，会造成出水铝超标，沉淀效果不佳，使用应谨慎。

2. 除铅的机理是调节 pH 值，使铅生成碳酸铅、氢氧化铅沉淀，因而受 pH 值影响明显。

3. 研究采用的铅污染物采用硝酸铅配制。

编号：广州-铅-3

时间：2006 年 5 月 11 日

实验名称	混凝剂投加量对铅污染物去除效果的影响		
相关水质标准（mg/L）	国　标	0.01	建设部行标	0.01
	卫生部规范	0.01	水源水质标准	0.05
实验条件	污染物浓度：0.252mg/L；混凝剂种类：三氯化铁、聚氯化铝原水：西村水厂自来水；实验水温：25℃。			
原水水质	浊度＝1.7NTU；碱度＝55.6mg/L；硬度＝102.3mg/L；pH 值＝6.98；总溶解性总固体＝174mg/L。			

数　据　记　录

混凝剂种类	三氯化铁				聚氯化铝			
混凝剂投量（mg/L）	5	10	15	20	10	20	30	40
反应前 pH 值	8.01	8.01	8.01	8.01	9.49	9.49	9.49	9.49
反应后 pH 值	7.44	7.30	7.16	7.04	9.27	9.19	9.08	8.93
污染物浓度（mg/L）	0.0275	0.0035	0.0045	0.0026	0.0122	0.0093	0.0051	0.0038
残余铝浓度（mg/L）	0.013	0.003	0.002	0.006	0.168	0.266	0.264	0.265
残余铁浓度（mg/L）	0.084	0.006	0.017	0.003	0.002	0.004	0.004	0.003

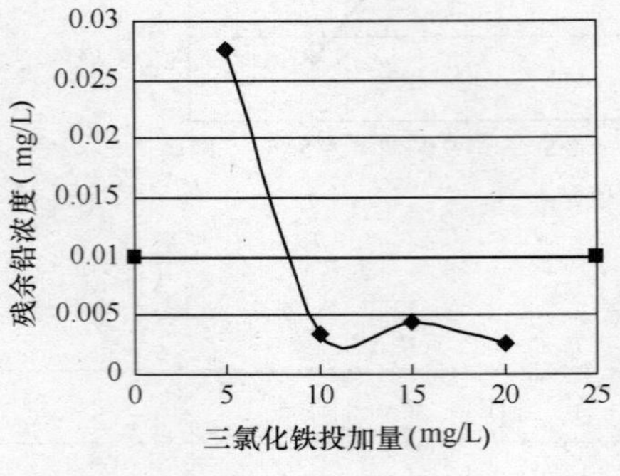

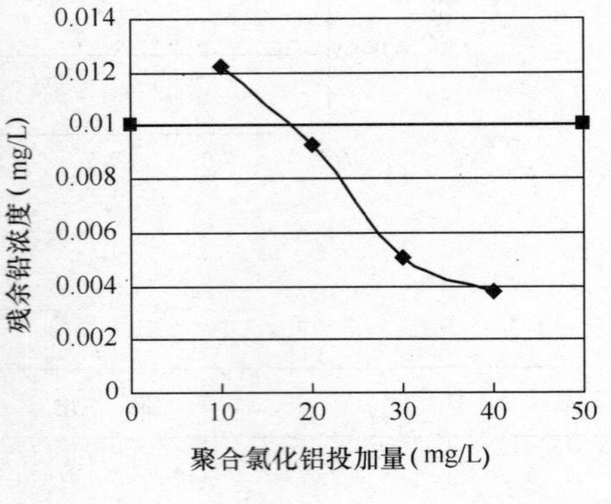

结　论　与　备　注

1. 采用三氯化铁去除超标 4 倍铅的有效剂量为 10mg/L 以上（以 Fe 计）。
2. 采用聚氯化铝去除超标 4 倍铅的有效剂量为 20mg/L（以商品重计）以上，关键是控制反应后 pH＞9.0。

6.11 锑（Sb，III）

编号：广州-锑（三价）-1

时间：2006年6月8日

<table>
<tr><td>实验名称</td><td colspan="6">pH值对铁盐混凝剂去除锑（Ⅲ）污染物效果的影响</td></tr>
<tr><td rowspan="2">相关水质标准（mg/L）</td><td>国　标</td><td>0.005</td><td colspan="2">建设部行标</td><td colspan="2">0.005</td></tr>
<tr><td>卫生部规范</td><td>0.005</td><td colspan="2">水源水质标准</td><td colspan="2">0.005</td></tr>
<tr><td>实验条件1</td><td colspan="6">污染物浓度：0.0235mg/L；混凝剂种类：三氯化铁10mg/L（以Fe计）原水：西村水厂自来水；实验水温：25℃。</td></tr>
<tr><td>原水水质1</td><td colspan="6">浊度=1.84NTU；碱度=16.7mg/L；硬度=102.3mg/L；pH值=6.9；总溶解性总固体=220mg/L。</td></tr>
<tr><td>实验条件2</td><td colspan="6">污染物浓度：0.0253mg/L；混凝剂种类：三氯化铁原水：西村水厂自来水；实验水温：25℃</td></tr>
<tr><td>原水水质2</td><td colspan="6">浊度=0.3NTU；碱度=9.5mg/L；硬度=67.9mg/L；pH值=5.8；总溶解性总固体=212mg/L。</td></tr>
<tr><td colspan="7">数　据　记　录</td></tr>
<tr><td>反应前pH值1</td><td>5.02</td><td>5.50</td><td>6.00</td><td>6.51</td><td>6.99</td><td>7.50</td></tr>
<tr><td>反应后pH值1</td><td>4.30</td><td>4.69</td><td>5.67</td><td>6.18</td><td>6.43</td><td>6.70</td></tr>
<tr><td>污染物浓度（mg/L）</td><td>0.0249</td><td>0.0197</td><td>0.0258</td><td>0.0197</td><td>0.0174</td><td>0.0181</td></tr>
<tr><td>反应前pH值2</td><td>4.01</td><td>4.48</td><td>4.98</td><td>5.52</td><td>6.00</td><td>6.49</td></tr>
<tr><td>反应后pH值2</td><td>3.92</td><td>4.08</td><td>4.20</td><td>4.35</td><td>5.37</td><td>5.18</td></tr>
<tr><td>污染物浓度（mg/L）</td><td>0.0196</td><td>0.0129</td><td>0.0107</td><td>0.0117</td><td>0.0125</td><td>0.014</td></tr>
</table>

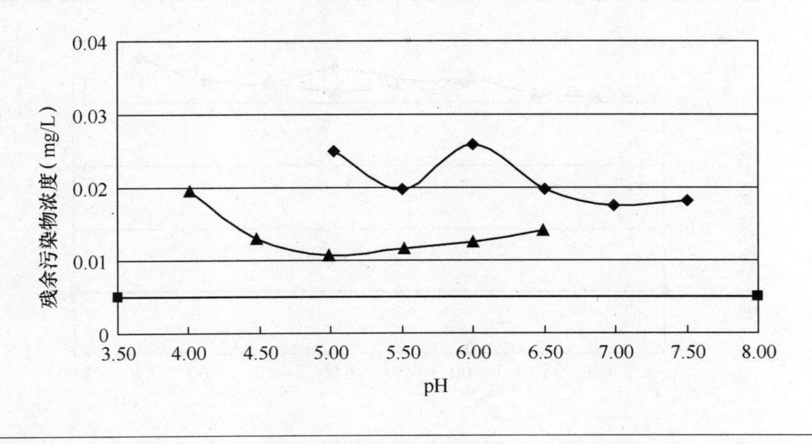

结　论　与　备　注

1. 三价锑无法通过采用铁盐混凝剂进行混凝沉淀去除，需预加氯等氧化剂将其氧化为五价锑再去除。
2. 研究采用的锑污染物采用三氧化二锑（硝酸溶解）配制。

编号：广州-锑-2

时间：2006年6月8日

实验名称	pH值对铝盐混凝剂去除锑（III）污染物效果的影响			
相关水质标准（mg/L）	国　　标	0.005	建设部行标	0.005
	卫生部规范	0.005	水源水质标准	0.005
实验条件1	污染物浓度：0.00235mg/L；混凝剂种类：聚氯化铝（广东顺德佳净）20mg/L（以商品重计）；原水：西村水厂自来水；实验水温：25℃。			
原水水质1	浊度＝1.84NTU；碱度＝16.7mg/L；硬度＝102.3mg/L；pH值＝6.9；总溶解性总固体＝220mg/L。			
实验条件2	污染物浓度：0.00253mg/L；混凝剂种类：聚氯化铝（广东顺德佳净）原水：西村水厂自来水；实验水温：25℃。			
原水水质2	浊度＝0.3NTU；碱度＝9.5mg/L；硬度＝67.9mg/L；pH值＝5.8；总溶解性总固体＝212mg/L。			

数　据　记　录

反应前pH值1	5.02	5.50	6.00	6.51	6.99	7.50
反应后pH值1	5.33	5.58	6.06	6.49	6.71	6.85
污染物浓度（mg/L）	0.0216	0.02185	0.02273	0.0216	0.0217	0.02355
反应前pH值2	4.01	4.48	4.98	5.52	6.00	6.49
反应后pH值2	4.26	4.77	5.07	5.42	5.90	6.19
污染物浓度（mg/L）	0.0205	0.0207	0.0219	0.0214	0.0209	0.0217

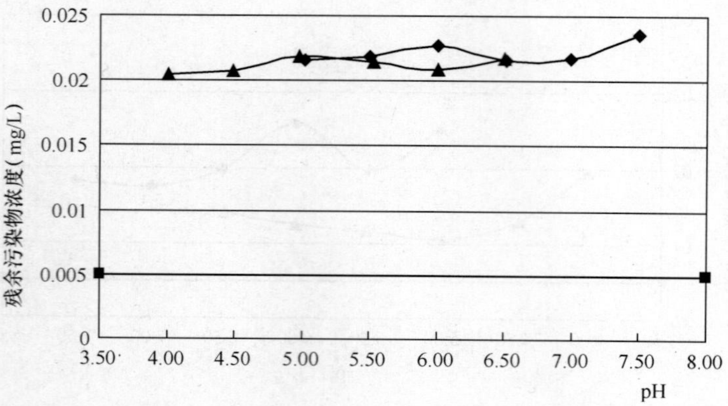

结　论　与　备　注

1. 三价锑无法通过采用铝盐混凝剂进行混凝沉淀去除，需研究其他去除技术。
2. 研究采用的锑污染物采用三氧化二锑（硝酸溶解）配制。

6.12 锑（Sb,V）

编号：广州-锑（五价）-1

时间：2007年6月27日

实验名称	pH值对铁盐混凝剂去除锑（V）污染物效果的影响					
相关水质标准（mg/L）	国　标		0.005	建设部行标		0.005
	卫生部规范		0.005	水源水质标准		0.005
实验条件	污染物浓度：0.0269mg/L；混凝剂种类：三氯化铁10mg/L（以Fe计）原水：西村水厂自来水；实验水温：23.5℃。					
原水水质	浊度＝0.35NTU；碱度＝49.8mg/L；硬度＝86.9mg/L；pH值＝7.22；总溶解性总固体＝156.2mg/L。					
数　据　记　录						
反应前pH值	3.99	4.50	5.01	5.50	6.00	6.52
反应后pH值	3.30	3.34	3.38	3.44	3.92	3.77
污染物浓度（mg/L）	0.0017	0.00217	0.00194	0.002	0.00249	0.00244

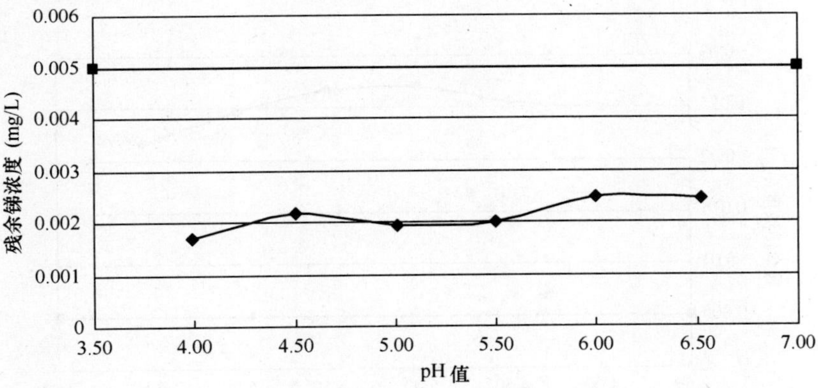

结　论　与　备　注

1. 在通常和较低pH值时，采用三氯化铁可以有效去除五价锑，因而可以不必调节pH值。

2. 三氯化铁除五价锑的机理是溶解性三价铁离子和锑酸根离子生成了锑酸铁（$FeSbO_4$）沉淀，因而这一反应可以在通常pH值条件下进行。

3. 研究采用的锑污染物采用焦锑酸钾（$K_2H_2Sb_2O_7$）配制。

编号：广州-锑（五价）-2

时间：2007 年 6 月 27 日

实验名称	pH 值对铝盐混凝剂去除锑（V）污染物效果的影响					
相关水质标准（mg/L）	国标	0.005	建设部行标	0.005		
	卫生部规范	0.005	水源水质标准	0.005		
实验条件	污染物浓度：0.0269mg/L；混凝剂种类：聚氯化铝（广东顺德佳净），10mg/L（以商品重计）；原水：西村水厂自来水；实验水温：23.5℃。					
原水水质	浊度＝0.35NTU；碱度＝49.8mg/L；硬度＝86.9mg/L；pH 值＝7.22；总溶解性总固体＝156.2mg/L。					
数据记录						
反应前 pH 值	3.99	4.50	5.01	5.50	6.00	6.52
反应后 pH 值	4.38	4.78	5.07	5.46	6.11	6.35
污染物浓度（mg/L）	0.025	0.0255	0.027	0.0266	0.0247	0.0217

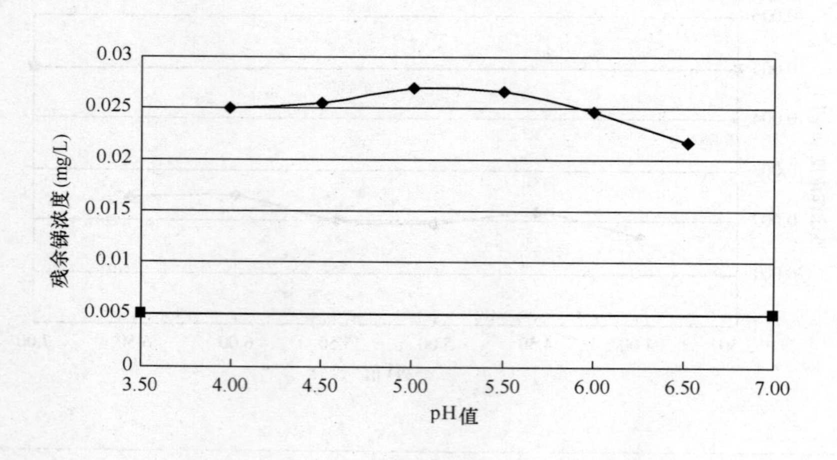

结论与备注

1. 五价锑不能通过采用铝盐混凝剂进行混凝沉淀去除。
2. 研究采用的锑污染物采用焦锑酸钾（$K_2H_2Sb_2O_7$）配制。

编号：广州-锑（五价）-3

时间：2007 年 6 月 27 日

实验名称	pH 值对铁盐混凝剂去除锑（V）污染物效果的影响					
相关水质标准（mg/L）	国　标	0.005	建设部行标		0.005	
	卫生部规范	0.005	水源水质标准		0.005	
实验条件	污染物浓度：0.0269mg/L；混凝剂种类：三氯化铁原水：西村水厂自来水；实验水温：23.5℃。					
原水水质	浊度=0.35NTU；碱度=49.8mg/L；硬度=86.9mg/L；pH 值=7.22；总溶解性总固体=156.2mg/L。					
数　据　记　录						
混凝剂投量（mg/L）	5	10	15	20		
反应前 pH 值	6.51	6.51	6.51	6.51		
反应后 pH 值	4.32	3.77	3.51	3.1		
污染物浓度（mg/L）	0.0017	0.00342	0.00641	0.00865		
残余铁浓度（mg/L）	0.178	0.0458	0.658	4.61		

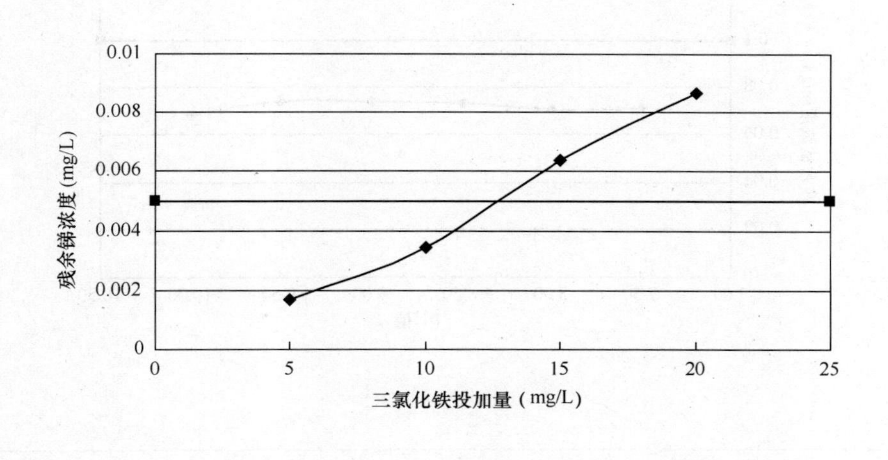

结　论　与　备　注

1. 采用三氯化铁去除超标 4 倍锑的有效剂量为 5～10mg/L（以 Fe 计）。
2. 平行样：pH：6.51，氯化铁投加量 10mg/L，反应后 pH：3.77，Sb：0.00342mg/L。

6.13 钛（Ti）

编号：广州-钛-1

时间：2007年6月21日

实验名称	pH值对铁盐混凝剂去除钛污染物效果的影响					
相关水质标准（mg/L）	国　标			建设部行标		
	卫生部规范			水源水质标准		0.1
实验条件	污染物浓度：0.578mg/L；混凝剂种类：三氯化铁10mg/L（以Fe计）原水：西村水厂自来水；实验水温：23.5℃。					
原水水质	浊度＝0.35NTU；碱度＝47.7mg/L；硬度＝82.5mg/L；pH值＝7.11；总溶解性总固体＝104mg/L。					
数　据　记　录						
反应前pH值	7.49	8.00	8.48	8.99	9.49	9.99
反应后pH值	6.23	6.39	6.52	6.65	6.99	8.67
污染物浓度（mg/L）	0.0713	0.0704	0.0733	0.0739	0.0741	0.0685

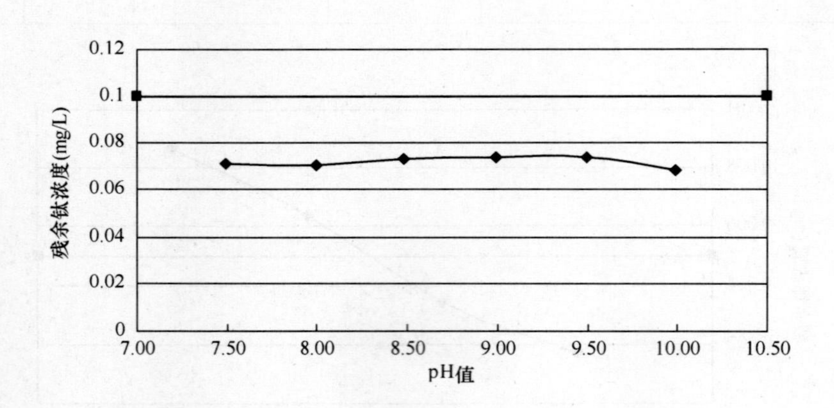

结　论　与　备　注

1. 在通常pH值条件下，采用三氯化铁可以有效去除钛离子。
2. 根据理论计算，当pH值>3时，钛会生成氢氧化钛沉淀（或脱水形成TiO_2），因而不必调节pH值。
3. 研究采用的钛污染物采用三氯化钛配制。

编号：广州-钛-2

时间：2007年6月21日

实验名称	pH值对铝盐混凝剂去除钛污染物效果的影响					
相关水质标准(mg/L)	国　标		建设部行标			
	卫生部规范		水源水质标准		0.1	
实验条件	污染物浓度：0.578mg/L；混凝剂种类：聚氯化铝（广东顺德佳净），20mg/L（以商品重计）；原水：西村水厂自来水；实验水温：23.5℃。					
原水水质	浊度＝0.35NTU；碱度＝47.7mg/L；硬度＝82.5mg/L；pH值＝7.11；总溶解性总固体＝104mg/L。					
数据记录						
反应前pH值	7.00	7.49	8.00	8.48	8.99	9.49
反应后pH值	7.42	7.39	7.45	7.60	8.21	9.14
污染物浓度(mg/L)	0.0941	0.0824	0.0735	0.0755	0.0763	0.0737

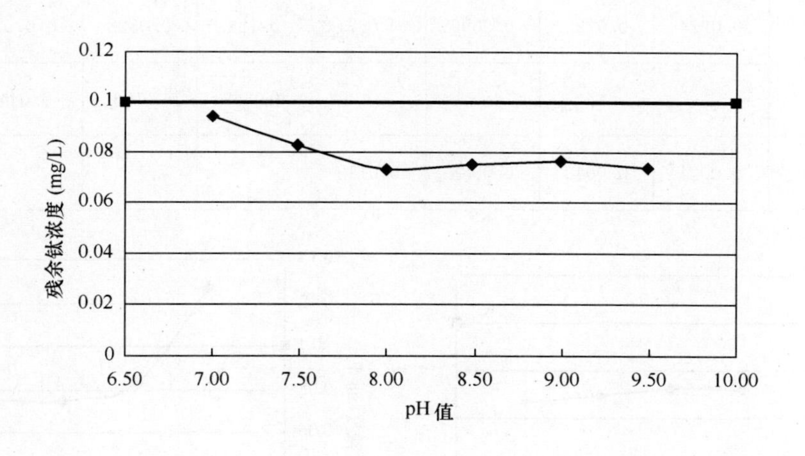

结　论　与　备　注

1. 在通常pH值条件下，采用聚氯化铝可以有效去除钛离子。
2. 除钛的机理是当pH值>3时，钛会生成氢氧化钛（或脱水形成TiO_2）沉淀，因而不必调节pH值。
3. 研究采用的钛污染物采用三氯化钛配制。

编号：广州-钛-3

时间：2007年6月21日

实验名称	混凝剂投加量对钛污染物去除效果的影响							
相关水质标准（mg/L）	国标		0.1		建设部行标		0.1	
	卫生部规范		0.1		水源水质标准		0.1	
实验条件	污染物浓度：0.578mg/L；混凝剂种类：三氯化铁、聚氯化铝原水：西村水厂自来水；实验水温：25℃。							
原水水质	浊度＝0.35NTU；碱度＝47.7mg/L；硬度＝82.5mg/L；pH值＝7.11；总溶解性总固体＝104mg/L。							
数据记录								
混凝剂种类	三氯化铁				聚氯化铝			
混凝剂投量（mg/L）	5	10	15	20	10	20	30	40
反应前pH值	7.49	7.49	7.49	7.49	7.00	7.00	7.00	7.00
反应后pH值	6.85	6.45	5.88	4.79	6.90	6.92	6.87	6.78
污染物浓度（mg/L）	0.0724	0.0726	0.0699	0.0671	0.128	0.0828	0.0751	0.0753
残余铝浓度（mg/L）					0.0567	0.196	0.044	0.0669
残余铁浓度（mg/L）	0.0021	0.0042	0.0083	0.0119				

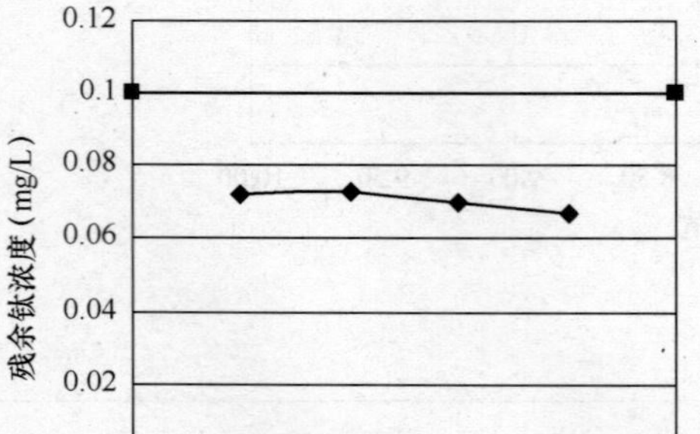

残余钛浓度（mg/L）
0.12
0.1
0.08
0.06
0.04
0.02
0
0 5 10 15 20 25
三氯化铁投加量(mg/L)

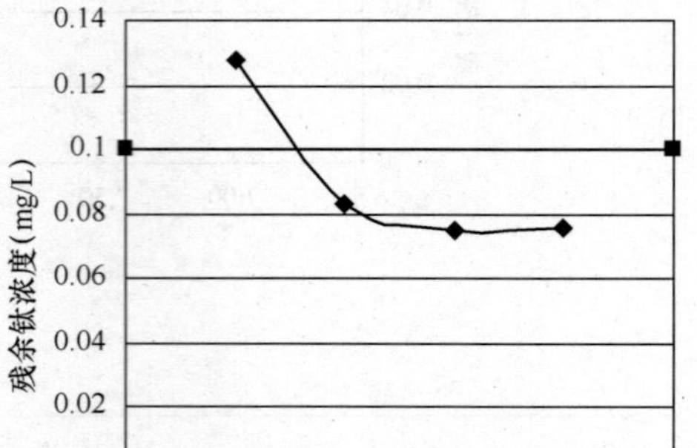

残余钛浓度（mg/L）
0.14
0.12
0.1
0.08
0.06
0.04
0.02
0
0 10 20 30 40 50
聚铝投加量(mg/L)

结论与备注

1. 采用三氯化铁去除超标4倍钛的有效剂量为5mg/L（以Fe计）以上，不必调节pH值。
2. 采用聚氯化铝去除超标4倍钛的有效剂量为20mg/L（以商品重计）以上，不必调节pH值。

6.14 铊（Tl）

编号：广州-铊-1

时间：2007年4月25日

实验名称	pH值对铁盐混凝剂去除铊污染物效果的影响				
相关水质标准（mg/L）	国　标	0.0001	建设部行标	0.0001	
	卫生部规范	0.0001	水源水质标准	0.0001	
实验条件	污染物浓度：0.00103mg/L；混凝剂种类：三氯化铁 10mg/L（以Fe计）原水：西村水厂自来水；实验水温：24.4℃。				
原水水质	浊度＝0.24NTU；碱度＝103.3mg/L；硬度＝54.0mg/L；pH值＝7.30；总溶解性总固体＝208.4mg/L。				
数　据　记　录					
反应前pH值	7.48	7.98	8.50	8.98	9.48	9.99
反应后pH值	6.72	6.79	6.87	7.08	8.10	9.20
污染物浓度（mg/L）	0.000903	0.000845	0.000965	0.000981	0.000979	0.000892

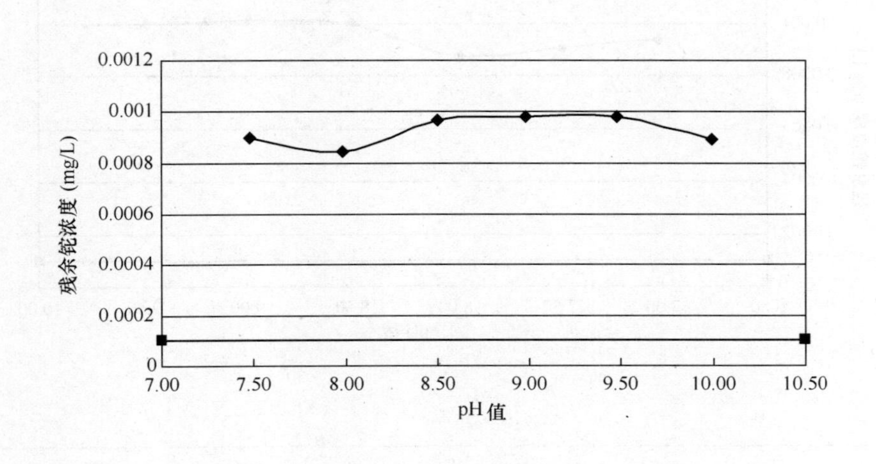

结　论　与　备　注

1. 铊无法通过采用铁盐混凝剂进行混凝沉淀去除，需研究其他去除技术。
2. 研究采用的铊污染物采用硝酸铊配制。

编号：广州-铊-2

时间：2007 年 4 月 25 日

<table>
<tr><td>实验名称</td><td colspan="6">pH 值对铝盐混凝剂去除铊污染物效果的影响</td></tr>
<tr><td rowspan="2">相关水质标准
(mg/L)</td><td>国　　标</td><td>0.0001</td><td colspan="2">建设部行标</td><td colspan="2">0.0001</td></tr>
<tr><td>卫生部规范</td><td>0.0001</td><td colspan="2">水源水质标准</td><td colspan="2">0.0001</td></tr>
<tr><td>实验条件</td><td colspan="6">污染物浓度：0.001032mg/L；混凝剂种类：聚氯化铝（广东顺德佳净）20mg/L（以商品重计）原水：西村水厂自来水；实验水温：24.4℃。</td></tr>
<tr><td>原水水质</td><td colspan="6">浊度＝0.24NTU；碱度＝103.3mg/L；硬度＝54.0mg/L；pH 值＝7.30；总溶解性总固体＝208.4mg/L。</td></tr>
<tr><td colspan="7">数　据　记　录</td></tr>
<tr><td>反应前 pH 值</td><td>7.02</td><td>7.48</td><td>7.98</td><td>8.50</td><td>8.99</td><td>9.48</td></tr>
<tr><td>反应后 pH 值</td><td>7.00</td><td>7.32</td><td>7.50</td><td>7.83</td><td>8.46</td><td>9.15</td></tr>
<tr><td>污染物浓度
(mg/L)</td><td>0.000942</td><td>0.000908</td><td>0.000872</td><td>0.001003</td><td>0.001012</td><td>0.001001</td></tr>
</table>

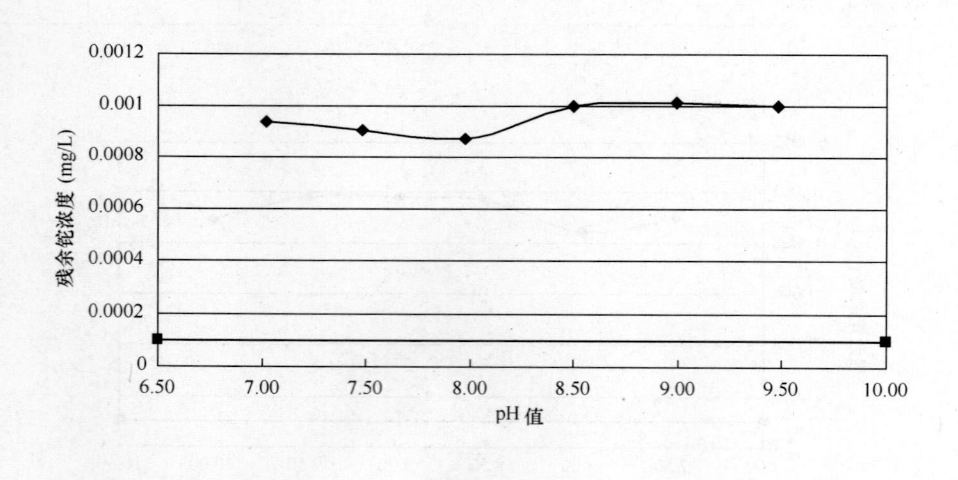

结　论　与　备　注

1. 铊无法通过采用铁盐混凝剂进行混凝沉淀去除，需研究其他去除技术。
2. 研究采用的铊污染物采用硝酸铊配制。

6.15 锌 (Zn)

编号：广州-锌-1

时间：2006 年 5 月 17 日

实验名称	pH 值对铁盐混凝剂去除锌污染物效果的影响					
相关水质标准 (mg/L)	国 标	1	建设部行标	1		
	卫生部规范	1	水源水质标准	1		
实验条件	污染物浓度：5.0mg/L；混凝剂种类：三氯化铁 10mg/L（以 Fe 计）原水：西村水厂自来水；实验水温：23℃。					
原水水质	浊度＝0.2NTU；碱度＝64.5mg/L；硬度＝100.9mg/L；pH 值＝7.0；总溶解性总固体＝220mg/L。					
数 据 记 录						
反应前 pH 值	7.50	8.00	8.50	9.00	9.50	10.00
反应后 pH 值	7.47	7.54	7.76	8.48	9.15	9.78
污染物浓度 (mg/L)	4.6	4.3	2	0.15	0.0286	0.0356

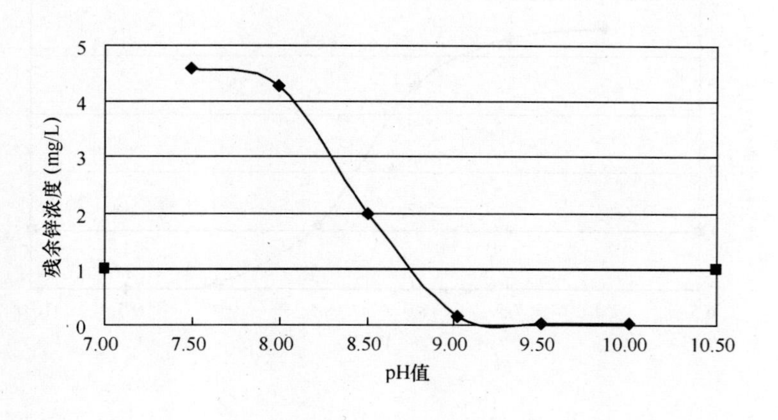

结 论 与 备 注

1. 调节反应前 pH＞9.0（控制反应后 pH＞8.5），采用三氯化铁可以有效去除锌离子。
2. 除锌的机理是调节 pH 值，使锌生成氢氧化锌、碳酸锌沉淀，因而受 pH 值影响明显。
3. 研究采用的锌污染物采用纯锌（硝酸溶解）配制。

编号：广州-锌-2

时间：2006年5月15日

<table>
<tr><td>实验名称</td><td colspan="6">pH值对铝盐混凝剂去除锌污染物效果的影响</td></tr>
<tr><td rowspan="2">相关水质标准
(mg/L)</td><td colspan="2">国　标</td><td colspan="2">1</td><td>建设部行标</td><td>1</td></tr>
<tr><td colspan="2">卫生部规范</td><td colspan="2">1</td><td>水源水质标准</td><td>1</td></tr>
<tr><td>实验条件</td><td colspan="6">污染物浓度：5.23mg/L；混凝剂种类：聚氯化铝（广东顺德佳净）20mg/L（以商品重计）
原水：西村水厂自来水；实验水温：23℃。</td></tr>
<tr><td>原水水质</td><td colspan="6">浊度＝0.2NTU；碱度＝64.5mg/L；硬度＝100.9mg/L；pH值＝7.0；总溶解性总固体＝220mg/L。</td></tr>
<tr><td colspan="7">数　据　记　录</td></tr>
<tr><td>反应前pH值</td><td>7.00</td><td>7.52</td><td>8.01</td><td>8.49</td><td>8.98</td><td>9.48</td></tr>
<tr><td>反应后pH值</td><td>7.39</td><td>7.48</td><td>7.57</td><td>7.85</td><td>8.46</td><td>9.14</td></tr>
<tr><td>污染物浓度
(mg/L)</td><td>4.5</td><td>4.3</td><td>3.5</td><td>1.1</td><td>0.0828</td><td>0.00963</td></tr>
</table>

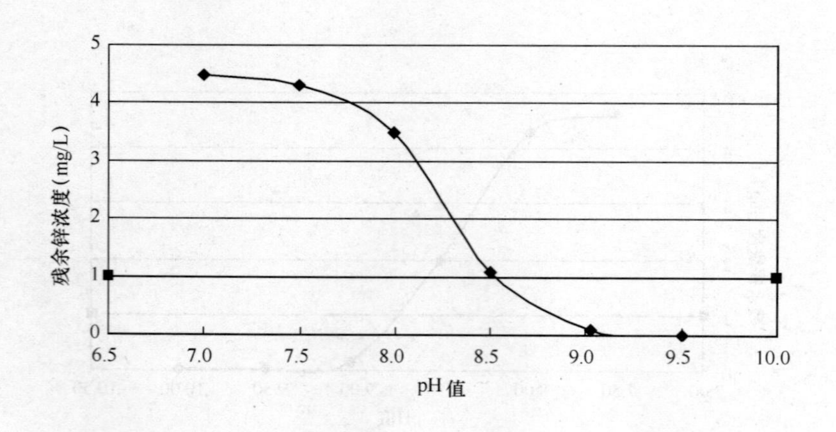

结　论　与　备　注

1. 调节反应前pH＞9.0（控制反应后pH＞8.5），采用聚氯化铝可以有效去除锌离子。
2. 除锌的机理是调节pH值，使锌生成氢氧化锌、碳酸锌沉淀，因而受pH值影响明显。
3. 研究采用的锌污染物采用纯锌（硝酸溶解）配制。

编号：广州-锌-3

时间：2006 年 5 月 15 日

实验名称	混凝剂投加量对锌污染物去除效果的影响							
相关水质标准（mg/L）	国　标		1		建设部行标		1	
	卫生部规范		1		水源水质标准		1	
实验条件	污染物浓度：5.0mg/L；混凝剂种类：三氯化铁、聚氯化铝原水：西村水厂自来水；实验水温：23℃。							
原水水质	浊度＝0.2NTU；碱度＝64.5mg/L；硬度＝100.9mg/L；pH 值＝7.0；总溶解性总固体＝220mg/L。							
数　据　记　录								
混凝剂种类	三氯化铁				聚氯化铝			
混凝剂投量（mg/L）	5	10	15	20	10	20	30	40
反应前 pH 值	8.99	8.99	8.99	8.99	8.99	8.99	8.99	8.99
反应后 pH 值	8.61	8.37	8.03	7.84	8.68	8.46	8.23	7.99
污染物浓度（mg/L）	0.171	0.384	0.699	1.43	0.085	0.177	0.354	0.765
残余铝浓度（mg/L）	0.0151	0.0085	0.0055	0.0043	0.0148	0.171	0.144	0.114
残余铁浓度（mg/L）	0.0044	0.0371	0.0102	0.0295	0.0028	0.0034	0.0045	0.0035

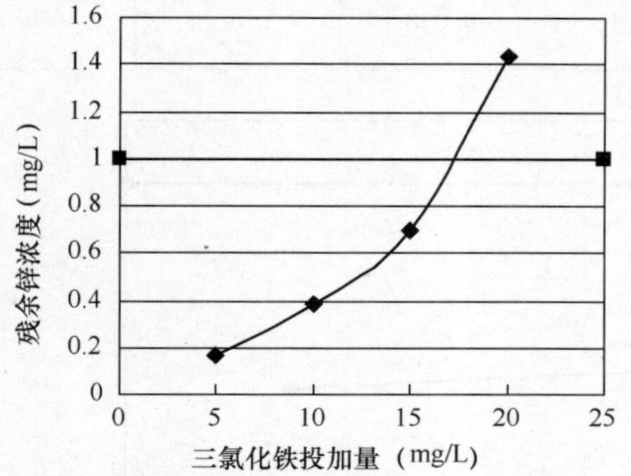

残余锌浓度（mg/L）

三氯化铁投加量（mg/L）

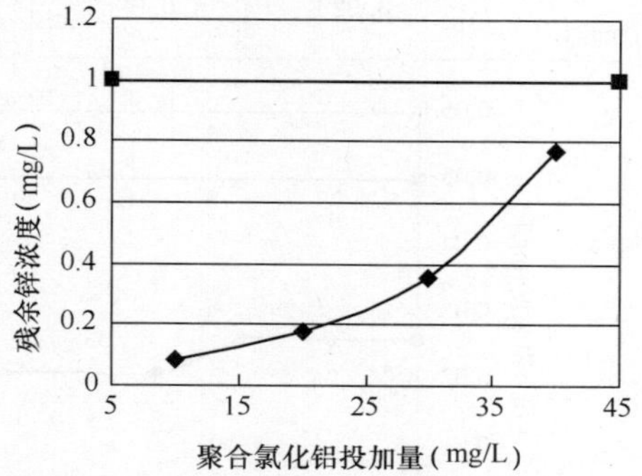

残余锌浓度（mg/L）

聚合氯化铝投加量（mg/L）

结　论　与　备　注

1. 采用三氯化铁去除超标 4 倍锌的有效剂量为 5～15mg/L（以 Fe 计），关键是控制反应后 pH＞8.0。
2. 采用聚氯化铝去除超标 4 倍锌的有效剂量为 10mg/L（以商品重计）以上，关键是控制反应后 pH＞8.0。
3. 平行样 1：pH8.99，$FeCl_3$ 投加量 15mg/L，反应后 pH7.96，Zn：0.95mg/L，Fe：0.0325mg/L；
   平行样 2：pH8.99，$FeCl_3$ 投加量 20mg/L，反应后 pH7.82，Zn：1.07mg/L，Fe：0.0083mg/L；
   平行样 3：pH8.99，聚氯化铝投加量 30mg/L，反应后 pH8.17，Zn：0.379mg/L，Al：0.154mg/L；
   平行样 4：pH8.99，聚氯化铝投加量 40mg/L，反应后 pH7.98，Zn：0.944mg/L，Al：0.116mg/L。

7. 硫化物沉淀法（以元素符号为序）

7.1 银（Ag）

编号：广州-银（硫化物）-1

时间：2007 年 4 月 8 日

实验名称	硫化物沉淀法对银污染物的去除效果					
相关水质标准（mg/L）	国　标	0.05	建设部行标		0.05	
	卫生部规范	0.05	水源水质标准		0.05	
实验条件	污染物浓度：0.253mg/L；混凝剂种类：聚氯化铝（广东顺德佳净）原水：南洲水厂自来水；实验水温：23.5℃。					
原水水质	浊度＝0.93NTU；碱度＝102.8mg/L；硬度＝123.3mg/L；pH 值＝7.78；总溶解性总固体＝117mg/L。					
数　据　记　录						
Na_2S 投加量（以 S 计，mg/L）	0.00	0.01	0.02	0.03	0.05	0.10
反应后［S^{2-}］	<0.02	<0.02	<0.02	<0.02	<0.02	<0.02
污染物浓度（mg/L）	0.03	0.03	0.03	0.02	0.02	0.02
过夜后［S^{2-}］	<0.02	<0.02	<0.02	<0.02	<0.02	<0.02
过夜后污染物浓度（mg/L）	0.023	0.026	0.023	0.008	0	0

残余银浓度 (mg/L)

硫化物投加量 (mg/L)

结　论　与　备　注

1. 在通常水质条件下，投加 0.02mg/L 以上的硫化物可以有效去除银离子，不必调节水质。
2. 硫化物除银的机理是生成了硫化银沉淀。
3. 研究采用的银污染物采用硝酸银配制。

7.2 镉（Cd）

编号：广州-镉（硫化物）-1

时间：2007 年 4 月 8 日

实验名称	硫化物沉淀法对镉污染物的去除效果					
相关水质标准 (mg/L)	国 标	0.005	建设部行标	0.005		
	卫生部规范	0.005	水源水质标准	0.005		
实验条件	污染物浓度：0.033mg/L；混凝剂种类：聚氯化铝（广东顺德佳净）原水：南洲水厂自来水；实验水温：23.5℃。					
原水水质	浊度＝0.93NTU；碱度＝102.8mg/L；硬度＝123.3mg/L；pH 值＝7.78；总溶解性总固体＝117mg/L。					
数 据 记 录						
Na_2S 投加量（以 S 计，mg/L）	0.00	0.01	0.02	0.03	0.05	0.10
反应后 [S^{2-}]	<0.02	<0.02	<0.02	<0.02	0.20	0.02
污染物浓度 (mg/L)	0.02	0.01	0.00	0.00	0.00	0.00
过夜后 [S^{2-}]	<0.02	<0.02	<0.02	<0.02	<0.02	<0.02
过夜后污染物浓度 (mg/L)	0.015	0.014	0.008	0.007	0.005	0.004

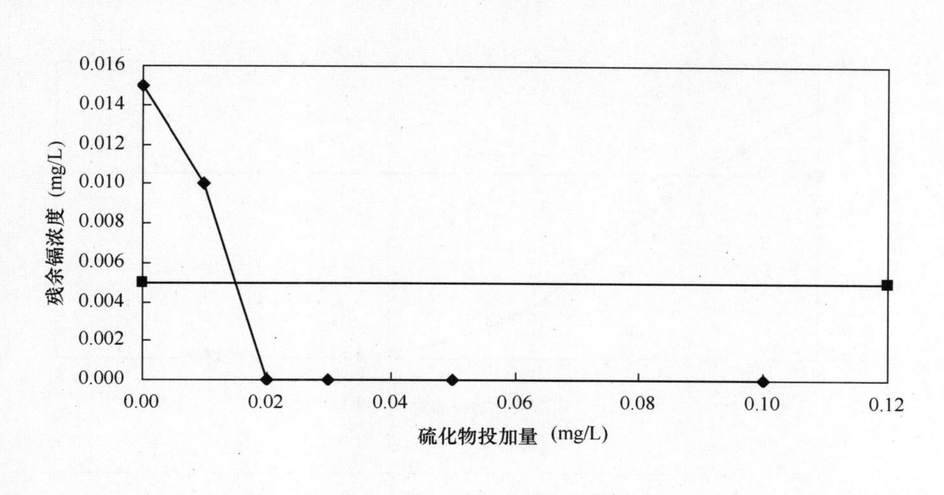

结 论 与 备 注

1. 在通常水质条件下，投加 0.02mg/L 以上的硫化物可以有效去除镉离子，不必调节水质。
2. 硫化物除镉的机理是生成了硫化镉沉淀。
3. 研究采用的镉污染物采用硝酸镉配制。

7.3 铜（Cu）

编号：广州-铜（硫化物）-1

时间：2007年4月3日

实验名称	硫化物沉淀法对铜污染物的去除效果					
相关水质标准（mg/L）	国　标	1		建设部行标	1	
	卫生部规范	1		水源水质标准	1	
实验条件	污染物浓度：5.16mg/L；混凝剂种类：聚氯化铝（广东顺德佳净）原水：西村水厂自来水；实验水温：23.5℃。					
原水水质	浊度＝0.93NTU；碱度＝102.8mg/L；硬度＝123.3mg/L；pH值＝7.78；总溶解性总固体＝117mg/L。					
数　据　记　录						
Na_2S投加量（以S计，mg/L）	0.00	0.50	1.00	2.00	3.00	4.00
反应后［S^{2-}］	＜0.02	＜0.02	＜0.02	＜0.02	＜0.02	＜0.02
污染物浓度（mg/L）	1.35	1.13	0.86	0.23	0.01	0.03
过夜后［S^{2-}］	＜0.02	＜0.02	＜0.02	＜0.02	＜0.02	＜0.02
过夜后污染物浓度（mg/L）	0.89	0.77	0.62	0.26	0.1	0.04

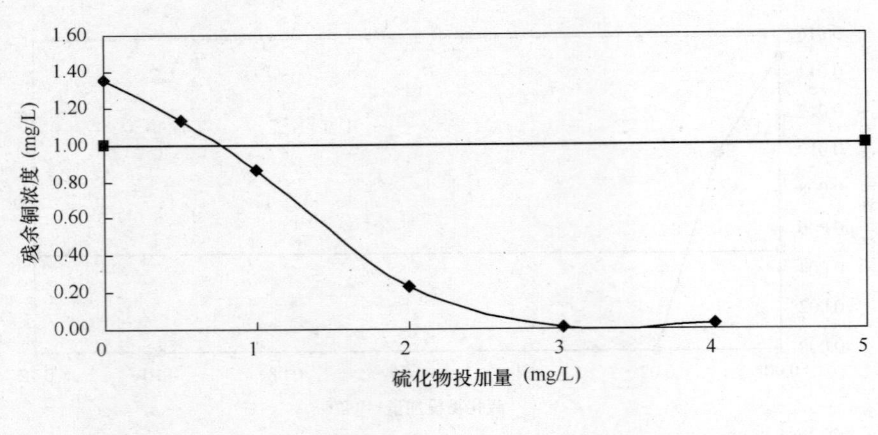

结　论　与　备　注

1. 在通常水质条件下，投加1mg/L以上的硫化物可以有效去除超标4倍的铜离子，不必调节水质。
2. 硫化物除铜的机理是生成了硫化铜沉淀。
3. 由于硫化物投加量较高，需监测剩余硫化物浓度，出现过量硫化物可以采用游离氯、三价铁等氧化去除。
4. 研究采用的铜污染物采用硫酸铜配制。

7.4 汞（Hg）

编号：广州-汞（硫化物）-1

时间：2007年4月17日

实验名称	硫化物沉淀法对汞污染物的去除效果			
相关水质标准（mg/L）	国　标	0.001	建设部行标	0.001
	卫生部规范	0.001	水源水质标准	0.001
实验条件	污染物浓度：0.0051mg/L；混凝剂种类：聚氯化铝（广东顺德佳净）原水：南洲水厂自来水；实验水温：23.5℃。			
原水水质	浊度＝0.93NTU；碱度＝102.8mg/L；硬度＝123.3mg/L；pH值＝7.78；总溶解性总固体＝117mg/L。			

数　据　记　录

Na_2S投加量（以S计，mg/L）	0.00	0.01	0.02	0.03	0.05	0.10
反应后［S^{2-}］	<0.02	<0.02	<0.02	<0.02	0.20	0.02
污染物浓度（mg/L）	0.0040	0.0010	0.0005	0.0005	0.0005	0.0000
过夜后［S^{2-}］	<0.02	<0.02	<0.02	<0.02	<0.02	<0.02
过夜后污染物浓度（mg/L）	0.003	0.0008	0.0006	0.0008	0.0008	0.0004

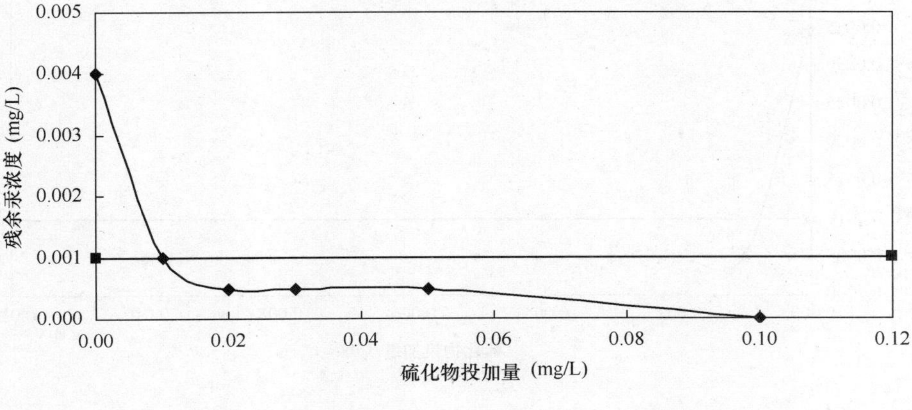

结　论　与　备　注

1. 在通常水质条件下，投加0.02mg/L以上的硫化物可以有效去除超标4倍以内的汞离子，不必调节水质。
2. 硫化物除汞的机理是生成了硫化汞沉淀。
3. 研究采用的汞污染物采用配制。

编号：广州-汞（硫化物）-2
时间：2007年4月17日

实验名称	硫化物沉淀法对汞污染物的去除效果				
相关水质标准(mg/L)	国　标	0.001	建设部行标	0.001	
	卫生部规范	0.001	水源水质标准	0.001	
实验条件	污染物浓度：0.0051mg/L；混凝剂种类：聚氯化铝（广东顺德佳净）原水：南洲水厂自来水；实验水温：23.5℃。				
原水水质	浊度＝0.93NTU；碱度＝102.8mg/L；硬度＝123.3mg/L；pH值＝7.78；总溶解性总固体＝117mg/L。				
数　据　记　录					
Na_2S投加量(以S计，mg/L)	0.000	0.001	0.002	0.003	0.005	0.010
反应后$[S^{2-}]$	<0.02	<0.02	<0.02	<0.02	<0.02	<0.02
污染物浓度(mg/L)	0.0035	0.0005	0.0005	0.0005	0.0005	0.0005
过夜后$[S^{2-}]$	<0.02	<0.02	<0.02	<0.02	<0.02	<0.02
过夜后污染物浓度(mg/L)	0.0026	0.0006	0.0008	0.0008	0.0008	0.0008

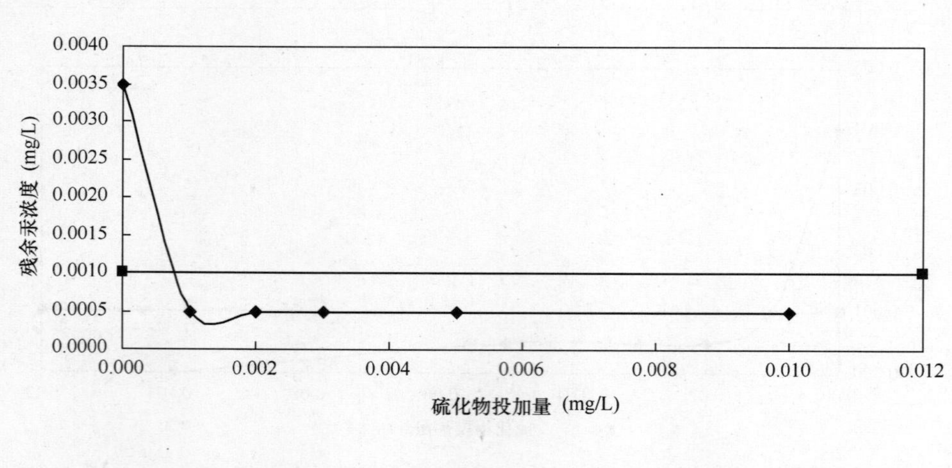

结　论　与　备　注

1. 在通常水质条件下，投加0.02mg/L以上的硫化物可以有效去除超标4倍以内的汞离子，不必调节水质。
2. 硫化物除汞的机理是生成了硫化汞沉淀。
3. 研究采用的汞污染物采用硝酸汞配制。

7.5 镍（Ni）

编号：广州-镍（硫化物）-1

时间：2007年4月8日

实验名称	硫化物沉淀法对镍污染物的去除效果			
相关水质标准（mg/L）	国　标	0.02	建设部行标	0.02
	卫生部规范	0.02	水源水质标准	0.02
实验条件	污染物浓度：0.1mg/L；混凝剂种类：聚氯化铝（广东顺德佳净）原水：南洲水厂自来水；实验水温：23.5℃			
原水水质	浊度=0.93NTU；碱度=102.8mg/L；硬度=123.3mg/L；pH值=7.78；总溶解性总固体=117mg/L			

数　据　记　录

Na_2S投加量（以S计，mg/L）	0.00	0.50	1.00	2.00	3.00	4.00
反应后［S^{2-}］	<0.02	0.07	0.06	0.04	0.06	0.11
污染物浓度（mg/L）	0.10	0.10	0.10	0.10	0.09	0.08
过夜后［S^{2-}］	<0.02	<0.02	<0.02	<0.02	<0.02	<0.02
过夜后污染物浓度（mg/L）	0.1	0.09	0.1	0.09	0.09	0.08

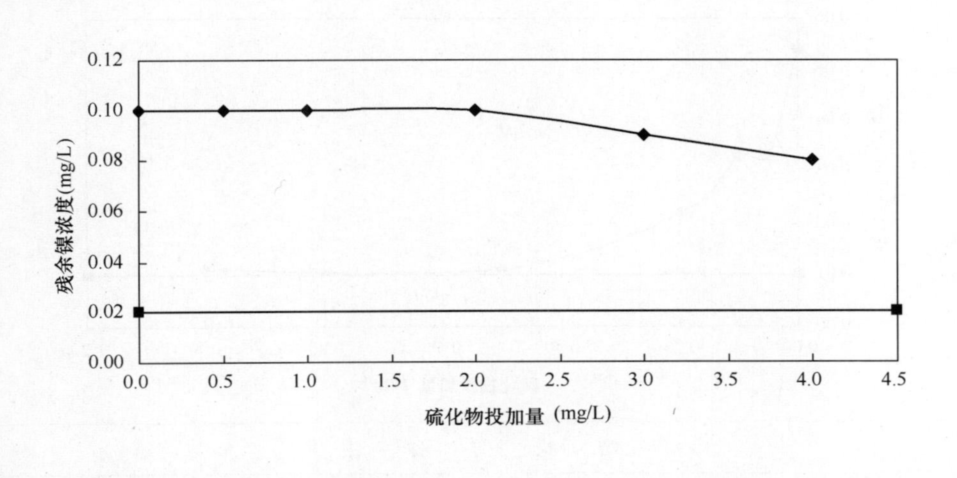

结　论　与　备　注

1. 镍无法通过采用硫化物沉淀法进行混凝沉淀去除，需研究其他去除技术。
2. 研究采用的镍污染物采用硝酸镍配制。

7.6 铅（Pb）

编号：广州-铅（硫化物）-1

时间：2007年4月12日

实验名称	硫化物沉淀法对铅污染物的去除效果					
相关水质标准（mg/L）	国　标	0.01		建设部行标	0.01	
	卫生部规范	0.01		水源水质标准	0.01	
实验条件	污染物浓度：0.252mg/L；混凝剂种类：聚氯化铝（广东顺德佳净）原水：南洲水厂自来水；实验水温：23.5℃。					
原水水质	浊度＝0.93NTU；碱度＝102.8mg/L；硬度＝123.3mg/L；pH值＝7.78；总溶解性总固体＝117mg/L。					
数　据　记　录						
Na_2S投加量（以S计，mg/L）	0.00	0.05	0.10	0.20	0.50	1.00
反应后［S^{2-}］	＜0.02	＜0.02	＜0.02	＜0.02	0.04	0.10
污染物浓度（mg/L）	0.054	0.033	0.033	0.022	0.011	0.011
过夜后［S^{2-}］	＜0.02	＜0.02	＜0.02	＜0.02	＜0.02	＜0.02
过夜后污染物浓度（mg/L）	0.033	0.033	0.033	0.022	0.022	0.022

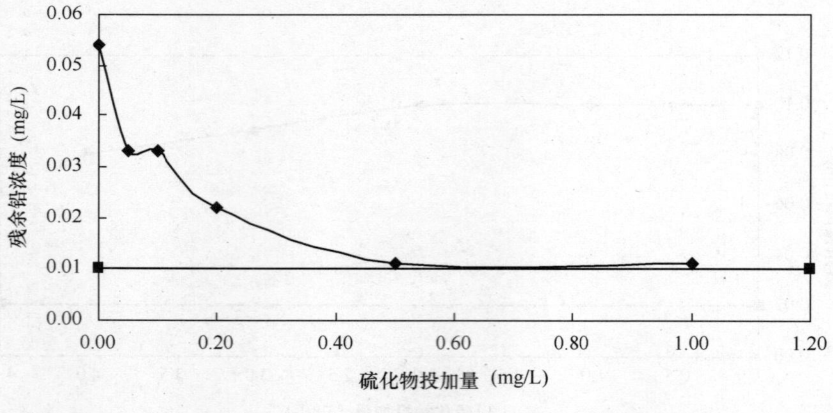

残余铅浓度（mg/L）

硫化物投加量（mg/L）

结　论　与　备　注

1. 在通常水质条件下，投加0.5mg/L以上的硫化物可以有效去除铅离子，不必调节水质；但出水铅浓度接近水质标准，安全余量不足，使用应谨慎。

2. 硫化物除铅的机理是生成了硫化铅沉淀。

3. 研究采用的铅污染物采用硝酸铅配制。

7.7 锑（Sb，III）

编号：广州-锑（三价、硫化物）-1

时间：2007年6月13日

实验名称	硫化物沉淀法对锑（III）污染物的去除效果				
相关水质标准（mg/L）	国　标	0.005	建设部行标	0.005	
	卫生部规范	0.005	水源水质标准	0.005	
实验条件	污染物浓度：0.028mg/L；混凝剂种类：聚氯化铝（广东顺德佳净）原水：南洲水厂自来水；实验水温：23.5℃。				
原水水质	浊度＝0.93NTU；碱度＝102.8mg/L；硬度＝123.3mg/L；pH 值＝7.78；总溶解性总固体＝117mg/L。				
数　据　记　录					
Na_2S投加量（以S计，mg/L）	0.00	0.01	0.02	0.03	0.05	0.10
反应后［S^{2-}］	＜0.02	＜0.02	＜0.02	＜0.02	0.03	0.08
污染物浓度（mg/L）	0.0256	0.0249	0.0238	0.0240	0.0235	0.0253
过夜后［S^{2-}］	＜0.02	＜0.02	＜0.02	＜0.02	＜0.02	＜0.02
过夜后污染物浓度（mg/L）	0.0262	0.0258	0.0245	0.0246	0.0254	0.0252

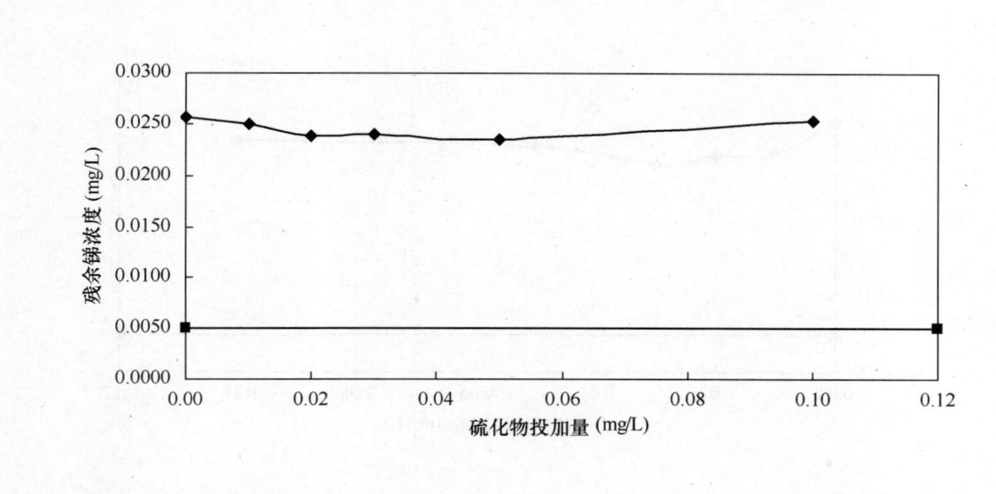

结　论　与　备　注

1. 三价锑无法通过采用硫化物沉淀法进行混凝沉淀去除，需研究其他去除技术。
2. 研究采用的锑污染物采用三氧化二锑（硝酸溶解）配制。

7.8 锑（Sb,V）

编号：广州-锑（五价、硫化物）-1

时间：2007年6月13日

实验名称	硫化物沉淀法对锑（V）污染物的去除效果			
相关水质标准（mg/L）	国标	0.005	建设部行标	0.005
	卫生部规范	0.005	水源水质标准	0.005
实验条件	污染物浓度：0.0302mg/L；混凝剂种类：聚氯化铝（广东顺德佳净）原水：南洲水厂自来水；实验水温：24.5℃。			
原水水质	浊度＝0.93NTU；碱度＝64.5mg/L；硬度＝108.6mg/L；pH值＝7.78；总溶解性总固体＝117mg/L。			

数据记录

Na_2S投加量（以S计，mg/L）	0.00	0.01	0.02	0.03	0.05	0.10
反应后［S^{2-}］	<0.02	<0.02	<0.02	<0.02	0.03	0.08
污染物浓度（mg/L）	0.0335	0.0293	0.0290	0.0279	0.0303	0.0309
过夜后［S^{2-}］	<0.02	<0.02	<0.02	<0.02	<0.02	<0.02
过夜后污染物浓度（mg/L）	0.0289	0.0295	0.0288	0.0303	0.0281	0.0289

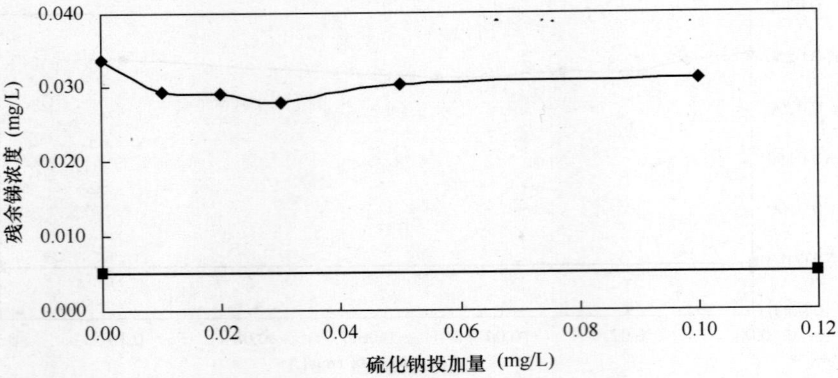

结论与备注

1. 五价锑无法通过采用硫化物沉淀法进行混凝沉淀去除，需研究其他去除技术。
2. 研究采用的锑污染物采用焦锑酸钾（$K_2H_2Sb_2O_7$）配制。

7.9 锌（Zn）

编号：广州-锌（硫化物）-1

时间：2007 年 4 月 12 日

实验名称	硫化物沉淀法对锌污染物的去除效果				
相关水质标准（mg/L）	国　标	1	建设部行标	1	
	卫生部规范	1	水源水质标准	1	
实验条件	污染物浓度：5.03mg/L；混凝剂种类：聚氯化铝（广东顺德佳净）原水：南洲水厂自来水；实验水温：23.5℃。				
原水水质	浊度＝0.93NTU；碱度＝102.8mg/L；硬度＝123.3mg/L；pH 值＝7.78；总溶解性总固体＝117mg/L。				

数　据　记　录

Na_2S 投加量（以 S 计，mg/L）	0.00	0.50	1.00	2.00	3.00	4.00
反应后［S^{2-}］	＜0.02	＜0.02	＜0.02	＜0.02	0.20	0.60
污染物浓度（mg/L）	4.31	3.39	2.56	0.12	0.07	0.15
过夜后［S^{2-}］	＜0.02	＜0.02	＜0.02	＜0.02	＜0.02	＜0.02
过夜后污染物浓度（mg/L）	4.37	3.29	1.86	0.067	0.01	0.016

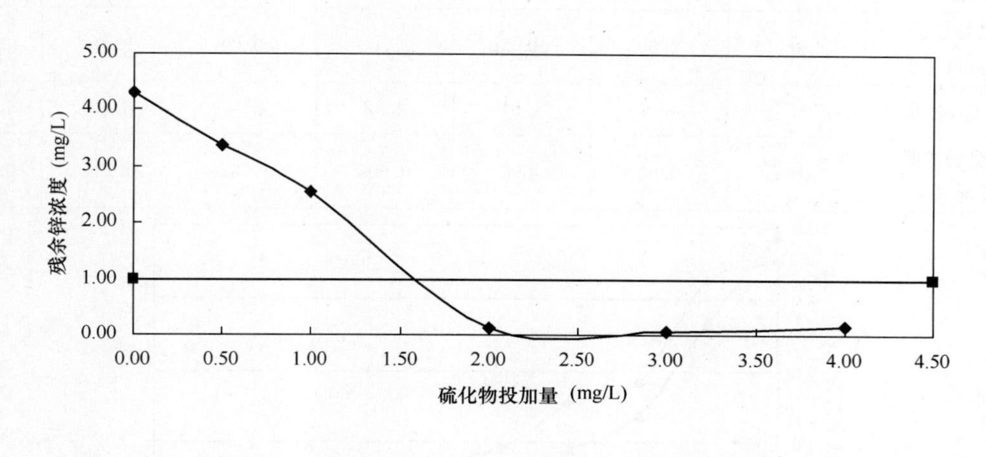

结　论　与　备　注

1. 在通常水质条件下，投加 2mg/L 以上的硫化物可以有效去除锌离子，不必调节水质。
2. 硫化物除锌的机理是生成了硫化锌沉淀。
3. 由于硫化物投加量较高，需监测剩余硫化物浓度，出现过量硫化物可以采用游离氯、三价铁等氧化去除。
4. 研究采用的锌污染物采用硝酸锌配制。

8. 采用其他化学沉淀方法的污染物（以元素符号为序）

8.1 钡（Ba）

编号：北京、广州-钡-1

时间：2006 年 8 月 23 日

实验名称	混凝剂投加量去除钡污染物效果的影响					
相关水质标准（mg/L）	国标	0.7		建设部行标	0.7	
	卫生部规范	0.7		水源水质标准	0.7	
实验条件 1	污染物浓度：3.51mg/L；混凝剂种类：硫酸铝原水：北京第九水厂自来水；实验水温：℃。					
原水水质 1	浊度＝NTU；碱度＝mg/L；硬度＝mg/L；pH 值＝；总溶解性总固体＝mg/L。					
实验条件 2	污染物浓度：3.88mg/L；混凝剂种类：聚合氯化铝，投加量 20mg/L（以商品重计）。原水：西村水厂自来水；实验水温：25℃。					
原水水质 2	浊度＝0.29NTU；碱度＝31mg/L；硬度＝60.3mg/L；pH 值＝6.586；总溶解性总固体＝135mg/L。					
数据记录						
Al 投加量（mg/L）1	0	5.00	10.00	15.00	20.00	30.00	40.00
反应后 pH 值 1							
污染物浓度（mg/L）	3.51	3.25	1.85	1.55	0.941	0.551	0.775
Al 投加量（mg/L）2	0	5.00	10.00	15.00	20.00	30.00	40.00
反应后 pH 值 2		4.59	4.51	4.42	4.34	4.22	4.14
污染物浓度（mg/L）	3.88	2.65	1.4	0.905	0.682	0.724	0.69

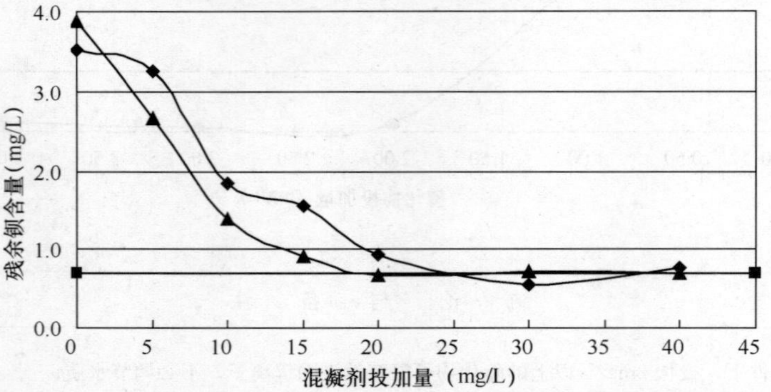

残余钡含量（mg/L）

混凝剂投加量（mg/L）

结论与备注

1. 采用硫酸铝可以去除水中的钡污染物，但是安全余量不足。
2. 采用硫酸铝去除超标 4 倍钡的有效剂量为 30mg/L（以 Al 计）以上。

8.2 铬（Cr）

编号：北京-铬-1

时间：2006年8月23日

实验名称	pH值对铁盐混凝剂去除铬污染物效果的影响			
相关水质标准（mg/L）	国　标	0.05	建设部行标	0.05
	卫生部规范 ·	0.05	水源水质标准	0.05
实验条件	污染物浓度：0.27mg/L；混凝剂种类：硫酸亚铁； 原水：第九水厂自来水；实验水温：25℃。			
原水水质	浊度＝NTU；碱度＝mg/L；硬度＝mg/L；pH值＝；总溶解性总固体＝mg/L。			
数　据　记　录				
亚铁投加量（mg/L）	0	5	10	15
加氯量（mg/L）	—	0.8	0.8	0.8
污染物浓度（mg/L）	0.27	0.004	0.004	0.006
亚铁投加量（mg/L）	5	5	10	10
加氯量（mg/L）	0.8	2.8	2.8	3.8
残余铁浓度（mg/L）	1	0.18	0.67	0.32

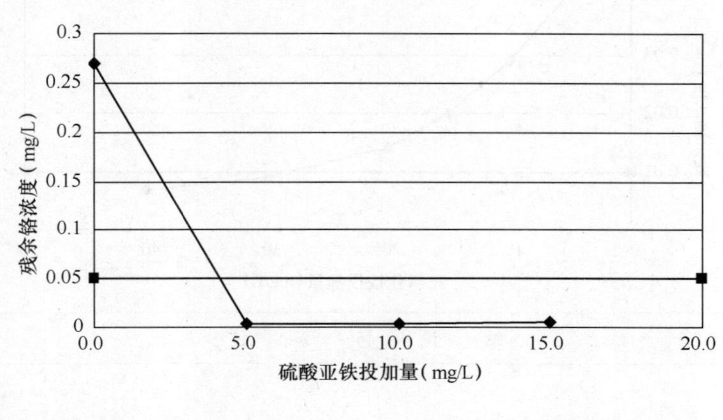

结　论　与　备　注

1. 采用硫酸亚铁可以有效去除水中的六价铬污染物。

2. 采用硫酸亚铁去除超标4倍六价铬的有效剂量为5mg/L（以Fe计），过量投加硫酸亚铁应防止产生铁超标，可以再投加游离氯氧化过量的亚铁离子。

3. 除六价铬的机理是投加亚铁离子将六价铬还原成三价铬，而后形成氢氧化铬沉淀。

8.3 硒（Se）

编号：北京-硒-1

时间：2006 年　月　日

<table>
<tr><td>实验名称</td><td colspan="4">混凝剂投加量对硒污染物去除效果的影响</td></tr>
<tr><td rowspan="2">相关水质标准
(mg/L)</td><td>国　标</td><td>0.01</td><td>建设部行标</td><td>0.01</td></tr>
<tr><td>卫生部规范</td><td>0.01</td><td>水源水质标准</td><td>0.01</td></tr>
<tr><td>实验条件</td><td colspan="4">污染物浓度：0.056mg/L；混凝剂种类：三氯化铁
原水：自来水；试验水温：℃</td></tr>
<tr><td>原水水质</td><td colspan="4">浊度＝　　NTU；碱度＝　　mg/L；硬度＝　　mg/L；
pH＝7.8～8.2；总溶解性固体＝　　mg/L。</td></tr>
</table>

数　据　记　录

混凝剂投加量 (mg/L)	0	5	10	15	20	30	40	
反应前 pH 值								
反应后 pH 值								
污染物浓度 (mg/L)	0.056	0.041	0.029	0.020	0.014	0.009	0.007	
残余铁浓度 (mg/L)								

结　论　与　备　注

测试数据表说明

1. 参加以上应急处理技术测试的单位包括：清华大学、北京市自来水集团有限责任公司、上海市供水调度监测中心、广州市自来水公司、深圳市水务（集团）有限公司、无锡市自来水总公司、济南市供排水监测中心、哈尔滨供排水集团有限责任公司等。

2. 表中所列数据为本项研究中的原始测定数据，以便如实反映所做应急处理试验的效果。由于条件所限，难免存在问题，仅供各地读者参考。

3. 各地在实际应用时，应根据当地的具体水质情况和应急处理需求，再进行验证试验或细化试验，以获得更加适于当地条件的应急处理技术及其技术参数。